# 复合材料数字化研制与工程实战

达索析统（上海）信息技术有限公司　组编

主　编　颜学专　周小波

副主编　温宏宇　王晓红

参　编　唐欣欣　刘　勇　杨卫化　原中晋　李红彬　李　亮

机械工业出版社

先进复合材料的数字化研制及自动化制造技术已经在国内外的航空航天、汽车、船舶及风电等行业得到了广泛的应用，目前市场上还缺少专门针对复合材料数字化研制的理论与实践相结合的专业书籍。本书根据达索系统最新技术方案及工程实践，全面、系统地介绍了先进复合材料的数字化设计、仿真、工艺、制造方法及应用案例，本书内容力求概念清楚、科学严谨、全面系统、图文并茂，并通过大量实例与插图帮助读者了解复合材料研制流程，掌握复合材料研制方法。

本书可供航空航天、汽车、船舶、风电等行业相关复合材料技术人员以及其他工程技术人员及研究人员参考，也可供与复合材料专业相关的高校及研究机构作为教材与辅导材料使用。

**图书在版编目（CIP）数据**

复合材料数字化研制与工程实战 / 达索析统（上海）信息技术有限公司组编；颜学专，周小波主编 . —北京：机械工业出版社，2023.12

ISBN 978-7-111-74619-5

Ⅰ . ①复⋯  Ⅱ . ①达⋯ ②颜⋯ ③周⋯  Ⅲ . ①数字技术 – 应用 – 复合材料 – 研制 – 研究  Ⅳ . ① TB33–39

中国国家版本馆 CIP 数据核字（2024）第 037835 号

机械工业出版社（北京市百万庄大街 22 号　邮政编码 100037）

| | |
|---|---|
| 策划编辑：林　桢 | 责任编辑：林　桢　朱　林 |
| 责任校对：杨　霞　李可意　李　杉 | 责任印制：刘　媛 |

北京中科印刷有限公司印刷

2024 年 4 月第 1 版第 1 次印刷

184mm × 260mm・29 印张・758 千字

标准书号：ISBN 978-7-111-74619-5

定价：178.00 元

| 电话服务 | 网络服务 |
|---|---|
| 客服电话：010-88361066 | 机 工 官 网：www.cmpbook.com |
| 010-88379833 | 机 工 官 博：weibo.com/cmp1952 |
| 010-68326294 | 金 书 网：www.golden-book.com |
| **封底无防伪标均为盗版** | 机工教育服务网：www.cmpedu.com |

# 序　言

达索系统自 1981 年成立以来，始终将创新作为自身发展的 DNA，致力于实现产品、自然和生命的和谐发展。作为全球领先的 3D 技术及 3D 体验解决方案的领导者，达索系统在引领行业变革、推动技术发展的同时，于全球范围内积累了极为丰富的案例和心得。我们希望通过这些案例、心得，与中国企业和工程师们分享技术创新对行业发展的重要影响，助力中国企业实现可持续发展，并推动一流人才的培养。

复合材料作为一种相对于金属材料的新型结构材料，由于其重量轻、强度高、耐腐蚀、耐疲劳，首先在军用飞机、民用客机、无人机等航空领域实现大规模应用。随着碳纤维产量的增加和低成本制造技术的发展，复合材料逐渐从航空扩展到航天、汽车、风电、船舶、高铁、运动器材等各行各业的应用中。达索系统长期密切关注并致力于推动复合材料的持续创新发展，同时基于该学科的研制特性与行业特点，推出了复合材料端到端的数字化解决方案，提出了设计、分析、制造一体化的协同开发与实践的方法，提高了复合材料研制的效率，加速了高质量先进复合材料产品的上市进程。

达索系统复合材料端到端的数字化解决方案在国内外航空行业众多客户中得到了长期与广泛应用，帮助加速了型号研发进度，提高了产品质量。在此过程中，达索系统技术团队积累了大量的专家经验与实践案例。在达索系统技术咨询部、航空工业第一飞机设计研究院统筹下，达索系统航空航天与国防行业技术团队，以及 CATIA、SIMULIA、DELMIA 等品牌技术团队，共同合作推出了这本理论与实战相结合的书籍。

本书兼顾复合材料学科的理论知识与实际工程应用。通过理论知识让读者建立基本学科理念，通过实际工程应用让读者真正将知识落实到型号研发工作中。既适用于初次接触复合材料学科的读者，用于了解复合材料学科及其工程应用，也适用于复合材料研发设计工程师、仿真工程师、工艺及制造工程师，为他们提供详细的流程和操作指导。同时也适用于正在构建复合材料数字化研发能力的各行业信息化部门，以全面建设新一代复合材料设计、分析、制造一体化能力。达索系统本着"在中国、为中国、与中国在一起"的信念，根植中国市场，积极探索符合中国企业发展特色的技术创新，并携手中国企业在数字化浪潮下共同发展。期望本书可以提供连接虚拟世界和现实世界的新纽带，解决复合材料工程中存在的业务难题，为业界输送更多符合时代需求的高级人才，从而为推动产业转型和中国创新力量的壮大贡献一份力量。

达索系统大中华区总裁

# 前　言

"一代飞机、一代材料"是近百年来航空领域材料与飞机一直相互推动、不断发展的写照。先进复合材料因其具有比强度与比刚度高、性能可设计、耐腐蚀性能好和易于整体成形等优点，自20世纪60年代以来，被广泛应用于航空航天、风电、汽车、船舶及其他多个行业。飞机结构件大规模使用复合材料，是现代飞机制造史上的一次革命性变化，复合材料应用比例是新一代大飞机安全性、经济性、舒适性和环保性的重要指标。随着国产大飞机及宽体客机、新一代航空航天飞行器及汽车轻量化战略的不断推进，我国复合材料规划用量不断扩大，对复合材料高效率、低成本的生产需求也越来越强，尤其是国家"十四五"规划进入稳步推进之年，这也将为包括原材料及高端装备等复合材料相关产业链带来广大的市场空间，同时对新一代复合材料数字化研制方式也提出了新的挑战。

当前，复合材料零部件的设计制造大多仍沿用传统的模拟量尺寸传递体系。数字化设计制造技术虽得到了实际应用，并取得了一定的效益，但基本处于以单个工具软件应用为主的孤立状态，尚未实现复合材料构件从原材料、设计、仿真、工艺、工装、制造到检测整个过程中的信息共享。尤其是多个阶段基于多个不同数据格式，未能实现依靠单个模型打通整个数字化设计制造环节，致使现有的数字化设计制造技术不能充分发挥其应有的作用。达索系统作为全球航空数字化与智能化解决方案的推动者，一直重点关注复合材料全流程的数智化。依托创新的3DEXPERIENCE平台，达索系统提供的复合材料解决方案，面向型号概念设计、初步设计、详细设计、工艺设计、制造及维护等，赋能复材设计、分析与制造一体化，成为3DEXPERIENCE端到端行业流程的重要组成部分。首次实现了基于单一模型、数字连续的复合材料研制流程，解决了长期困扰业内的难点问题。波音B787项目、空客A350XWB项目及全球领先企业的众多型号研制中，均采用了达索系统以CATIA、SIMULIA、DELMIA为核心的复合材料一体化解决方案，取得了明显的技术与经济效益。

本书缘起于复合材料在国内蓬勃发展的大好形势，长期以来，市场上缺少体系化的面向复合材料数字化研制的专业书籍及缺少有关经验总结。根据达索系统在复合材料研制方向的最新技术方案及在全球各行业客户中的最佳工程实践，本书全面、系统地介绍了达索系统在先进复合材料数字化设计、仿真、工艺、制造领域的方法及应用案例。本书内容力求概念清楚、科学严谨、全面系统、图文并茂，通过大量实例与插图帮助读者了解复合材料研制流程，掌握复合材料研制方法。

全书分4部分，共9章，主要内容如下：

第1部分（第1～3章）为基础篇：主要介绍了达索系统及3DEXPERIENCE基本情况，阐述了达索系统的行业解决方案及复合材料概念，同时也论述了复合材料数字化研制背景，帮助读者快速了解达索系统相关行业方案及复合材料相关基础知识。

第2部分（第4章）为复合材料数字化研发方案：全面介绍了达索系统在复合材料设计、仿真、工艺及制造领域的主要方案，旨在帮助读者系统了解复合材料数字化的主要内容。

第3部分（第5～8章）为复合材料一体化实践：主要结合实际案例重点论述了复合材料设计、仿真、工艺及制造的主要实现流程及操作步骤，旨在方便读者能够全面掌握复合材料研制方法与技巧，提高全过程复合材料应用实践能力。

第4部分（第9章）为综合案例：结合典型的复合材料零部件，系统论述了其铺层设计、仿真及数字化制造全过程，帮助读者进一步理解相关概念及流程，为在未来工作中实际应用打下坚实的基础。

本书由达索系统技术咨询部颜学专和航空工业第一飞机设计研究院周小波担任主编，温宏宇、王晓红担任副主编，其他参与编写工作的人员有：李红彬、唐欣欣、刘勇、原中晋、杨卫化、李亮。戴晶黎、曲卫刚、吴斌等为本书提供了技术指导。全书由刘看旺、丁岩、王健、王刚指导审阅，由李隽萱团队组织策划。

本书知识点配套建设了教学资源，请参考书后封底的说明获取对应内容的练习数据资源，专业辅导随时在你身边。

由于时间原因及编者水平有限，书中难免存在疏漏和不足之处，恳请读者批评指正，以便在后续修订中予以不断完善。同时希望能借此书为载体，与广大从事复合材料及航空"数智化"相关工作的读者，针对更广泛的数字化及智能化在未来复合材料研制中的应用进行更多的交流与合作。

特别感谢航空工业第一飞机设计研究院在复合材料应用领域的专业指导与宝贵建议；感谢机械工业出版社的相关编辑人员为本书的出版所付出的辛勤劳动；感谢达索系统教育合作部及公司领导对本书及系列书籍的策划及关注。本书的完稿及顺利出版是所有相关人员共同努力的结果，感谢所有给予指导和帮助的人们。

# 目 录

# 第1章 达索系统及解决方案介绍

达索系统起源于著名的法国航空制造商达索集团（Dassault Group），于1981年成立，总部位于法国 Vélizy-Villacoublay。达索系统主要从事 3D 设计软件和产品生命周期管理解决方案，为各行业提供工业软件系统服务以及技术支持。达索系统成立之初专注于飞机的研发和制造软件工具，产品为 CATIA，始终坚持自主研发与收购并进，通过收购整合 CAD（Computer Aided Design，计算机辅助设计）、CAE（Computer Aided Engineering，计算机辅助工程）、PLM（Product Lifecycle Management，产品生命周期管理）等领域的厂商，形成了以 3DEXPERIENCE 平台为核心的多元化工业软件解决方案。作为数字化解决方案的全球领导者，如今，大多数飞机制造商都采用了达索系统公司的解决方案。

## 1.1　3DEXPERIENCE 平台介绍

近 40 年来，达索系统之所以能在众多不同的行业中取得成功，一方面借助于先进的 3D 设计和仿真工具，另一方面也依赖于灵活、强健、可靠的系统平台。从提供 CAD、PLM 产品到提供 3DEXPERIENCE 平台解决方案，达索系统一直在勇于创新，也一直以其独到的市场洞察来调整自己的策略。在今天的达索系统眼中，PLM 的世界只是过去，人们应该将关注点从产品本身转移到产品所传递的体验上来。

2014 年，达索系统在 V6 平台的基础上提出了全新的品牌 3DEXPERIENCE 平台。这是一个划时代的业务和创新平台，企业和人员能够以全新的方式进行创新，并利用虚拟体验来创建产品和服务。它提供了业务活动和生态系统的实时视图，将人员、创意和数据连点成线。通过 3DEXPERIENCE 平台，达索系统为每个行业提供量身定制的行业解决方案体验，使企业和人员能够以全新的方式进行创新。

技术层面最核心的变化是将原先独立的不同品牌的软件工具产品整合在一个基于服务器或云架构（支持私有云或公有云）的平台下，弱化了品牌概念，强化了用户的业务流程及数据连续性体验，使得用户都可以在一个完全 3D 协作环境下开展业务。具体应用方面，在 3DEXPERIENCE 平台这个理念下，达索系统将与 3D 相关的业务通过罗盘作为其符号象征，在 4 个不同的象限中利用 3D 为载体来实现"创新者与消费者共同创新"的方式，见图 1-1，将设计人员、工程师、营销经理甚至消费者都连接在了一个全新的"社会企业"中，因此达索系统的 3DEXPERIENCE 平台是一款面向互联网应用的产品。

1）技术管理及社交和协作应用程序：此象限包括用于业务流程中的协作和交互的应用程序。例如，3DSwYm 应用程序可帮助您进行社交协作，而 ENOVIA 应用程序可帮助您进行正式的全球产品开发流程。

2）3D 建模应用程序：该象限包括设计和建模应用程序，例如 CATIA、SolidWorks、GEOVIA、BIOVIA 应用程序。

3）仿真和制造应用程序：这个象限包括使用 DELMIA 应用程序进行数字制造和生产的

真实对象的虚拟表示的应用程序；SIMULIA 应用程序的现实模拟；3DVIA 应用程序的逼真体验。

4）大数据信息智能应用：这个象限包括 NETVIBES 的仪表板智能和实时社交媒体监控应用与 EXALEAD 管理内容的全文搜索。这些应用程序可以帮助您从各种数据源获得新的见解。

图 1-1　通过 4 个不同象限开展面向不同业务人员的应用程序

3DEXPERIENCE 平台的新一代数字化研发平台采用单一数据源的大数据平台架构，具有数据驱动、基于模型、数字化连续的独特价值。3DEXPERIENCE 平台内嵌的十大业务模型对象，即 RFLP-PPR-MSR 模型，R（Requirements）需求模型、F（Functions）功能模型、L（Logical）逻辑模型、P（Physical Engineering）产品工程、P（Physical Manufacturing）制造 / 维护对象、P（Processes）制造 / 维护工艺和 R（Resources）制造 / 维护资源、M（Model）仿真模型、S（Scenario）仿真场景和 R（Result）仿真结果，见图 1-2，这些模型之间互相关联，互相影响，互相制约，并可全动态仿真，从而实现单一数据源、基于模型的数字化连续传递。

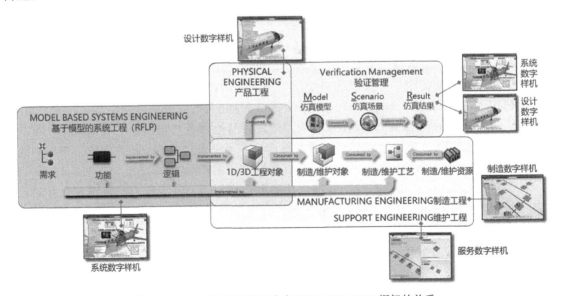

图 1-2　3DEXPERIENCE 平台中 RFLP-PPR-MSR 框架的关系

在 RFLP–PPR–MSR 数字化模型基础上为企业用户提供建模、仿真、协同、管理及信息智能（CATIA、DELMIA、SIMULIA、ENOVIA、EXALEAD）等基于角色的平台应用，并结合行业的最佳实践为企业提供行业解决方案，助力企业数字化转型升级，其应用架构见图 1-3。

图 1-3  应用架构

同时 3DEXPERIENCE 平台具有高度开放性，其架构特点见图 1-4，采用可伸缩且灵活的互联网体系架构，以开放式标准为基础，可以方便地实现与 CAD、ERP（Enterprise Resource Planning，企业资源规划）、SCM（Supply Chain Management，供应链管理）和 CRM（Customer Relationship Management，客户关系管理）等其他企业工具和系统的集成。

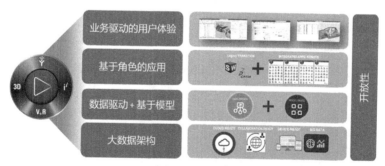

图 1-4  平台架构特点

达索系统高度重视"云"战略的推广，其独特的云产品是全面的产品创新应用云解决方案组合，在云上提供透明的一体化服务，将原先工具级的软件无缝整合，在保留单个产品强悍功能的基础上，打通底层数据模型，并将数据颗粒度从文件下放到数据层面。设计、仿真和制造从传统的"流水线式"协同转变为快速敏捷的"微循环"迭代。

达索系统在云上提供一个单一的数字业务平台，根据客户的不同需求提供一站式、完整的解决方案包产品（软件即服务（Software as a Service，SaaS）、平台即服务（Platform as a Service，PaaS）、基础设施即服务（Infrastructure as a Service，IaaS）），包括自动升级、数据安全、备份、维护和支持；无须实施、无须安装、无须昂贵的 IT 基础设施；实现在统一平台上提供对各种功能和应用程序的简单、统一、集成的访问，支持跨团队和跨多个位置的即时协作，从而更快地创新。作为基于 3DEXPERIENCE 平台的 SaaS 服务，从设计、仿真到制造的 90% 以上的应用都已经被云化，同时也会有越来越多的云端专属的应用服务。

## 1.2　行业数字化解决方案介绍

在当今数字经济时代，以信息化和工业化深度融合为主线，构建支持新型产业生态和新型制造模式的创新协同研制平台体系，成为支撑企业安全绿色、降本增效和可持续性发展的关键。3DEXPERIENCE 平台连接知识和专有技术：通过结合应用程序、内容和服务，借助丰富的行业解决方案体验组合，可以帮助汽车、航空航天、造船等 12 个行业的客户创建独特的颠覆性创新，支持的行业见图 1-5。

图 1-5　达索系统为 12 个行业提供数字化解决方案

面向这些不同的行业，3DEXPERIENCE 平台既是一套业务运营系统，又是助力业务转型的商业模式。作为运营系统，3DEXPERIENCE 平台使企业能够实现卓越运营。从研究实验室到厂房人人都能在该平台上协同合作。企业也因此能在实际生产前，对从创意到市场交付和使用的消费者体验进行设计和测试。作为一种商业模式，3DEXPERIENCE 平台使企业得以成为"平台公司"，通过消除卖方和买方、采购商和分包商、服务提供商和最终客户之间的中间商，真正实现业务网络中关系和角色的转型。3DEXPERIENCE 平台充当一个市场，连接需要购买服务（3D 打印、设计等）的客户和服务提供商。

下面结合达索系统在航空行业的解决方案对这一过程做简要介绍。达索系统依据其在全球航空行业企业的业务实践，整理出航空行业企业的核心业务流程，见图 1-6。图中主要展示了顶层业务流程，针对各行业，同时也提供更进一步的面向业务部门及专业人员的流程最佳实践，一级端到端流程对于承接和落实企业发展战略，识别和标定企业业务范围，指导和协调下级流程具有重要意义。顶层流程可以通过对现有业务提炼和优化、参考行业流程框架、借鉴行业标杆企业流程实践等多种途径进行整理而成。

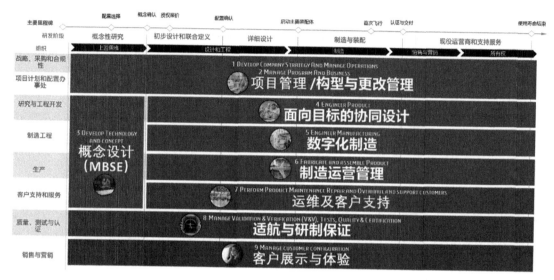

图 1-6　航空行业企业核心业务流程框架

各业务流程的功能介绍及价值定位见表 1-1。

表 1-1　航空行业业务方案概览

| 业务流程 | 功能与价值 |
| --- | --- |
| 卓越项目管理 | 使公司能够优化其产品战略，并在项目执行中达到高水平的效率。该解决方案可使公司围绕治理、技术状态管控、协作和分析实施数字化转型 |
| 概念设计 | 提供平台来定义和优化最佳概念，通过基于模型的系统工程（Model-Based Systems Engineering，MBSE）、虚拟仿真测试和产品线资本化来降低项目风险，确保所选设计满足客户需求，并通过提供基于模型的虚拟体验和有说服力的理由在概念阶段实现团队和客户的沟通 |
| 面向目标的协同设计 | 以基于模型的定义（Model Based Definition，MBD）应用为核心，构建面向下一代的数字样机协同设计环境。主要保障实时在线关联设计、可配置数字样机协同审查、电气管路端到端设计、复合材料端到端设计以及上下游数据转换等流程。其中可配置数字样机协同技术解决了大装配环境下样机质量协同困难的老问题；而基于 3D 体验平台的复合材料设计实现了从 3D 模型、铺层设计到制造工艺的贯通，极大地提升了复合材料设计效率以及与其他专业的协同，帮助公司在创新上投入更多时间，在先期降低成本的同时提高质量，严控风险 |
| 客户展示与体验 | 释放工业设计师的创造力，发明和探索更多创新的设计理念；提供更多的虚拟沉浸式环境来设计、探索、验证未来的客舱设计，通过预期感知质量，并可以通过准确和真实的虚拟验证做出设计决策，从而降低后期更改成本 |

（续）

| 业务流程 | 功能与价值 |
|---|---|
| 适航与研制保证 | 涵盖 V&V（Verification & Validation）验证、论证和认证的步骤，这在贯穿开发新的航空型号的整个流程中都是至关重要的，因为这几乎占了非经常性成本的四分之一。该解决方案提供一流的多物理场、多尺度、多专业设计与仿真产品组合，其大协同平台可打破部门和组织机构间存在的信息孤岛，从而优化设计 |
| 数字化制造 | 可实现灵活生产，同时按时交付质量一流、符合预算的产品。航空航天制造商可以利用 3DEXPERIENCE 平台实施精益实践，以消除制造关键领域的浪费。计划人员可以虚拟地定义和验证制造流程，直至单个工作指令，从而在潜在问题和浪费发生之前消除它们 |
| 制造运营管理 | 是经验证和可扩展的基于业务流程的制造运营管理解决方案，使 OEM（Original Equipment Manufacturer，原始设备制造商）和一级、二级供应商能够利用新材料、增材制造、机器人、自动化和物联网优化其生产线，实现未来工厂的效益 |
| 运维及客户支持 | 通过大数据驱动的分析以及创新和优化的持续循环进行丰富，将数字连续性从早期的服务工程扩展到 MRO（Maintenance、Repair & Operations，维护、维修、运行）执行，支持航天装备的服役及服务等。通过业务转型达成业务目标和效益，实现预测性运营，运用 3D 打印保持系统在轨运行，以网页为中心的平台实现数据聚合 |

**1. 业务运营**

企业的一级端到端流程框架从全局层面定义和描述了企业的核心业务范围，其实际推进和执行过程还需要与"企业的实践经验、产品的特点、型号的组织方式及技术支撑条件"等因素相结合而形成实际运作方法。一级流程框架是对共性经验的抽象和提炼，具备行业属性的特点，而运作方法则是体现企业管理风格、实践经验和技术实力的业务实际运作逻辑，具有并体现企业的独特性。

航空产品型号研制存在客观的规律与过程，系统复杂，参与单位众多，组织和协调频繁。通过模块化、结构化的方式将整个研制任务进行合理切分并理清彼此之间的耦合关系，有助于落实任务主体，推动研制工作的有序展开。其核心意义在于通过业务之间的解耦，让各业务板块回归业务本质，避免眉毛胡子一把抓。

图 1-7 是达索系统结合行业实践总结的航空行业企业核心业务运作逻辑。

在该框架中强调："技术管理"的显性化，且需与"业务管理"并重，共同组成型号管理的主线；核心业务按照型号研制的 V 形过程被分解为"概念设计、工程设计、制造工程、生产运营管理、试航与研制保证"几个业务板块；另外包括面向客户的"客户展示与体验、运维及客户支持"等两部分。业务板块的工作内容及板块之间的接口关系参见图 1-7。

**2. 支撑技术**

通过流程的分解与职责主体落实后的具体运作方法的匹配，能够将复杂的任务系统分解和分配至可执行和可管控的程度。但如果任务单元间存在信息不一致和接口不协调，将导致一些典型的弊端，例如业务管理和技术管理两层皮问题，技术管理与技术活动脱节问题，专业之间的协作壁垒问题，以及设计与制造等上下游之间的衔接等问题。

新一代数字研发平台和工具等则是用于支持研制任务开展和协作的数字技术手段，这些数字技术手段对业务支持的覆盖范围，以及彼此间信息的协调性、流程的对接程度将直接影响型号研制任务的工作质量和推进效率。因此，在数字平台的规划和建设时需要尽可能地将 IT 系统和工具进行集成，甚至是将 IT 功能和服务融合到统一的平台中，即行业所强调的"业务上要解耦，技术上要融合"。

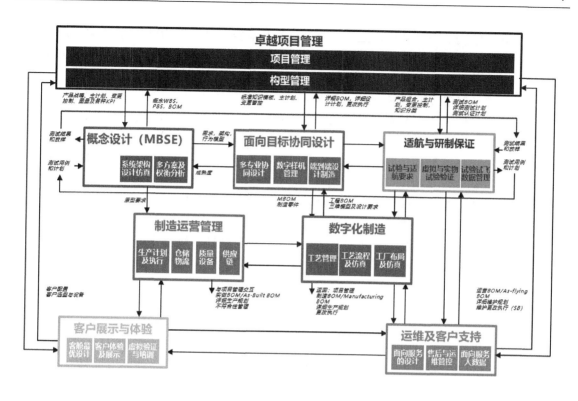

图 1-7　航空行业型号研制核心业务运作逻辑框架

　　3DEXPERIENCE 平台实现了对型号研制业务的全面覆盖，其核心在于该平台完全基于一套统一、完整和一致的数据模型架构（见图 1-8）来支持型号研制各项工作，确保业务之间的连续性。

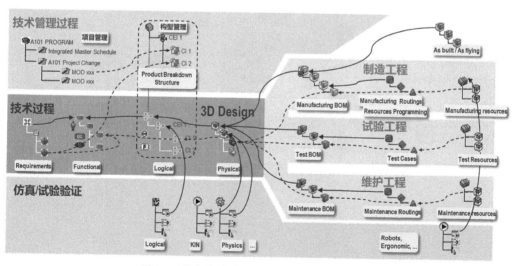

图 1-8　航空产品型号研制流程的数据支撑框架

　　航空行业追求性能第一的特点，使其成为先进复合材料技术的率先实验和转化的战场，航空工业的发展和需求推动了先进复合材料的发展，而先进复合材料的发展和应用又促进了航空的进步。先进复合材料继铝、钢、钛之后，迅速发展成航空行业四大结构材料之一，其用量成为航空结构的先进性标志之一。复合材料在航空产品的使用已经有 40 多年的发展历史，从最初的非承力构件发展到应用于次承力和主承力构件，可实现 20% ～ 30% 的质量减轻。目前它已进入成熟应用期，对提高飞机技战术水平、可靠性、耐久性和维护性已无可置疑。其中空客 A350XWB 宽体飞机，其复合材料应用比例达到了 52%，甚至超出了传统的铝合金材料。中国商飞在其新型号 C929 的研制中，计划也采用 50% 左右的先进复合材料，接近发达国家的应用水平。区别于传统的金属产品，由于金属材料以及成型工艺，工艺／制造对设计的约束都是可预知与可控的，而复合材料产品却有很大的区别，该区别主要体现在各向异性的铺层优化设计、制造工艺的选择与质量控制至关重要，材料性能受环境影响显著，需考虑损伤、缺陷对结构性能的影响，对设计人员的工艺背景也有一定的需求，只有考虑了以上诸多方面，在设计中提前考虑工艺性，真正实现面向制造的设计，才能真正设计出最优的、可制造的复合材料产品。也正是复合材料的这种特殊性，航空业巨头空客以及波音，在最早进行复合材料产品研制的时候，就提到了复合材料设计、分析与制造一体化技术方案的重要性。

达索系统提供的复合材料解决方案，覆盖了从前期的概念设计、初步设计、详细设计到后期的工艺设计、制造及维护等，包含了复合材料设计、分析与制造一体化技术方案，是 3DEXPERIENCE 平台端到端行业流程的重要组成部分，涉及 CATIA、SIMULIA、DELMIA 等多个相关的品牌产品，是一个端到端综合的研发流程，其包含的主要能力见图 1-9。

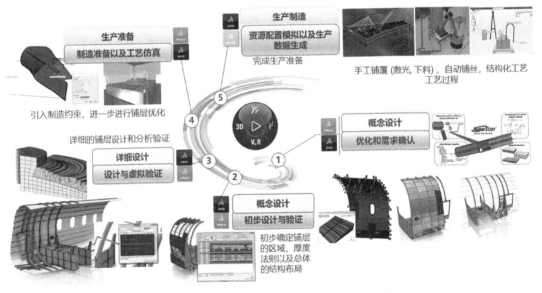

图 1-9　达索系统提供端到端的复合材料解决方案

# 第 2 章　原材料及制造工艺

## 2.1　概述及分类

复合材料是由两种或两种以上物理和化学性质不同的物质组合而成的一种多相固体材料。复合材料的组分材料虽然保持其相对独立性,但复合材料的性能却不是组分材料性能的简单相加,而是有着重要的改进,具备原来任何一种材料不具备的综合性能。同时,通过专业的材料设计方法可以使得各组分材料性能互补,从而根据不同的使用条件,设计出性能优越的新材料。

复合材料常见的分类方法见图 2-1。

复合材料的种类有很多,航空及其他行业所谓的先进复合材料通常指纤维增强树脂基复合材料。其主要特点是:具备较高的比强度和比模量,比常用的金属材料高出 5～6 倍,各向异性及较强的可设计性,根据不同行业、不同应用条件设计出满足特定要求的复合材料。航空行业用到的增强材料及基体材料有多种,制造工艺也有多种选择。实际应用中,通常根据不同的结构、不同的承载要求、不同的使用环境等选择不同的材料及制造工艺方法。

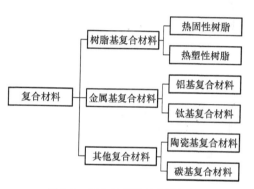

图 2-1　复合材料常见分类方法

当前,针对航空、汽车等行业结构用的复合材料,大部分是碳纤维增强热固性树脂基体复合材料。采用的材料形式为预浸料,主要的工艺方法是手工铺放、自动铺带、自动铺丝以及热压罐成型。其他类型的复合材料形式及制造工艺如玻璃纤维、芳纶纤维、液体成型、模压成型也有少量的应用,它们共同组成了复合材料体系及对应的制造工艺体系。

## 2.2　基体及增强材料

在复合材料中,通常有一相为连续相,称为基体;另外一相为分散相,称为增强体。基体主要起到把增强体固定在一起及传递力的作用,增强体主要起到承力的作用,为复合材料提供足够的强度和刚度,见图 2-2。

图 2-2　复合材料组成

先进复合材料指可用于主承力结构或次承力结构、其刚度和强度性能相当于或超过航空用铝合金的复合材料。目前主要指有较高强度和模量的硼纤维、碳纤维和芳纶等增强的复合材料。

飞机结构上使用的复合材料主要是纤维增强复合材料。增强纤维是复合材料承载的主体，选定纤维品种及其体积含量，就可以预估出复合材料沿纤维方向的力学性能。一般情况下，按增强纤维种类分类，可以把飞机结构上使用的复合材料分为玻璃纤维复合材料、碳纤维复合材料和有机纤维复合材料（主要是芳纶复合材料）。

　　飞机结构上使用的复合材料的基体主要是树脂基体。在复合材料结构件成型过程中，树脂基体参与化学反应并固化成型为结构。树脂基体对纤维起支撑、保护作用并传递载荷。环氧树脂是最早用于飞机结构复合材料的树脂基体。环氧树脂基体成型工艺性优良，耐湿热性能好，易于维护修理，价格便宜，所以至今在飞机结构用复合材料中，仍占主导地位。

### 2.2.1　增强材料

　　增强材料是复合材料主要组分材料之一，是复合材料承载主体，根据其不同的增强材料的形态，可以分为连续纤维、短纤维及颗粒等形式，见图 2-3。

　　飞机结构上应用的增强纤维有碳纤维、芳纶（Kevlar）纤维、玻璃纤维和硼纤维等。碳纤维由于其性能好、纤维类型和规格多、成本适中等因素在飞机结构上应用最广。芳纶纤维性能虽然尚佳，但在湿热环境下性能有明显下降，一般不用作飞机主承力结构，多与碳纤维混杂使用。玻璃纤维由于模量低，仅用于次要结构（整流罩、舱内装饰结构等），但其电性能、透波性适宜制作雷达罩等。硼纤维因纤维直径太粗又刚硬，成型和加工性不好，价格又十分昂贵，故应用十分有限。几种飞机结构上常用纤维与金属材料的性能比较见表 2-1。

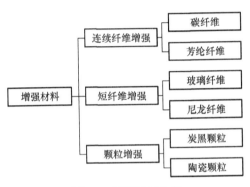

图 2-3　增强纤维分类

表 2-1　常用纤维与金属材料的性能比较

| 性能 | 拉伸强度 /MPa | 拉伸模量 /GPa | 密度 / (g/cm³) | 比模量 / ($\times 10^9$/cm) | 比强度 / ($\times 10^7$/cm) | 产地 |
|---|---|---|---|---|---|---|
| 30CrMnSi | 1100 | 205 | 7.8 | 0.26 | 0.14 | — |
| D406A | 1560 | 205 | 7.8 | 0.26 | 0.20 | — |
| S- 玻璃纤维 | 3200 | 85 | 2.5 | 0.34 | 1.28 | — |
| F12 有机纤维 | 4300 | 145 | 1.44 | 1.00 | 2.99 | 俄罗斯 |
| IM6 碳纤维 | 5200 | 276 | 1.7 | 1.62 | 3.06 | 美国 |
| IM7 碳纤维 | 5379 | 276 | 1.8 | 1.53 | 3.00 | |
| IM8 碳纤维 | 5447 | 303 | 1.7 | 1.78 | 3.20 | |
| IM9 碳纤维 | 6343 | 290 | 2.0 | 1.45 | 3.17 | |
| P30 碳纤维 | 4000 | 210 | 1.76 | 1.19 | 2.27 | 日本 |
| T700 碳纤维 | 4800 | 230 | 1.80 | 1.28 | 2.67 | |
| T800 碳纤维 | 5490 | 294 | 1.80 | 1.62 | 3.03 | |
| T1000 碳纤维 | 7060 | 294 | — | — | — | |

　　可以看出，典型碳纤维的拉伸强度从 5200MPa 到 7060MPa，拉伸模量从 276GPa 到 303GPa，而目前工业化应用的超高强钢的拉伸强度仅 2GPa，钢的拉伸模量是 210GPa；也

就是说，碳纤维本身的拉伸强度和拉伸模量是超高强钢的 1 ~ 4 倍，而密度仅为钢的 1/5。

碳纤维发展方向见图 2-4，主要有 3 个方向，即高强中模碳纤维 T1000、T1100 等，高强高模碳纤维 M60J、M70J 和工业用廉价碳纤维。高性能纤维价格太贵，T800H 的价格为 T300 的 3 ~ 3.5 倍，T1000、M60J、M70J 以及新型 MX 系列等价格更贵，因而制约了其应用发展。目前，性能优于 T300 的 T700 纤维，价格略贵一些，目前世界需求量最大的通用级碳纤维（通用飞机、无人机等行业大量应用）正在逐渐从 T 300 级向 T 700 级性能水平过渡，商用航空和军用飞机主承力结构件目前多以 T800 系列的碳纤维复合材料为主。中国碳纤维技术水平主要集中在 T300、T700 系列，近 90% 的国产碳纤维产品仍属于中低规格的通用型级别，难以满足现代国防和高端工业领域的需求。国内 T800、T1000 高性能碳纤维虽已成功突破实验室相关制备技术，实现产业转化还需从原材料、设备、工艺控制等多方面配套技术进行重点发展和完善。

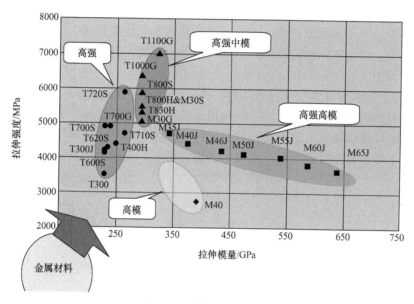

图 2-4　碳纤维发展方向

按照材料不同的编织方式，增强材料的形式主要有以下几种：

1. 单向带

单向带指在一个方向（通常是经向，也有纬向单向织物）具有大量的纺织纱或无捻粗纱，在另一方向只有少量并且通常是细的纱，结果实际上布的全部强度都在一个方向上的一种纺织物，见图 2-5。

由于所有的纤维都朝向相同的方向，这使单向织物具有一些高强度优势。单向织物不是机织织物，没有卷曲的交织的丝束，只有高度取向连续的纤维可以增加强度和刚度；另一个好处是能够通过调整铺层角度和铺层比例来控制制品强度。

2. 多轴向无纬布

多轴向无纬布是多个不同方向的单向纤维层缝合在一起以形成的织物，见图 2-6，这允许非常快速地建立层压板厚度，特别是当材料可以按规格制造时。

多轴向无纬布增强复合材料具有与单向织物增强复合材料相当的力学性能，同时兼具良好的结构稳定性、铺覆性和成型性，具备成为复杂形状预成型体的可行性。

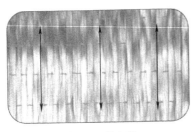

图 2-5　单向带

图 2-6　多轴向无纬布

### 3. 织物

织物是比较常见的一种纤维形式，纤维制造和定型后，通常将它们织成织物，见图 2-7。为了开始制造织物，制造商制造了纤维束。根据纤维或细丝的含量对丝束进行评级，通常将其称为 3K、6K、12K 和 15K。K 代表"千"，3K 丝束表示由 3000 根碳丝组成。通常 24K 以上的称为大丝束碳纤维，24K 以下的称为小丝束碳纤维。

对织物来说，按照不同的编织方式，又可以分为平纹、斜纹和缎纹缎布。

（1）平纹编织

平织或 1×1 编织碳纤维织物是对称的，类似于棋盘格，见图 2-8。丝束以上 / 下模式编织，提供高度稳定的紧密交织的纤维。织物稳定性是指材料保持其纤维取向和编织角度的能力。由于平纹碳纤维织物具有很高的织物稳定性，因此它不是特别柔软，不适用于复杂的轮廓。但是，在不使织物变形的情况下更易于处理。所以，它适用于平板及管材和曲率不太大的曲面零件。

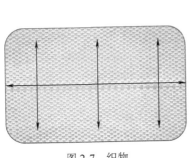

图 2-7　织物

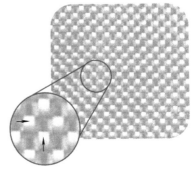

图 2-8　平纹编织

卷曲是编织中单根纤维的曲率，而平纹碳纤维织物由于丝束中的紧密交织而具有苛刻的卷曲性。这种剧烈的卷曲会产生应力点，这些应力点会随着时间的流逝而导致薄弱区域。

（2）斜纹编织

斜纹编织由 2×2 或 4×4 图案组成，是最常见的碳纤维织物类型，见图 2-9。在 2×2 编织中，每个丝束经过两个丝束，然后经过两个丝束。因此，有理由推论，一个 4×4 编织由每个经过 4 个丝束然后在 4 个丝束之下的丝束组成。这种上 / 下编织产生了独特的对角线图案。斜纹编织中的两行交织之间的距离比平纹编织时更长。因此，有较少的卷曲发生，从而减少了产生应力点的机会。

斜纹编织柔韧性好，可以形成复杂的轮廓，同时仍保持良好的稳定性，但必须比平纹织物更小心地处理它，以免增加织物的变形。4×4 编织比 2×2 编织更容易形成，但织物稳定性也较低。

（3）缎纹编织

对于缎纹编织，纤维穿过许多纤维束，然后仅穿过一束纤维；由于压接较少，因此生产出更平整的材料；其很有悬垂性，但不平衡可能导致成品部件变形。

缎纹编织已经使用了数千年，它赋予丝绸织物美丽的悬垂性，同时又使织物光滑无缝，见图 2-10。当用于碳纤维复合材料时，缎纹编织可以轻松地在复杂轮廓周围形成。显然，这意味着缎纹编织比其他编织也具有较小的稳定性。

图 2-9　斜纹编织

图 2-10　缎纹编织

最常见的丝束缎纹编织是 4 丝束缎纹（4 Harness Satin，HS）、5 丝束缎纹（5HS）和 8 丝束缎纹（8HS）。该数字表示从上方经过下方的拖车总数。例如，一种 4HS 编织包括 3 个经过的丝束，然后一个经过的丝束。对于 5HS，先经过 4 根丝束，然后再经过 1 条，而 8HS 则经过 7 条丝束，再经过 1 条。缎纹编织数越高，它的可成型性和稳定性就越差。

4. 预浸料

预浸料是一种预浸渍有树脂的纤维增强复合材料（Fiber Reinforcement Polymer，RFP），见图 2-11，通常，该树脂是环氧树脂，但是也可以使用其他类型的树脂，包括大多数热固性和热塑性树脂。尽管两者都是技术上的预浸料，但热固性和热塑性预浸料却有很大的不同。

使用预浸料的最大优势也许是易用性。例如大多数环氧固化剂都被认为是危险的，以液态处理树脂会很麻烦。使用环氧预浸料，只需订购一件。环氧预浸料卷在辊子上，并具有已浸渍在织物中的所需量的树脂和固化剂。大多数热固性预浸料在织物的两面都带有衬膜，以在运输和准备过程中保护织物。然后将预浸料坯切成所需的形状，剥去背衬，然后将预浸料坯放入模具或工具中。然后在指定的时间内施加热量和压力。一些最常见的预浸料在 121℃左右的温度下需要花一个小时进行固化，但是在更低和更高的固化温度和时间下，都可以使用不同的体系。由于环氧树脂处于凝胶阶段，因此在使用前需要冷藏或冷冻保存。

5. 短切纤维

短切纤维是指将纤维根据用途选定上浆剂加工成束后，再按规定长度切割制成。主要作为热塑性树脂的强化材料被使用，切割一般按 6mm 的标准长度进行，但亦有粉状纤维可提供。同时为增加补强效果和易操作性，提供根据树脂、用途、加工方法等进行了特殊表面处理的产品。短切纤维由于其纤维是随机取向，因此，其容易成型复杂几何形状的零件，但其承载能力较弱，见图 2-12。

图 2-11　预浸料

图 2-12　短切纤维

## 2.2.2　树脂基体

树脂基体与增强纤维通过界面连在一起，基体将载荷通过界面传递给纤维，不仅能够发挥纤维抗张性能优异的特点，还能起到使载荷均匀分布和保护纤维免遭外界损伤的作用，在复合材料结构件成型过程中，树脂基体参与化学反应并固化成型为结构。

树脂基体固化工艺决定了结构件成型工艺和制造成本；不同树脂体系有不同工艺参数，而不同工艺方法要求不同的树脂体系。树脂基体对纤维起支撑、保护作用并传递载荷。因此，树脂基体性能直接关系到复合材料的使用温度和压编性能，横向（90°）性能和剪切性能（包括层间剪切强度）等基本性能，以及耐湿热性能、抗冲击损伤性能和冲击后压缩强度（Compression After Impact，CAI）等，复合材料在飞机结构上应用得愈广，对树脂基体提出的要求也就愈多、愈苛刻。因此，树脂的品种、类型将会不断增加，性能也会不断改进。树脂基体的分类方法按不同标准有不同的分类方法，常见的分类见图 2-13，在树脂分类中，热固性树脂占了相当大的比例，成为航空航天、汽车等行业的主要应用种类。

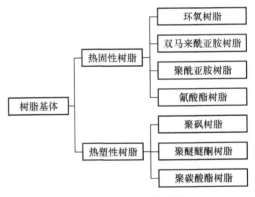

图 2-13　树脂基体分类

树脂基体作为纤维复合材料的黏结剂，对纤维复合材料的技术性能、成型工艺以及产品的性能等都有直接的影响，根据使用的部位、对象与环境条件选择一种好的树脂基体，可以更好地突出碳纤维的高模量、高强度、低密度的优良性能。因此，对树脂基体的要求是：

1）与纤维表面有很好的结合力，以构成一个完整的界面。

2）与纤维有相匹配的弹性模量和断裂伸长率。在复合材料中主要承载者是纤维，但复合材料的纵向拉伸和纵向压缩的承载能力受基体的弹性模量影响很大，因此希望树脂基体的拉伸强度和压缩强度越大越好。

3）耐湿热，复合材料构件的耐湿热性主要取决于树脂基体。

4）工艺性，主要指树脂各组分的混溶性、树脂体系的成膜性、一定温度下的黏度流动性、对纤维的润湿性、做成预浸料的性能来决定的。

目前先进复合材料用热固性树脂基体主要有四大类：环氧树脂基体、双马来酰亚胺树脂基体、聚酰亚胺树脂基体和氰酸酯树脂基体，本书对常见的热固性树脂简单介绍如下。

### 1. 环氧树脂基体

环氧树脂基体综合性能优异，工艺性好，价格较低，是目前应用最普遍的树脂基体。国内飞机结构及航天结构用碳纤维复合材料的基体主要是环氧类。如用作垂尾壁板的 T300/4211 为三氟化硼单乙胺固化酚醛环氧树脂，用于前机身的 T300/LWR-1 为二氨基二苯基砜固化 E-54 环氧树脂，用于直升机旋翼的 T300/YEW-7808 为咪唑固化混合环氧树脂等。但环氧树脂在固化过程中，由于体积收缩等原因，会产生内应力，使得材料翘曲、开裂及强度下降等，纯树脂固化后，交联密度高，存在质脆及耐疲劳性、耐开裂性、抗冲击性、耐湿热性差等缺点，在很大程度上限制了它在某些高技术领域的应用，因此对环氧树脂的改性工作一直是中外研究的热门课题。

### 2. 双马来酰亚胺树脂基体

双马来酰亚胺树脂基体是工作温度为 150 ~ 250℃ 的树脂基体，耐热性优于多官能环氧树脂但低于聚酰亚胺树脂，吸湿率较环氧树脂低，通过改性可获得韧性和耐湿热性优于环氧树脂、工艺性又优于聚酰亚胺且接近环氧的树脂基体，可满足高速飞机主承力结构用复合材料的需要。但其后处理温度太高，一般为 200 ~ 230℃，有的为 250℃，给制造带来困难。很多树脂预浸料缺乏黏性，铺层困难。

### 3. 聚酰亚胺树脂基体

聚酰亚胺树脂通常是指在分子主链上含有酰亚胺基团的一类特殊的聚合物材料，其结构主链中通常含有五元杂环单元，使得其表现出非常特殊的性能，在耐高温、耐低温、抗辐射、阻燃、自润滑和微电子等高新技术领域中应用非常广泛。

### 4. 氰酸酯树脂基体

氰酸酯树脂基体是 20 世纪 80 年代开发的一类兼有结构和功能性的树脂，是含有 2 个或 2 个以上氰酸酯官能团的新型高性能介电功能树脂基体，其极低的介电损耗角正切值（0.002 ~ 0.005）、耐湿热性能（$T_g$=260℃）、良好的综合力学性能以及成型工艺性使之作为介电功能复合材料树脂基体在航空、航天和电子工业领域的应用备受瞩目。

## 2.2.3　蜂窝夹芯及其他辅料

蜂窝夹层结构复合材料的设计和制造工艺是先进飞机研制的关键技术之一，蜂窝夹层结构通常是由比较薄的面板与比较厚的蜂窝芯胶接，在面板与蜂窝之间放置胶膜而成，见图 2-14。

由于其具有质量轻、弯曲刚度与强度大、抗失稳能力强、耐疲劳、吸音、隔音和隔热性能好等优点，长期以来备受航空领域的关注。在航空工业发达国家，蜂窝夹层结构复合材料已成功地大量应用于飞机的主、次承力结构，如机翼、机身、尾翼、雷达罩及地板、内饰等部位。

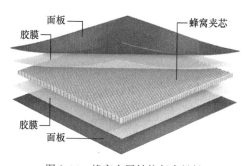

图 2-14　蜂窝夹层结构复合材料

蜂窝种类包括铝蜂窝、NOMEX 蜂窝及泡沫材料等，见图 2-15，其功能是将上、下面板隔开，以承受由一个面板传递到另一个面板的载荷和横向剪力。

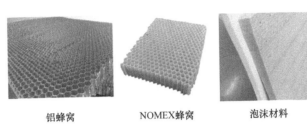

铝蜂窝　　　　　　NOMEX蜂窝　　　　　　泡沫材料

图 2-15　常见的夹芯蜂窝材料形式

根据孔格形状可分为正六边形、过拉伸、单曲柔性、双曲柔性、增强正六边形和管状等。在这些蜂窝夹芯材料中，以增强正六边形强度最高，正六边形蜂窝次之。由于正六边形蜂窝制造简单，用料省，强度也较高，故应用最广。应用上，由于 NOMEX 蜂窝与铝蜂窝相比，局部失稳的问题要小得多，而且 NOMEX 材料不导电，不存在电化腐蚀问题，还能够满足火焰、烟雾和毒性等要求，所以在航空制造上具有广泛的应用领域。

面板材料种类包括铝合金、玻璃钢及碳纤维复合材料等，目前航空结构上采用的大多为碳纤维单向带或织物增强复合材料。面板主要功能是提供要求的轴向弯曲和面内剪切刚度。面板材料的选择需要考虑质量、承载、腐蚀、表面质量及成本。因此，针对结构形式和工艺需要进行具体选择。

结构黏合剂是复合材料常用的一种辅料，通常以热固性树脂为基料，配以增韧剂、固化剂等，其主要功能是用于复合材料结构、金属结构和蜂窝结构的黏合。根据基体类型可以分为环氧类、双马来酰亚胺类及氰酸酯类黏合剂等。其中环氧类具有高的强度和韧性及工艺性，可耐温到200℃，故被广泛应用于航空结构中；双马来酰亚胺类可以在更高的温度下（230℃）保持较好的性能，主要用于超音速飞机的黏合；氰酸酯具有好的介电性能和低的热膨胀系数，主要用于功能结构的黏合，黏合剂还可以根据物理状态和组分进行划分。

黏合剂的选择除考虑强度和使用温度外，还需考虑质量、工艺性及存储期等，一般用于蜂窝黏合的胶膜质量为 $150 \sim 400 \text{g/m}^2$。其工艺性除与共固化预浸料的化学特性及固化工艺性兼容外，还要与蜂窝拼接胶、发泡胶及表面处理剂兼容。成型过程中黏合剂应具有足够的流动性，能够在面板与蜂窝孔壁之间形成胶瘤，但也不能从面板上完全流进蜂窝孔格内，黏合剂存储期在 -18℃ 环境下一般不低于 6 个月。

密封材料也是复合材料结构中经常使用的一种辅料，其主要功能是满足复合材料结构的密封及防腐蚀等特殊的要求。常用的材料形式是橡胶类密封剂，具有良好的耐油性、耐水性、耐老化性等。对不同密封剂的选择，需要综合考虑结构的密封形式、承受的压力、接触的介质、使用温湿度及工艺性等因素。

## 2.3　复合材料制造工艺

对于复合材料结构，制造技术非常关键，不仅决定产品质量，而且左右制造成本。与金属材料截然不同，复合材料的材料成型与结构成型是同时完成的，因此复合材料的结构性能对制造工艺敏感，材料的最终性能也是通过制造过程被赋予到结构，制造过程的控制影响着复合材料结构的质量，制造工艺是复合材料应用的关键，也是结构设计得以实现的关键。

## 2.3.1　制造工艺特点

复合材料结构制造工艺技术要保证能精确控制实现结构设计所确定的纤维方向，并且切断纤维的机械加工应尽量减少。热固性树脂基体，经热压工艺，在模具内进行固化反应，在结构（件）成型的同时材料形成。因此，要有完善的质量保证体系来保证成品率。共固化、二次黏合等工艺技术和正在采用的预成型件/树脂转移成型（Resin Transfer Moulding，RTM）工艺技术，可实现复合材料大型构件整体成型，既可大量减少机械加工和装配工作量，大幅度降低装配费用，还可改善结构使用性能。

与金属材料的制造工艺相比可见树脂基复合材料成型工艺技术有如下显著特点：

1）复合材料结构，材料成型与结构成型一次完成，其结构设计与制造技术密切相关，在设计的同时必须研究其制造技术的可行性、先进性。优良的复合材料结构出自设计工程师、工艺工程师、材料工程师、模具工程师的通力配合，反映了制造技术的综合相关性。

2）制造技术的选用有较大的自由性，追求可操作、质量稳定、低成本之间的统一性；不同的成型方法如整体共固化、分段共固化、黏合连接所获得的结构，在性能上有差异，结构效率也不相同。对具体结构都有其最佳成型工艺方法。

3）复合材料结构制造过程中的工序管理（工艺质量控制）是保证生产合格产品的关键，选用高效高生存率的成型技术是获得高质量、低成本复合材料结构件的重要措施之一，最终检验仅仅是质量合格与否的判断。

4）易于大面积整体化成型，显著减少机械连接、机械加工和装配工作，获得材料的整体能力。

5）复合材料的修理是不可避免的，它是扩大复合材料使用的重要一环。在制定结构设计与成型方案的同时就应考虑减少结构缺陷/损伤出现的概率，减少使用维护和修理问题，实现面向维护的设计。

复合材料结构成型工艺现已从手工、单件生产过渡到机械化、批量生产。20 世纪 80 年代末至今，降低复合材料成本以提高复合材料竞争能力已得到了业内越来越多的关注。进入到 21 世纪，随着自动化水平和信息技术的发展，复合材料的数字化制造、智能制造也已经进行了大量的工程实践，逐渐成熟化。

## 2.3.2　制造工艺类型

复合材料成型是一个比较复杂的过程。随着各种新工艺、新技术的涌现，复合材料制造工艺已成为复合材料加工制造的关键，涵盖的技术面广、技术含量高，涉及的成本份额占总成本的 80% 以上。

根据用途、批量、市场等要求的不同，复合材料产品的成型工艺采用了手工铺层、半自动成型、全自动成型以及液体成型等技术。下面就生产中主要涉及的工艺方法和主要设备加以重点说明。

**1. 热压罐工艺**

热压罐成型是利用热压罐内的高温压缩气体对铺放好的预浸料进行加热、加压处理，使材料固化成型，见图 2-16。热压罐成型是目前应用广泛的树脂基复合材料整体化成型工艺，在工业生产中占有十分重要的地位。例如用于飞机机身、方向舵、升降舵、机翼蒙皮、尾翼等结构部位的碳纤维增强热塑性复合材料结构件 80% 都是采用热压罐成型工艺制备而成的。它的最大优点是能在大范围内提供好的外加压力、真空及温度精度，可以满足各种材料对加工工艺条件的要求，而且能够制造形状复杂的零件。

热压罐成型的复合材料结构件具有力学性能优异、面板孔隙率低、树脂含量均匀及内部质量良好等优点。但该方法经济性差，设备一次性投入及维护成本较高，目前主要用于生产高性能复合材料。

图 2-16　热压罐成型

2. 非热压罐技术

制造足够大的热压罐用于航空航天工业是一个昂贵的过程。复合材料非热压罐固化（Out of Autoclave，OoA）技术避免使用热压罐，是在真空压力下，在固化炉内或室温下固化的一种技术，非热压罐固化技术在过去一直备受争议，认为其制件力学性能有所下降，如波音787 有些制件经历了由非热压罐固化到热压罐固化的反复。但是目前越来越多的制造商认为非热压罐固化确实会使制件纤维体积含量有所下降，但其影响甚小，而且非热压罐固化综合成本效益高，因此非热压罐固化技术发展空间较大，目前非热压罐固化包括低温固化材料体系、低温固化树脂技术、电子束固化技术等。

美国空军实验室在先进复合材料货运飞机（Advanced Composite Cargo Aircraft，ACCA）项目上验证用了非热压罐复合材料（MTM45-1）成型大型整体结构件的可行性。

2009 年 6 月 2 日 ACCA 的成功首飞标志着非热压罐固化技术在航空复合材料的大量应用又向前迈出了实质性的一步。

2011 年，俄罗斯联合飞机制造公司（United Aircraft Corporation，UAC）在其即将推向市场的 MS-21 单通道客机上，采用非热压罐成型技术 - 干纤维树脂浸渍工艺制造机翼主承力构件，见图 2-17，这在民用飞机制造史上具有里程碑意义，干纤维树脂浸渍工艺的特点是用液体树脂以压力注入干纤维然后成型，固化过程使用固化炉而不依赖热压罐，它可以节省大量的纤维预浸、运输、保管费用，

图 2-17　UAC 采用非热压罐成型技术研发的 MS-21 翼梁

设备投资和能耗也较低，具有投入更少、能耗更低、质量更轻的优势，这是俄罗斯人选择它的主要理由。利用干纤维制造预成型件可以成型大型整体带筋结构，大大减少零件和紧固件数量，从而达到更好的减重效果。MS-21 机翼的翼梁、蒙皮壁板和中央翼盒截面壁板都是这样的整体成型件，这对于实现机体减重 10% ～ 15% 的目标是非常重要的。UAC 不仅希望在 MC-21 机翼上使用 OOA 注入技术，还希望尽可能地使用自动化 - 干纤维自动铺丝。这不是一个简单的过程，但通过反复试验和多次设计修改的组合，其最终实现了这一目标。

3. 自动铺带（Automated Tape Laying，ATL）技术

自动铺带技术是一种自动化程度较高的制造技术，用来铺放不同带宽的预浸料，适合铺放形状相对比较简单的复合材料构件。自动铺带机分为平板式和曲面两种，自动铺带系统按预浸带切割和铺叠方式可分为"一步法"和"两步法"两种工作方式，目前自动铺带机在

美国和欧洲应用已经十分普遍，自动铺带最大宽度可达到300mm，铺带速度达1.3～20.4kg/h，生产效率可达到手工铺叠的数十倍。

目前最大的自动铺带机尺寸为40m×8m，铺设速度可达60m/min。波音787面及翼盒构件均采用自动铺带技术制造。不同制造商生产的自动铺带机略有不同，A350采用"M.TORRES LAYUP"11轴的龙门式高速铺带机，可铺300mm、150mm和75mm的宽带，铺带头内装有预浸带缺陷检测系统。自动铺带机现已发展到第三代，铺带时可自动加热，逐层压实，并带有激光控制铺带定位系统。A350碳纤维机身壁板的自动铺带见图2-18。

图 2-18　A350 碳纤维机身壁板的自动铺带

### 4. 自动铺丝（Automated Fiber Placement，AFP）

自动铺丝技术是在纤维缠绕成型技术和自动铺带技术的基础上发展起来的，自动铺丝机与自动铺带机相比，其主要优点在于能够自动切纱适应边界，可灵活铺放局部加强、可变角度的铺层，适应于大曲率机身和复杂曲面成型，可以有效减少拼接零件数目，节约制造和装配成本。其采用的一体化协同设计技术，实现了复合材料构件3D模型到制造的无缝集成，极大减少不准确铺层尺寸和铺设方向，提高了产品质量，目前铺丝速度可达6.8～11.3kg/h，最高可达23kg/h。

迈格·辛辛那提公司（现在其铺带/铺丝设备业务属于法国FIVES GROUP）生产的品牌Viper铺放机，已从Viper1200、Viper3000升级到Viper6000，其纤维铺放系统采用先进的计算机控制，可铺放不同厚度、高度及结构的多种制件，而且废料量只有2%。其中最新型号是Viper6000能操作86～180kg的芯轴，可以铺放并控制的丝束由24束增加到32个纤维束，使铺层带宽从7.6cm增到10.2cm，其铺放速度达到30m/min，精度为±1.3mm。沃特飞机公司采用这种铺放机生产波音787的机身段，可铺放直径6.5m、长17m工件，见图2-19。

图 2-19　自动铺丝

### 5. 液体成型技术

液体成型技术是一种低成本复合材料制造方法。复合材料液体成型技术是以RTM为主体，包括各种派生的RTM技术，有25～30种之多，其中以RTM、真空辅助成型（Vacuum Assisted Resin Infusion，VARI）和树脂膜熔渗成型（Resin Film Infusion，RFI）技术为代表的复合材料低成本液体成型技术，引起人们的广泛关注，成为当前国际复合材料领域研究与发展的主流。

RTM成型工艺的基本原理是将纤维增强材料，铺放到封闭模具的模腔内，用压力将树脂混合胶液注入模腔，并浸透纤维增强材料，然后固化、脱模成型为制件，基本原理见图2-20。RTM的优点是成品的损伤容限高，可成型精度高、孔隙率小的复杂构件及大型整体件。RTM 成型的关键是要有适当的增强预型件以及适当黏度的树脂或树脂膜。RTM 工艺的主要设备是各种树脂注射机和整体密闭型模具。

　　A380 上舱门连接件、副翼梁、中央翼盒的 5 个工字梁、襟翼导轨面板、悬挂接头以及机身框等采用 RTM 技术制造。F-35 垂尾采用 RTM 成型技术制造，见图 2-21，该制件长 3.65m，重 90kg，减少紧固件 1000 余个。

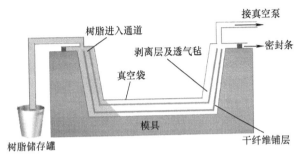

图 2-20　液体成型示意图　　　　　　　　图 2-21　F-35 垂直尾翼

　　在复合材料 RTM 构件的开发中，由于其工艺的特殊性，需要对模具、工艺参数、工艺过程实施等进行科学的设计，否则在制造中容易产生脱黏、分层、夹杂、气孔、疏松等缺陷，使得构件不能达到其使用性能。如何在较低的成本和较短的周期下设计出既能满足生产工艺需要，又能保证产品质量要求的 RTM 工艺方案，一直是复合材料业界积极讨论的热点之一。传统的方法是评鉴经验进行试制、改进，不仅耗时耗力，而且难以保证产品质量。在工艺设计阶段，采用数字化技术进行工艺仿真模拟，可以协助选择最佳的 RTM 工艺参数，选择胶口位置，预测缺陷等，从而提高工艺设计效率、模具开发效率，降低生产成本和提高产品质量，现已经成为航空制造企业实现先进航空复合材料构件开发的关键技术之一。

6. 编织工艺

　　随着新型增强材料结构的不断创新，编织技术和预成型体技术与 RTM 技术相结合，形成了新的工艺发展和应用方向。如采用 3D 编织技术将增强材料预制成 3D 结构，然后再与 RTM 工艺复合，也可将纤维织物通过缝纫或黏结的方法，直接预制成制件形状，再采用 RTM 工艺成型复合材料。

　　常见的编织方式有 2D 编织和 3D 编织两种，2D 编织机主要组成有携纱器、轨道盘与芯轴。携纱器是负责携带编织纱在轨道盘沿特定路径运动，在运动的同时，输出编织纱绕在芯轴上，见图 2-22。其主要优势在于对于大批量应用非常有效，生产可以自动化，可生产坚韧的编织管状预制件，具有更好的抗扭性，低材料浪费，可与其他制造工艺结合。目前在航空航天及汽车行业均有一定的应用场景。

　　3D 编织是在 2D 编织的基础上增加了轴向纤维，从而织出立体整体的织物。3D 织物根据编织方式的不同目前分为三维四向、三维五向、三维六向及角联锁等结构，见图 2-23。3D 织物好处很多，目前多用作复合材料中的增强相，克服了传统复合材料夹层式结构，避免了分层情况，具有良好的抗冲击性能及抗疲劳性能，在一些结构件中可以做到一次成型，是一种连续纤维的增强结构，主要用在航空航天领域。

图 2-22　2D 编织机

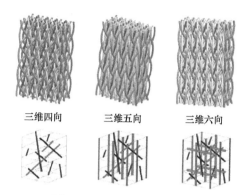

三维四向　　　三维五向　　　三维六向

图 2-23　3D 编织结构示意图

　　编织结构材料的最终性能容易受纤维路径与芯轴的影响，在制造的过程中容易发生厚度偏差以及纤维覆盖率不足等缺陷。因此，采用数字化手段对编织过程进行实际的仿真也变得重要，通过优化机器设置来优化铺层，生成与所需铺层和外部形状相对应的初始芯轴形状及最佳的纤维铺放角度。通过在制造过程中自动仿真和预测复合材料行为，预测纤维覆盖率等制造问题的几何特征等，指导实际编织工艺的工艺参数控制，见图 2-24。

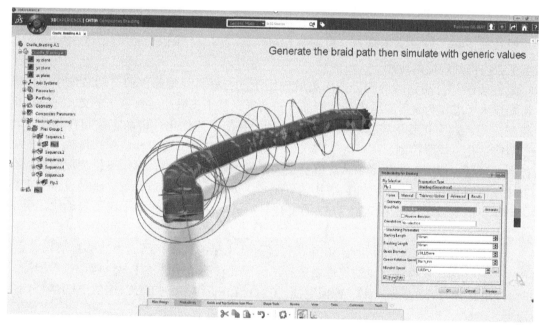

图 2-24　编织工艺的仿真

## 2.4　加工及检测技术

### 2.4.1　加工技术

　　复合材料制件成型后，需要进行机械加工，包括外形尺寸加工、钻孔等，要求具有很高的加工质量。复合材料制件属于脆性各向异性材料，常规的加工方法不能满足复合材料加工质量要求。传统切割方式在加工纤维材料时具有以下缺点：切割速度慢、效率低；复合材料制件属于易变形材料，切割精度难以保证；在切割高韧性材料时，刀具和钻头等磨损快、损耗大；加工复合材料层合板时易发生分层破坏等。因此要求复合材料生产需配备大型自动化高压水切割机、超声切割设备、激光切割设备和数控自动化钻孔系统等专用设备，以满足复合材料制件经加工后无分层磨损且符合装配尺寸精度的要求。

　　水切割是以高速的水切割砂和水流对物质进行摩擦加工，在这个过程中即使产生很小的热量也被冷却了，这种混合磨料的切割能力很强，大型机翼蒙皮层合板一般采用大型高压水切割机进行净形切割，世界上最大切割机的床身为 $36m × 6.5m$，由 Flow International 公司制造，见图 2-25。这种磨粒喷水切割机可以快速切割厚的层合板而不致产生层合板过热，

25mm 厚的层合板可以 0.67m/min 速度切割，对 6mm 薄的层合板，切割速度可以高达 3m/min，厚的蒙皮可以 0.39m/min 速度切割，其最新的 Mach700 系列设备切割速度达到 36m/min。

　　超声切割设备将超声振动能量加载在切割刀具上，可有效地分离纤维材料的边界，从而有效解决上述传统切割方法带来的问题。超声切割技术的切割质量优良，具有无毛刺、无刀具磨损、无碳化材料、切割力小、不易造成分层及切割速度快、精度高等特点，已经在国外航空企业内得到广泛的应用。

图 2-25　大型水切割设备

　　柔性装配、自动钻铆等先进技术集成应用于复合材料大型部件的自动装配中。飞机柔性装配技术考虑作为装配对象的航空产品本身特征，基于飞机产品数字化定义，通过飞机柔性装配流程、数字化装配技术、装配工装设计、装配工艺优化、自动定位与控制技术、测量、精密钻孔、伺服控制、夹持等实现飞机零部件快速精确的定位和装配，可减少装配工装的种类和数量，提高装配效率和装配准确度，提高快速响应能力，缩短飞机装配周期，增强飞机快速研制能力。它是一种能适应快速研制、生产及低成本制造要求、满足设备和工装模块化可重组的先进装配技术。如 B787 的复合材料机翼结构件的移动采用了自动化导引车等柔性装配技术。

　　自动钻铆技术起源于 20 世纪 50 年代，经过几十年的发展，已成为能够自动完成定位、制孔、送钉、铆接及检测功能的先进制造技术。国外自动钻铆设备主要供应商以美国捷姆科（GEMCOR）、EI（Electroimpact）、德国宝捷（BROETJE）、意大利 B&C（BISUACH&CARRU）为代表。

　　自动钻铆机广泛应用于复合材料大型部件的自动装配，如 A380 机翼装配采用了自动化可移动钻孔设备。这些钻削设备与传统金属材料钻削设备的本质区别在于，为保持铆钉孔周围的结构完整性，要求钻孔时无分层，因此制孔一般要用硬质切削刀具，采用多步钻孔法。鉴于复合材料的制造方法不同，其可切削加工性也各异。例如，编织结构为"十"字形花样的织物，比单向排列的织物带易切削，后者的磨损力更大且易产生分层、钻孔时有纤维未切到的问题。因此，根据复合材料构件不同的成型方式，应选择不同的钻削参数、材料及形状的钻头。

## 2.4.2　检测技术

　　复合材料构件有着与金属构件完全不同的缺陷类型。制造过程中所形成的缺陷通常可

归纳为：孔隙率超差、分层（层间开裂）、疏松、纵向裂纹、界面开裂、夹杂、树脂固化不足、贫脂或富脂、纤维不准直、铺层顺序失误、预浸料重叠或缝隙等。

目前，针对复合材料常用的无损检测方法主要有目视法、超声波法、X 射线法、光学法、微波法和声发射法等。目视法主要用于检测复合材料表面肉眼能够观测到的缺陷，对于复合材料内部的缺陷无法识别。复合材料构件缺陷无损检测应用最多的方法是 X 射线和超声 C 扫描技术，此外，激光剪切摄影及激光超声检测也是主要发展方向。但是，复合材料缺陷的类型很复杂，单靠一两种传统的无损检测技术来解决，实际上很困难，甚至可以说是不可能的。工程实践中，通常采用两种及两种以上的不同检测方法对缺陷进行检测，以便互相验证和补充。

在超声检验技术方面最重要的进展之一是相控阵检验的开发，见图 2-26。相控阵超声检验与传统超声检验相比，改进了探测的概率，并明显加快了检验速度。传统的超声检验要用许多个不同的探头来进行综合性的体积分析，而相控阵检验用一个多元探头即可完成同样的结果。这是由于每一个元素探头可以进行电子扫描和电子聚焦，每一元素探头的启动都有一个时间上的延迟。其结果是合成的超声束的入射角可加以变化，焦点深度也可以变化，这就是说体积检验的速度可以比传统法快得多。因为用传统法时，探头必

图 2-26　基于相控阵超声波检测开发的一种先进的超声波技术

须适时更换，而且必需多路传输才能得出不同的入射角和焦点深度。此外，相控阵探头可提供更宽的覆盖范围，从而比传统探头有更高的生产效率。

## 2.5　我国复合材料发展现状及机遇

目前碳纤维生产几乎是以日本和美国企业垄断的状态，2020 年，日本东丽碳纤维产能高达 64 千吨，德国 SGL 和日本三菱化学紧随其后，排名前五的还有日本帝人集团和美国赫氏，见图 2-27。近年来随着我国碳纤维技术的发展，我国的民族企业中复神鹰、江苏恒神、精工集团以及光威复材等产能可观，已经成为一股强大的力量，整体看碳纤维产业，国际巨头无论是制备技术与成本以及应用技术及生态，依然主导着全球碳纤维市场，我国碳纤维工业在产业化规模、成本控制、质量一致性及技术设备自主研发创新方面与国际先进水平仍存在不小的差距。

近年来，我国碳纤维的需求量呈现波动增长的态势。以体育用品及风电叶片的强劲增长带动了我国碳纤维的消费量。目前我国已基本实现 T700 级碳纤维国产化，但碳纤维整体产品仍处在中下游水平。2019 年，我国碳纤维市场规模实现 8.22 亿美元，较 2018 年同比增长 15.67%。

2020 年我国碳纤维的总需求为 48851t，对比 2019 年的 37840t，同比增长了 29%，见图 2-28，其中，进口量为 30351t（占总需求的 62%，比 2019 增长了 17.5%），国产纤维供应量为 18450t（占总需求的 38%，比 2019 年增长了 53.8%）。2020 年的我国市场的总体情况是：供不应求，无论是进口还是国产纤维。预计到 2025 年，我国碳纤维需求量有望达到 15 万 t，复合年增长率达到 25%。

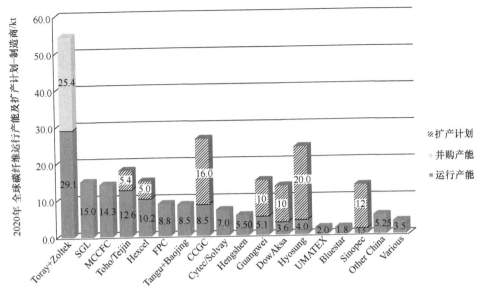

图 2-27　2020 年全球碳纤维产能统计

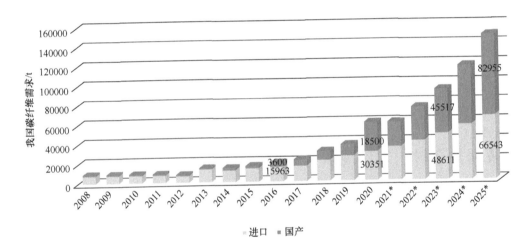

图 2-28　我国碳纤维需求量

随着我国高端碳纤维技术的不断突破以及生产向规模化和稳定化发展，企业布局逐渐向高附加值的下游应用领域延伸，企业盈利能力有望逐步恢复，市场走向良性健康发展道路。虽然国产碳纤维在纤维离散系数、断裂伸长率、上浆剂种类及上浆量、行业整体产能、成本控制等方面与国外知名碳纤维生产商相比还有较大差距，但市场对国产碳纤维的认可度有了显著提升，进口替代在稳步推进中。

尤其是在国务院正式发布的《中国制造 2025》中，对我国制造业转型升级和跨越发展做了整体部署，明确了建设制造强国的战略任务和重点，选择十大优势和战略产业作为突破点，力争到 2025 年达到国际领先地位或国际先进水平。随着国产大飞机项目、风电及汽车轻量化战略的不断推进，我国复合材料规划用量会不断扩大，对复合材料高效率、低成本的生产需求也越来越强。因此自动铺丝机等作为复合材料生产关键核心装备技术，必然会引起国内高度重视。

同时我们也注意到，2018 年到 2022 年，国际形势风云变幻，尤其是中美关系以及中国与美国西方盟国的关系变化，对复合材料产业也形成了一定的影响。其中，最显著的变化是在装备出口方面的收紧，一些核心设备的出口许可证申请难度变大，周期变长；一些辅助设备从自由出口到"最终用户声明"或管控。另外即便是通过复杂的管制手续，用高昂的代价采购回来的设备，实际使用效果可能也并不如人意。

随着美国对华关税的普遍增加，中国复合材料产业融入国际产业链的步伐将放缓或受阻。国家相关部委也在紧密布置对"卡脖子"项目及重大短板装备等的相关工作，坚持自主创新，加大技术储备，突破国外技术封锁。一切危险都伴随着机遇，在国际环境恶化的条件下，自己掌握了核心工艺及装备技术，不仅可以为中国复合材料企业的后续发展提供有力的装备保证，还能培养出优秀的装备制造企业。随着国内新支线客机 ARJ21、国产大飞机 C919、宽体客机 C929 等新飞机的研制与生产，以及更广泛的国际合作，国内复合材料迎来崭新的发展机遇，尤其是我国"十四五"规划进入开局之年，这也将为包括原材料及制造设备等复合材料相关产业链带来广大的市场空间，我们有理由相信国内复合材料行业会有更加美好的明天。

# 第 3 章　复合材料数字化研制背景

## 3.1　复合材料引领新一代装备

工业革命总是由新的技术驱动的，第一次工业革命使用蒸汽机的机械生产，第二次工业革命是使用电能的基于劳动分工的批量生产，第三次工业革命引入电子和信息技术提升了生产的自动化水平，目前正在开展的第四次工业革命是以智能自动化以及物理与虚拟世界的融合。智能制造技术已成为世界制造业发展的客观趋势，世界上主要工业发达国家正在大力推广和应用。持续的竞争要求企业不断提高效率，缩短产品上市时间，提高柔性生产的能力。发展智能制造是实现企业转型升级的必然选择。

当前，先进复合材料的自动化制造技术已经在国外民用飞机行业得到了广泛的应用，尤其是自动铺丝技术。自动铺带技术解决了飞机小曲率机翼、尾翼等翼面类复合材料结构的制造问题，将飞机的复合材料用量提升到结构质量的 25% 左右。而自动铺丝技术解决了大曲率机头、中机身、后机身、机翼大梁等复杂结构的制造问题，将飞机的复合材料用量提升到机体结构质量的 50% 左右，已经成为复合材料工程化应用的里程碑。自动铺丝技术能有效降低生产成本，提高生产效率，有利于复合材料构件质量的可靠性和稳定性，经济效益显著，已经成为机身结构制造的典型工艺。大型客机 B787、A350 的机身结构、机翼等已全部采用自动铺丝技术进行制造。

综上可知，复合材料的智能制造是复合材料行业在数字化时代的发展目标，实际上《中国制造 2025》中提出智能制造分三阶段，即数字化、网络化、智能化。目前，全球范围内，现有的企业能达到智能化水平的还很少。智能化的基础是数字化，首先要把产品、生产过程、管理进行数字化变革，在此基础上，再把不同的装备和装备之间、装备和产品之间、装备和人之间，建立起通信网络，最终实现网络化。从而对复合材料研制过程中全部数据提供了完整的可追溯性—数字线程涵盖、映射了产品的生命周期，从原材料到设计流程、制造过程，再到 MRO（维护、修复和运营）在数字化和网络化都已实现的基础上，才可以实现智能制造。

## 3.2　数字化研制的必要性

传统的复合材料以 2D 机械制图为代表的产品设计模式至今为止已延续了近 200 年，随着近代计算机技术的飞速发展，产品设计模式逐渐向 3D 数字化设计方向转变，进而到当前世界先进企业形成较为完善的基于模型的定义（MBD）设计模式。先进碳纤维复合材料，具有轻质、高强、高模量、良好的抗疲劳性、耐腐蚀性及可设计性突出、成型工艺性好和成本低等特点，是理想的航空航天及工业结构材料。对于航空航天飞行器以及先进装备结构设计，碳纤维复合材料应用逐步提高是技术发展的必然趋势，在提高产品性能、降低产品重量，实现大规模个性化定制方面有重要作用。

国内的复合材料设计、制造工作经历了如图 3-1 所示的几个阶段。

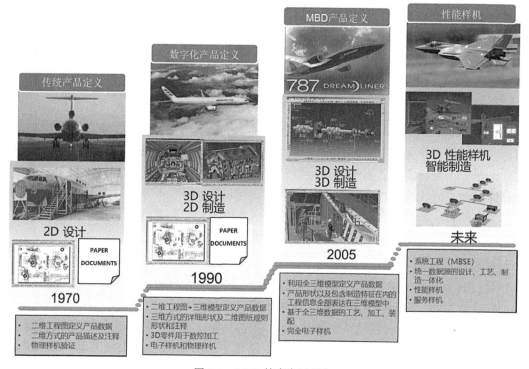

图 3-1　MBD 技术发展历史

第一阶段：2D 图纸与模线样板结合阶段。

该阶段广泛地采用了模拟量传递的设计、制造手段，导致复合材料零件的研制周期非常长，且当时的加工手段较为落后，多采用手工裁剪方式进行下料。

第二阶段：2D 图纸与 3D 数模结合阶段。

随着数控下料机等数字化设备的引进，制造部门的下料手段发生了变化，对上游设计部门的要求也随之改变，抛弃了传统的模线样板，引入 3D 实体数模，工艺部门对照零件图纸将 3D 实体数模信息转化为能够用于数控下料机下料的单层数据。但由于存在通过 2D 图纸转化 3D 数模的中间环节，工作中难免出现错误。

第三阶段：MBD 阶段。

随着国内 MBD 技术应用的不断深入，专业的复合材料设计软件逐渐走入航空领域，典型的如达索系统的 CATIA 软件 Composite Design 模块。通过专业的复合材料设计软件，设计人员将所有在 2D 图纸中表达的信息都通过 3D 模型进行表达，不但保证了数据源的唯一性，更提高了设计信息的表达与传递的速度。

传统研制模式下，基于 3D 模型和 2D 文件并存传递及串行工程的方法设计质量粗放、效率低，无法满足新一代面向工业 4.0 产品"优性能、高质量、高效率"的要求，具体存在以下几个关键的问题亟待解决。

1）传统设计与工艺缺乏有效的协同设计环境和规范，串行的模式研制效率低。

2）传统设计采用 3D 模型和 2D 图纸结合的方法，数据源不唯一，质量控制难。

3）传统的设计工艺结合弱，产品研制精细化程度低，性能不够优化。

4）传统的工艺依靠 2D 工艺卡片，与 3D 的结合较弱，无法与设计端做到实时的更新。

5）传统的仿真需要依靠多个不同的 CAE 工具，彼此之间的数据传递需要进行格式转化，过程中存在数据丢失的问题，无法考虑到制造的纤维实际方向，设计有更新时，需要对仿真数据手动更新。

## 3.3  复合材料研制特点

### 1. 材料种类多、性能参数多且离散度大

碳纤维复合材料本身就是一种结构性材料，基于树脂基体材料的复杂性及树脂与纤维之间存在复杂的力学关系，因此，材料的力学与物理特性离散度往往较大，关键性能参数往往需要大量样本进行统计。基体的树脂材料在固化前化学稳定性不是很好，材料部分属性会随着存储时间不同而发生改变。另外，材料在固化过程中发生相变，要准确描述这一过程需要七八十个参数。因此，碳纤维工业化进程中引入的材料数据将是传统材料的几十倍甚至上百倍。

### 2. 结构设计难度大、变量多

结构设计难度体现在设计变量多，最基本的有铺层方向和铺层顺序参数，其次碳纤维分为单向带和织物，而织物又有平纹、斜纹及更复杂的编织方式。

另外，碳纤维复合材料结构的强度设计非常困难。复合材料的破坏模式比较复杂，简单的有纤维拉伸破坏、基体拉伸 / 压缩破坏、基体剪切分层破坏，还有 Tsai-Hill、Tsai-Wu 等准则所表征的更加复杂的破坏模式。复合材料结构的强度破坏模式都需要配合大量试验进行确定。因此，复合材料结构设计与强度校核中所发生的数据量是传统材料的数十倍。

### 3. 基于制造过程复杂、工艺参数多

复合材料制造与传统材料完全不同，主要有热压罐工艺、液体成型工艺和模压工艺等。每一种工艺针对的材料体系就有可能不同，另外制造过程还涉及如隔离膜、透气毡、腻子条、胶膜等十几种辅料。多数传统材料零件制造都是基于对坯料加工的基础上进行的，质量方面主要关注几何精度，而复合材料零件制造工艺与传统零件完全不同，不仅仅要关注几何精度，更要关注零件内部的缺陷问题。不同的工艺参数，如时间、温度、压力等与零件内部质量有非常密切的联系。

另外，复合材料由于其各向异性所导致固化变形问题很难避免，会直接影响零件几何外形，因此提前对模具进行型面补偿的过程，也涉及大量设计数据处理。利用碳纤维复合材料工业化应用过程中产生的数据，使这些数据变为一个有机的整体，需要解决如数据分析平台的顶层设计问题、数据的生成问题，数据的采集问题、数据筛选问题、数据定义问题、非结构化数据处理问题、计算建模问题、模型求解问题、数据分析结果验证问题等。

## 3.4  复合材料智能化的主要内容

所谓复合材料智能制造是将人工智能融进复合材料制造过程的各个环节，通过模拟专家的智能活动，对制造过程的物理、化学行为进行分析、判断、推理、构思、决策，自动实时监测复合材料成型过程任意位置的状态，并通过专家系统自动调整其工艺参数，以实现复

合材料成型质量最佳状态的制造。此外，建立通用性、兼容性、功能性强大的虚拟制造软件集成平台，通过构件制造全过程的模拟技术，实现完整制造工艺方案的优选。

复合材料智能制造的实质就是将不断改进的传统制造技术与大数据、云计算、移动互联网等新一代信息技术，特别是人工智能技术进行深度融合，它覆盖制造业的数字化、网络化与智能化，贯穿产品设计、制造、运行、维护等全生命周期各个环节。它是一个不断演变的大系统，如过去开展的柔性制造、虚拟制造、并行工程、数字化加工等，正在开展的网络化制造、"云制造"及未来的智能制造，都是其在不同阶段的表现模式。

通过打造碳纤维复合材料结构设计与工艺一体化设计大规模个性化定制智能制造，基于 MBD 的碳纤维复合材料设计与工艺一体化设计方法并应用到产品研制，并以工业 4.0 智能化生产为支撑，打破个性定制难以规模生产的瓶颈，做深全品类个性化定制领域。通过唯一的 3D 模型，集成所有的设计信息和必要的工艺信息，统一全过程数据源。通过调研国外先进企业数据集表达方法，总结出适用于碳纤维复合材料结构零件数据集定义方法，包括零件属性信息、零件注释信息、零件几何信息和铺层信息。建立 3D 模型数据集的基于集成化表达、数字化制造方式，对设计下游的活动，包括工艺、工装和制造等进行顺势牵引拉动。构造以 3DEXPERIENCE 平台为依托，以模型为核心的设计、制造一体化精细化设计流程，并形成相关规范体系进行流程固化。通过建立自动测试工装系统，优化碳纤维复合材料工艺智能化设计，实现自动化连产，关键业务见图 3-2。

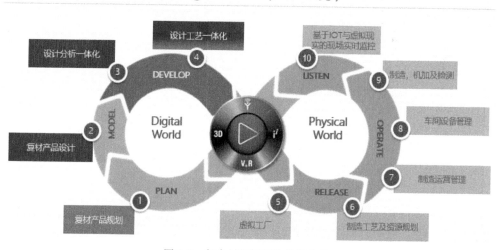

图 3-2 复合材料智能化关键业务

综合国外碳纤维复合材料智能制造先进工艺及国内现有生产模式，为实现碳纤维复合材料大规模智能制造，采用自动化技术与数据分析技术提升制造水平，涉及几个方面：

1）工艺流程的数字化设计。相比于设计参数、材料特性等较直观的数据，将工艺流程数字化表征，体现工艺的特点，形成智能空间的分析依据。

2）利用虚拟仿真技术对材料数据和工艺数据进行数学与力学建模，建立上述数据与复合材料零件质量的内在联系，形成核心数据关系链条，解决"制造—质量"的核心关键问题。

3）复合材料制造过程中的材料参数与工艺参数密切相关，在铺层、RTM 设备及模具上考虑安装监测传感器，形成材料参数与工艺参数在线监测与反馈机制，尤其是形成材料固化过程中的材料属性监测与固化条监测的闭环，保证智能制造条件下的零件质量。

4）实现基于虚拟空间的制造技术，形成基于大数据分析与仿真技术为核心的虚拟分析平台，对"设计—制造"过程中的结构设计参数、材料参数、工艺参数、设备参数进行预先迭代匹配，形成最优工艺方案，然后发送指令至制造设备，再利用在线监测数据对生产过程控制与优化，最终生产出高品质的零件。

通过对碳纤维复合材料的成型材料、铺层设计和制造工艺广泛采用数字化仿真模拟技术，实现对产品测试的实际仿真，与产品性能协同的工艺参数微调以及评价产品在使用环境中的表现，减少了试验样件的数量，降低了40%的研发成本和缩短了三分之一开发周期时间。通过数据聚合、系统聚合、决策支持对各个子系统进行生产优化和管理调控，达到降低成本、节能减排、提高效率、工艺优化等的目的，具有很好的环境效益。有效地保证了复合材料制件的内部质量和批次稳定性，如准确的树脂含量、低或无空隙率和无内部其他缺陷，提高了生产效率，减少了人力成本。同时，通过应用示范，向更多制造企业推广信息化解决方案，提供信息化知识、产品、解决方案、应用案例等资源，有助于其他企业建设适合于本企业的信息化系统，同样达到减能增效的目的。

# 第4章　体验时代复合材料一体化研发方案

3DEXPERIENCE 平台为复合材料设计提供了一个以过程为中心的解决方案，覆盖整个复合材料产品开发流程，帮助客户一站式建立复合材料产品虚拟研发能力，改变了过去以单个工具为主的研发方式，让设计师和制造商减少设计和制造复合材料部件所需的时间。其可以帮助企业控制复合材料开发和建设成本，减少制造周期时间和缩短上市时间；预测全局行为，以避免过度设计部件、破坏最初的轻量级属性并产生额外的成本；执行烦琐、复杂的铺层设计，同时通过考虑制造约束条件和产生必要的输出来确保可制造性；实现设计部门和制造部门的并行交互工作，以避免误解、错误和延迟。

## 4.1　复合材料设计

### 4.1.1　数字化复合材料设计的现状及面临的挑战

复合材料数字化应用，主要是通过数字化的手段，来实现复合材料的设计、分析以及工艺数据准备，甚至到后端的工艺规划和排产排程。各个企业通过对数字化的建设，可以辅助加速产品的研发。而目前复合材料数字化应用流程见图 4-1，主要面临的挑战有如下几点：

1）复杂的几何 / 曲面外形；

2）设计、分析的高度集成；

3）复杂的材料行为；

4）对制造问题的预判：有限的试验 & 试错；

5）多种制造工艺；

6）并行设计；

7）数据管理；

8）研发流程长（设计、工艺、制造）；

9）成本（材料、人力、设备）。

图 4-1　传统流程

面对以上复合材料研发的挑战点，数字化复合材料能力的建设需要满足以下 3 点：

1）高效专业的复合材料建模能力；

2）集成高效的数字化研发与管理环境（CAD/CAE/CAM/PLM）；

3）设计、分析、工艺制造一体化方法。

目前达索的 3DEXPERIENCE 平台可满足这 3 个能力点。通过集成 CATIA V5 中的复合材料设计 CPD（Composite design）的全部专业建模能力，增加高级纤维建模仿真器（Advanced fiber modeler），融合了 CATIA 的优秀的曲面算法，让 3DEXPERIENCE 平台中的复合材料建模更高质高效；通过统一的 3DEXPERIENCE 研发平台，打破了原有的工具理念（CATIA V5、Abquas、Delmia），数据在研发的各个阶段涵盖所需信息，达到成熟度后，转到其他部门（或阶段）进行消耗或者附加新的研发信息；完全摒弃了数据的导入导出及转换等过程，让平台中所有的研发人员都可以基于同一份数据开展协作，加速产品研发，见图 4-2。而复合材料的设计、分析、制造一体化方法，借助平台上的设计、分析一体化能力，分析工程师与 CAD 工程师能更快地进行多轮次优化迭代，获得更优的复合材料设计；依据平台的面向 CAD 工程师的工艺性仿真能力，CAD 工程师和工艺工程师能在初设阶段就考虑可制造性，把制造缺陷和问题在研发早期解决。

图 4-2　3DEXPERIENCE 平台复合材料方案

## 4.1.2　基于 3DEXPERIENCE 平台的整体复合材料设计方案

复合材料设计、分析与制造一体化端到端协同场景包括以下部分：设计输入、复合材料设计、复合材料分析、复合材料工艺以及复合材料制造。通过这 5 个部分数据的传递与相互关联，实现了复合材料件的快速设计、验证、工艺与制造，见图 4-3（其中"设计输入"及"复合材料设计"将在本节介绍，"复合材料分析"将在 4.2 节中介绍，"复合材料生产准备"将在 4.3 节中介绍，"复合材料制造"将在 4.4 节中介绍）

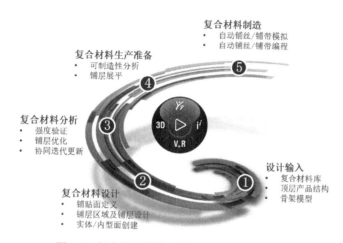

图 4-3　复合材料设计、分析与制造一体化场景

1. 设计输入

（1）复合材料库

由初步零件的早期属性定义，材料属性定义见图 4-4，有如下特点：

1）复合材料库完全实现线上保存与调取。

2）复合材料的物理、工艺以及力学属性。

3）定义复合材料的类型（如单向带、编织布等）。

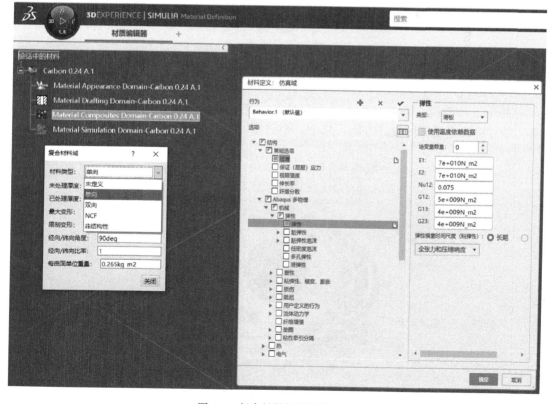

图 4-4　复合材料材料属性定义

4）定义厚度、材料宽度、变形角度、密度等物理属性。

5）定义模量、泊松比、拉伸/压缩强度等强度数据。

6）材料库可控更新：一旦线上材料库更新，所有相关零件都会关联可控更新。

（2）协同产品结构树

基于现有产品结构，划分复合材料与周边零件的产品结构，保证可协同的设计环境，同时实现后期版本可控更新。

（3）主几何体调用

关联引用主几何参数，保证自顶向下的关联设计。当主几何发生调整时，相关联的零件会自动更新，进而提高设计效率与质量。

（4）复合材料设计

复合材料常见设计方法有4种，分别是手动法、区域/网格法、实体切片法和Excel法，见图4-5。

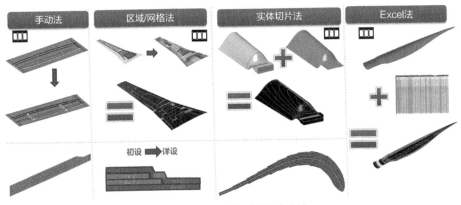

图 4-5　复合材料不同设计方法

2. 复合材料设计

在初步设计阶段，通过分析产品几何特征、工艺方案以及历史经验设计数据，可从4种常见的方法确定最佳的设计方案。其中一个完整的设计流程见图4-6。

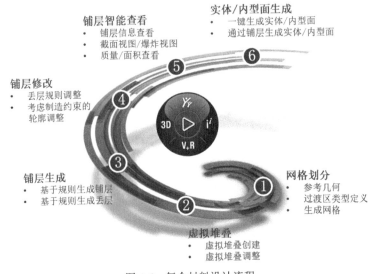

图 4-6　复合材料设计流程

（1）网格划分

沿用现有的参考几何（长桁、框、加强筋），划分铺层的厚度区边界，更符合具有装配关系的设计需求（装配区周边往往存在厚度变化，以满足装配要求）。划分网格后，给网格赋予层压（即该网格区域的厚度和铺层比例）信息，见图 4-7。

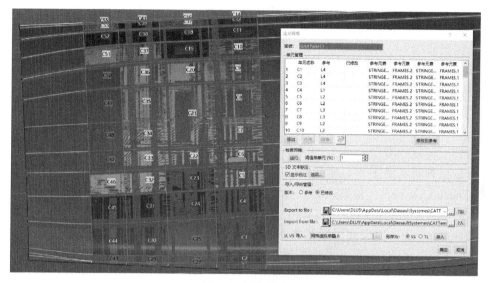

图 4-7　网格划分

（2）虚拟堆叠

网格虚拟堆叠根据已定义的各区域的层压板将同一方向属性的各区域铺层整合在一起，并自动堆叠在一起。单击"Virtual Stacking"即可生成。通过在虚拟堆叠阶段，可快速地调整铺层的顺序、对称性、层与层的置换、层区域调整等，同时也支持快速导入导出 Excel 等文件，完成数据传输与更新，见图 4-8。

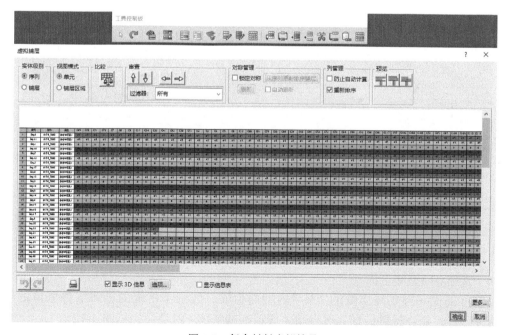

图 4-8　复合材料虚拟堆叠

（3）铺层生成

单击"Ply Creation"，选择偏移方式［最小交叉（Minimum crossing）、交叉最小值与重量节约（Minimum crossing&Weight saving）、最小重量（Weight saving）］，如选择"最小交叉"偏移模式，则可以定义铺层过渡生成方式，见图4-9。

（4）铺层修改

对自动生成的铺层，可通过丢层规则调整，以及制造约束考虑，实现对铺层的自动快速调整；同时也支持手动铺层轮廓、信息的调整，见图4-10。

（5）铺层智能查看

设计信息查看（见图4-11）包括：

1）Check Contours：检查边界。

2）On the fly information：查看铺层等信息。

3）Ply Explode：生成铺层爆炸曲面。

4）Ply Section：检查某一截面的铺层排布。

5）Core Sample：检查取样点处的铺层信息。

6）Interactive Ply Table：管理铺层表信息。

7）Numerical Analysis：查看铺层的面积、体积、重心、成本，材料、方向等信息，可以输出信息文件。

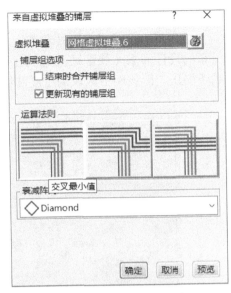

图4-9　铺层偏移方式设计

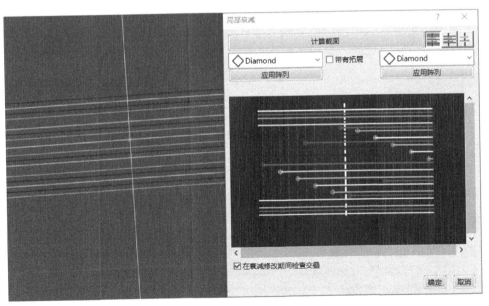

图4-10　铺层修改示意

（6）实体/内型面生成

目前可提供一键式高质量的实体/内型面生成，区别于传统的金属零件繁重的建模过程，通过已有的复合材料信息，可自动生成精准的实体/内型面，见图4-12。

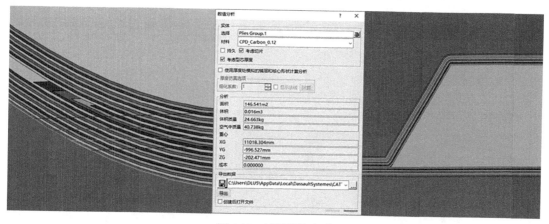

图 4-11　铺层智能查看

根据以上复合材料设计流程，其主要有如下特点：

1）网格法可以沿用现有的参考几何（长桁、框、加强筋），划分铺层的厚度区边界，复合装配约束的设计需求。

2）铺层的规范化设计，其中包括灵活的调整丢层区域比例、铺层厚度上的自动对称设计，以及丢层的结束区结构设计等。对以上规范化设计，提供一键式实现能力。

3）考虑生产约束的设计，当使用铺带机进行最后的加工制造时，提供一键式铺带最短切割长度的设计。

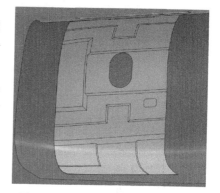

图 4-12　复杂铺层机身壁板实体自动生成示例

4）设计过程中，可实现 4 种方法的灵活穿插使用。对于一个复合材料设计件，它的初设阶段，可以通过 Excel 法快速获取复合材料信息建模，而到详设阶段又可以通过网格法 / 区域法实现设计的调整，与规范化设计的融入，最后阶段，可根据零件的模具类型，转化到实体切片法等。以上 4 种方法并不是孤立使用的，设计人员可在建模过程中，灵活调整，获取最优设计。

5）复合材料设计支持一键生成内型面 / 实体，无须设计人员干预，根据现有的参数和支持面，一步实现高质量实体模型生成，大大地减少了由于实体建模引入的额外建模工作，让设计人员聚焦于复合材料铺层设计本身，而非建模工作。

在进行设计的过程中，针对常见的相似几何件，例如长桁、框、加强筋等，3DEXPERIENCE 平台可提供基于工程模板的快速调用，达到快速生成相似的复合材料件。首先，按照参数化建模方法构建模型，并保存入在线模板库中，见图 4-13。

使用时通过在线模板库，快速调取相似零件模板，选择输入参考以及模型参数，快速生成新的零件，见图 4-14。

相似的零件使用模板进行快速设计可以实现：设计结果的再利用，减少重复设计所消耗的时间，进而缩短产品的设计周期；在模板中引入业务规范，进而保证零件的质量；通过调取模板，可以避免设计中引入新的错误，实现快速自动的零件生成。

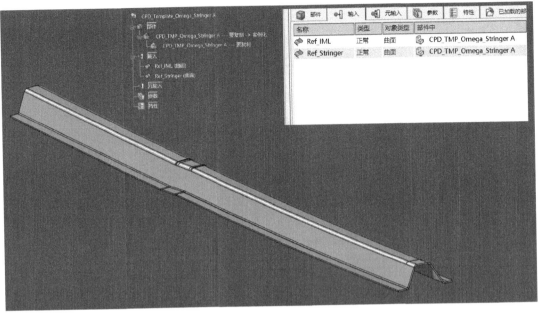

图 4-13 零件模板

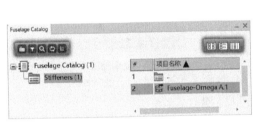

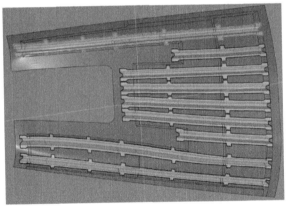

图 4-14 复合材料模板调用流程

综上所述，3DEXPERIENCE 平台的整体复合材料设计方案为复合材料的研发设计提供了高效、专业的建模方式和手段，可以辅助设计人员快速进行设计意图的展示与沉淀，设计获得的复合材料铺层模型，可以继续进行后续的仿真分析及工艺制造准备。

## 4.2　复合材料仿真及优化

### 4.2.1　仿真与设计共享同一数据源

基于 3DEXPERIENCE 平台的仿真分析为 CAD-CAE 一体化提供了基础框架。在强度仿真方面，3DEXPERIENCE 平台的核心价值如下：

1）数据关联。CAD 与 CAE 数据相关联，从而进一步关联到产品全生命周期的各个阶段。

2）快速迭代。设计数据发生变更后，与之相关的仿真分析将第一时间收到提醒，而随之发生的下一轮计算可以充分利用已有的计算模型和工况数据，缩短迭代周期。

以下分别阐述这些特点。

首先，3DEXPERIENCE 平台上的 MSR（Model-Scenario-Result）结构将设计和分析数据关联了起来，见图 4-15，实现了设计和分析数据的关联和追溯。

M（Model）即设计模型，S（Scenario）即计算工况，R（Result）即分析结果。三者不仅表面上统一在同一结构树上，而且内在数据产生关联。

在设计模型发生变更时，同一结构树上的其他节点会提示相关人员进行更新，而数据的内在关联，使得更新操作无须过多干预，大部分情况下可自动完成，见图 4-16。

图 4-15　MSR 结构示例

在设计流程中，方案的冻结和升版是一项重要的活动，而 MSR 能够支持数据升版。在设计模型升版之后，MSR 结构也可以升版，并引用升版后的设计模型，从而形成升版的仿真分析，见图 4-17。

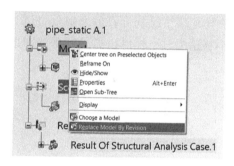

图 4-16　MSR 结构上的更新提示　　　　　　　图 4-17　MSR 结构升版示例

其次，3DEXPERIENCE 平台将仿真分析模型作为设计数据的一种表征（Representation），与设计模型建立了紧密的关联。

FEM（Finite Element Model，有限元模型）与构型（Shape）共同作为产品数据的表征，相互之间形成平行关联。而同一产品数据，可以有多种 FEM 表征，以适应多种分析工况的需要，见图 4-18。

同一产品的多个 FEM 可用于不同计算工况的校核，而每一种校核工况对产品数据的更新请求，将实时反映在构型表达上，这一机制保证了数据的实时同步，避免了因数据更新不及时导致的校核模型与产品实际构型之间的不匹配。

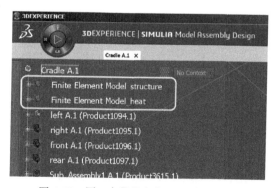

图 4-18　同一产品的多个 FEM 表达示例

有时需要采用来自外部的网格进行强度分析，平台可将这些网格导入，并与设计模型建立关联，见图 4-19。这种数据关联非常重要，例如在复合材料模型上，这种关联允许设计模型上的铺层信息映射到网格模型上。

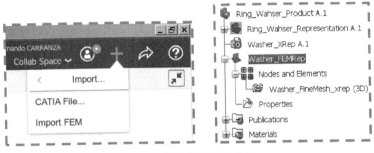

图 4-19　导入外部网格示意

再次，CAD-CAE 数据的一体化，不仅使得两者数据实现关联和同步，而且开拓了新的计算分析技术。

例如，过去数十年来，达索在结构接触技术领域一直处于领先水平，开发了先进的、稳健的接触算法。但接触计算一直面临着一个根本问题，就是模型离散化造成的曲面不精确。在曲面上划分网格后，曲面就变成了离散的折线段，曲面之间的光滑接触就变成了折线段之间的不均匀接触。过去解决这个问题，主要依赖于网格的细化，而在 CAD-CAE 数据实现一体化后，结构计算的求解器可以直接引用设计模型的精确曲面数据，这样一来，即使网格不够精细，一样可以得到精确的曲面接触行为，见图 4-20。

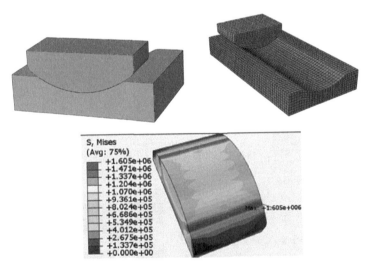

图 4-20　接触计算直接引用设计模型的精确曲面

最后，使用参数和关系建立参数关联，能够将设计变更快捷地更新到 CAD-CAE 一体化的模型中，进一步缩短迭代周期，加快研发流程。

CAD-CAE 一体化的基础框架，为铺层数据的统一提供了条件，也为有限元模型的结构化管理奠定了基础。这一框架构成了达索 MODSIM 概念的关键组分。

## 4.2.2　铺层数据在设计与仿真之间的传递

上一节介绍了 3DEXPERIENCE 平台的 CAD-CAE 数据一体化基础框架。这一框架支持复合材料铺层数据在设计模型与计算模型之间的无缝传递。

在 3DEXPERIENCE 平台上，由 CATIA 完成的铺层，能够在 FEM 环境中直接引用。图 4-21 示意了某翼面铺层数据在设计数模与有限元网格模型之间的传递。

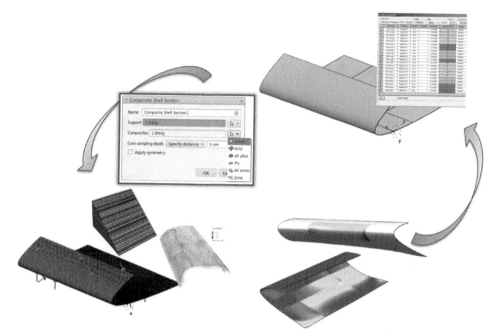

图 4-21　铺层数据传递举例

在这一数据传递链条中，关键的一步是图 4-22 中的铺层选择对话框。

在有限元模型上，3DEXPERIENCE 平台的铺层定义方式与 Abaqus 软件相似，沿用了 Composite Shell Section 的概念，但这里不再填写铺层表格，而是直接选择数模上已有的铺层定义。

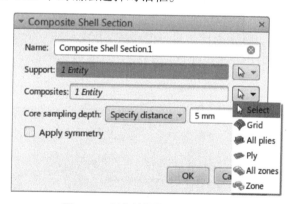

从对话框上可以看到，我们可以选择以各种方式定义的铺层数据，包括网格（Grid）、区域（Zone）、铺层（Ply）这 3 种主要的复合材料定义类型。另外，如果我们在数模上定义了多种不同的铺层，则可在此处选择其中一个，用于有限元计算。这样一

图 4-22　复合材料铺层选择对话框

来，在有限元计算中切换不同的铺层定义就有了一个便捷的途径。

### 4.2.3　结构化的网格管理

3DEXPERIENCE 平台的 CAD–CAE 数据一体化框架，为有效管理有限元模型提供了一个清晰的框架。

首先，3DEXPERIENCE 平台将几何数模和有限元模型均视为同一客观对象（Reference）的不同表征（Representation）。在这一概念下，还可以纳入"抽中面"的行为，将中面模型

视为同一对象的另一种表征。图 4-23 就是一个典型的例子。

从图 4-23 结构树上，在一个 3D Part 节点下，挂着 3 个子节点，第一个是 3D Shape，是数模主体；第二个 FEM，是有限元网格模型；第三个 Abstraction Shape，是从数模主体上抽出来的中面模型。这 3 个模型可以分别服务于不同的目的，比如，FEM 可以依据中面模型来做，而出图则直接采用 3D Shape 模型，这时数模主体与中面相互关联，统一管理，却互不干扰。

进一步地，同一个客观对象下面，可以包含多个相同类型的表征。将图 4-23 扩展一下，得到图 4-24。

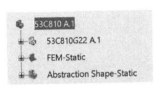

图 4-23　同一对象的不同表征

图 4-24　同一类型的多个相同类型的表征共存

这里，数模主体（3D Shape）只有一个，但中面模型有两个，分别对应两个 FEM。这两个 FEM 用于不同的分析，其中的网格按照不同的分析标准划分。

以上所举两例均为零件（3D Part）对象的不同表征。在装配（Physical Product）对象上，亦可直接包含 FEM 表征，它代表一个装配网格。3DEXPERIENCE 平台，提供两种模式的装配网格：AoM（Assembly of Mesh）和 MoA（Mesh of Assembly）。其中，AoM 是指装配上的网格由装配内各零件的 FEM 拼合而成，见图 4-25。而 MoA 是指装配上单独存储全部的网格数据。通常来说，为了管理复杂的网格构型，AoM 是更常用的一种装配网格。

就像零件上可以有多个 FEM 一样，装配上也可以有多个 FEM。装配上不同的 FEM 分别引用零件上不同的 FEM，就能够反映复杂的网格构型，见图 4-26。

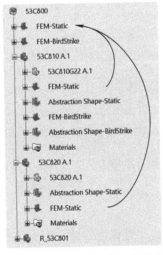

图 4-25　装配网格由各零件网格拼合而成

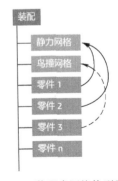

图 4-26　装配多网格构型示意

在装配之上，还可以有更高级的装配，每一级装配都可以有如上所示的多网格构型。图 4-27 是一个实际的例子，从中可以看到网格构型的灵活性。

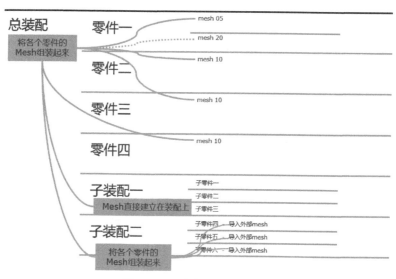

图 4-27　一个实际的网格装配

图 4-27 中的总装配下面不仅包含零件，而且包含子装配。有的零件有多个 FEM，而两个子装配的 FEM 来源各不相同，子装配一，它的网格是 MoA 模式，网格数据直接存储在子装配上，而不在下属子零件上；子装配二，它的网格是 AoM 模式，子装配网格由下属零件网格拼合而成，而子装配二下属各零件的网格又来自外部导入的数据。

结构化的网格管理，为复杂产品的灵活构型、便捷迭代奠定了基础。

## 4.2.4　复合材料强度计算

前面各节所讨论的话题，集中于数据管理和计算模型前处理方面。在强度计算上，3DEXPERIENCE 平台后台仍然采用了久负盛名的 Abaqus 求解器。根据行业组织 NAFEMS 的一份调查，在全世界从事复合材料强度计算工作的工程师中，Abaqus 软件的普及率达到 55%，排名第一。Abaqus 软件受到如此欢迎，与它在复合材料方面的求解优势密不可分。

Abaqus 求解器在单元、材料、黏结等方面，都有针对复合材料的专用算法。

复合材料强度计算最常用的是壳单元（Abaqus 求解器称之为常规壳单元，即 Conventional Shell），见图 4-28。此外，很多场合还需要用到实体单元。

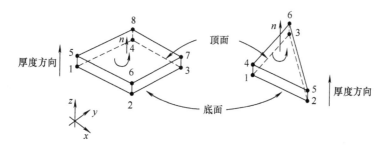

图 4-28　壳单元

另外，Abaqus 还提供两种特殊单元，均适用于复合材料计算。一种是连续壳单元（Continuum Shell），另一种是实体壳单元（Continuum Solid Shell）。这两种单元均采用实体单元的构型（六面体或三棱柱），但格式经过修正，能够应用于薄壁结构。连续壳单元直接采用了经典壳理论，而实体壳单元在实体单元形函数的基础上增加了修正项。在厚度变化较为复杂的结构连接部位，或者厚度方向行为至关重要的局部，这两种单元都更合适。对于双面均须定义接触的薄壁板件，也推荐选择这两种单元。

材料模型对于复合材料强度计算来说至关重要，在这方面 Abaqus 提供了丰富的选择。

对于弹性计算，Lamina、Engineering Constants、Orthotropic 等本构关系能够满足各类分析需要。

与弹性材料相搭配，Abaqus 求解器支持多种失效判据，包括最大应力比、最大应变比、Tsai-Wu、Tsai-Hill、Hashin 等主要模型。在损伤计算方面，Hashin 是早期最重要的复合材料损伤模型，它发展于 20 世纪 70 年代，后来经过多次改进。到了 1998 年，Puck 模型的发表将复合材料损伤计算推向新的高度。进入新世纪以后，LaRC 系列模型在 Puck 的基础上深入挖掘，逐渐成为业界最为认可的损伤模型。Abaqus 求解器现在内置 Hashin 和 LaRC05 两种主要的损伤模型，并且提供一个基于简化 Puck 模型的 Fortran 子程序，便于研究者进行扩展。

针对耗能复合材料，Abaqus 特别提供了 Czone 模型。

另外，编写子程序来定义新的本构关系或失效判据，也十分常见。UMAT、VUMAT、UDMGINI、UVARM 等子程序提供了便捷的接口。达索官方就有一些通过子程序来实现的本构模型，除了前面提到的 Puck 之外，还有如下几个采用 VUMAT 编写的损伤模型（仅适用于显式计算）：

1）WovenFabric，针对编织复合材料。

2）Honeycomb，针对蜂窝板。

3）Tsai-Wu，与 Czone 技术适配，将 Tsai-Wu 判据扩展为一种损伤模型。

在材料方面，还有一大类的工作是多尺度方面的研究。Abaqus 求解器内置 MFH（Mean-Field Homogenization）模型，是一个宏观—微观实时耦合的计算框架。该模型能够在同一个材料定义中，混合多种组分，而每种组分都是一种独立的材料。在求解过程中，根据积分点的应力应变状态，对各组合的性能进行实时评估。这种混合材料，实际上是一种多尺度耦合计算，它将积分点上宏观的应力应变与各组分的微观响应实时耦合了起来。

在 Abaqus 求解器中模拟黏结界面主要有两种方式：黏结单元和黏结接触。

黏结单元是一种体单元，通常很薄，甚至可能是零厚度。这种单元布置在界面的位置，单元与两侧界面通常以共结点的形式连接起来，见图 4-29。黏结单元上需指派特定的材料本构关系，即 Traction-Seperation Law，参数主要包括 3 个方向的弹性模量（必要）以及损伤准则（可选）。

黏结接触是在面面接触的属性中添加黏结行为，可描述黏结面上 3 个方向的力—位移关系，亦可考虑界面破坏。黏结接触使用方便，免去了建立单元的步骤，不要求界面两边的网格匹配。另外，界面的黏结破坏还可以与层内的自动裂纹扩展相结合，还描述更复杂的复合材料破坏行为。

综上所述，针对复合材料计算的全方位支持，再加上在非线性计算方面的持续研发，造就了 Abaqus 求解器在复合材料计算领域的地位。

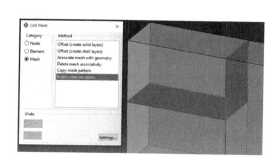
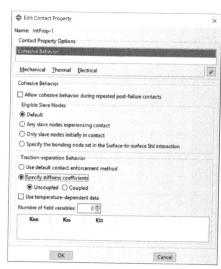

图 4-29　黏结单元

## 4.3　复合材料生产准备

### 4.3.1　数字化复合材料工艺的现状及面临的挑战

复合材料由于有多种工艺方法，见图 4-30，其中包括手铺成型、模压、编织、ATL/AFP、RTM 等工艺，如何在设计阶段通过数字化技术，充分考虑后期的工艺约束，保证设计在实物产品的落地，同时如何生成各个阶段需要的工艺数据，也是复合材料数字化工艺的两大主要内容。

- · 手铺成型工艺：高级纤维建模器-Simulayt AFM，仿真纤维铺覆情况。
- · 编织、模压工艺：工艺性仿真。
- · 液态成型工艺：RTM、VARTM 和 RFI使用了 ESI、Convergent固化工艺仿真工具。
- · 自动铺丝工艺：铺带、铺丝使用了 Coriolis、Ingersoll、MAG/FIVES、MTorres…等硬件伙伴的仿真工具。

图 4-30　复合材料工艺性仿真现状

### 4.3.2　基于 3DEXPERIENCE 平台的复合材料工艺方案

在工程详细设计完成后，进入制造详细设计阶段。该阶段主要定义制造相关信息。复合材料制造定义包括以下内容，见图 4-31。

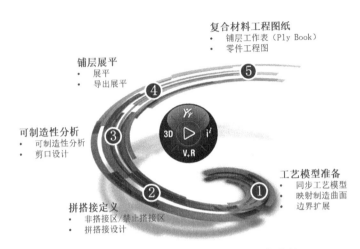

图 4-31　复合材料手铺成型工艺数据准备流程

## 1. 工艺模型准备

复合材料方案为实现端到端的数字连续性，必须保证设计模型与工艺模型的关联性，确保数据自设计端到工艺的唯一性，确保准确的数据下发制造。其中该方案提供了快速工艺模型的准备功能，实现工艺模型的可调节，见图 4-32。

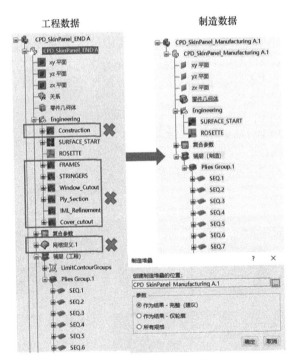

图 4-32　工艺模型准备

考虑到模具曲面和复合材料回弹因素等加工因素，制造工程师将原有的设计曲面转换为制造曲面。单击"Skin Swapping"，选择制造曲面，转换后的铺层自动按照新的参考面重新生成，同时保留工程边界（Engineering Edge of Part，EEOP）以及制造边界（Manufacture Edge of Part，MEOP）等信息，见图 4-33。

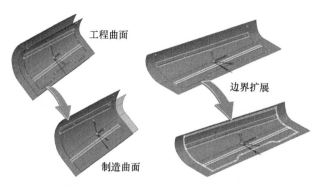

图 4-33　工程曲面映射与制造轮廓扩展

　　在设计模型中，所有的铺层都是按最终零件的轮廓（EEOP）设计的，而工艺模型中，我们需要准备以制造轮廓扩展出的制造铺层，提供了一键式的铺层扩展方式，快速让理论铺层扩展到制造边界的大小。

　　2. 可制造性分析

　　3DEXPERIENCE 平台可提供精准的铺层可制造性分析，将高级纤维建模技术全部植入到平台中，支持厚度叠加计算；支持多种分析策略，包括种子点（Seed Point）、种子曲线（Seed Curve）和铺放顺序（Order Of Drape），见图 4-34；动态实时显示分析结果以及展平图样；在分析的同时可添加剪口；可保存分析结果；支持多种编织形式的铺层分析算法，主要包含以下几个内容：

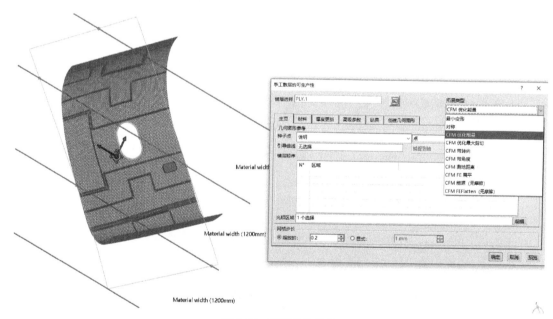

图 4-34　可制造性分析

　　1）通过静态的可生产性评估，设计工程师可以在容易发生皱褶的地方，对铺层进行重新修剪。

　　2）通过动态的可生产性评估，可优化最佳的铺贴起始点，最大量地消减褶皱产生。

　　3）可以仿真铺层超出材料宽度，对铺层进行分割。

4）提供多种纤维传播方式，根据不同的材料以及几何外形，仿真出最贴合实际的工艺过程。

5）支持纤维角度偏差分析统计，且可导出 Excel。

（1）复合材料拼搭接工艺定义

通过可制造性分析获取的搭接线，可实现基于 2D 或者 3D 的错缝拼搭接；支持错缝规则的修改，其中包括错缝值、搭接/拼接值、重复铺层数等；也可支持非搭接区、禁止裁切区等特殊区域的定义，见图 4-35。

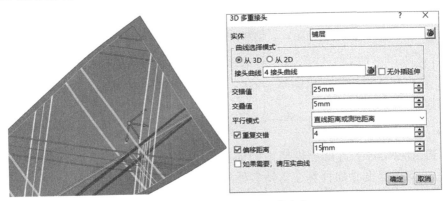

图 4-35 复合材料拼搭接工艺定义

（2）铺层展平

通过对裁切后的单片料片进行批量可制造性分析之后，可对料片进行快速展平。3DEXPERIENCE 平台展平功能支持基于 2D 或者 3D 的展平，且展平后可保证轮廓光滑且闭合，展平后铺层轮廓连同铺层信息可存储成 DFX 格式，辅助后续制造加工裁料，见图 4-36。

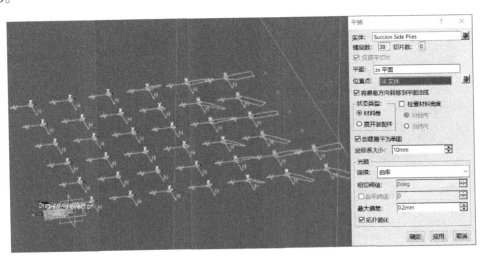

图 4-36 复合材料铺层展平工艺设计

（3）复合材料零件工程图纸

复合材料整体方案与工程制图应用程序集成，可支持复合材料零件详细图纸，也支持单个料片的展平图（铺层工作表），见图 4-37。

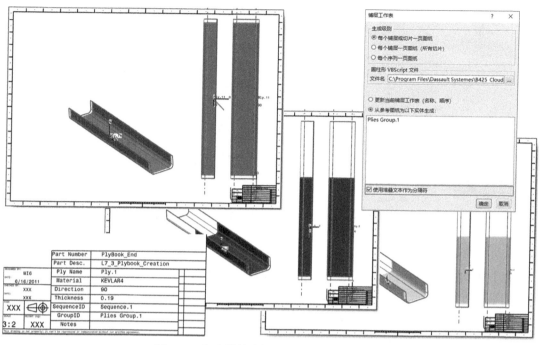

图 4-37　复合材料零件工程图纸与铺层工作表

### 3. 复合材料工艺性仿真

复合材料设计、分析与制造一体化解决方案，前端可追溯到设计、分析验证以及工艺模型准备，后端可将设计数据直接输出到制造仿真软件以完成工艺性仿真。其中包括以下几个方面的制造仿真，见图 4-38。

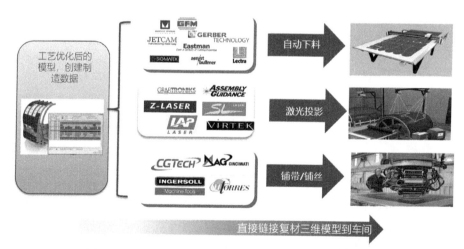

图 4-38　3DEXPERIENCE 平台数据对接复合材料制造设备

### 4. 激光投影可视化

提供对现有激光靶点位置、料片轮廓以及附加的料片信息提供可视化，用于分析激光的包覆范围，同时激光校核点与铺层信息可导出指定格式，直接输出给激光器指导其放置与使用，见图 4-39。

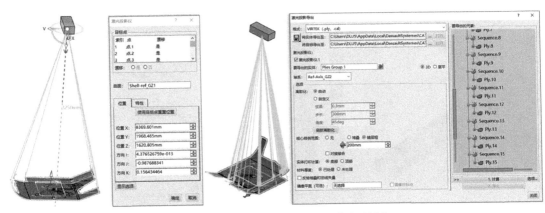

图 4-39　复合材料铺层激光投影设计及可视化

### 5. 铺丝铺带仿真

设计模型数据，支持市场主流的铺丝铺带硬件及其仿真软件，其中包括 Coriolis 的 CAT FIBER 等常见的仿真软件，见图 4-40，可实现如下功能：

1）在工程设计环境中嵌入高级路径编程工具。

2）实现铺层自动编程，最小化纤维错位与转动。

3）纤维铺放过程仿真。

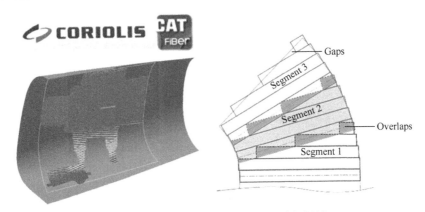

图 4-40　Coriolis CAT FIBER 的铺丝路径规划

### 6. 模压成型过程仿真

3DEXPERIENCE 平台自带模压成型过程仿真，可实时查看模压工艺过程中的纤维皱褶区域位置，分析可解决的方法；同时可以用于模压模具的优化设计，见图 4-41。其中可实现如下功能：

1）对复合材料工艺无经验的工程师很有用，它完全集成在 CATIA 中。

2）支持典型工艺：对模 / 单模。

3）支持典型的材料：各向异性 / 各向同性。

4）提供快速而详细的模压工艺过程：快速实时，快速细化，并提供结果比对。

### 7. 编织工艺过程仿真

编织工艺过程仿真可提供给设计人员纤维路径编织路径的可视化，同时还可以实现以下两个功能，见图 4-42。

图 4-41　成型仿真

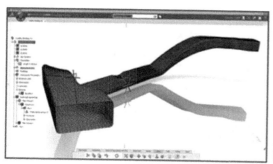

图 4-42　编织工艺过程仿真

1）通过优化编织机的工艺参数，获取理论的编织角度。

2）可辅助芯轴的定义，保证编织的最终理论外形。

## 4.4　复合材料制造及数字化工厂

### 4.4.1　迈向复合材料智能制造

从生产制造的角度，在 3DEXPERIENCE 平台上对复合材料生产制造的规划和管理，是通过 DELMIA 数字化工厂的一系列解决方案来逐步构建基于数字连续性的生产数字孪生。PPR（Product–Produce–Resources）的创建实现是基于单一数据源，同时保持从制造物料清单（Manufacturing Bill Of Materials，MBOM）到工艺规划再到仿真验证的全程的数据连续性，从而避免了"数据孤岛"造成的数据错误和工作低效率。生产制造数字孪生的意义是通过数据的连续性来实现的。所以，这个阶段是使数字孪生更有生命力和更成熟的阶段。

要实现生产数字孪生中的虚拟制造部分，将现有的 3D MBOM 和工艺规划置于 3D 的虚拟工厂的生产环境中，基于 3D MBD 模型构建 3D 数字工厂，实现 3D 厂房布局与规划，完成虚拟工厂中的全工艺过程的静态和动态仿真、验证、分析、纠错、不断优化设计，及人机功效分析、人体工程学分析。

通过虚拟工厂中的各种仿真验证，满足下游相关系统对工艺数据的各种应用需求，真正实现仿真验证的意义。不基于数字连续性的仿真，是极其不准确的，而且也无法对工程变更自动反应。所以，基于数字连续性的虚拟仿真，才能实现虚拟制造的意义。

从而，未来可以完成将数据从虚拟制造传输到现实生产执行系统（Manufacturing Execution System，MES），从而保证生产制造的一次成功率，和对现实生产的不中断下的不断优化。

最终，建立起基于单一数据源和数字连续性的（虚拟和现实的）生产数字孪生。

以上工作的开展，需要各个不同职能部门的协作，对数据和问题进行分析和讨论，对解决方案和工程变更进行发布和追踪。通过 3D 演示和协作平台的建立，完成高效率的、可视化的新型数字化的便捷工作方式，见图 4-43。

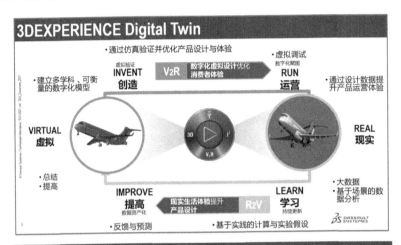

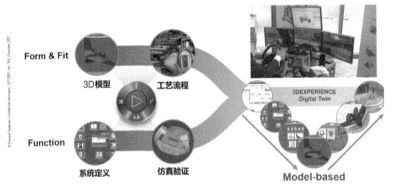

图 4-43　数字孪生

## 4.4.2　复合材料 MBOM 管理

在前期，设计工程师在 CATIA 构建了复合材料的设计物料清单（Engineering Bill Of Materials，EBOM）基础模型。由于 EBOM 的结构通常不能满足下游供应链材料规划的所有需求，所以制造端通常需要一个面向制造的物料清单，即 MBOM。MBOM 即重构的 EBOM，并按照复合材料制造流程需要添加一些制造所需的零部件、可消耗的材料等。

MBOM 是针对单个产品家族（Product Family），反映所有零组件、标准件、成品装配关系及生产制造过程信息的物料清单。针对复杂产品复合材料 MBOM 的构建，通过工艺流程图的方式构建 MBOM 顶层结构，通过基于 3D 模型消耗产品设计数据的方式进行 MBOM 中零组件的划分，消耗过程覆盖全数据、全业务过程。

MBOM 的构建，继承 EBOM 结构及属性，增加工艺属性，可利用 3D 可视化布局的方式进行 MBOM 结构的调整以满足 MBOM 的应用需求，在调整过程中支持多种形式的消耗式组件分配，整个 MBOM 可拆分到工序级，最终调整完的 MBOM 结构可实现当前数据状态版本的分析、修改日期的分析、组件分配状态的分析等，见图 4-44。MBOM 构建的过程中，支持基于 MBOM 定义物料的采购类型（自制 / 采购）、材料定额属性等物料属性信息。

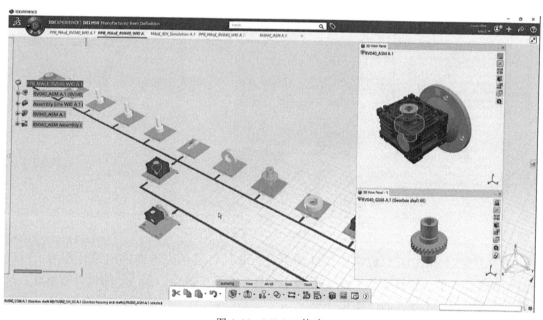

图 4-44　MBOM 构建

## 4.4.3　工艺规划以及工时分析

完成复合材料 MBOM 的构建，复合材料工艺工程师可以使用 DELMIA 的 Process Plan 应用程序，构建复合材料的 3D 加工工艺流程和工艺路径的规划，并支持从 MBD 模型中提取零组件设计信息，辅助工艺设计，实现端到端的基于 3D 模型的复合材料工艺设计。

按照专业、工位、工序、工步进行复合材料加工工艺结构树的构建，主管工艺按照要求划分到工位级，为工位分配零组件，将任务分配给工艺工程师，工艺工程师进行工序的定义、添加工时信息、定义复合材料加工工序、工步间串并行关系，定义完成后可自动生成装配顺序仿真来验证工艺规划是否合理。

1. 3D 结构化工艺设计

按照产品类型、专业、工位、工序、工步进行工艺结构树的构建，支持基于 3D 的结构化工艺设计功能，提供 3D 可视化布局的工艺流程、工位、工序定义能力；可实现基于统一数据源、统一视图的工艺协同设计；支持工艺模板定义，可实现工艺模板定义及重用，快速定义不同产品的工艺流程；具备消耗式工位、工序零组件分配能力；可支持在工位、工序划分，并关联零组件后，可自动生成基于整个产品工艺流程的装配工艺顺序仿真；支持工序工时和工序节拍的定义；提供工序负载分析能力；支持以产线规划的方式进行工艺路线定义，基于产线规划的方式，使得逻辑工位映射到对应产线的物理工位，最终可直接基于产线结构输出精准的工艺路线，见图 4-45。

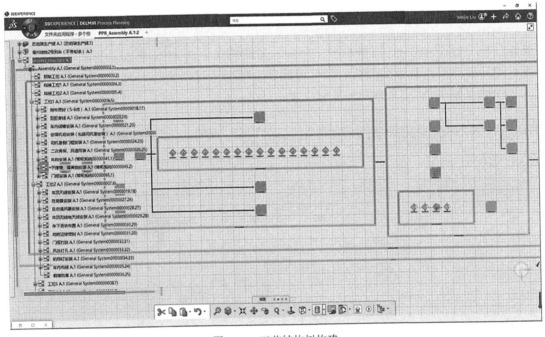

图 4-45　工艺结构树构建

基于 3DEXPERIENCE 数字连续性的平台，软件将具备先进的建模设计能力，可以在 DELMIA 界面下直接进行资源产品（工装、夹具、检具、操作人员等）的设计和修改，从而实现产品设计和工艺分析的一体化环境。

现有系统只能对经过转换的数据模型进行分析验证，如果设计不合理，只能反馈信息，由设计人员手动启动 CAD 设计软件进行修改，而不能实现在现有环境中直接修改。

新系统的建模设计能力，能够实现产品设计和工装设计、工艺分析的一体化功能，这将极大地方便工艺人员的工作。直接的 CAD 设计和修改能力，避免了数据格式的转换和传输，是工艺人员最希望软件具有的功能。

2. 结构化工艺管理

在结构化工艺设计完成后，所有工艺数据都以结构化形式在系统中进行统一管控，以工厂结构、工艺过程为组织核心，把产品、产线、工艺过程、各类资源进行关联，形成工艺的结构化设计，同时，能将人机料法环测六要素有机地结合起来；在系统后台以数据库的方式管理结构化工艺信息，能够通过报表分类提取工艺信息，满足统计、分析的需求。

### 4.4.4 3D 作业指导

复合材料工艺人员（文档编写员）在系统 3D 环境下，依据工艺设计结果，交互式地制作工艺文档，包括在 3D 环境下制作操作说明，生成工艺文档、检验说明、注意事项等，并通过附加文件的方式丰富工艺文档（在工序上附加零件列表、3D 交互式装配说明文档、OFFICE 文档、图片等）。不需要离开编写文档的 3D 环境就可以查看作业指令。标准作业指令存储在工艺数据库中，在编写新文档时可以重用。作业指导书编制支持 2D 与 3D 两种模式，2D 模式下需要将工艺操作图片与工艺描述结合起来进行描述。编制完成的作业指导书可以输出发放给车间制造执行系统（MES）指导工人工作。

在工艺规划的基础上，结合工艺仿真，进行详细工艺设计，编制各装配工艺的工序及工序内容，并将其保存到协同产品研发平台进行统一管理。现有的现场装配过程大多以纸质装配工艺文件为指导，装配理解困难，容易发生错装。而 3D 工艺文档可以将装配顺序和装配路径以仿真动画的形式输出，用于指导装配现场的装配，通过实时显示装配的顺序与路径，以及各装配阶段所用到的工装夹具，使装配工人更加明确装配的任务和过程，从而减少错装，提高装配的速度和一次成功率。

针对一些复杂装配工艺活动，工艺人员可使用平台提供的工具创建活动作业指导书，在 3D 环境下，结合装配上下文关系，对装配过程添加作业指导书，见图 4-46。该作业指导书以结构化数据形式存储在 PPR 结构树中，可供后续制造文档编制使用。

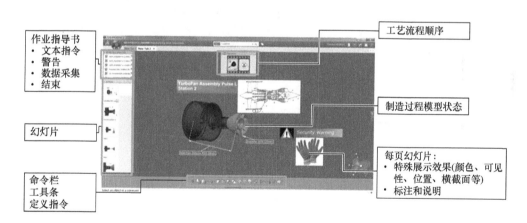

图 4-46 作业指导书

对于制造文档的编制，可通过定制，从已编制的数字化装配测试工艺数据（PPR 结构树）中自动获取编制制造文档中所需的结构化数据信息，并结合各制造文档模板自动生成制造文档，见图 4-47。

以下制造文档类型可根据实际生成需求进行定制开发实现自动生成：

1）零件清单。

2）装配活动图。

3）资源清单。

4）工艺指令。

编制完的作业指导书可以使用虚拟现实（Virtual Reality，VR）工具，在虚拟仿真环境中，进行生产操作的仿真、验证，也可以用于标准操作演练和培训，见图 4-48。

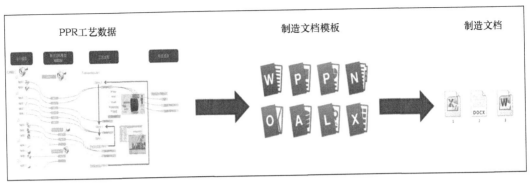

图 4-47　文档自动生成

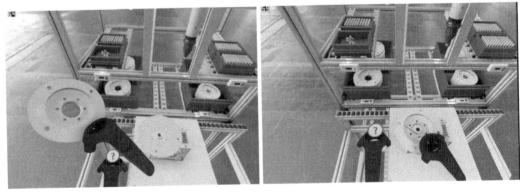

图 4-48　VR 场景

## 4.4.5　复合材料制造流程仿真

3DEXPERIENCE 平台提供基于 3D 模型进行人机功效分析、零件加工工艺仿真、机器人仿真，从而确保工艺设计的正确性。

### 1. 人机工程仿真

在工艺仿真过程中，利用数字化工具来创建、校验和仿真人体的行为，需要进行以下的一些操作：走到特定区域，从一个姿势变换到另一个姿势，使用工具拆装、拆卸零件，放置零件到工作区等。这些操作可以和拆装序列仿真集成起来用来分析工人和仿真环境中其他物体的关系，进行可视性、可达性、可操作性以及人机功效等方面的分析。通过对数字人体进行精确的仿真和校验，用户可以对特定拆装环境中的多种人体行为方案进行比较、选择，见图 4-49。

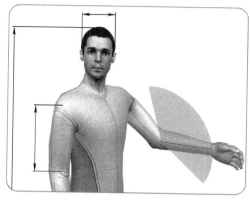

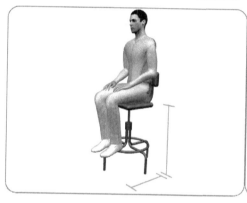

图 4-49　人机工程的仿真分析

创建非常具体逼真的人体模型，见图 4-50。

1）创建适用于任何人口比例的各种人体。

2）自定义每个关节的各种运动。

3）针对任何既定活动找出最安全或最舒适的姿势。

4）捕获并重复使用人体工程学企业标准。

5）使用姿势的舒适或安全性评分。

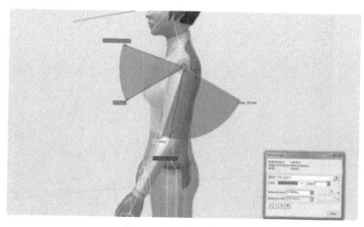

图 4-50　人体仿真模型

在进行人机工程仿真时，3DEXPERIENCE 平台不仅可以完成上面所述功能，还可以完成如工作场所评估、人体测量等功能，见图 4-51。

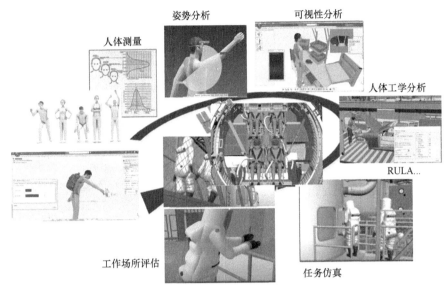

图 4-51 人机模块功能

2. 零件加工过程仿真

3DEXPERIENCE 支持快速制作加工动画，说明装夹、加工、换刀等过程，说明夹具、工装、刀具等资源的调用过程。支持加工可视化仿真与验证，支持 NC 代码与工艺模型结构化管理。平台可提供突破性的集成一体化的数控程序仿真功能，在数控程序编制时，可以利用刀具路径（APT 文件）或 ISO 代码进行加工和物料去除模拟。支持具有数控机床编程，可以实现独一无二的机床和周边资源（刀具和交换工作台）定义以支持 NC 编程和仿真。通过 DELMIA 数控加工模拟模块，可以做到数控加工模拟、数控加工验证及数控加工模拟分析，见图 4-52。

图 4-52 零件加工仿真

在数控编程的过程中就可以考虑到各种因素（结构、行程、最大最小速度 / 加速度、控制系统特性、是否会和工装夹具发生碰撞等）；数控仿真和数控编程支持在同一个软件环境中完成，不需要烦琐的数据转换和重新配置。编程的过程中如果需要，可以随时进行 APT 或 G 代码级别的仿真。这样，数控程序完成之后，可以直接传送到数控机床进行加工。在编程软件里面看到的仿真情形和生产现场是完全一致的，从而做到数控工艺和编程工作的高效率、高准确性。

3. 复合材料制造数字化车间布局与工厂仿真

根据工艺流程图，建立制造概念，利用生产布置图显示了生产系统的结构，包括整个工艺设计的每个工位。按照工艺顺序，资源可以是并行的结构、串行结构或单一的工位。每个工位连接有产品、工艺和资源，并且工人、运送装置将会和资源一起显示，见图 4-53。通过对生产线上的资源进行评估，在成本和使用率上优化资源，评估的结果将对公司合理安排生产计划有很好的帮助。

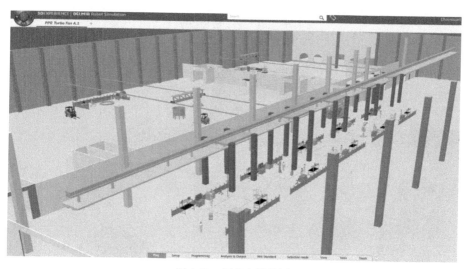

图 4-53　厂房布局规划

在数字化环境下，建立厂房、地面、起吊设备等 3D 制造资源模型，将已经建立的各装配工艺模型和装配型架、工作平台、夹具等制造资源 3D 模型放入厂房中，按照确定的装配流程进行全面的工艺布局设计，见图 4-53。3D 工艺布局比传统的 2D 工艺布局更直观，充分体现了 3D 空间的状况，并且在数字环境下可以仿真生产流程。通过组合工装、自动化设备、运动属性、I/O 逻辑等技术，生成非常精确的仿真并可优化设备、资源的布局、运动及周期，这可以避免由于自动化设备、零件、工具、夹具及周边环境之间的干涉而引起的成本浪费。自动化设备的运动机构定义可以直接导入到 3D 工艺布局及仿真中，见图 4-54。

基于 3D 模型进行工厂布局与规划，同时建立产线模型，针对工厂内的物流，按订单按节拍进行仿真验证，验证节拍的可行性及资源的利用率等。

目前，在进行产线规划及工艺规划过程中主要靠人工利用 CAD 的 2D 布局图结合工艺员的经验来进行规划，2D 的描述在很大程度上无法描述实际技术数据（参数）特点。综合目前在工厂规划领域存在的问题，不难发现基于目前现有的手段，很难突破。通过全 3D 数字化的工厂、生产线设计来实现最快、最精确、最直观的工厂设计，可以在生产前期就能提前分析工厂的整体布局合理性、未来的产能、设备及人员利用率等，见图 4-55。

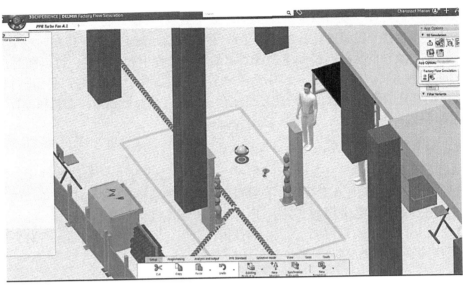

图 4-54　工艺流程定义

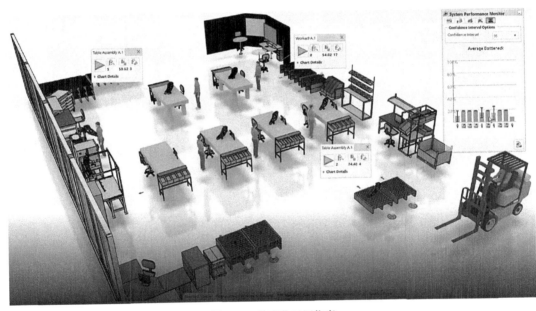

图 4-55　数字化工厂仿真

考虑车间内部的物流系统，验证车间内部的物流系统是否能够满足生产要求，并根据物流资源的利用率及不同的物流方案优化车间内部的物流系统（物流资源的配置、配送路径等）。

# 第5章　复合材料设计方法实践

在达索的 3DEXPERIENCE 平台中，设计者可以直接使用 CATIA 的几何建模功能实现高效且精确的曲面以及线框设计。在此基础之上，定义复合材料的几何支持面、坐标系、压层等信息从而开始复合材料零件的设计。然后，我们可以采用多种方法进行复合材料零件的创建，如手动法、区域法、网格法等。通过高效且自动化的方法生成实体和内型面。3DEXPERIENCE 平台中的复合材料设计模块为设计者提供了先进且高效的设计工具以帮助设计者完成复合材料零件从概念设计到详细设计的完整闭环过程。在 3DEXPERIENCE 平台中复合材料零件的设计过程与仿真验证紧密结合，同时引入制造相关的约束，大大提高了复合材料零件的设计效率。

完成复合材料零件的定义后，设计数据可以导出为初始化图形交换规范（Initial Graphics Exchange Specification，IGES）、绘图交换格式（Drawing Exchange Format，DXF）、可扩展标记语言（Extensible Markup Language，XML）以及产品模型数据交换标准（Standard for the Exchange of Product Model Data，STEP）等多种数据格式，为后续的制造设备提供相应的铺层数据。同时 3DEXPERIENCE 平台的复合材料铺层数据与工程图保持了相应的数据关联。在工程图以及铺层工作表定义的过程中可以直接引用复合材料铺层的相关信息，大大提高了工程图和铺层工作表（可以自动生成）的创建效率。

## 5.1　操作界面

3DEXPERIENCE 平台的复合材料设计界面见图 5-1，其包含如铺层设计、区域设计、网格设计等不同的选项卡。不同的选项卡下集合了与选项卡名称相对应的诸多功能按钮。

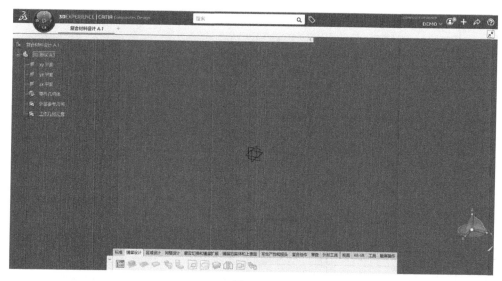

图　5-1

不同选项卡中的功能按钮（图标）的基本说明见表 5-1 ～表 5-8。

**表 5-1 铺层设计选项卡中的功能按钮**（图标）

| 按钮（图标） | 名称 | 功能说明 |
| --- | --- | --- |
| | 复合材料设计参数 | 对复合材料零件设计的基本参数进行定义，包括铺层材料、方向、压层、坐标系等，也可以对主堆叠序列和斜坡进行定义（可选） |
| | 铺层组 | 定义铺层组以包含创建的铺层 |
| | 手动铺层 | 通过手动的方式来对铺层进行定义 |
| | 虚拟夹芯 | 通过定义简单芯材或变截面芯材来对复合材料零件进行增强 |
| | 铺层表 | 创建包含复合材料零件堆叠序列的铺层表，从而有助于对铺层堆叠序列的分析检查 |
| | 铺层表导入 | 将修改后铺层表导入，从而应用修改后的铺层 |
| | 限制轮廓 | 在铺层或者切片上创建限制，从而对铺层边界进行修改 |
| | 圆角 | 快速地圆角化铺层或切片轮廓的锐角 |
| | 对称铺层堆叠 | 将对称应用到铺层以复制铺层序列 |
| | 对称铺层 | 创建或者移除相对于几何元素的整个铺层序列 |
| | 合并铺层 | 将使用任意方法创建的在同一展示中的铺层（手动法、区域法、网格法）合并 |
| | 无衰减区域 | 在选定的轮廓节点下创建无衰减区域 |

**表 5-2 区域设计选项卡中的功能按钮**（图标）

| 按钮（图标） | 名称 | 功能说明 |
| --- | --- | --- |
| | 复合材料设计参数 | 对复合材料零件设计的基本参数进行定义，包括铺层材料、方向、压层、坐标系等，也可以对主堆叠序列和斜坡进行定义（可选） |
| | 区域组 | 定义区域组以包含需要创建的区域 |
| | 区域 | 创建由几何图形区域、常量压层和坐标系定义的区域 |
| | 过渡区域 | 创建由两个区域之间存在铺层减少的几何区域形成的过渡区 |
| | 导入压层 | 对已经完成轮廓定义的区域导入压层信息 |
| | ITP | 创建强制厚度点（Imposed Thickness Point），通过设置指定点的层数来定义两个相邻过渡区之间的分界线 |
| | ITP 高度 | 创建强制厚度点（ITP），通过设置指定点的高度（height）来定义两个相邻过渡区之间的分界线 |
| | 连接生成器 | 计算结构区域之间以及区域和过渡区域之间的相切连接 |
| | 区域桥接分析器 | 分析区域桥接，以帮助解决在创建实体时可能出现的问题 |

（续）

| 按钮（图标） | 名称 | 功能说明 |
|---|---|---|
| | 由区域生成堆叠 | 从区域创建堆叠文件，需在创建铺层之前完成。可以通过分析堆叠以查找可能的问题，并进行修改 |
| | 由核心样例创建堆叠 | 从堆叠一次性创建核心取样文件、堆叠文件和核心取样 |
| | 由区域生成铺层 | 通过已经完整定义的区域来创建铺层 |
| | 由输入文件限制轮廓 | 修改和导入交错文件，以重新限定创建自区域的铺层 |
| | 由区域生成实体 | 创建由复合零件定义的区域的实体或上表面 |
| | 由区域生成关联实体 | 创建由复合零件定义的区域的关联实体或上表面 |
| | 斜坡 | 通过斜坡或者曲线创建相邻不同厚度区域的厚度变化区域 |
| | 分割实体 | 通过分割实体来生成铺层轮廓的基准曲线 |
| | 由分割组创建铺层 | 在已有的铺层组或新的铺层中创建由分割曲线组生成的铺层 |

**表 5-3　网格设计选项卡中的功能按钮**（图标）

| 按钮（图标） | 名称 | 功能说明 |
|---|---|---|
| | 复合材料设计参数 | 对复合材料零件设计的基本参数进行定义，包括铺层材料、方向、压层、坐标系等，也可以对主堆叠序列和斜坡进行定义（可选） |
| | 网格面板 | 选择参考元素来定义网格面板，创建多组几何特征组来生成网格，同时也包括对斜坡的定义 |
| | 网格 | 在以定义的网格面板上对计算得到的网格赋予层压信息，同时也可以对网格进行添加、合并、分割以及编辑 |
| | 虚拟堆叠 | 创建由网格生成的堆叠序列，同时可以对堆叠进行编辑以满足设计要求 |
| | 由虚拟堆叠生成铺层 | 通过定义好的虚拟堆叠创建铺层 |
| | 网格斜坡支持面 | 基于斜坡定义创建斜坡支持面，其中包含可能的斜率以及针对铺层生成过程的曲线排序 |
| | 交换边线 | 在铺层之间交换边线，以优化交错和铺层形状 |
| | 重设铺层轮廓 | 更改铺层轮廓的形状以满足质量节约、最小剪切和其他条件 |
| | 局部丢层 | 得到过渡区的完整铺层截面，通过调整截面中的铺层丢层形式对该处的铺层丢层进行调整和设计 |
| | 丢层管理 | 选择过渡区任意数量的丢层，在此基础上对选取的铺层丢层方式进行调整和设计 |
| | 网格铺层尖角 | 对网格尖角进行剪切以满足制造约束（最小切割长度） |
| | 网格铺层尖角向导 | 根据约束条件自动查找需要铺层尖角的铺层拐角，分析完成后，重新连接到铺层尖角设计 |
| | 同步堆叠 | 同步虚拟堆叠和与该虚拟堆叠连接的铺层组 |
| | 铺层边界限制 / 取消限制 | 根据网格面板中的限制创建或移除铺层的限制 |

表 5-4　蒙皮切换和铺层扩展选项卡中的功能按钮（图标）

| 按钮（图标） | 名称 | 功能说明 |
| --- | --- | --- |
|  | 蒙皮切换 | 将几何图形从工程曲面交换到制造曲面 |
|  | 零件边线 | 定义零件的工程（EEOP）或制造（MEOP）边线 |
|  | 材料添加 | 将材料添加到铺层以对制造约束求解 |
|  | 材料添加向导 | 使用向导查找需要材料添加的铺层拐角并生成材料添加 |

表 5-5　实体和上表面选项卡中的功能按钮（图标）

| 按钮（图标） | 名称 | 功能说明 |
| --- | --- | --- |
|  | 等厚度区域 | 创建或编辑等厚度区域以更快、更容易地进行设计 |
|  | 等厚度连接向导 | 使用向导创建、检查、验证连接线，并查找连接线缺失或不正确的位置 |
|  | 等厚度连接线 | 从等厚度区域手动创建等厚度连接线 |
|  | 从等厚度区域生成实体 | 从等厚度区域创建实体 |
|  | 从铺层创建实体 | 创建精确实体（可能带有着色面），或者创建带有曲线网络的多边形 |
|  | 抬升实体或顶部曲面 | 使用可变核心（轮廓和高度）的定义来从等厚度区域抬升上表面或实体 |

表 5-6　可生产性和接头选项卡中的功能按钮（图标）

| 按钮（图标） | 名称 | 功能说明 |
| --- | --- | --- |
|  | 纤维铺放的可制造性 | 进行可制造性分析以提供制造约束 |
|  | 编辑可制造性表 | 批量创建、编辑或删除可生产性参数集 |
|  | 剪口 | 从直线或曲线创建剪口 |
|  | 对接区域 | 定义必须在其中执行铺层接合而不会交叠的区域 |
|  | 无接头区域 | 定义不允许在其中执行铺层接合的区域 |
|  | 铺层接头 | 创建接头铺层以管理交错和子铺层之间的交叠（切片） |
|  | 从可制造性分析创建接头铺层 | 从手工敷层的可制造性仿真结果创建切片 |

表 5-7　复合协作选项卡中的功能按钮（图标）

| 按钮（图标） | 名称 | 功能说明 |
| --- | --- | --- |
|  | 准备同步 | 准备工程展示以执行将来与制造展示的同步 |
|  | 镜像展示 | 从工程或制造堆叠创建镜像堆叠 |

（续）

| 按钮（图标） | 名称 | 功能说明 |
|---|---|---|
|  | 同步镜像展示 | 将镜像展示与原始展示同步以便考虑所做的修改 |
|  | 合并堆叠 | 将来自不同复合零件的堆叠合并为一个 |
|  | 其他几何图形 | 在铺层或切片下创建其他几何图形集 |
|  | 堆叠文本 | 在堆叠中的单个实体上创建文本，通常在为激光投影导出的实体上 |
|  | 铺层上的堆叠文本 | 一次在多个堆叠实体上创建文本 |
|  | 铺层数据导出 | 以 IGES 或 DXF 格式导出铺层数据 |
|  | XML 导出 | 以 XML 格式导出铺层数据 |

表 5-8　审查选项卡中的功能按钮（图标）

| 按钮（图标） | 名称 | 功能说明 |
|---|---|---|
|  | 动态信息 | 显示关于复合部件的动态信息，如铺层组、序列、铺层、切片等 |
|  | 堆叠管理 | 以交互方式管理堆叠，管理铺层组、序列、铺层和切片等 |
|  | 检查轮廓 | 检查并验证铺层的轮廓 |
|  | 数值分析 | 执行数值分析，以计算区域、质量、重心以及铺层、序列、铺层组或堆叠上的质量 |
|  | 铺层剖面 | 创建堆叠或铺层的剖视图，而无须预先分解铺层 |
|  | 截面属性 | 从截面计算横梁特性以使用有限元进行分析结构 |
|  | 铺层分解器 | 通过为每个铺层创建偏移曲面来生成铺层的分解视图 |
|  | 多重核心样例 | 创建并审查一个或多个核心样例 |
|  | 可制造性检查 | 检索并导出多个铺层的纤维变形和偏差信息，以检测可制造性问题 |
|  | 纤维方向 | 通过指明铺层几何图形内部的点，来显示给定铺层的理论纤维方向 |
|  | 坐标系预览 | 预览选定曲面上的坐标系转换，以检查纤维方向 |
|  | 坐标系转移曲线 | 通过坐标系转移信息在参考曲面上创建曲线 |

　　3DEXPERIENCE 平台为复合材料设计提供了各种类型的强大功能，以满足从简单到复杂类型的复合材料产品的设计需求。简单而明了的操作界面使得学习的成本极低，不论是经验丰富的设计工程师还是刚刚开始复合材料设计的设计者都能快速地掌握 3DEXPERIENCE 平台的复合材料设计工具以进行复合材料零部件的设计。

## 5.2　基本概念

复合材料从概念设计到详细设计，最为核心的过程是对铺层的设计。为了理解在 3DEXPERIENCE 平台中不同的设计方法，以下基本的概念需要提前做出相应的说明。

支持面（参考曲面）：复合材料铺放的基准面，复合材料将以此面为基准向某一方向不断铺贴从而形成最终的零件。

压层（Laminate）：一定数量铺层的材料以及方向的定义。使用压层（或者叫作层）这种方式可以带来以下好处：

1）可以通过堆叠序列或者厚度法则的方式进行定义。

2）压层在复合材料设计参数节点下可以方便地进行查看与修改。

3）压层不依赖于支持面或者网格、区域等，可以方便地进行定义，也可使用导入、导出功能。

4）已有的压层可以直接被重用，未使用的压层也可以方便地被移除。

5）在设计的任何阶段都可以对其进行修改。

铺层（Ply）：含纤维的材料，拥有方向、厚度以及轮廓外形（在支持面上）等特征的单层。

区域（Zone）：概念性地定义了一个封闭几何区域内的层压组合。

网格（Grid）：通过几何结构元素间的组合形成多个封闭轮廓，从而实现多个厚度区域的定义。

序列（Sequence）：一个序列指的是一个制造顺序，表示了在制造过程中铺层的放置顺序。位于同一个序列中的铺层（单个或多个）将在同一个铺放过程中进行铺放。

上述概念在设计结构树中进行复合材料设计时会生成对应的节点，见图 5-2。

使用 3DEXPERIENCE 平台进行复合材料设计的过程一般包含如下过程：

1）定义复合材料参数；

2）定义铺层组；

3）定义复合序列以及铺层（手动设计法、区域法、网格法）；

4）修改铺层；

5）生成实体以及上表面［IML（Inner Mold Line）或者 OML（Outer Mold Line）］；

6）导出数据到制造；

7）工程出图。

本章将对设计过程中的相关方法以及工具做相应介绍。

图　5-2

## 5.3　复合材料设计准备

在进行复合材料设计之前需要准备一些基础数据。这些数据是进行复合材料设计所必需的，包含复合材料的材料属性定义，使用材料定义，方向、压层定义，坐标系定义，主堆叠序列以及斜坡定义等。

## 5.3.1　材料属性定义

图　5-3

与金属材料零件设计不同，复合材料零件设计开始之前必须定义复合材料的材料属性，因为复合材料铺层的厚度信息来自于材料属性。没有厚度信息便无法通过铺层得到零件的厚度。在 3DEXPERIENCE 平台中，复合材料的材料属性的定义可以通过非常直观的方式创建材料库，在后续设计时直接引用库中的材料即可，同时不同的库可以非常方便地在不同的设计环境中传递，从而减少重复的材料数据创建工作。下面将对如何创建复合材料以及材料库进行说明。

（1）单击 **+**，选择"新建内容"，见图 5-3。

（2）上下滚动到最后，选择材料→型芯材料，见图 5-4。

（3）在"型芯材料"对话框中，输入材料名称"Carbon 0.27"，见图 5-5。

图　5-4

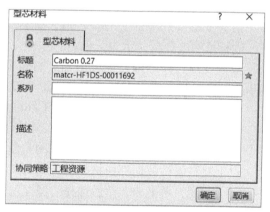

图　5-5

（4）单击"Carbon 0.27"，然后单击"添加域"，见图 5-6。

（5）选择"复合域"，单击"确定"，见图 5-7。

图　5-6

图　5-7

（6）将标题更改为"材料复合域_Carbon 0.27"，然后单击"确定"，见图 5-8。

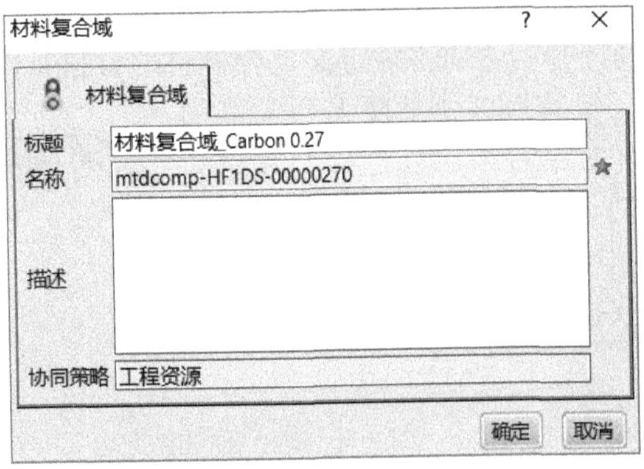

图　5-8

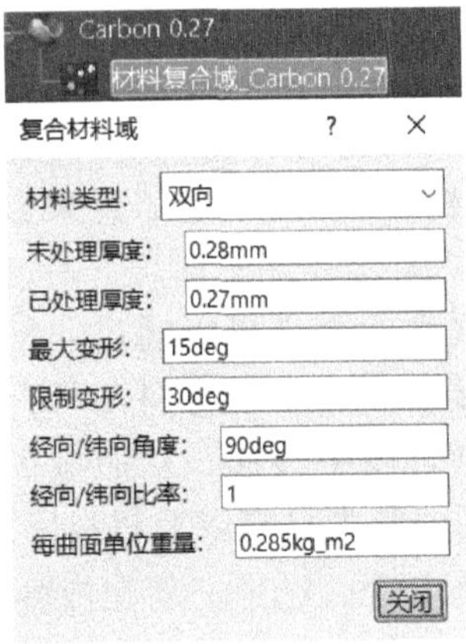

图　5-9

（7）双击"材料复合域_Carbon 0.27"，在弹出的对话框中对材料属性进行设置，见图 5-9。

图 5-9 中各项说明如下：

材料类型：材料的形式，单向表示单向带，双向表示编织带，NCF（Quadraxial Non-Crimp Fabrics）表示多轴向无纬布，非结构性表示该材料进行仿真时不考虑其机械性能。

未处理厚度：材料未固化时的厚度。

已处理厚度：材料固化后的厚度。

最大变形：纤维形变的警告值，材料变形角度大于最大变形角度且小于限制变形角度时，进行可制造分析显示为黄色。

限制变形：纤维形变的极限值，材料变形角度超过限制变形角度时，进行可制造分析显示为红色。最大变形角度和限制变形角度都是材料本身的属性，通过材料测试得到。

经向／纬向角度：编织带经向纤维和纬向纤维的夹角。

经向／纬向比率：编织带经向纤维和纬向纤维的比率。

每曲面单位重量：材料单位面积的重量。

以上材料属性数据都由材料供应商提供。

（8）关闭，单击↗，然后选择"保存"，即可将材料保存以供后续设计使用，见图 5-10。

**注：**如果需要将材料导出供其他非同平台设计者使用，则单击↗，见图 5-11，选择导出。选择格式以及保存的位置，单击"确定"即可将材料导出为 3dxml 格式。

图　5-10

图　5-11

## 5.3.2　复合材料设计参数

进行复合材料设计的第一步是对设计相关参数进行定义，此时需要添加材料（为铺层以及层压定义提供材料信息）、添加材料方向（为铺层以及层压定义提供材料方向信息）、定义层压（提供区域法以及网格法中不同等厚度区的层压选择）、定义坐标系（通过不同的方式定义纤维的 0° 方向）等。

1. 添加材料

（1）从操作栏中的铺层设计（区域设计或者网格设计）选项卡中单击复合材料设计参数 ，弹出对话框。

（2）单击"添加材料"，从弹出的对象选择对话框中选择"从数据库"，见图 5-12。

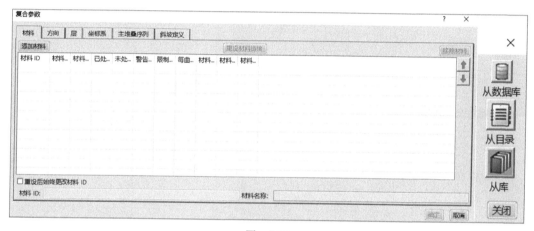

图　5-12

（3）在搜索栏中输入需要搜索的材料名称，如"Carbon 0.27"，见图 5-13。

（4）从搜索结果中选择"Carbon 0.27"，则材料被添加到复合材料设计参数对话框中，见图 5-14。

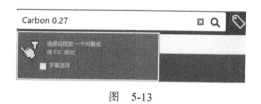

图　5-13

图　5-14

（5）重复以上操作将所需要的所有材料添加，结果见图 5-15。

**注**：选中材料后单击右侧"↑"或"↓"箭头可以对复合材料的顺序进行重排。如果材料数据更新、材料链接丢失或者需要替换现有材料时，单击"重设材料链接"，按照"添加材料"的方法重新选择材料。重设材料链接后，如果选择了新的材料，"材料 ID"会保持不变，可以在下方的文字输入框重新命名"材料 ID"，见图 5-15。

2. 添加材料方向

（1）在复合材料参数对话框中，选择"方向"选项卡，见图 5-16。

（2）单击"添加方向"，在弹出的对话框中输入"名称：60"，"值：60"，并选择颜色。单击"确定"，即可添加材料方向，结果见图 5-17。

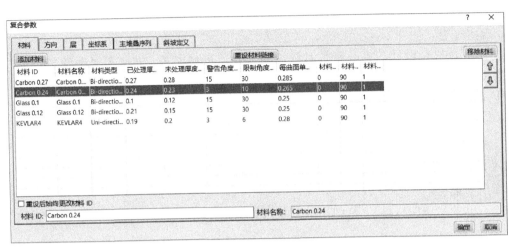

图 5-15

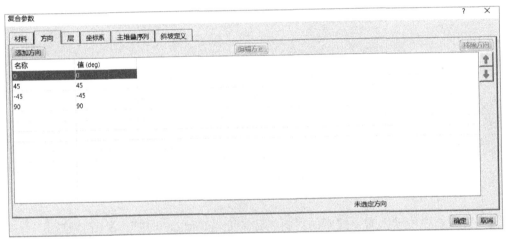

图 5-16

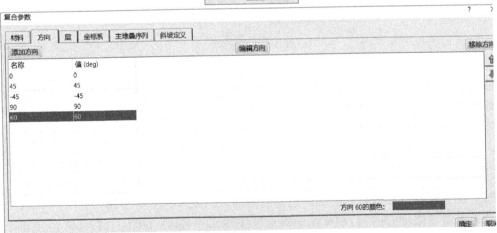

图 5-17

**注**：在此处设置的材料方向代表的是在铺层设计中"材料的零度方向"与通过坐标系指定的零度方向的夹角。选中材料方向后单击右侧"↑"或"↓"箭头可以对复合材料的方向顺序进行重排。如果需要更改材料方向，单击"编辑方向"，在弹出的对话框中输入名称和值，并选择颜色即可重新编辑材料方向。

3. 定义层压

完成材料以及其方向定义后，即可开始复合材料零件的设计。然而在复合材料设计中，往往使用有限元分析结果作为输入，此输入包含区域分布以及区域上对应的铺层堆叠序列。通过层压的定义，可以在设计中快速完成区域上的堆叠定义，从而确保在给定的载荷下的结构强度、刚度等。

层压的定义有如下两种方式。

堆叠序列：通过定义自上而下的铺层序列中每一个铺层的材料和方向来准确地定义一个堆叠序列。

厚度法则：仅仅定义了每种材料各个方向上的铺层的数量，没有定义每个铺层的顺序。

（1）在"复合参数"对话框中，选择"层"选项卡，单击"添加层"，见图 5-18。

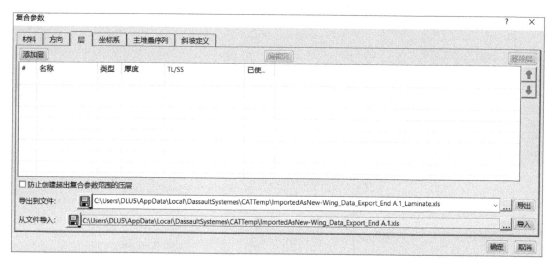

图　5-18

（2）在"名称"输入框中输入层名称"压层 .1"，并选择层颜色，然后选择"厚度法则"单选框，见图 5-19。

（3）在最左侧材料下拉列表中，选择材料"Glass 0.1"添加新行，并对每个材料方向输入相应的铺层数量，然后选择材料"Carbon 0.24"添加新行，输入每个材料方向铺层数量，见图 5-20。单击"确定"完成层定义。

**注**：如果采用堆叠序列的方法进行层定义，过程如下：

1）在完成层名称和颜色定义后，选择"堆叠序列"单选框，见图 5-21。

2）在"材料"和"方向"下拉列表中，选择材料以及对应的方向，单击"添加"以添加铺层序列。通过"↑"或"↓"箭头以调整铺层序列的位置。在下方的"对称"单选框中定义对称类型为"非枢轴"（选择非枢轴则铺层序列以定义好的铺层序列进行对称，并组合形成完整的铺层序列；选择枢轴则铺层序列以定义好的铺层序列最后一层作为对称轴进行对称，并组合形成完整的铺层序列）。单击"确定"完成层定义，见图 5-22。

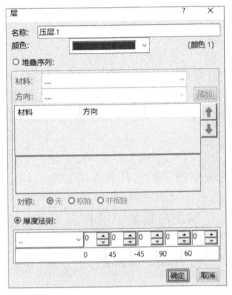

图　5-19

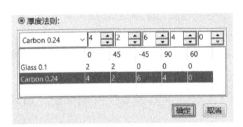

图　5-20

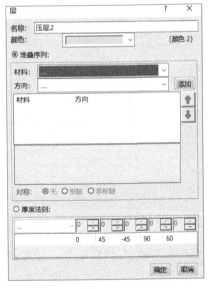

图　5-21

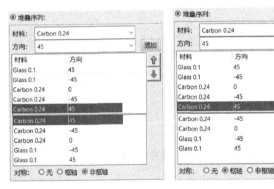

图　5-22

（4）勾选"防止创建超出复合材料参数范围的压层"，以此禁止其他命令创建层（例如只使用经行业或公司验证的压层）。

**注：** 如果需要大量定义层，可以通过"导出到文件"，将层"导出"到 Excel 文件中，见图 5-23。然后在 Excel 中编辑层信息，见图 5-24。而后"导入"修改后的 Excel 文件，则可以快速更新层。

4. 定义坐标系

坐标系（Rosette）为纤维方向的图形标识，通过在曲面上的给定点计算得到的三维轴系

确定。其中，坐标系的"X"方向代表纤维的 0° 方向，坐标系的"Y"方向代表纤维的 90°
方向，见图 5-25。

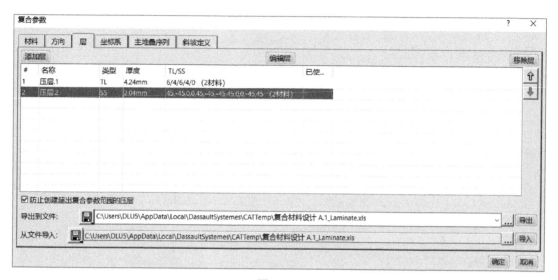

图　5-23

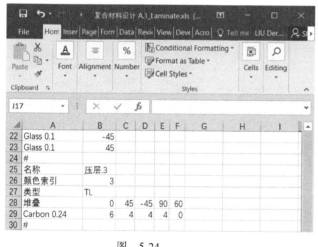

图　5-24

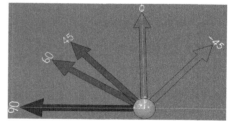

图　5-25

（1）在"复合参数"对话框中，选择"坐标系"选项卡，单击"添加坐标系"，见
图 5-26。

（2）在新对话框中，在"坐标系名称"文本框中输入坐标系名称"坐标系 .1"。
然后用鼠标右击"轴系"选择框，接着单击"插入线框"，再单击"创建轴系"，见
图 5-27。

**注**：也可在结构树上或者工作区中直接单击已有的轴系，作为坐标系的参考轴系。

（3）在新对话框中，拾取新建轴系的原点"点 .1"。然后拾取已有的直线或建模空间的
"X 轴"、"Y 轴"、"Z 轴"来定义新建轴系的"X、Y、Z 轴"。而后单击"确定"完成新建
轴系定义，见图 5-28。

（4）在"坐标系定义"对话框中，"转换类型"选择"直角"，"3D 显示"选择"恒定
像素大小"，并设置为"20"，然后单击"确定"，完成坐标系定义，见图 5-29。

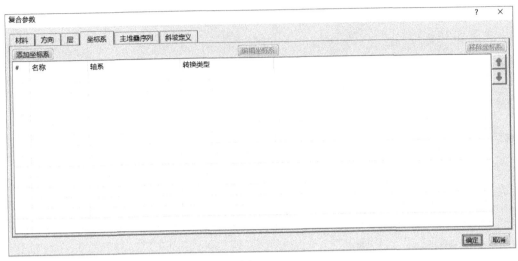

图 5-26

图 5-27                                图 5-28

注："转换类型"（定义了如何通过"初始坐标系"得到定位在复合设计的参考曲面上的任何位置的坐标系。在此位置，坐标系的 X 轴对应于纤维的 0° 方向）有 4 种选择，其所代表的坐标转换定义为：

1）直角。在给定点 P，转移坐标系的 Z 轴是参考曲面（用虚线箭头显示）上给定点 P 处的法线，则通过向量乘积有：

$Z_{Trans} = N^*$（P 点法向量），$Y_{Trans} = Z_{Trans} \wedge X_{Rosette}$（初始坐标系 X 向量），$X_{Trans} = Y_{Trans} \wedge Z_{Trans}$。

$X_{Trans}$ 为 P 点出纤维的 0° 方向，$Y_{Trans}$ 为 P 点出纤维的 90° 方向，见图 5-30。

图 5-29

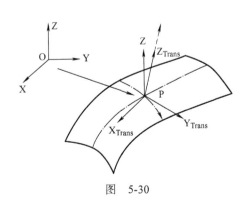

图 5-30

2）0° 曲线引导。在给定点 P，转移坐标系的 Z 轴是参考曲面（用虚线箭头显示）上给定点 P 处的法线，P 点投影到引导曲线（紫色）上有点 P'。在点 P' 得到引导曲线的切线向量 $X_{Ref}$，于是通过向量乘积有：

$Z_{Trans} = N^*$（P 点法向量），$Y_{Trans} = Z_{Trans} \wedge X_{Ref}$（在引导曲线上），$X_{Trans} = Y_{Trans} \wedge Z_{Trans}$。

$X_{Trans}$ 为 P 点出纤维的 0° 方向，$Y_{Trans}$ 为 P 点出纤维的 90° 方向，见图 5-31。

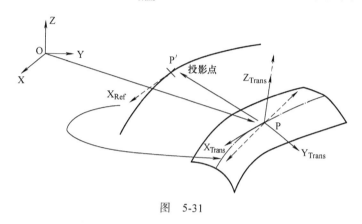

图 5-31

3）90° 曲线引导。转移坐标系的计算同 0° 曲线引导方式一样，区别在于引导曲线的切线是 90° 方向。

4）外部。转移坐标系的计算方式专用于外部 CAA 用户。

坐标系转移的影响在纤维方向中非常明显。对于小曲率的曲面可以选择直角转移类型，对于 U 形曲面，建议使用曲线引导转移类型（借助中性边界，转移的坐标系将更加稳定）。

（5）在"转换类型"下方单击"预览坐标系转换"（见图 5-29），在弹出的对话框中选择曲面"多截面曲线 .1"，则可以在选定的曲面上预览不同位置的纤维的角度参考方向，见图 5-32。

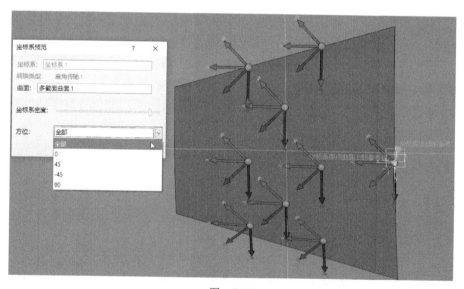

图 5-32

**注：** 可以拉动"坐标系密度"滑块来调整显示的坐标系密度，也可以在"方位"下拉列表中选择需要预览的方向。对于特定位置，可以通过点选曲面上的点来显示该处的坐标系以预览其纤维方向。

## 5.4　手动设计法

铺层手动创建是最简单和最基本的复合材料设计方法，也是后续区域法和网格法的基础。

### 5.4.1　概述

使用手动设计法时，通过定义参考曲面以及铺层轮廓来生成单个铺层。每一次生成铺层时仅可以生成一个铺层，如果有多个铺层需要操作多次来完成对每一个铺层的定义。因此对于铺层数量较少或者具有少量过渡区的复合材料零件来说，手动法即可满足设计的需要。手动法进行设计时其主要步骤包括（见图5-33）：

1）定义复合参数；
2）创建参考曲面；
3）定义铺层组；
4）创建铺层（多个）；
5）定义等厚度区；
6）生成实体（上表面）。

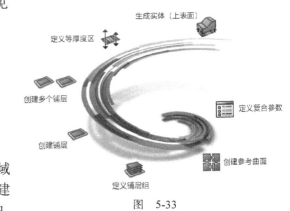

图　5-33

对于任何一种方法（手动设计法、区域法、网格法等），定义复合材料设计参数和创建参考曲面都是后续所有操作所必需的。其中，参考曲面对于复合材料零件的设计来说非常重要，铺层的轮廓以及堆叠方向都是由参考曲面驱动。在复合材料的设计中，强烈建议使用 "接合" 特征的曲面作为参考曲面。此时，在后续设计的任何阶段需要对参考曲面进行修改都可以通过对 "接合" 特征的修改来实现。相应地，与之相关的复合材料设计特征可以实现自动更新。如此便可以方便地对参考曲面做出修改而不会对铺层设计产生重大影响。

相反，在实际的设计过程中，由 "分割"、 "扫掠"、 "偏移"、 "圆角"、 "拉伸" 等特征生成的曲面不建议作为复合材料零件设计的参考曲面。因为由以上特征生成的曲面会在后续的关联设计流程中产生一些严重的问题而影响到复合材料零件的设计、修改和更新等。

### 5.4.2　生成铺层组

从前面知道在完成参考曲面创建后接下来就是使用参考曲面来定义铺层组。在复合材料设计中，铺层组是一个非常重要的特征，其包含了多个位于同一个参考曲面上的铺层，同时也可以作为一种管理不同类型铺层的方法。

见图5-34，对于蜂窝结构复合材料零件，在模具面（OML 或者 IML）、内部的蜂窝、真空袋一侧其不同的铺层的参考曲面是不同的，可以将其分为3个铺层组：外部铺层组、蜂窝铺层组、内

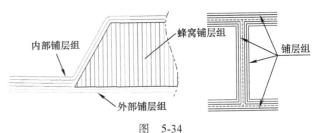

图　5-34

部铺层组。这样既可以方便创建位于不同参考曲面的铺层，也方便了对不同类型的铺层的管理。而对于"Ⅰ"形的复合材料梁，也可以通过创建 4 个铺层组以方便铺层的设计。

铺层组中不仅可以包含铺层，也可以包含用于零件增强的"夹芯"（蜂窝材料等增强材料）。

接下来将从生成铺层组开始使用手动法设计完成一个蜂窝结构的复合材料零件。

（1）开始从搜索栏中输入需要搜索的 3D 零件"复合材料设计 _01"，单击鼠标右键选择"打开"，见图 5-35。

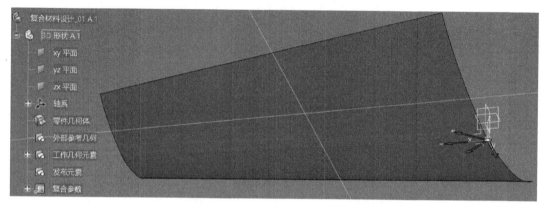

图　5-35

（2）选择"铺层参考面 – 底部"，单击鼠标右键，选择"定义工作对象"使工作几何图形集为"铺层参考面 – 底部"，见图 5-36。

（3）进入"创成式曲面"工作台，单击 接合"接合"并选择"多截面曲面 .1"，创建用于生成蜂窝复合材料零件的底面铺层组的参考曲面"接合 .1"，见图 5-37。

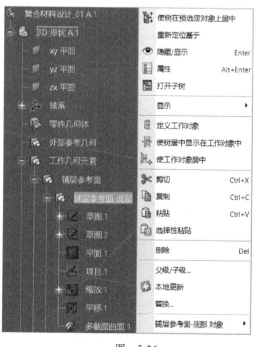

图　5-36　　　　　　　　　　　　　　　　图　5-37

（4）进入"Composites Design"工作台，单击 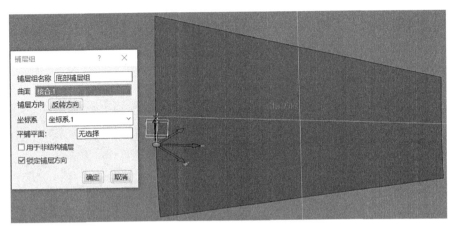 "铺层组"。在"铺层组名称"文本框中输入"底部铺层组"，然后在结构树上或者工作区中选择"接合.1"。铺层方向将显示在曲面上。而后选择"坐标系.1"，单击"确定"，见图 5-38。

图　5-38

**注：**对于铺层方向，不建议在工作区单击红色的铺层方向箭头或者对话框中的"反转方向"来更改其方向。而是通过修改参考曲面的法向来调整铺层方向，见图 5-39。

如果需要可以选择平铺平面以设定铺层的几何展开平面。

如果勾选了"用于非结构铺层"，则在进行数值分析（计算铺层的面积和重量等）时铺层组内的所有铺层将不会被考虑。

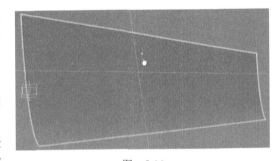

图　5-39

如果勾选了"锁定铺层方向"，则铺层组内的所有铺层的方向将和铺层组方向一致且不能被修改。相反，则铺层组内铺层的方向可以被手动修改。

（5）新的铺层组将创建在"铺层（工程）"节点下，结果见图 5-40。

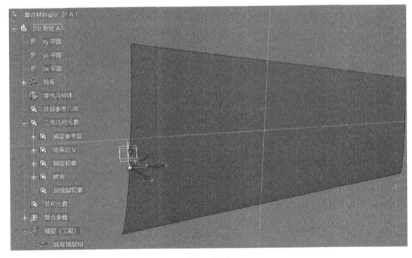

图　5-40

### 5.4.3  手动创建铺层

铺层定义不仅是复合材料设计的基本操作，同时铺层也是复合材料设计的最终结果。在3DEXPERIENCE平台中，创建铺层或者蜂窝加强层时需要有预先定义好的铺层组，此处使用前述步骤已经创建了"底部铺层组"的"复合材料设计_01"继续创建铺层。

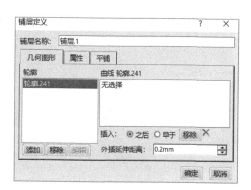

图 5-41

（1）选择"铺层设计"选项卡，单击 "铺层"，然后再选择"底部铺层组"，弹出"铺层定义"对话框，见图5-41。

（2）选择"几何图形"选项卡，然后按顺序选择曲线"平行.2""平行.4""平行.3""平行.1"以形成封闭的铺层轮廓。已选择的曲线会在工作区高亮显示，见图5-42。

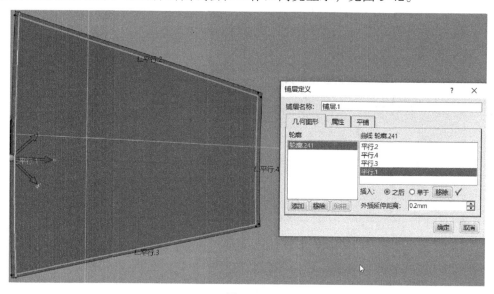

图 5-42

此时，选择曲线然后单击"移除"可以移除已选择曲线以重新选择。在"移除"旁边有✔以表示轮廓已封闭（若轮廓不封闭则会显示✘）。

如果没有预先定义好的轮廓曲线，则可以右击以创建新的轮廓曲线，见图5-43。

而在图5-42中，可以单击"添加"以添加多个轮廓。当有多个轮廓时（轮廓线之间不能有交叉和重叠，且必须有一个轮廓将其他轮廓包围），铺层的几何轮廓区域由多个封闭轮廓区域的差组成，见图5-44。

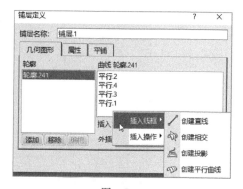

图 5-43

（3）选择"属性"选项卡，单击下拉列表选择"材料""方向""坐标系"（以上信息在定义复合材料参数时完成），以完成铺层定义，见图5-45。

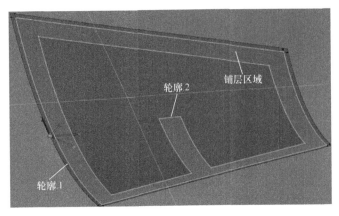

图　5-44　　　　　　　　　　　　　　　　　图　5-45

**注**：完成可制造分析将铺层展开后，则可以在"平铺"选项卡中查看。

（4）单击"确定"，结果如下。其中，节点"序列.1"和"铺层.1"被创建。铺层的材料和几何轮廓等信息被保存在铺层节点下，见图 5-46。

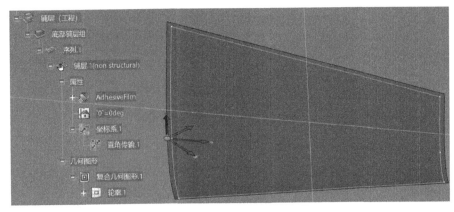

图　5-46

（5）单击 ▣ "圆角"，对铺层轮廓的锐角进行圆角化。再选择"铺层.1"，则软件将自动分析铺层轮廓的锐角，并以绿色小圆点显示。按住 Ctrl 键，单击"铺层.1"的4个尖点（图 5-47 中绿色圆点）以选择需要圆角化的位置。在"半径"处输入 20。

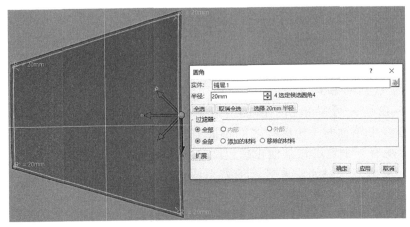

图　5-47

（6）单击"确定"，则铺层轮廓的 4 个锐角被圆角化，见图 5-48。

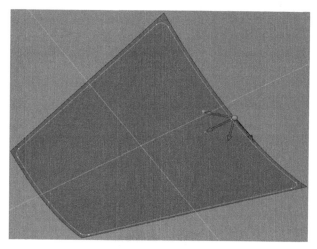

图　5-48

接下来将创建多个铺层，有两种方法：铺层定义（按照铺层定义的方法在铺层组中手动创建一个接一个的铺层）；复制粘贴（直接复制现有的铺层，然后修改其相应的属性来得到新的铺层）。我们此处使用复制粘贴的方法来创建底部铺层的其他铺层。

（1）在结构树上单击"序列 .1"，单击鼠标右键在弹出的菜单中选择"复制"，见图 5-49，或者直接使用"Ctrl+C"快捷键。

（2）在结构树上单击"底部铺层组"，单击鼠标右键在弹出的菜单中选择"粘贴"，或者直接使用"Ctrl+V"快捷键将铺层"序列 .1"复制到"底部铺层组"。重复 5 次操作，结果见图 5-50。

图　5-49

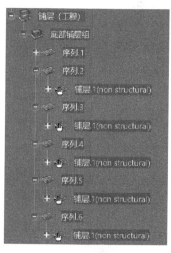

图　5-50

（3）对"序列 .2"到"序列 .6"的铺层信息进行更改，单击鼠标右键，在弹出的菜单中选择"属性"，或者直接使用"Alt+Enter"快捷键调出铺层属性对话框，见图 5-51。

（4）在"属性"对话框中对"特征名称"和"铺层属性"进行修改，见图 5-52。对"序列 .2"到"序列 .6"的铺层信息按表 5-9 进行更改。

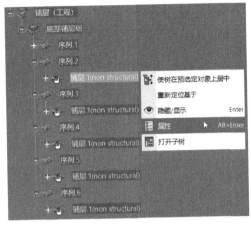

图 5-51

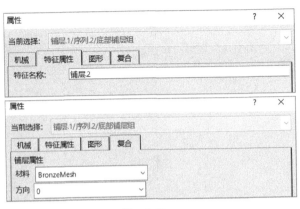

图 5-52

表 5-9 铺层修改

| 序列 | 铺层名称 | 材料 | 方向 |
|---|---|---|---|
| 序列 .2 | 铺层 .2 | BronzeMesh | 0 |
| 序列 .3 | 铺层 .3 | Carbon 0.24 | −45 |
| 序列 .4 | 铺层 .4 | Carbon 0.24 | 45 |
| 序列 .5 | 铺层 .5 | Carbon 0.24 | 0 |
| 序列 .6 | 铺层 .6 | Carbon 0.24 | 0 |

**注**：也可以直接双击铺层名称，进入"铺层定义"对话框，按铺层定义的方式对铺层名称、材料和方向进行修改。

（5）对铺层的轮廓进行修改，有两种方法：单击铺层，单击鼠标右键选择"铺层对象"，单击"定义"进入"铺层定义"对话框；在结构树上双击需要修改的铺层进入"铺层定义"对话框。此处我们对"铺层 .5"和"铺层 .6"的轮廓进行修改。双击"铺层 .5"，在"轮廓"列表框下方单击"添加"，添加"轮廓 .2"，而后在结构树上选择"平行 .12"或者在工作区选择该曲线，见图 5-53。

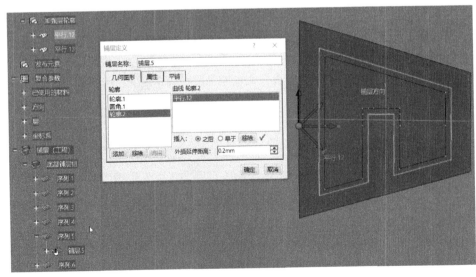

图 5-53

（6）同样，对"铺层 .6"的轮廓进行更改，见图 5-54。

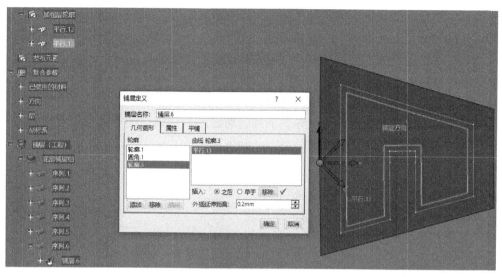

图 5-54

**注：** "铺层 .5"和"铺层 .6"为蜂窝下部蜂窝边缘的加强铺层。

（7）此时，可以手动对序列进行重排或者调整铺层所在的序列。右键单击"底部铺层组"，选择"底部铺层组对象"，在弹出的菜单中选择"对子级重新排序"，见图 5-55。

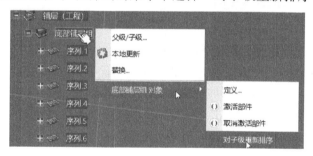

图 5-55

（8）在对话框中选择"序列 .6"，单击向上箭头，调整"序列 .6"在铺层组的位置，并单击"确定"，见图 5-56。

（9）调整序列后的铺层组，见图 5-57。

图 5-56

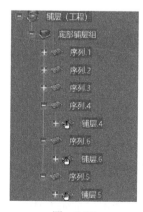

图 5-57

### 5.4.4 铺层审查分析

通过上述步骤，我们使用手动法创建了 6 个铺层，包含 4 个结构铺层（材料为 Carbon 0.24）和 2 个非结构铺层（材料为 BronzeMesh 和 AdhesiveFilm）。接下来将对已经生成的铺层进行相关分析，以帮助完成设计过程。3DEXPERIENCE 平台复合材料设计模块为我们提供了多种审查分析工具以帮助我们对铺层设计的结果进行评估。

可进行分析的内容包括但不限于：轮廓是否闭合、铺层分解、铺层的剖切视图、多重核心样例、数值分析、坐标转移曲线等。下面将对已经创建铺层的蜂窝结构复合材料零件的"底部铺层组"进行相关分析。

**1. 铺层轮廓检查**

此检查可以快速查看是否有铺层轮廓未闭合或者轮廓有相交的情况，也可以显示铺层轮廓是否定义缺失。若有铺层已经展平，则可以显示其展平的状态。

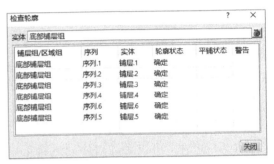

图 5-58

进入"审查"选项卡，单击 ▣ "检查轮廓"。在结构树上选择"底部铺层组"节点 [也可以选择整个铺层（stacking）或者需要检查的序列 & 单个铺层]，弹出"检查轮廓"对话框，可以看到所有铺层的轮廓状态，见图 5-58。

**2. 铺层分解**

通过铺层分解可以直观地看到整个铺层（stacking）或铺层组中的每一个铺层的偏移曲面，同时允许设置放大系数来放大或缩小铺层。得益于达索优异的曲面功能，其生成的曲面质量高、精度好，可以高效地显示出铺层在零件上的铺覆结果以帮助设计师对铺层堆叠结果的理解。

（1）进入"审查"选项卡，单击 ◈ "铺层分解器"。在"分解铺层"单选框下选择"选定的铺层组"（也可以选择整个堆叠以对所有的铺层执行分解）。在"要分解的铺层组"多选框中单击"底部铺层组"，见图 5-59。

（2）在"偏移的性质"单选框中点选"随堆叠累积"，并勾选"将切片考虑在内"（此时每个切片将会生成一个偏移曲面，否则将会对每个铺层生成一个偏移曲面），见图 5-60。

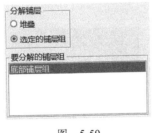

图 5-59

图 5-60

**注：** "随堆叠累积"将会计算所有的堆叠来生成相应铺层的偏移；"单个铺层组"将会计算铺层所属的铺层组内的铺层来得到相应铺层的偏移，当计算新的铺层组内的偏移时其初始值会重置为零。

（3）单击"铺层展示"中的"褶皱的网格曲面"图形按钮，见图 5-61。

注：不同的图形按钮所代表的含义如下。

壳体常量偏移：每个铺层创建一个曲面的偏移得到分解视图，且在整个铺层上的偏移值为常量值（当某些铺层的偏移计算出现错误时，将通过计算常量偏移的网格以得到偏移曲面），见图 5-62。

图　5-61

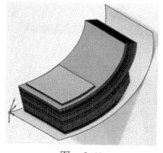

图　5-62

网格常量偏移：实际中常量的曲面偏移并一定可以实现，此选项将生成与铺层参考曲面的常量偏移的网格曲面，见图 5-63。

褶皱的网格曲面：此选项将计算铺层的网格曲面，同时通过"核心样例"的计算来考虑不同计算点的网格偏移量，从而得到真实的偏移曲面。如果选择"忽略核心的比例"，则夹芯厚度保持不变，仅缩放铺层的厚度，见图 5-64。

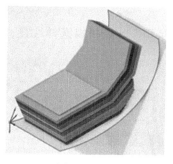

图　5-63

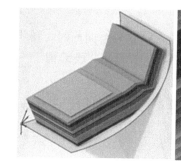

图　5-64

褶皱的网格蒙皮：通过偏移的网格曲面产生代表所有分解铺层的封闭蒙皮。对于所有铺层，按褶皱的网格曲面所述生成褶皱的网格曲面，然后应用铺层厚度的偏移且添加三角形，以创建封闭蒙皮，见图 5-65。

（4）在"镶嵌参数（网格参数）"中输入如下值，SAG 为 0.5mm，分析步为 1.5mm，核心样例范围为 1000mm。标度（放大系数）输入 1，单击"确定"完成设置，见图 5-66。

图　5-65

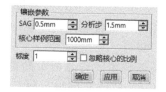

图　5-66

（5）最后的结果见图 5-67。

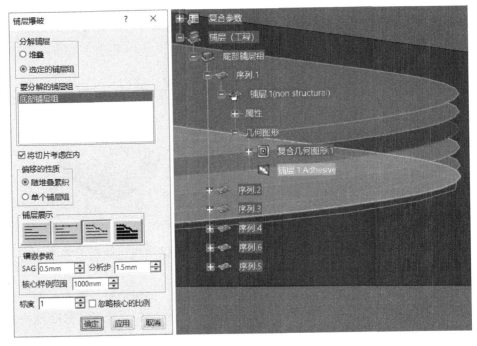

图　5-67

当需要将曲面隐藏或者删除分解曲面时，单击"底部铺层组"（也可以选择堆叠、序列或者铺层），右键单击在菜单中选择"底部铺层组对象"，在弹出的菜单中有"隐藏 / 显示分解的曲面"和"删除分解的曲面"，见图 5-68。

**3. 铺层剖切**

铺层分解对整个铺层的所有位置进行了曲面偏移，而铺层剖切可以选择沿某一个曲线或平面的剖切视图，当方向、轮廓、材料或铺层堆叠顺序或截面元素被修改时，剖面可以做出相应的更新。此剖切视图不仅有助于通过可视化的方法分析铺层的设计，同时也可用于后续截面的横梁属性分析以及工程图截面铺层标注。

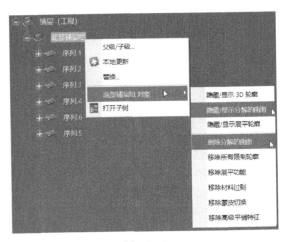

图　5-68

（1）进入"审查"选项卡，单击 铺层剖面"。在弹出的对话框中选择"铺层切割源"为"完整堆叠"（根据需要也可以选择铺层组）。单击"截面或曲线"选择框的空白处，然后在结构树上点选"ZX 平面"，则平面与铺层参考面的交线会高亮显示作为剖面参考位置，见图 5-69。

**注**：当选择曲线作为剖面的参考时，此曲线必须位于铺层组的参考曲面上。同时，根据需要可以一次选择多个剖面切割的平面或曲线一次创建多个剖面视图。

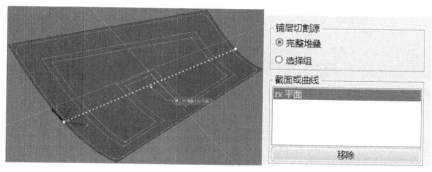

图 5-69

（2）在"剖面类型"选项下单击"真实"图形按钮，在"显示类型"选项下，单击以选择"曲面"图形按钮，见图 5-70。

**注**："剖面类型"以及"显示类型"的不同图形按钮含义如下。

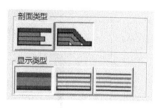

图 5-70

示意：此选项不会创建实际斜坡，使得计算时间缩短，可以满足大多数情况下的使用要求，见图 5-71。

真实：此时剖面会根据实际位置的厚度创建相应的斜坡，但是计算时间会变长，见图 5-72。

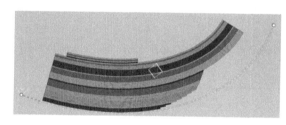

图 5-71

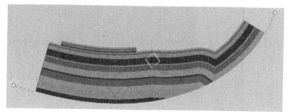

图 5-72

曲面：每个铺层剖面都是平行曲面，见图 5-73。

框状线：每个铺层剖面都是封闭轮廓，见图 5-74。

图 5-73

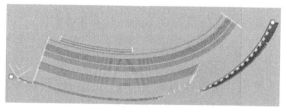

图 5-74

细直线：每个铺层剖面都是曲线，见图 5-75。

（3）在"选项"栏，设置"缩放系数"为 1， "铺层末端斜坡长度"为 0.5mm，见图 5-76。

**注**：当勾选"保持核心位置"时，如果需要剖切的铺层里面包含增强夹芯，则铺层剖面视图中的增强夹芯将不会跟随铺层曲面产生对应的偏移。而"在核心上应用缩放"被勾选则增强夹芯会同铺层一样被应用缩放系数。

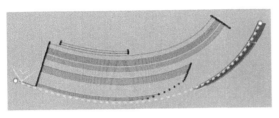

图 5-75

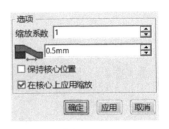

图 5-76

（4）单击"确定"，结果见图 5-77。

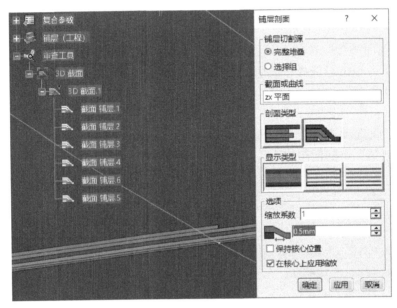

图 5-77

**4. 多重核心样例**

通过多重核心样例可以获取在一个或多个位置点向关联曲面投影生成的法线，测量复合材料零件或选择的铺层组沿此法向的所有铺层以得到该处的测量信息（包括但不限于厚度、厚度法则、铺层、材料、方向、坐标系等），该测量信息与输入相关联。设计师可以输出该处的测量信息到 Excel 或者 Txt 文件。

（1）进入"审查"选项卡，单击 "多重核心样例"。在弹出的对话框中单击 会弹出"从参考实体创建点"对话框，在结构树上选择"底部铺层组"（参考实体可以选择铺层组、区域组、网格或虚拟堆叠，选择实体后程序会自动提取其参考曲面作为核心样例的支持曲面），在"大于以下值的区域"输入 20mm（计算区域宽度大于该值的区域，以此作为核心样例的取样区域），单击"确定"后返回主对话框，见图 5-78。

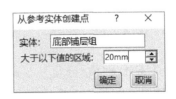

图 5-78

（2）创建的核心样例会以列表的形式列出，同时曲面上也会在对应位置显示信息。此时单击其所在行，再单击下方的"编辑"后，可以对该核心样例显示的数据进行编辑，见图 5-79。

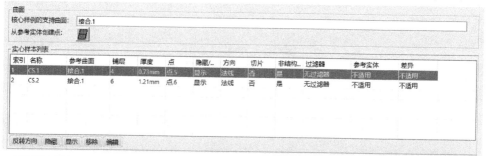

图　5-79

（3）单击选中任意行，再单击下方的"编辑"弹出核心样例的编辑界面，根据需要勾选需要显示的信息，单击"确定"即可返回，见图 5-80。

**注：** 当核心样例中包含多个铺层组时，单击"过滤器"选项中的 ▦ 进入"实体"对话框，在结构树上单击需要显示的铺层组（可以多选），然后单击"确定"返回则可以仅仅显示选中的铺层组的测量信息，见图 5-81。

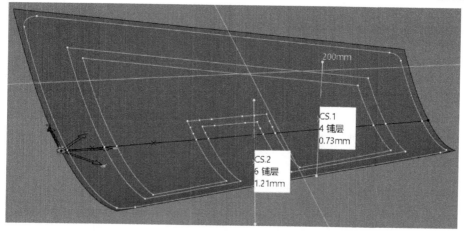

图　5-80

图　5-81

（4）单击对话框中的"铺层列表"选项卡，在下方可以显示所选择的核心样例点的铺层详细信息，见图 5-82。

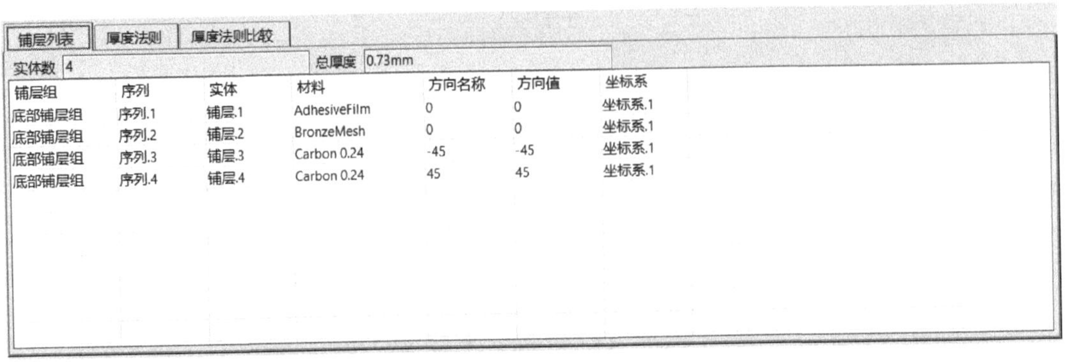

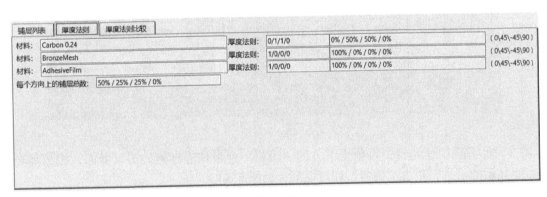

图　5-82

（5）单击对话框中的"厚度法则"选项卡，在下方可以显示所选择的核心样例点不同材料的厚度法则信息，见图 5-83。

图　5-83

（6）单击对话框中下方的 更多（用于导出），在下方可以显示出导出核心样例的设置。选择"导出格式"为"核心样例"，"方向"为"名称＋值"，单击 设置文件的导出位置。然后单击"导出"可以得到结果，见图 5-84。

（7）单击对话框中的"确定"，完成核心样例的采样。在结构树上的"审查工具"节点下生成了"核心样例组"，包含了所有核心样例的信息，见图 5-85。

5. 数值分析

数值分析可以计算铺层、序列、铺层组或堆叠上的面积、质量、重心等，并且可以导出到文件中以进行其他分析。

（1）在"审查"选项卡中，单击 "数值分析"打开对话框。在"实体"栏单击选择，而后在结构树上选择要进行分析的对象：底部铺层组。并勾选"持久"（结果会保留在铺层节点下）和"考虑型芯厚度"，见图 5-86。

**注**：默认的计算将铺层考虑在支持面上，当勾选了"考虑型芯厚度"时，型芯上方的铺层将会考虑型芯的厚度以计算铺层的面积等，见图 5-87 右侧示意。

（2）选择对象的分析结果会在对话框中显示，见图 5-88。

更少

导出

将核心样例导出至：

文件名　C:\Users\DLU5\Desktop\CoreSample.xls

导出格式
- ○ 铺层表
- ◉ 核心样例
- ○ 用于导入的铺层表

方向
- ○ 名称
- ◉ 名称 + 值

☐ 创建后打开文件

导出

| Reference Geometry | Ply Group | Sequence | Ply/Insert | Material | CS.1 | CS.2 |
|---|---|---|---|---|---|---|
| 接合.1 | 底部铺层组 | 序列.1 | 铺层.1 | AdhesiveFilm | 0 | 0 |
| 接合.1 | 底部铺层组 | 序列.2 | 铺层.2 | BronzeMesh | 0 | 0 |
| 接合.1 | 底部铺层组 | 序列.3 | 铺层.3 | Carbon 0.24 | -45 | -45 |
| 接合.1 | 底部铺层组 | 序列.4 | 铺层.4 | Carbon 0.24 | 45 | 45 |
| 接合.1 | 底部铺层组 | 序列.6 | 铺层.6 | Carbon 0.24 | | 0 |
| 接合.1 | 底部铺层组 | 序列.5 | 铺层.5 | Carbon 0.24 | | 0 |
| | | DIR | 0 | 0 | 2 | 4 |
| | | DIR | 45 | 45 | 1 | 1 |
| | | DIR | -45 | -45 | 1 | 1 |
| | | DIR | 90 | 90 | 0 | 0 |
| | | | | Total Crossed Entities | 4 | 6 |
| | | | | Thickness | 0.73mm | 1.21mm |

| Core Sample Points | X | Y | Z |
|---|---|---|---|
| CS.1 | 429.8965mm | -32.879349mm | 21.302134mm |
| CS.2 | 289.540114mm | 105.850304mm | 20.176099mm |

图　5-84

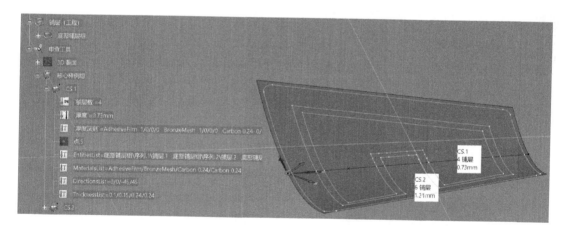

图　5-85

图　5-86

图　5-87

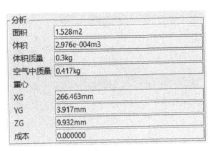

图　5-88

（3）在"导出数据"栏中，单击设置导出文件的位置和名称。单击"导出"可以将数值分析的结果导出到 Excel 文件中，见图 5-89。

| PlyGroup | Sequence | Ply/Insert/Cut-Piece Name | Material | Direction | Area(m2) | Volume(m3) | Volumic Mass(kg) | Aerial Mass(kg) | Center Of Gravity - X(mm) | Center Of Gravity - Y(mm) | Center Of Gravity - Z(mm) | Cost |
|---|---|---|---|---|---|---|---|---|---|---|---|---|
| 底部铺层组 | 序列.1 | 铺层.1 | AdhesiveFilm | 0 | 0.300756 | 3.01E-05 | 0 | 0.0255643 | 267.769 | 7.79E-05 | 12.1109 | 0 |
| 底部铺层组 | 序列.2 | 铺层.2 | BronzeMesh | 0 | 0.300756 | 4.51E-05 | 0 | 0.145867 | 267.769 | 7.79E-05 | 12.1109 | 0 |
| 底部铺层组 | 序列.3 | 铺层.3 | Carbon 0.24 | -45 | 0.300756 | 7.22E-05 | 0.097445 | 0.0797004 | 267.769 | 7.79E-05 | 12.1109 | 0 |
| 底部铺层组 | 序列.4 | 铺层.4 | Carbon 0.24 | 45 | 0.300756 | 7.22E-05 | 0.097445 | 0.0797004 | 267.769 | 7.79E-05 | 12.1109 | 0 |
| 底部铺层组 | 序列.6 | 铺层.6 | Carbon 0.24 | 0 | 0.183921 | 4.41E-05 | 0.0595903 | 0.048739 | 264.576 | 10.244 | 6.87238 | 0 |
| 底部铺层组 | 序列.5 | 铺层.5 | Carbon 0.24 | 0 | 0.141097 | 3.39E-05 | 0.0457155 | 0.0373907 | 263.355 | 12.3651 | 4.6343 | 0 |

图　5-89

（4）在对话框中单击"确定"，则数值分析的结果将会保留在铺层节点下。单击该节点可以查看该铺层的分析结果，见图 5-90。

6. 坐标转移曲线

我们在前面定义复合材料设计参数时，定义坐标轴可以在目标曲面上查看不同点的坐标示意。但是某一角度的铺层设计方向通过某一点沿曲面的走向很难有一个直观的展示。使用坐标转移曲线可以生成可随时更新的曲线来展示目标纤维方向在参考曲面的沿曲线走向。

（1）在结构树上单击"坐标转移曲线"几何图形集，在快捷菜单中单击"定义工作对象"，将工作对象定位到"坐标转移曲线"几何图形集，见图 5-91。

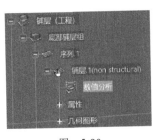

图　5-90

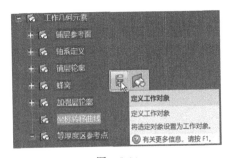

图　5-91

（2）在"审查"选项卡中，单击 坐"坐标系转移曲线"打开对话框。通过单击结构树或者在工作区点选复合材料设计参数节点下已经定义好的"坐标系.1"，"曲面"选择"接合.1"，"点"选择"点.3"，设置方向为 45°，单击"预览"则可以显示通过"点.3"的 45°方向在参考曲面上的曲线走向，见图 5-92。

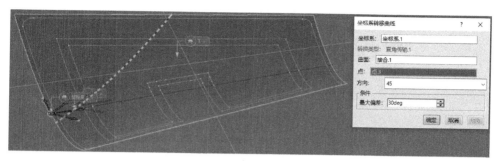

图　5-92

（3）单击"确定"，则该曲线会被保留在目标几何图形集下，双击该节点可以重新设置其方向等，见图 5-93。

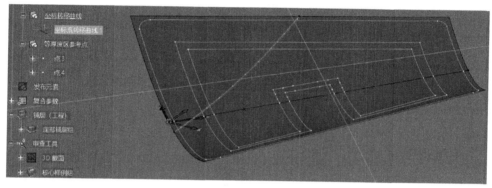

图　5-93

## 5.4.5　使用堆叠管理（快速调整铺层）

在上一小节通过多种方式获得了铺层的详细信息以判断铺层的设计是否合理或满足要求，除此以外也可以使用堆叠管理对铺层进行查看与调整。在堆叠管理中，可以查看包括但不限于铺层面积、轮廓长度、铺层重心、核心样例、铺层的可制造性分析以及展开等信息，并且可以对铺层、序列、铺层组等进行排序、重命名、更改材料名称 & 方向、剪切和复制、导出等操作，非常方便进行铺层的调整。

（1）进入"审查"选项卡，单击 🔖 "堆叠管理"，则会看到其对话框以及相应的工具控制板，见图 5-94。

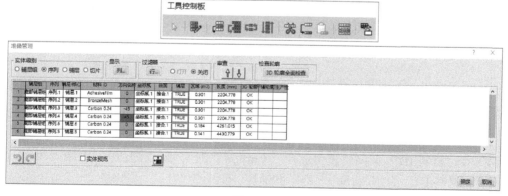

图　5-94

（2）单击"显示"栏中的[列...]，在弹出的选项对话框中勾选"核心样例"和"方向值"则显示区域会将对应的信息显示，见图5-95。

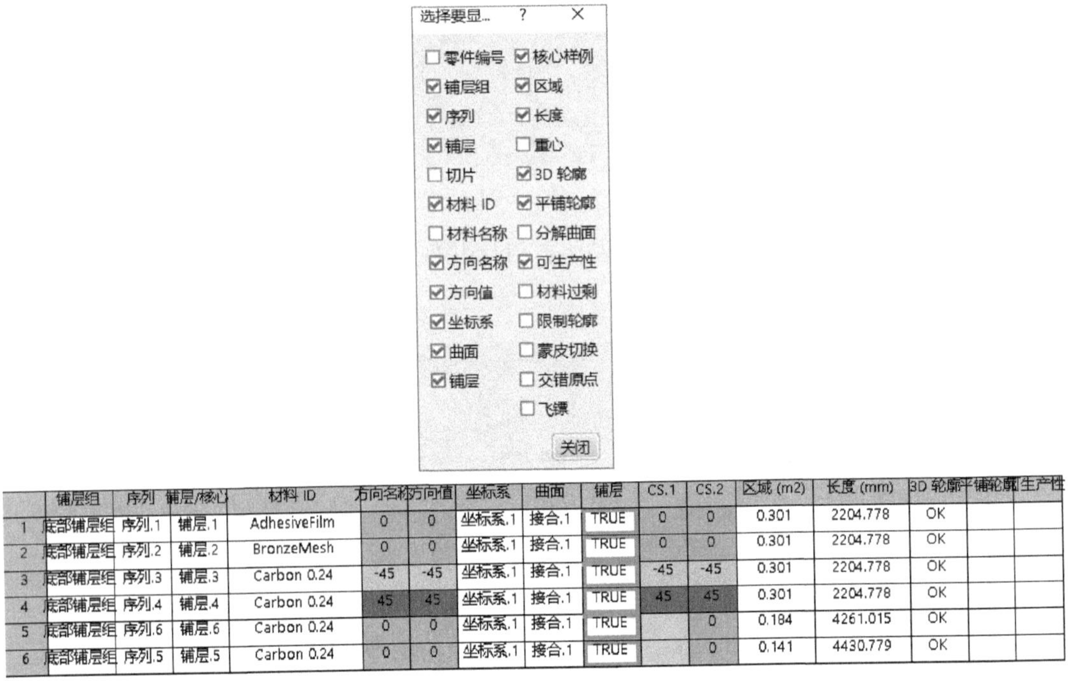

| | 铺层组 | 序列 | 铺层/核心 | 材料 ID | 方向名称 | 方向值 | 坐标系 | 曲面 | 铺层 | CS.1 | CS.2 | 区域 (m2) | 长度 (mm) | 3D 轮廓 | 平铺轮廓 | 生产性 |
|---|---|---|---|---|---|---|---|---|---|---|---|---|---|---|---|---|
| 1 | 底部铺层组 | 序列.1 | 铺层.1 | AdhesiveFilm | 0 | 0 | 坐标系.1 | 接合.1 | TRUE | 0 | 0 | 0.301 | 2204.778 | OK | | |
| 2 | 底部铺层组 | 序列.2 | 铺层.2 | BronzeMesh | 0 | 0 | 坐标系.1 | 接合.1 | TRUE | 0 | 0 | 0.301 | 2204.778 | OK | | |
| 3 | 底部铺层组 | 序列.3 | 铺层.3 | Carbon 0.24 | -45 | -45 | 坐标系.1 | 接合.1 | TRUE | -45 | -45 | 0.301 | 2204.778 | OK | | |
| 4 | 底部铺层组 | 序列.4 | 铺层.4 | Carbon 0.24 | 45 | 45 | 坐标系.1 | 接合.1 | TRUE | 45 | 45 | 0.184 | 4261.015 | OK | | |
| 5 | 底部铺层组 | 序列.6 | 铺层.6 | Carbon 0.24 | 0 | 0 | 坐标系.1 | 接合.1 | TRUE | | 0 | 0.141 | 4430.779 | OK | | |
| 6 | 底部铺层组 | 序列.5 | 铺层.5 | Carbon 0.24 | 0 | 0 | 坐标系.1 | 接合.1 | TRUE | | | | | | | |

图　5-95

（3）在"过滤器"栏中单击[行...]可以打开过滤器以快速过滤需要进行编辑或查看的铺层（序列或铺层组），见图5-96。

图　5-96

（4）在"材料ID"下拉列表中选择"Carbon 0.24"，则主对话框中的显示列表会自动列出所有"材料ID"为"Carbon 0.24"的铺层，见图5-97。

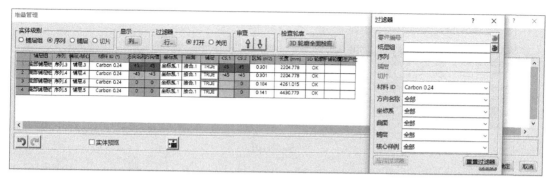

图　5-97

（5）关闭过滤器，在"实体级别"栏中点选"序列"，此时我们的编辑对象为序列，即可以对序列进行排序、复制、剪切等操作，见图 5-98。

（6）在显示列表栏中，单击最左侧的数字则会选中该序列，此处选择第三行（或者在结构树上点选也可）。所选中序列（"序列 .3"）则会在工作区高亮显示，见图 5-99。

图　5-98

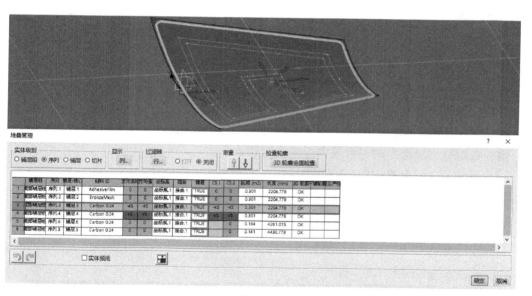

图　5-99

（7）单击工具控制板上的 "编辑行"。在弹出的对话框中可以对序列内部的铺层属性进行修改。此处在方向下拉菜单中选择"45"，将铺层的角度更改为 45 度。单击"确定"回到主对话框，结果见图 5-100。

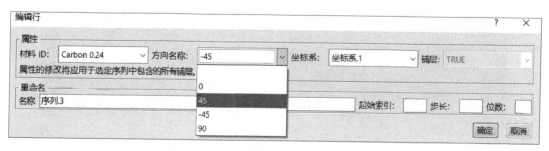

图　5-100

（8）按照同样的方法将"序列 .4"的角度更改为 –45 度，结果见图 5-101。

| | 铺层组 | 序列 | 铺层/核心 | 材料 ID | 方向名称 | 方向值 | 坐标系 | 曲面 | 铺层 | CS.1 | CS.2 | 区域 (m2) | 长度 (mm) | 3D 轮廓 | 平铺轮廓 | 生产性 |
|---|---|---|---|---|---|---|---|---|---|---|---|---|---|---|---|---|
| 1 | 底部铺层组 | 序列.1 | 铺层.1 | AdhesiveFilm | 0 | 0 | 坐标系.1 | 接合.1 | TRUE | 0 | 0 | 0.301 | 2204.778 | OK | | |
| 2 | 底部铺层组 | 序列.2 | 铺层.2 | BronzeMesh | 0 | 0 | 坐标系.1 | 接合.1 | TRUE | 0 | 0 | 0.301 | 2204.778 | OK | | |
| 3 | 底部铺层组 | 序列.3 | 铺层.3 | Carbon 0.24 | 45 | 45 | 坐标系.1 | 接合.1 | TRUE | 45 | 45 | 0.301 | 2204.778 | OK | | |
| 4 | 底部铺层组 | 序列.4 | 铺层.4 | Carbon 0.24 | -45 | -45 | 坐标系.1 | 接合.1 | TRUE | -45 | -45 | 0.301 | 2204.778 | OK | | |
| 5 | 底部铺层组 | 序列.6 | 铺层.6 | Carbon 0.24 | 0 | 0 | 坐标系.1 | 接合.1 | TRUE | | 0 | 0.184 | 4261.015 | OK | | |
| 6 | 底部铺层组 | 序列.5 | 铺层.5 | Carbon 0.24 | 0 | 0 | 坐标系.1 | 接合.1 | TRUE | | 0 | 0.141 | 4430.779 | OK | | |

图　5-101

（9）从列表中我们发现，"序列 .2"应当位于最外层。此时我们单击最左侧数字 2 选中第二行，然后单击"工具控制面板"中的 "移动行"，再选择"序列 .1"所在行，则"序列 .2"行被放置于"序列 .1"前，见图 5-102。

| | 铺层组 | 序列 | 铺层/核心 | 材料 ID | 方向名称 | 方向值 | 坐标系 | 曲面 | 铺层 | CS.1 | CS.2 | 区域 (m2) | 长度 (mm) | 3D 轮廓 | 平铺轮廓 | 生产性 |
|---|---|---|---|---|---|---|---|---|---|---|---|---|---|---|---|---|
| 1 | 底部铺层组 | 序列.2 | 铺层.2 | BronzeMesh | 0 | 0 | 坐标系.1 | 接合.1 | TRUE | 0 | 0 | 0.301 | 2204.778 | OK | | |
| 2 | 底部铺层组 | 序列.1 | 铺层.1 | AdhesiveFilm | 0 | 0 | 坐标系.1 | 接合.1 | TRUE | 0 | 0 | 0.301 | 2204.778 | OK | | |
| 3 | 底部铺层组 | 序列.3 | 铺层.3 | Carbon 0.24 | 45 | 45 | 坐标系.1 | 接合.1 | TRUE | 45 | 45 | 0.301 | 2204.778 | OK | | |
| 4 | 底部铺层组 | 序列.4 | 铺层.4 | Carbon 0.24 | -45 | -45 | 坐标系.1 | 接合.1 | TRUE | -45 | -45 | 0.301 | 2204.778 | OK | | |
| 5 | 底部铺层组 | 序列.6 | 铺层.6 | Carbon 0.24 | 0 | 0 | 坐标系.1 | 接合.1 | TRUE | | 0 | 0.184 | 4261.015 | OK | | |
| 6 | 底部铺层组 | 序列.5 | 铺层.5 | Carbon 0.24 | 0 | 0 | 坐标系.1 | 接合.1 | TRUE | | 0 | 0.141 | 4430.779 | OK | | |

图　5-102

**注**：在工具控制板中还有如下图标按钮以实现对铺层（序列或铺层组）的编辑：

，更改父级，将序列或铺层移动至另一铺层组或序列；

，交换行，交换选定的实体级别下的行；

，反转序列顺序，反转选定的相邻两行或多行的序列；

，剪切行，对选定的一行或多行进行剪切；

，复制行，复制选定的一行或多行；

，粘贴行，粘贴已经剪切或复制的行。

（10）在对话框的下方勾选 实体预览，则选中的铺层将在预览窗口预览，若铺层已经展开则可以预览其展开形状，见图 5-103。

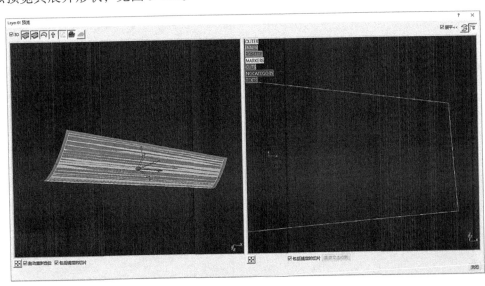

图　5-103

（11）单击预览窗口的"关闭"返回。按住 Shift 键选择所有行然后单击工具控制板上的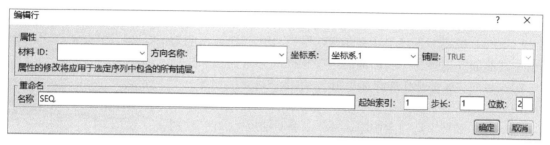"编辑行"。在"重命名"栏下"名称"输入"SEQ."，"位数"输入 2，见图 5-104。

图　5-104

（12）单击"确定"，则所选中的序列将重命名为"SEQ.01"～"SEQ.06"，见图 5-105。可以看到在实体级别为"序列"按规则被重命名。

| | 铺层组 | 序列 | 铺层/核心 | 材料 ID | 方向名称 | 方向值 | 坐标系 | 曲面 | 铺层 | CS.1 | CS.2 | 区域 (m2) | 长度 (mm) | 3D 轮廓 | 平铺轮廓 | 生产性 |
|---|---|---|---|---|---|---|---|---|---|---|---|---|---|---|---|---|
| 1 | 底部铺层组 | SEQ.01 | 铺层.2 | BronzeMesh | 0 | 0 | 坐标系.1 | 接合.1 | TRUE | 0 | 0 | 0.301 | 2204.778 | OK | | |
| 2 | 底部铺层组 | SEQ.02 | 铺层.1 | AdhesiveFilm | 0 | 0 | 坐标系.1 | 接合.1 | TRUE | 0 | 0 | 0.301 | 2204.778 | OK | | |
| 3 | 底部铺层组 | SEQ.03 | 铺层.3 | Carbon 0.24 | 45 | 45 | 坐标系.1 | 接合.1 | TRUE | 45 | 45 | 0.301 | 2204.778 | OK | | |
| 4 | 底部铺层组 | SEQ.04 | 铺层.4 | Carbon 0.24 | -45 | -45 | 坐标系.1 | 接合.1 | TRUE | -45 | -45 | 0.301 | 2204.778 | OK | | |
| 5 | 底部铺层组 | SEQ.05 | 铺层.6 | Carbon 0.24 | 0 | | 坐标系.1 | 接合.1 | TRUE | | 0 | 0.184 | 4261.015 | OK | | |
| 6 | 底部铺层组 | SEQ.06 | 铺层.5 | Carbon 0.24 | 0 | | 坐标系.1 | 接合.1 | TRUE | | 0 | 0.141 | 4430.779 | OK | | |

图　5-105

（13）在"实体级别"栏点选"铺层"，然后选择列表中所有行，按前述方法对所有铺层进行重命名，结果见图 5-106。

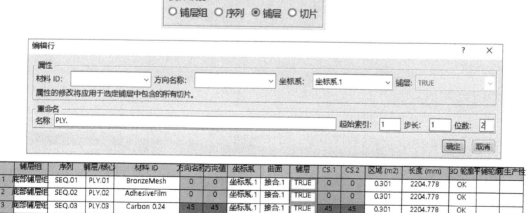

| | 铺层组 | 序列 | 铺层/核心 | 材料 ID | 方向名称 | 方向值 | 坐标系 | 曲面 | 铺层 | CS.1 | CS.2 | 区域 (m2) | 长度 (mm) | 3D 轮廓 | 平铺轮廓 | 生产性 |
|---|---|---|---|---|---|---|---|---|---|---|---|---|---|---|---|---|
| 1 | 底部铺层组 | SEQ.01 | PLY.01 | BronzeMesh | 0 | 0 | 坐标系.1 | 接合.1 | TRUE | 0 | 0 | 0.301 | 2204.778 | OK | | |
| 2 | 底部铺层组 | SEQ.02 | PLY.02 | AdhesiveFilm | 0 | 0 | 坐标系.1 | 接合.1 | TRUE | 0 | 0 | 0.301 | 2204.778 | OK | | |
| 3 | 底部铺层组 | SEQ.03 | PLY.03 | Carbon 0.24 | 45 | 45 | 坐标系.1 | 接合.1 | TRUE | 45 | 45 | 0.301 | 2204.778 | OK | | |
| 4 | 底部铺层组 | SEQ.04 | PLY.04 | Carbon 0.24 | -45 | -45 | 坐标系.1 | 接合.1 | TRUE | -45 | -45 | 0.301 | 2204.778 | OK | | |
| 5 | 底部铺层组 | SEQ.05 | PLY.05 | Carbon 0.24 | 0 | | 坐标系.1 | 接合.1 | TRUE | | 0 | 0.184 | 4261.015 | OK | | |
| 6 | 底部铺层组 | SEQ.06 | PLY.06 | Carbon 0.24 | 0 | | 坐标系.1 | 接合.1 | TRUE | | 0 | 0.141 | 4430.779 | OK | | |

图　5-106

（14）在主对话框中单击"确定"，完成对铺层的检查和修改回到工作区，此时结构树上的信息相应更新见图 5-107。

### 5.4.6　添加铺层限制以及对称

在零件的边缘位置有一开孔，根据设计要求需要在周边添加额外的加强铺层，其形状见图 5-108。在这里将使用铺层限制和对称快速完成加强铺层的设计以及铺层上的开孔。

（1）在"铺层"选项卡中单击 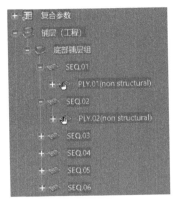"铺层组"，在弹出的对话框中"曲面"选择与"底部铺层组"相同的参考曲面和坐标系。输入名称"底部开孔加强铺层组"，单击"确定"创建一个新的铺层组，见图 5-109。

（2）在"铺层"选项卡中单击 "手动铺层"，在结构树上选择"底部开孔加强铺层组"。在弹出的对话框中单击"曲线"，在工作区单击选择"修剪 .4"和"平行 .3"，见图 5-110。

图　5-107

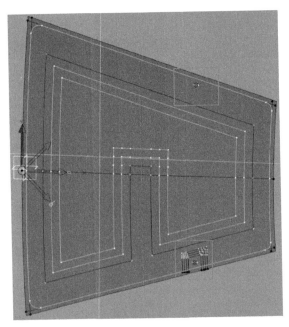

图　5-108

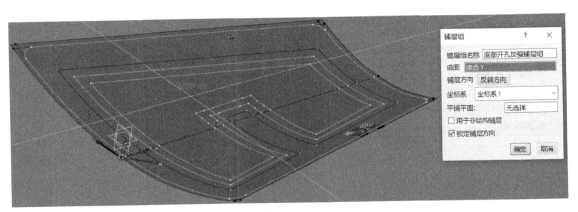

图　5-109

图 5-110

（3）在"属性"选项卡中，选择"材料"为"Carbon 0.24"，设置"方向"为"–45"，单击"确定"完成铺层定义，见图 5-111。

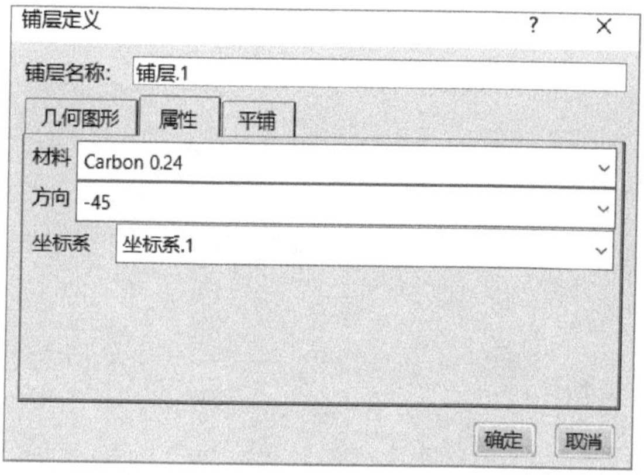

图 5-111

（4）按上述方法，添加"铺层.2"，其轮廓（红色）和属性见图 5-112。

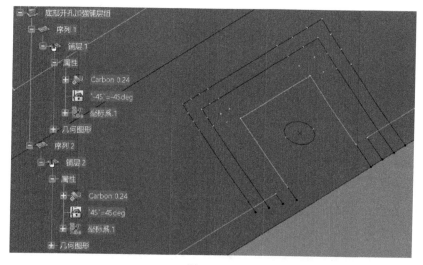

图 5-112

（5）单击  "对称铺层堆叠"，然后在结构树上选择"底部开孔加强铺层组"（也可以单击铺层组节点下的任意铺层）。在弹出的对话框中单选"非枢轴"，见图 5-113。

（6）单击"确定"完成对称铺层的生成，其结果见下。此时我们添加了一个具有对称铺层的加强铺层组，见图 5-114。

图　5-113

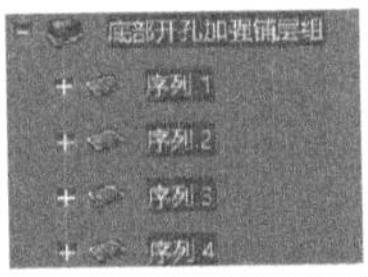

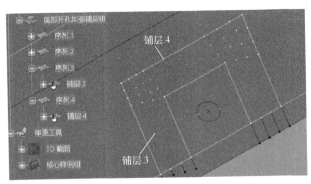

| | 铺层组 (°) | 序列 | 铺层/核心 | 材料 ID | 方向名称 | 方向值 | 坐标系 | 曲面 | 铺层 |
|---|---|---|---|---|---|---|---|---|---|
| 1 | 底部开孔加强铺层组 | 序列.1 | 铺层.1 | Carbon 0.24 | -45 | -45 | 坐标系.1 | 接合.1 | TRUE |
| 2 | 底部开孔加强铺层组 | 序列.2 | 铺层.2 | Carbon 0.24 | 45 | 45 | 坐标系.1 | 接合.1 | TRUE |
| 3 | 底部开孔加强铺层组 | 序列.3 | 铺层.3 | Carbon 0.24 | 45 | 45 | 坐标系.1 | 接合.1 | TRUE |
| 4 | 底部开孔加强铺层组 | 序列.4 | 铺层.4 | Carbon 0.24 | -45 | -45 | 坐标系.1 | 接合.1 | TRUE |

图　5-114

（7）在结构树上双击"铺层.3"和"铺层.4"，按照铺层定义的方式对铺层的轮廓进行调整，结果见图 5-115。

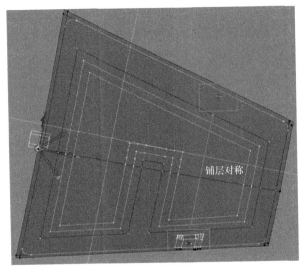

图　5-115

接下来将已经建好的铺层对称到零件的另一侧，见图 5-116。

图　5-116

（8）单击 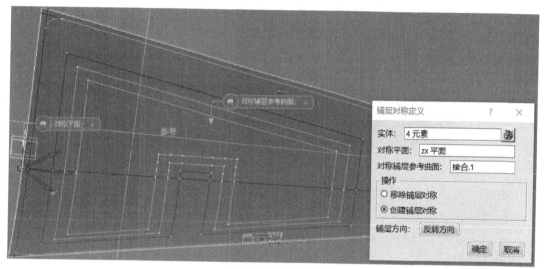"对称铺层"，在弹出的对话框中单击"实体"选择项，然后在结构树上单击"底部开孔加强铺层组"，则该铺层组中的所有铺层会被选中。选择"对称平面"为"zx平面"，选择"对称铺层参考曲面"为"底部开孔加强铺层组"的参考曲面"接合.1"，见图5-117。

图　5-117

（9）单击"确定"，在零件上的关于"zx平面"的对称铺层将创建对应的序列的节点下，见图5-118。

（10）接下来将在铺层上进行开孔操作。单击 □"限制轮廓"，在弹出的对话框中"实体"选择项单击 ◉"多重选择"以选择多个铺层组，见图5-119。

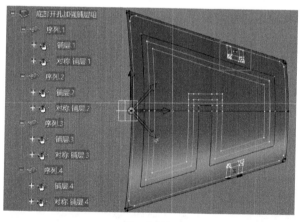

图　5-118

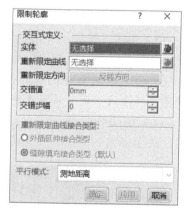

图　5-119

（11）在结构树上单击选择"底部铺层组"和"底部开孔加强铺层组"，工作区将对选择的对象高亮显示，见图5-120。

（12）单击"确定"返回"限制轮廓"对话框，在结构树上单击"圆.1"和"对称.1"以选中其为"重新限定曲线"。单击选定的曲线周围的红色箭头使其朝向外侧，见图5-121。

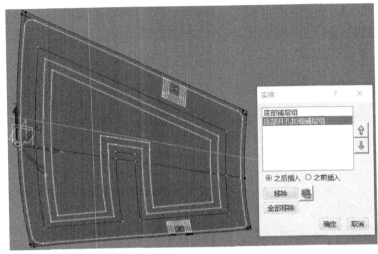

图　5-120

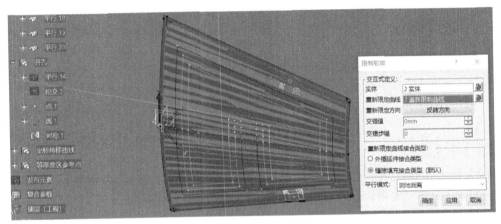

图　5-121

（13）单击"确定"完成在铺层上的开孔操作，此时结构树上会
创建一个新的节点"限制轮廓组"，见图 5-122。

注：当需要对创建的孔进行操作时，双击"限制轮廓组 .1"即
可对其进行修改。删除该节点将删除铺层的开孔。

图　5-122

（14）在圆孔的中心位置创建一个平行于" zy 平面"的平面，
使用该平面创建一个铺层的剖切视图，可以看到开孔周边的铺层，见图 5-123。

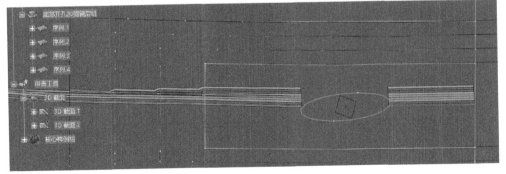

图　5-123

## 5.4.7　生成实体与上表面

实体和上表面（IML 或 OML）在设计中具有重要作用：实体为数字样机或者装配中的干涉 & 间隙分析提供数字模型；上表面（IML 或 OML）为复合材料零件周边的零件设计提供曲面参考。得益于达索先进的曲面技术，在复杂的参考面上得到铺层后可以简单快速且自动地生成具有高精度的实体和上表面（IML 或 OML）。在 3DEXPERIENCE 平台中，得到实体或上表面（IML 或 OML）需要经过如下几步（见图 5-124）。

此处我们将使用已经创建的蜂窝零件的底部铺层来展示如何创建实体和上表面（IML 或 OML），该实体和上表面不仅是铺层设计的结果，也为蜂窝和蜂窝的内侧铺层提供参考曲面。

1. 定义等厚度区

（1）进入"铺层的实体和上表面"选项卡，单击 "等厚度区域（ITA）"，在弹出的对话框中选择"组"。按住 Ctrl 键，单击"底部铺层组"和"底部开孔加强铺层组"同时选择两个已有的铺层组，见图 5-125。

图　5-124

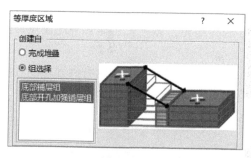

图　5-125

**注**：等厚度区的创建也可以对所有的铺层进行，此时需要选择"完整堆叠"。实际创建实体或上表面时一般根据需要来创建，此时我们需要从底部的铺层创建得到内侧铺层组的参考曲面，因此我们需要选择"底部铺层组"和"底部开孔加强铺层组"。

（2）在"点定义区域"栏，单击"点指示"单选框并勾选"将指示点保存于工作对象中"（此时可以选择任意参考曲面上的点作为定义点）。设置区域大小为 10mm。单击"计算并选择宽度大于 10.0mm 的区域"则可以自动计算等厚度区，并自动生成定义点且选择，见图 5-126。

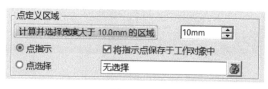

图　5-126

**注**：等厚度区等定义点也可以通过手动的方式，此时选择"点选择"，然后在结构树上或工作区选择预先定义好的点即可完成定义。

（3）在工作区可以看到等厚度区（红色区域，斜坡区域将不会被着色）的预览以及对应的定义点。单击 ，在弹出的对话框中移除下图中带 符号的点，则可以将此区域移除，见图 5-127。

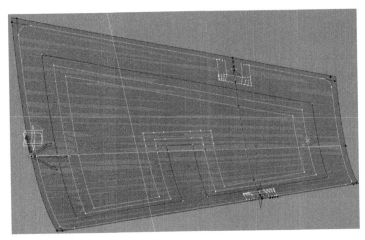

图 5-127

（4）在"衰减值"栏，设置"最大值"为1mm，"默认值"为0.2mm，并勾选"忽略斜坡支持面"，见图5-128。

**注**：当铺层生成的方法不是采用的网格法时需要对其进行定义，其代表了铺层斜坡区底部铺层的过渡方式。

图 5-128

（5）单击"预览"可以看到等厚度区的结果，单击"确定"以保存等厚度区，见图5-129。

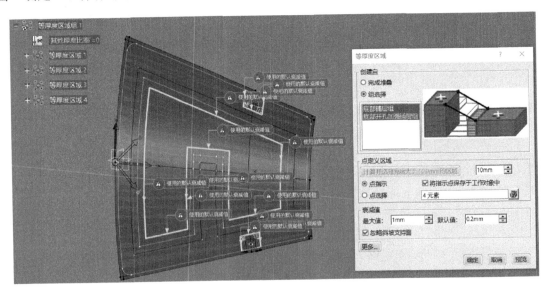

图 5-129

### 2. 创建等厚度连接线

等厚度区为多个内部铺层厚度相同的区域，这些不同的等厚度区域之间存在丢层（厚度变化，即过渡区域），因而不相连。等厚度区连接线将这些不相连的区域划分为多个封闭的轮廓，从而为创建实体或上表面（IML 或 OML）提供了参考轮廓。

创建等厚度连接线有两种方式：

1）手动法。手动创建在铺层参考面上的点 – 点直线或曲线，该直线或曲线的两端位于两个不同的等厚度区顶点。需要注意的是，此时推荐创建一个单独的几何图形集以保存这些新建的等厚度区连接线。

2）使用等厚度连接向导。使用等厚度连接向导可以快速地创建、检查以及验证自动创建的连接线，同时可以快速地查看缺少或可能的错误连接线并将创建的连接线自动保存至新的几何图形集中。该工具大大地提高了创建等厚度区连接线的效率。

我们在此处采用等厚度连接向导来创建底部铺层组的等厚度区的连接线。

（1）单击 "等厚度连接向导"，在 "等厚度区域组" 处单击选择 "等厚度区域组 .1"。然后单击 "计算"，则软件会自动计算可能的等厚度区连接线，见图 5-130。

**注**：如果已经创建了等厚度连接线，也可使用该工具来添加新的连接线或检查已有的连接线。只需要在 "输入" 选项下的 "现有连接线设置" 中选择已有连接线所在的几何图形集即可。

图　5-130

（2）计算完成后，等厚度连接线将在工作区显示并高亮，见图 5-131。

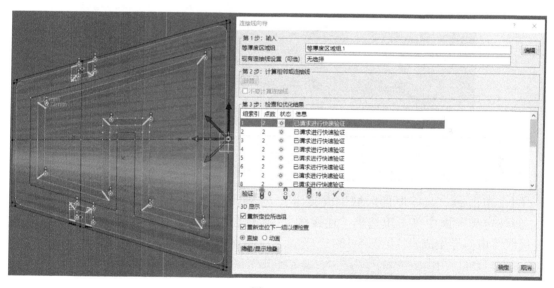

图　5-131

**注**：红色交通灯为未发现或建议连接线；黄色交通灯为已经找到或建议了连接线，但需要您的验证；绿色交通灯为已经找到或建议了连接线并且似乎正确；已验证（绿色复选标记）为已经找到或建议了连接线并且您已经验证。

在 3D 显示选项栏中，设置为 "直接" 时，选择连接线将直接居中显示选中的连接线；设置为 "动画" 时，选择连接线将动画居中显示选中的连接线。

（3）选择连接线后可以对其进行删除和创建等操作，见图 5-132。

（4）检查所有连接线是否正确连接，见图 5-133。然后单击 "确定" 以创建所有的连接线，在结构上将会自动创建几何图形集并保存验证后的连接线。

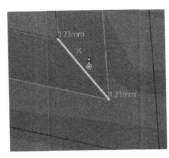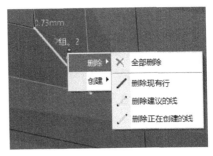

图 5-132

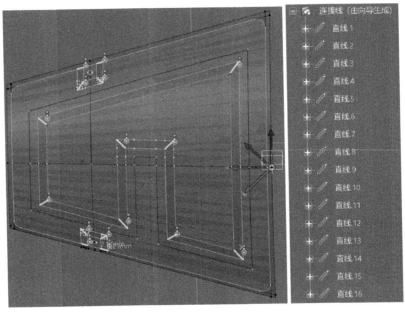

图 5-133

3. 生成关联实体或上表面（IML 或 OML）

（1）单击 "从等厚度区域生成实体"，在弹出的对话框中选择 "等厚度区域组 .1"，在 "斜坡定义" 框中单击单选框 "连接线"，然后在结构树上选择之前创建的几何图形集 "连接线（由向导生成）"，见图 5-134。

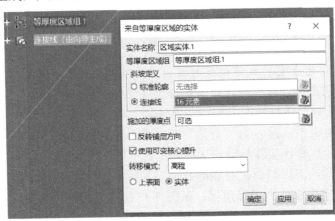

图 5-134

（2）单击单选框"实体"，并单击"确定"，则生成实体，见图 5-135。

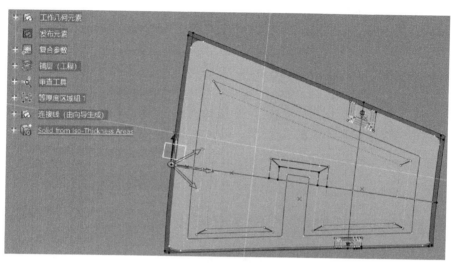

图　5-135

（3）按前述步骤选择等厚度区和连接线，最后生成结果前单击单选框"上表面"，并单击"确定"，则生成上表面（IML 或 OML），见图 5-136。

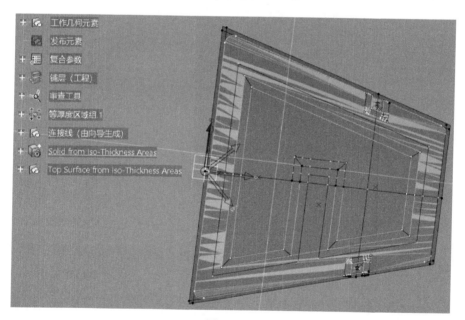

图　5-136

## 5.4.8　创建增强夹芯（蜂窝）

进行手动法设计铺层时，不仅可以添加铺层也可以添加夹芯作为增强铺层。在 3DEXPERIENCE 平台中，使用夹芯有两种方法：

1）实体夹芯。使用创建零件的方法创建实体，这种方法不受限制，可以生成任意形状的夹芯。

2）虚拟夹芯。这种方法简单快速，可以满足很多情况下的需要，且可以直接作为"铺层"应用于实体和上表面的创建。

此处将结合使用虚拟夹芯和实体夹芯以快速创建增强夹芯以完成设计。

（1）将几何图形集"铺层参考面–蜂窝"定义为工作对象，见图 5-137。

（2）切换工作应用程序至"Generative Wireframe & Shape"，在"基本工具"选项卡中，单击 "接合"，并选择前述步骤生成的"区域上表面 .1"作为接合元素。单击"确定"，以完成接合，见图 5-138。

图 5-137

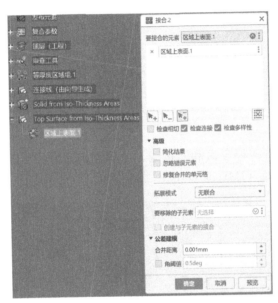

图 5-138

（3）定义工作对象为"蜂窝"，然后单击 "投影"。在弹出的对话框中选择"修剪 .3"作为"已投影"，选择"接合 .2"（即蜂窝参考曲面）作为"支持面"，见图 5-139，单击"确定"生成参考曲面上的蜂窝边界曲线。

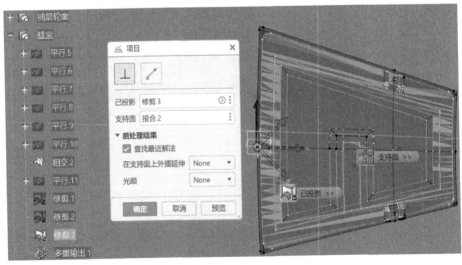

图 5-139

（4）切换工作应用程序至"Composite Design"，在"铺层设计"选项卡中单击 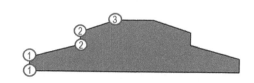 "铺层组"。在弹出的对话框中选择"接合 .2"作为曲面并设置铺层组名称为"蜂窝铺层组"，见图 5-140。

（5）单击 "虚拟芯材"，然后在结构树上单击"蜂窝铺层组"以选择蜂窝所在铺层组，弹出对话框，见图 5-141。

图　5-140

图　5-141

（6）在对话框中的"几何图形选择"栏单击 "可变偏移核心定义"，则弹出对话框见图 5-142。单击 ，以从轮廓、高度和角度定义可变核心。设置高度为 16mm（比实际的高度略高，实际为 15mm，这是为了方便后续的圆角操作以光滑上表面），角度为 45°，右键单击"基础轮廓"选择"创建轮廓"。

**注**：当夹芯的形状由多个台阶构成，则需要选择 以定义多个轮廓和高度从而完成对虚拟夹芯的定义，见图 5-143，选择基础轮廓（显示为 1，并且选择两次）及其高度（h1），选择第二个轮廓（显示为 2，并且选择两次）及其高度（h2），重复第三个轮廓（显示为 3）及其高度（h3），则可以使用虚拟夹芯将其定义。

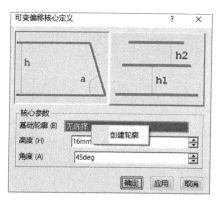

图　5-142

图　5-143

（7）在对话框中的"曲面"选择"接合 .2"（蜂窝参考曲面），并在结构树上或工作区选择"项目 .2"（蜂窝轮廓边界）作为轮廓，见图 5-144。单击"确定"回到"可变核心偏移定义"，再单击"确定"以回到"核心定义"。

（8）在"核心"对话框中选择"材料"为 Honey-Comb，"方向"为 0，"坐标系"为坐标系 .1，见图 5-145，单击"确定"完成蜂窝初始定义。

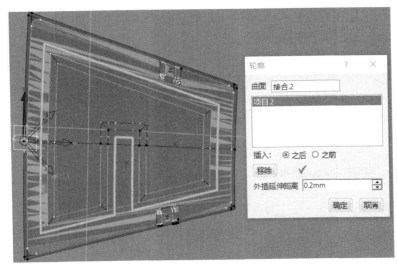

图 5-144

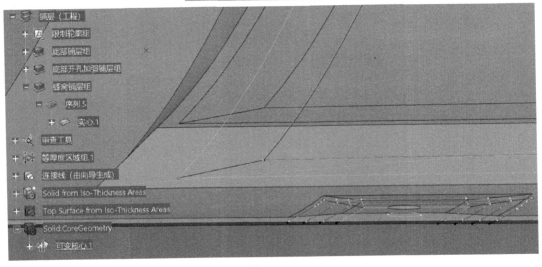

图 5-145

**注：** 此时结构树上创建了一个新的实体"Solid：Core Geometry"并且被隐藏。在蜂窝铺层组下创建了新的铺层序列并且包含节点"实心.1"，即为蜂窝夹芯。工作区域显示的结果即为考虑了底部铺层厚度变化的蜂窝结果。

如果在实际的设计中直接使用虚拟夹芯定义得到的蜂窝形状可以满足要求，则我们不需要将铺层组进行区分，一个铺层组包含所有的铺层和夹芯即可快速得到结果。下图中的铺层组中包含所有铺层以及开孔加强铺层，其中"序列.5"为虚拟夹芯。在生成实体时，勾选

"使用可变核心提升"选项，则生成实体时偏移曲面和实体会将夹芯的形状考虑在内生成实体或上表面（IML 或 OML）。见图 5-146 中的蓝色区域为最终的实体，可以看到实体和铺层边界。

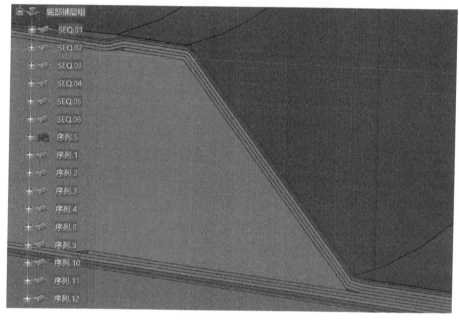

图　5-146

在实际中，夹芯的结构往往不能通过虚拟核心直接得到，还需要进行倒圆角，或者进行倒角切割等复杂操作。此时，我们可以在开始创建的实体"Solid：Core Geometry"上对"可变核心 .1"进行其他操作从而满足实际的设计需要。

此处，我们将对"可变核心 .1"进行圆角等操作并提取表面以作为零件上部铺层组的参考曲面。方法过程比直接使用虚拟夹芯要略复杂，但可以保证所有元素的关联性，任何铺层的修改可以完成所有元素的自动更新。

（9）切换工作应用程序至"Generative Wireframe & Shape"，定义工作对象至"蜂窝"几何图形集下，在"基本工具"选项卡中单击 ☎ "偏移"，在工作区选择"可变核心 .1"的边，见图 5-147，并设置圆角为 15mm（实际的蜂窝高度），单击"确定"，见图 5-147。

（10）切换工作应用程序至"Part Design"，将工作对象定义至"可变核心 .1"，在"基本工具"选项卡中单击 ▣ "分割"，在工作区选择"偏移 .1"，并设置保留方向，单击"确定"，见图 5-148。

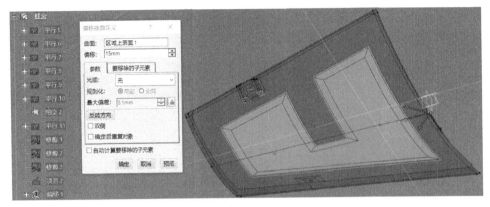

图　5-147

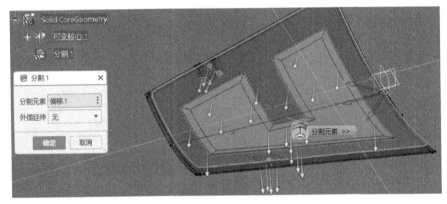

图　5-148

（11）单击 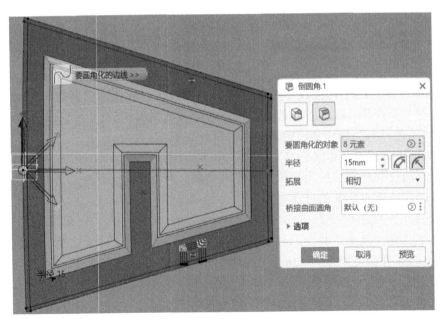 "边线圆角"，在工作区选择"可变核心 .1"的边，见图 5-149，并设置圆角半径为 15mm，单击"确定"。

图　5-149

（12）单击 "边线圆角"，在工作区选择 "可变核心 .1" 的边，见图 5-150，并设置圆角半径为 5mm，单击 "确定"。

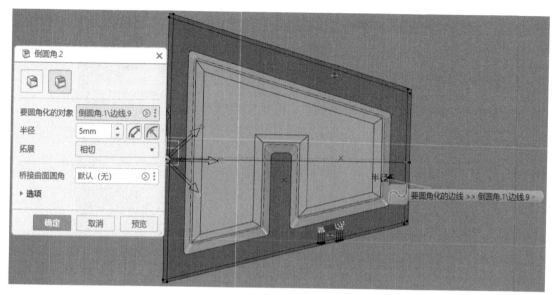

图　5-150

（13）单击 "边线圆角"，在工作区选择 "可变核心 .1" 的边，见图 5-151，并设置圆角半径为 30mm，单击 "确定"。

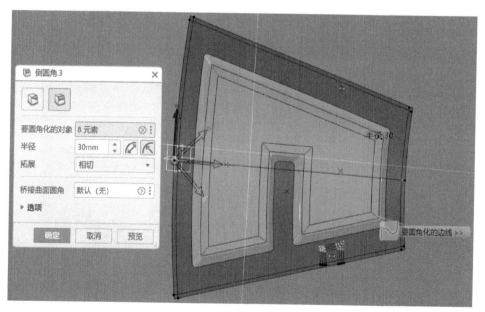

图　5-151

（14）单击 "边线圆角"，在工作区选择 "可变核心 .1" 的边，见图 5-152，并设置圆角半径为 15mm，单击 "确定"。

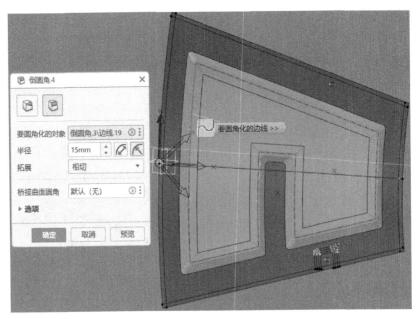

图　5-152

（15）单击 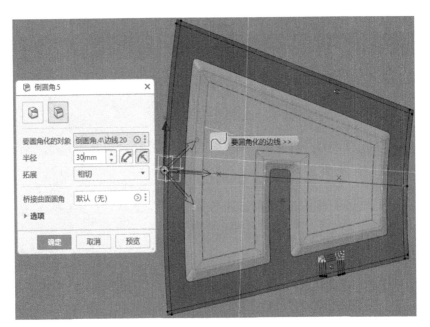 "边线圆角"，在工作区选择"可变核心.1"的边，见图5-153，并设置圆角半径为30mm，单击"确定"。

图　5-153

（16）双击"蜂窝铺层组"节点下的"实心.1"，打开定义对话框，并选择" Solid : CoreGeometry"作为"几何图形"，单击"确定"，见图5-154，则在3D截面中可以看到夹芯已经包含圆角特征。

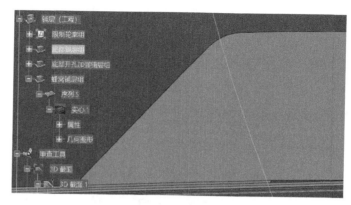

图　5-154

### 5.4.9　生成夹芯（蜂窝）上部铺层及实体

在上面的操作中我们已经创建了底部铺层组以及蜂窝铺层组等，在现有的铺层以及上表面的基础上我们可以通过提取蜂窝的上表面来生成上部铺层组的参考曲面，从而实现创建上部铺层组。其过程如下

1. 创建上部铺层组参考曲面

（1）定义"铺层参考面 – 上部"为工作对象，并在其节点下提取"Solid：CoreGeometry"的上部表面（"提取 .85"）作为上部铺层组的参考曲面创建元素并创建"接合 .3"，见图 5-155。

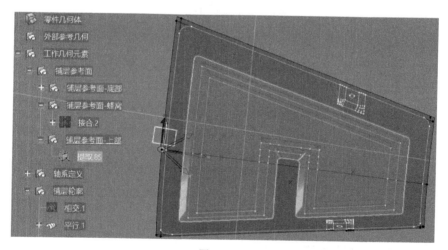

图　5-155

（2）将提取得到的曲面与前述步骤生成的"区域上表面 .1"进行圆角化，圆角半径为2mm，见图 5-156。

（3）将"圆角 .1"进行结合操作从而得到上部铺层的参考曲面"接合 .3"，见图 5-157。

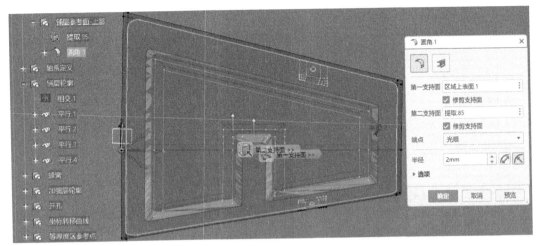

图　5-156

2. 在创建的上部铺层组参考曲面上创建轮
廓曲线

在生成的上部铺层组的参考曲面"接
合 .3"上面创建如下的铺层外部轮廓和加强铺
层的内部轮廓，见图 5-158。

图　5-157

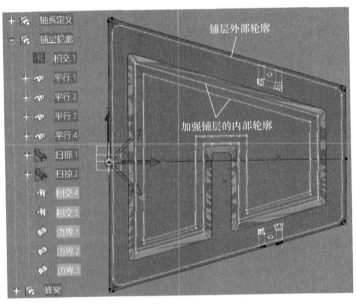

图　5-158

3. 创建上部铺层组并生成铺层

（1）进入应用程序"Composite Design"，在"铺层设计"选项卡下单击 🗂 "铺层组"，
选择上部铺层的参考曲面"接合 .3"从而生成上部铺层组，见图 5-159。

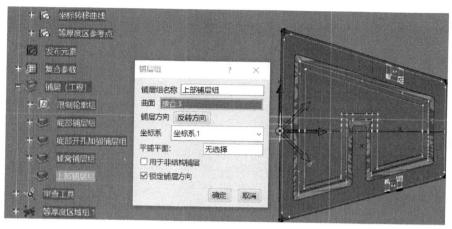

图　5-159

（2）按照5.4.3中手动创建底部铺层的方法，创建上部铺层组中的各个铺层，见图5-160。

| 12 | 上部铺层组 | 序列.6 | 铺层.5 | Carbon 0.24 | -45 | -45 | 坐标系.1 | 接合.3 |
|----|-----------|--------|--------|-------------|-----|-----|---------|--------|
| 13 | 上部铺层组 | 序列.7 | 铺层.6 | Carbon 0.24 | 45 | 45 | 坐标系.1 | 接合.3 |
| 14 | 上部铺层组 | 序列.8 | 铺层.7 | Carbon 0.24 | -45 | -45 | 坐标系.1 | 接合.3 |
| 15 | 上部铺层组 | 序列.9 | 铺层.8 | Carbon 0.24 | 45 | 45 | 坐标系.1 | 接合.3 |
| 16 | 上部铺层组 | 序列.10 | 铺层.9 | TEDLAR | 0 | 0 | 坐标系.1 | 接合.3 |

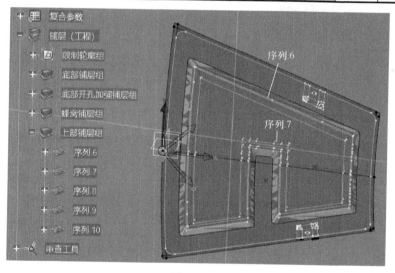

图　5-160

**4. 生成实体**

（1）在"铺层的实体和上表面"选项卡下单击 "等厚度区域"，选择上部铺层组作为等厚度区对象生成"等厚度区域组.2"，见图5-161。

（2）单击 "等厚度连接向导"，选择"等厚度区域组.2"作为输入，计算生成连接线，见图5-162。

（3）单击 "从等厚度区域生成实体"，选择"等厚度区域组.2"以及上步中生成的连接线，见图5-163，单击"确定"从而生成实体。

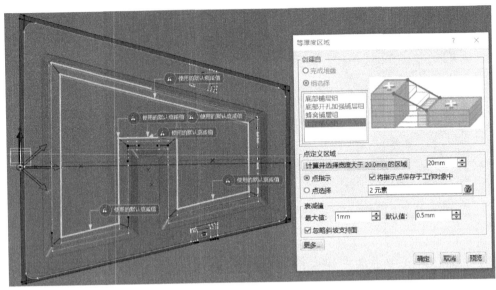

图 5-161

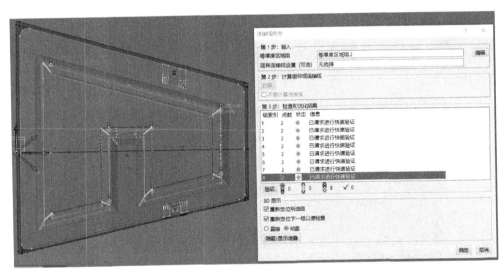

图 5-162

图 5-163

最终的蜂窝夹芯复合材料零件的铺层截面和实体截面见图 5-164。

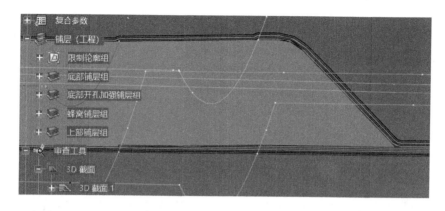

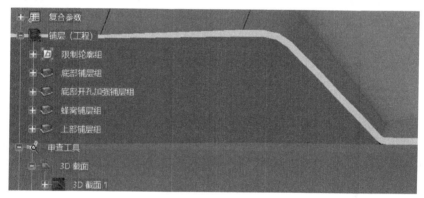

图　5-164

## 5.4.10　小结

本节通过一个蜂窝夹芯的复合材料零件建模过程展示了如何使用手动法建模的过程，其中包含了如下知识点：

（1）铺层组和铺层的创建；

（2）如何修改铺层的参数；

（3）创建铺层的爆炸视图以及剖视图；

（4）使用核心样例对铺层的厚度进行分析；

（5）使用数值分析对铺层的质量进行计算；

（6）使用坐标转移曲线查看铺层的角度变化；

（7）使用限制轮廓对铺层边界进行重新限制；

（8）对称铺层和铺层的对称；

（9）如何使用堆叠管理快速地调整铺层的顺序；

（10）生成实体和上表面的过程；

（11）实际创建夹芯结构复合材料零件的推荐过程，使用该方法可以创建复杂类型的夹芯结构以及可以得到高精度的实体和上表面。

## 5.5　区域设计法

区域法将仿真分析的结果与复合材料零件的设计过程相结合，有效地提高了设计的效率。采用区域法在概念设计阶段就可以快速得到零件外形以进行概念设计的迭代。同时对于预先知道区域外形轮廓的复合材料零件，采用区域法可以快速高效地完成设计过程。

### 5.5.1　概述

区域法的有两种设计过程。

1）经典法。当已知零件的不同区域的厚度法则或者铺层序列，这些信息在设计中转化为区域（组），其包含区域的几何轮廓以及厚度法则或铺层序列。而后通过定义不同的区域之间的斜坡以形成过渡区或者通过偏移区域边界得到过渡区（该方法一般用于具有明确的边界参考元素如长桁或者梁等）。由此可以得到铺层如何在过渡区从一个厚度区变化到另一个厚度区。采用经典法，不仅可以使用区域边缘偏移来得到过渡区的形状，也可以使用自定义的过渡区形状，这给了用户非常大的自由度来进行过渡区的定义，可以应对各种情况下的铺层定义。

2）实体切片法。当已知零件的不同区域的厚度信息，可通过定义零件的区域边界以及过渡区的几何边界来定义实体（或者使用已有的零件实体），然后对实体进行切片（Slicing）得到铺层的边界。该方法不仅可以用来通过实体生成铺层，也可以直接将金属零件转换为复合材料铺层。更为广义上来说，该方法可以将给定形状的实体转换为复合材料的铺层。

### 5.5.2　经典区域法 – 斜坡过渡

在本节将采用经典区域法来设计一个汽车B柱以帮助了解如何使用区域设计法来进行复合材料零件的设计，采用经典区域法的过程见图 5-165。

1）定义复合材料设计参数；

2）创建参考曲面；

3）定义区域组（单个或者多个）；

4）创建区域（单个或者多个）；

5）导入层压；

6）创建斜坡过渡区；

7）分析区域连接；

8）由区域生成实体（上表面）；

9）由区域生成堆叠；

10）由区域生成铺层。

图　5-165

1. 创建区域的层压

（1）在搜索栏中输入需要搜索的 3D 零件"区域法 –B 柱"，单击鼠标右键选择"打开"，见图 5-166。

（2）双击"复合材料设计参数"，单击"添加层"以添加所需的层压，见图 5-167。

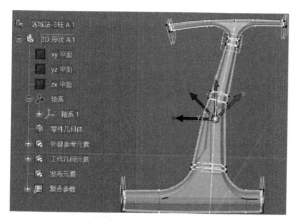

图　5-166

图　5-167

（3）新添加层压，见图 5-168。

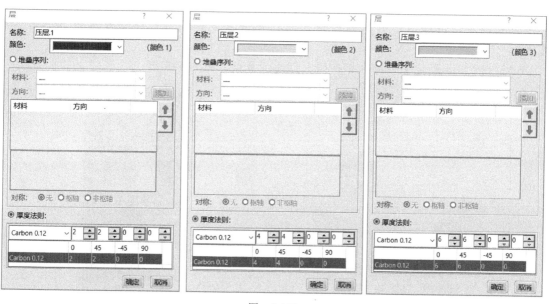

图　5-168

（4）添加完所需的层压后，结果见图 5-169，单击"确定"回到设计界面。

2. 创建区域组

（1）进入"区域设计"选项卡，单击 "区域组"。在弹出的对话框中选择"接合 .1"作为曲面，选择已经创建的"坐标系 .1"作为区域组坐标系。在工作区的曲面上将显示铺层的堆叠方向，见图 5-170。

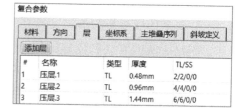

图　5-169

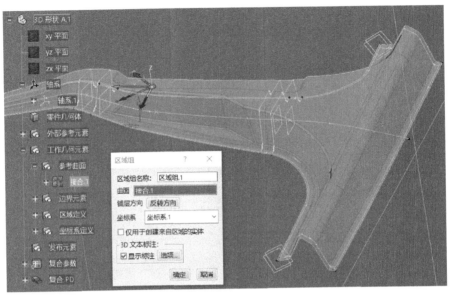

图 5-170

注："在 3D 文本标注"栏中，单击"选项"则可以设置工作区中在区域上的显示信息，见图 5-171。当勾选了"仅用于创建来自区域的时实体"时区域组中的区域将不能用于直接生成铺层，区域组中的区域将仅用于创建实体（在使用实体切片法时可以勾选此选项）。

（2）完成区域组定义后即在结构树上创建了节点，见图 5-172。

图 5-171

图 5-172

3. 创建区域与导入层压

创建区域的方式和创建铺层的方式比较类似，通过其所在的区域组、名称、轮廓、层压、坐标系等信息完成对区域的定义。

（1）单击 "区域"，在弹出的对话框中选择上述步骤创建的"区域组 .1"作为目标区域组，见图 5-173。

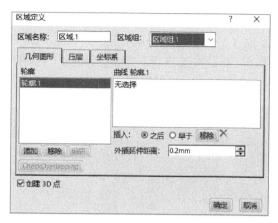

图　5-173

（2）在"几何图形"选项卡中，单击"轮廓.1"，在工作区域或结构树上按顺序选择"平行.1""近接.2""平行.3""相交.6""平行.2""相交.4"以形成"区域.1"的轮廓，见图 5-174。

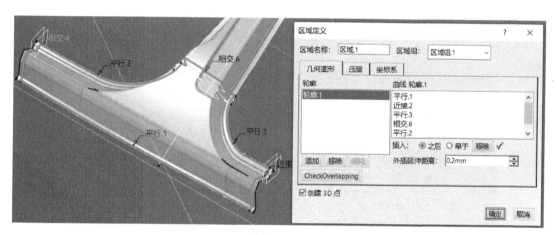

图　5-174

（3）在"压层"选项卡中，选择"压层.1"作为"区域.1"的压层，见图 5-175。

（4）在"坐标系"选项卡中，选择"坐标系.1"，见图 5-176。

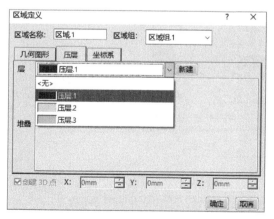

图　5-175

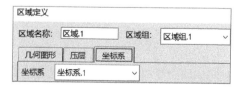

图　5-176

（5）单击"确定"，完成区域的定义。在结构树的"区域组.1"节点下，创建了新的"区域.1"节点。该节点下包含了定义区域的所有信息（双击对应的节点，如复合几何图形，可以对其进行编辑），见图5-177。在工作区，紫色区域为"区域.1"，同时可以看到3D显示的区域结果：层压、厚度法则以及区域得厚度。

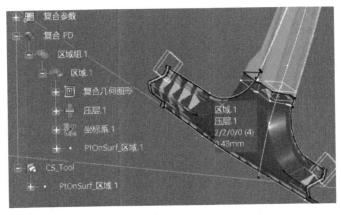

图　5-177

（6）单击 "区域"，按上述步骤创建"区域.2"，其轮廓和层压见图5-178。

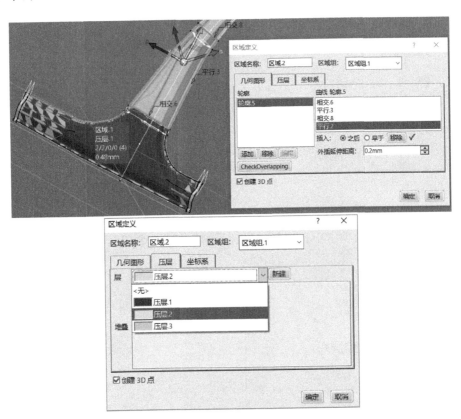

图　5-178

（7）单击 "区域"，按上述步骤创建的"区域.3"，其轮廓和层压见图5-179。

（8）单击 "区域"，按上述步骤创建的"区域.4"，其轮廓和层压见图5-180。

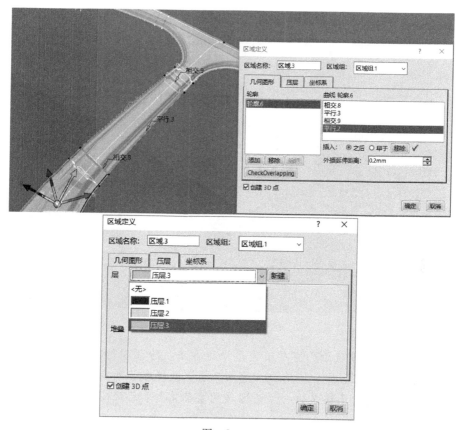

图　5-179

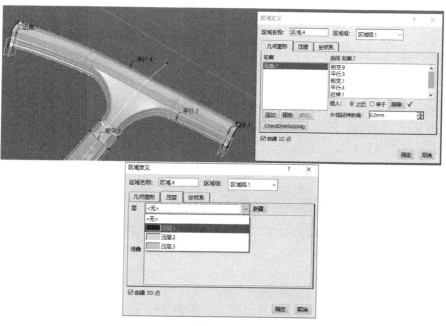

图　5-180

（9）创建完 4 个子区域后，其结果见图 5-181。

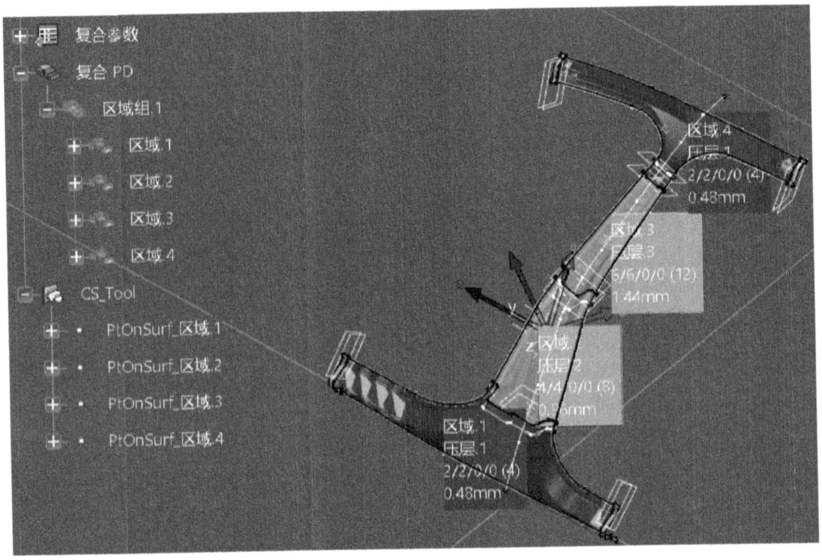

图　5-181

**注**：创建区域时直接赋予已有层压为第一种方法。除此以外，在创建层压时也可以不赋予层压，在创建完所有区域后使用![icon]"导入压层"快速赋予所有区域层压。使用 Excel 创建如表 5-10 所示的 Excel 表格文件，注意区域的名称需要和已经定义好的区域名称一致。

表 5-10　区域厚度法则

| 材料 | 方向 | 区域 .1 | 区域 .2 | 区域 .3 | 区域 .4 |
|---|---|---|---|---|---|
| Carbon 0.12 | 0 | 2 | 4 | 6 | 3 |
| Carbon 0.12 | 45 | 2 | 4 | 6 | 3 |
| Carbon 0.12 | −45 | 0 | 0 | 0 | 0 |
| Carbon 0.12 | 90 | 0 | 0 | 0 | 0 |

单击![icon]"导入压层"，弹出如图 5-182 所示的对话框。在选择窗口中选择已经完成定义的如表 5-10 所示的 Excel 文件，单击"确定"，则层压会被导入到相应的区域，同时新的层压将会被添加到复合材料设计参数中。

图　5-182

**4.创建斜坡过渡区**

（1）接下来将创建层压区域之间的过渡区。单击![icon]"过渡区域"，在弹出对话框中选择"区域 .1"作为目标区域，并按顺序选择曲线："相交 .5""平行 .3""相交 .6""平行 .2"。勾选"过渡区域细化"选项，并设置"细化数量"为 10，见图 5-183。

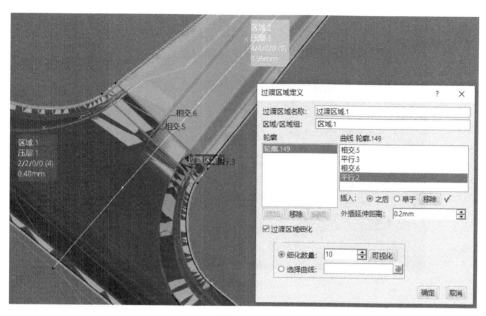

图　5-183

**注**：使用斜坡过渡区域时，当过渡区的等分铺层边缘连线与过渡区的轮廓不一致时需要使用"过渡区域细化"功能以确保铺层的边缘与过渡区轮廓线平行，见图 5-184。

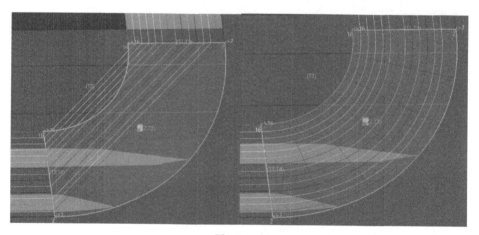

图　5-184

（2）单击"确定"，将在"区域 .1"的节点下创建"过渡区域 .1"，见图 5-185。

**注**：此时创建的区域需要直接相邻，并且斜坡过渡区应位于相邻区域层压厚度偏小的区域。

（3）单击 <img> "过渡区域"，在弹出的对话框中选择"区域 .2"作为目标区域，并按顺序选择曲线："相交 .7""平行 .3""相交 .8""平行 .2"。勾选"过渡区域细化"选项，并设置"细化数量"为 10，见图 5-186。单击"确定"，生成过渡区。

（4）"区域 .3"和"区域 .4"之间的铺层数量差比较大，我们根据需要设置两个不同的过渡区以形成非均匀铺层变化过渡区。单击 <img> "过渡区域"，在弹出的对话框中选择"区域 .4"作为目标区域，并按顺序选择曲线："相交 .9""平行 .3""近接 .4""平行 .2"，见图 5-187。单击"确定"，生成"过渡区域 .3"。

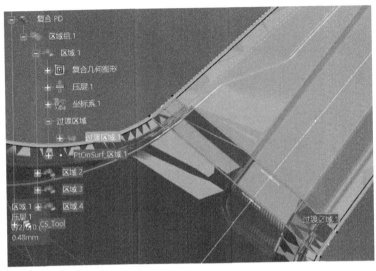

图　5-185

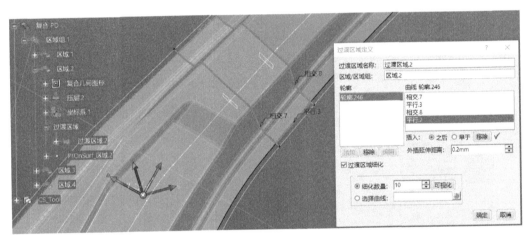

图　5-186

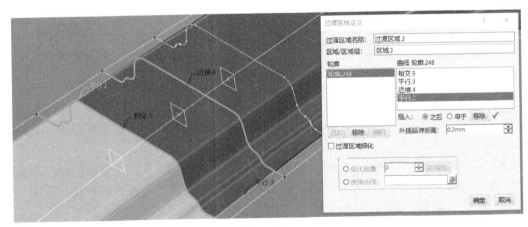

图　5-187

（5）单击　"过渡区域"，在弹出的对话框中选择"区域.4"作为目标区域，并按顺序选择曲线："近接.4""平行.3""近接.3""平行.2"，见图5-188。单击"确定"，生成过渡区。

图 5-188

此时已完成 4 个斜坡过渡区的设置，其中有两个过渡区（"过渡区域 .1"和"过渡区域 .2"）作为区域之间的连接区，有两个过渡区（"过渡区域 .3"和"过渡区域 .4"）共同作为"区域 .3"和"区域 .4"之间的过渡区。

5. 分析连接

通过区域之间的连接分析可以提前查看不同区域以及过渡区在边界处的铺层数量以及是否正确连接，从而检查区域以及过渡区的设置是否正确。

单击 ✎ "连接生成器"，在弹出的对话框中选择"区域组 .1"并勾选需要显示的对象。此处勾选所有的选项，单击"应用"，然后单击"确定"，将在工作区域显示计算的结果，见图 5-189。

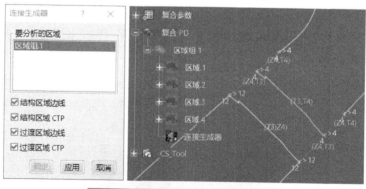

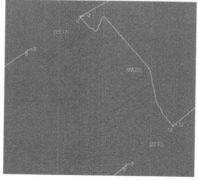

图 5-189

其中，每种具有相切边线的连接类型都与一种颜色相关联：红色为区域之间的连接；绿色为斜坡过渡区和层压偏厚区域之间的连接；品红色为区域之间的连接；淡蓝色为两个斜坡过渡区相连接的边线；深蓝色为斜坡过渡区和层压偏薄区域之间的连接；黄色为区域的自由边线。

**注**：当区域发生改变时，交通灯 会变成红色提示，需要重新进行分析，此时双击交通灯可以重新进行分析。

6. 定义强制厚度点（ITP）

强制厚度点（ITP）用来定义某两个点连线所在曲线上的实体厚度，可以通过定义铺层数量或者厚度来确定曲线所在位置的厚度，一般通过相邻两个斜坡过渡区的交界曲线来确定。图 5-190 中（蓝色和红色块为区域，绿色和黄色块为过渡区域）图 5-190a 为铺层数由相邻区域定义，不需要任何 ITP；图 5-190b 为未定义铺层数，需要一个 ITP，这种情况下，堆叠是精确的多个铺层厚度，ITP 可以是整数；图 5-190c 为未定义铺层数，需要一个 ITP，这种情况下，堆叠不是精确的多个铺层厚度，ITP 不能是整数，需要 ITP 高度。

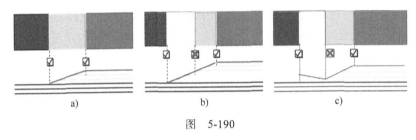

图　5-190

在当前的设计中，由于在"区域.4"中有两个相邻的过渡区："过渡区域.3"和"过渡区域.4"，因此需要在此处定义 ITP 以控制过渡区交界处的厚度。

（1）单击 "ITP"，在弹出的对话框中右键单击"顶点"选择框，在菜单中选择"插入线框"，然后选择"创建相交"，见图 5-191。

（2）在弹出的对话框中选择"近接.4"和"平行.3"作为相交元素，见图 5-192，单击"确定"回到 ITP 对话框。

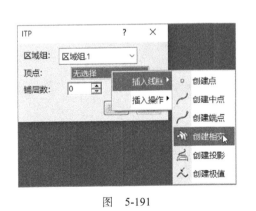

图　5-191

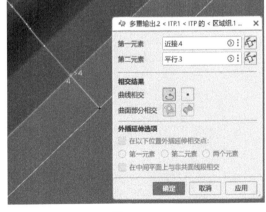

图　5-192

（3）在"铺层数"栏输入 7，见图 5-193，单击"确定"完成设置。结构树上将出现新的节点"ITP.1"。

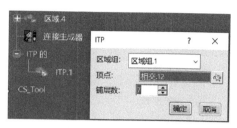

图　5-193

（4）单击  "ITP"，在弹出的对话框中按上述方法创建新的 "ITP.2"，相交元素为 "近接 .4" 和 "平行 .2"，"铺层数" 为 7，见图 5-194。

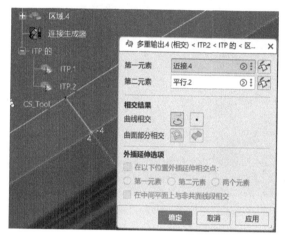

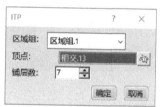

图　5-194

（5）双击结构树上的 "连接生成器"，在弹出的对话框中单击 "应用" 然后单击 "确定"，可以看到红框处的铺层数由 4 变成了 7，表示区域连接关系已经更新完成，见图 5-195。

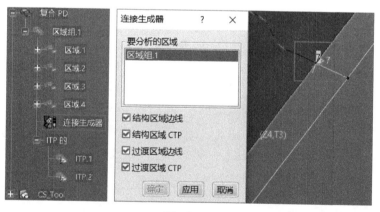

图　5-195

**7. 生成实体和上表面**

（1）单击 "从区域生成关联实体"，在弹出的对话框中选择 "区域组 .1"，选择 "实体" 单选框，单击 "确定"，见图 5-196。

（2）单击 "从区域生成关联实体"，在弹出的对话框中选择 "区域组 .1"，选择 "上表面" 单选框，单击 "确定"，见图 5-197。

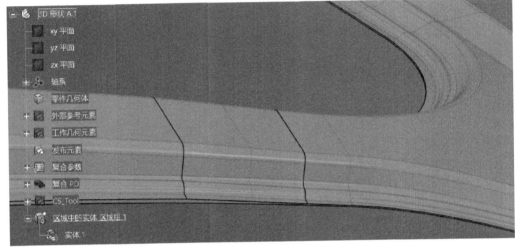

图　5-196

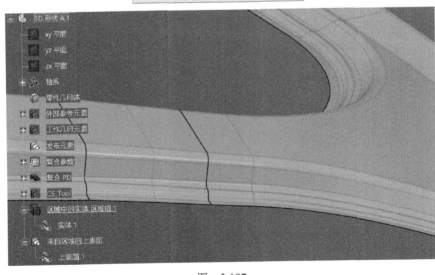

图　5-197

此时，生成的实体可以用来进行 DMU 分析和干涉检查，上表面可以用来作为其他零件的参考曲面。由于实体和上表面与区域铺层关联，当铺层数量等铺层参数发生改变时实体和上表面可以自动完成更新。

**8. 生成堆叠和铺层**

使用区域生成堆叠时，可以非常容易地从区域自动生成上百个铺层。此时，生成的铺层需要遵循相应的规则。生成的堆叠遵循了最基本的铺层规则，但是铺层顺序的优化需要根据用户的知识积累来进行。在使用 3DEXPERIENCE 平台生成铺层堆叠时软件会根据以下规则生成一个推荐的铺层序列：

1）通过融合相邻区域的相同铺层来最大化铺层的边界；

2）一个铺层生成一个序列；

3）在堆叠底部生成边界最小的铺层而在堆叠顶部生成边界最大的铺层。

在此基础之上，用户可以直接使用推荐的铺层序列，或修改推荐的序列，然后使用该序列生成符合用户要求的铺层。此处将生成推荐的铺层堆叠并修改序列，最终生成铺层堆叠。

（1）单击 "由区域生成堆叠"，选择 "区域组 .1"，设置文件保存位置，勾选 "区域连接"，见图 5-198，单击 "确定" 则生成堆叠序列文件。

（2）打开生成的堆叠文件，见图 5-199，按需要修改堆叠序列，然后保存。

| Sequence | Ply | Geo-Lvl | Material | 区域.1 | 区域.2 | 区域.3 | 区域.4 |
| --- | --- | --- | --- | --- | --- | --- | --- |
| Sequence.1 | Ply.1 | 4 | Carbon 0.12 | | | 45 | |
| Sequence.2 | Ply.2 | 3 | Carbon 0.12 | | | 0 | |
| Sequence.3 | Ply.3 | 2 | Carbon 0.12 | | | 0 | |
| Sequence.4 | Ply.4 | 1 | Carbon 0.12 | | | 45 | |
| Sequence.5 | Ply.5 | 4 | Carbon 0.12 | | 0 | 0 | |
| Sequence.6 | Ply.6 | 3 | Carbon 0.12 | | 45 | 45 | |
| Sequence.7 | Ply.7 | 2 | Carbon 0.12 | | 45 | 45 | |
| Sequence.8 | Ply.8 | 1 | Carbon 0.12 | | 0 | 0 | |
| Sequence.9 | Ply.9 | 4 | Carbon 0.12 | 45 | 45 | 45 | 45 |
| Sequence.10 | Ply.10 | 3 | Carbon 0.12 | 45 | 45 | 45 | 45 |
| Sequence.11 | Ply.11 | 2 | Carbon 0.12 | 0 | 0 | 0 | 0 |
| Sequence.12 | Ply.12 | 1 | Carbon 0.12 | 0 | 0 | 0 | 0 |

Total Length of Connections (Diagonal Cells represent total length of free edges)

| | Area(m2) | 区域.1(mm) | 区域.2(mm) | 区域.3(mm) | 区域.4(mm) |
| --- | --- | --- | --- | --- | --- |
| 区域.1 | 0.250171 | 2150.8 | 348.084 | | 0 |
| 区域.2 | 0.135603 | 348.084 | 940.103 | 196.862 | 0 |
| 区域.3 | 0.048525 | 0 | 196.862 | 722.874 | 91.0076 |
| 区域.4 | 0.0891869 | 0 | 0 | 91.0076 | 1824.03 |

Zones Groups

| | 区域.1 | 区域.2 | 区域.3 | 区域.4 |
| --- | --- | --- | --- | --- |
| 区域.1 | | | | |

| Sequence | Ply | Geo-Lvl | Material | 区域.1 | 区域.2 | 区域.3 | 区域.4 |
| --- | --- | --- | --- | --- | --- | --- | --- |
| Sequence.1 | Ply.1 | 4 | Carbon 0.12 | | | 45 | |
| Sequence.2 | Ply.2 | 3 | Carbon 0.12 | | | 0 | |
| Sequence.3 | Ply.3 | 2 | Carbon 0.12 | | | 45 | |
| Sequence.4 | Ply.4 | 1 | Carbon 0.12 | | | 0 | |
| Sequence.5 | Ply.5 | 4 | Carbon 0.12 | | 45 | 45 | |
| Sequence.6 | Ply.6 | 3 | Carbon 0.12 | | 0 | 0 | |
| Sequence.7 | Ply.7 | 2 | Carbon 0.12 | | 45 | 45 | |
| Sequence.8 | Ply.8 | 1 | Carbon 0.12 | | 0 | 0 | |
| Sequence.9 | Ply.9 | 4 | Carbon 0.12 | 45 | 45 | 45 | 45 |
| Sequence.10 | Ply.10 | 3 | Carbon 0.12 | 0 | 0 | 0 | 0 |
| Sequence.11 | Ply.11 | 2 | Carbon 0.12 | | | 0 | |
| Sequence.12 | Ply.12 | 1 | Carbon 0.12 | 45 | 45 | 45 | 45 |

Total Length of Connections (Diagonal Cells represent total length of free edges)

| | Area(m2) | 区域.1(mm) | 区域.2(mm) | 区域.3(mm) | 区域.4(mm) |
| --- | --- | --- | --- | --- | --- |
| 区域.1 | 0.250171 | 2150.8 | 348.084 | | 0 |
| 区域.2 | 0.135603 | 348.084 | 940.103 | 196.862 | 0 |
| 区域.3 | 0.048525 | 0 | 196.862 | 722.874 | 91.0076 |
| 区域.4 | 0.0891869 | 0 | 0 | 91.0076 | 1824.03 |

Zones Groups

| | 区域.1 | 区域.2 | 区域.3 | 区域.4 |
| --- | --- | --- | --- | --- |
| 区域组.1 | | | | |

图　5-199

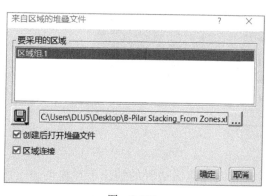

图　5-198

（3）单击 "由区域生成铺层"，选择 "区域组 .1"，勾选 "使用堆叠文件" 和 "从带拔模的区域创建铺层"，此时将使用修改后的堆叠文件生成铺层，单击"确定"生成铺层，见图 5-200。

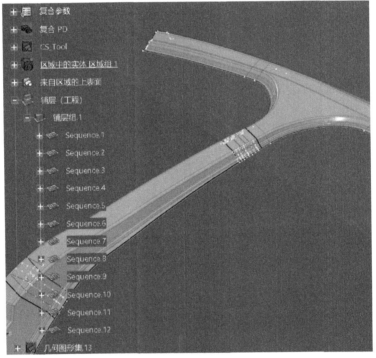

图 5-200

## 5.5.3 经典区域法 – 边界偏移

使用区域设计法生成铺层，不仅可以在知道区域的过渡区边界的情况下预先创建过渡区边界，也可以在不知道过渡区几何边界的情况下通过区域边界的偏移自动得到过渡区的边界。此时可以使用边界偏移（Edge To Be Staggered，ETBS）的方式来自动生成过渡区，使用此方法的过程见图 5-201。

1）定义复合参数；

2）创建参考曲面；

3）定义区域组（单个或者多个）；

4）创建区域（单个或者多个）；

5）导入层压；

6）由区域生成铺层（ETBS）；

7）重新限定铺层边界；

8）编辑铺层边界；

9）从等厚度区生成实体和上表面。

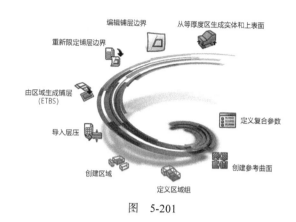

图　5-201

**1. 创建区域的层压**

（1）开始从搜索栏中输入需要搜索的 3D 零件"区域法 – 火车前端 _ETBS"，单击鼠标右键选择"打开"，见图 5-202。

（2）双击"复合参数"，单击"添加层"以添加所需的层压，见图 5-203。

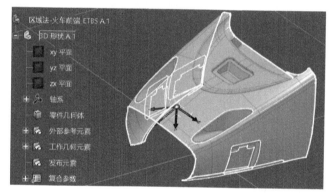

图　5-202

图　5-203

（3）单击"…"，从窗口中选择文件" Train Laminates"，单击"导入"，将层压数据导入复合材料设计参数，见图 5-204。

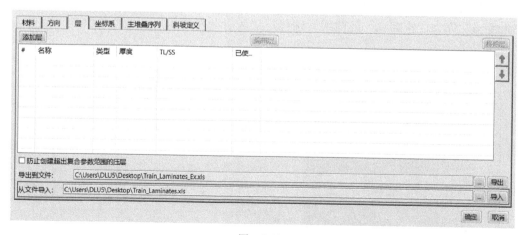

图　5-204

**注**：此时导入的文件中文状态和英文状态下的操作界面需要使用对应的导入文件以确

保单元格格式对应。

（4）添加完所需的层压后，结果见图5-205。

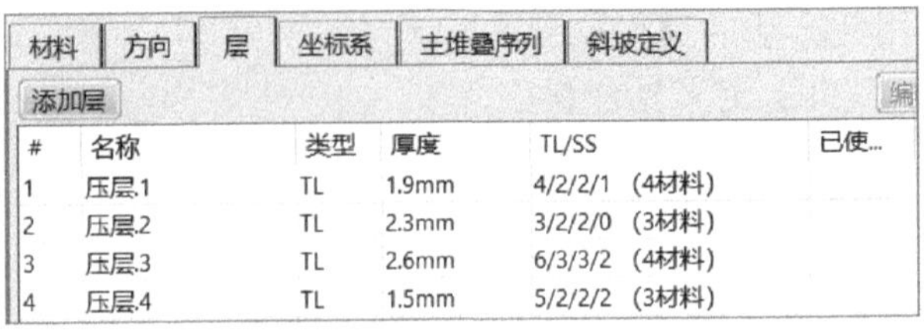

| # | 名称 | 类型 | 厚度 | TL/SS | 已使... |
|---|------|------|------|-------|--------|
| 1 | 压层.1 | TL | 1.9mm | 4/2/2/1 (4材料) | |
| 2 | 压层.2 | TL | 2.3mm | 3/2/2/0 (3材料) | |
| 3 | 压层.3 | TL | 2.6mm | 6/3/3/2 (4材料) | |
| 4 | 压层.4 | TL | 1.5mm | 5/2/2/2 (3材料) | |

（顶部标签：材料 方向 层 坐标系 主堆叠序列 斜坡定义；添加层；编）

图 5-205

**2. 创建区域组**

进入"区域设计"选项卡，单击 "区域组"。在弹出的对话框中选择"接合.1"作为曲面，选择已经创建的"坐标系.1"作为区域组坐标系。在工作区的曲面上将显示铺层的堆叠方向，完成后将在结构树上显示区域组节点，见图5-206。

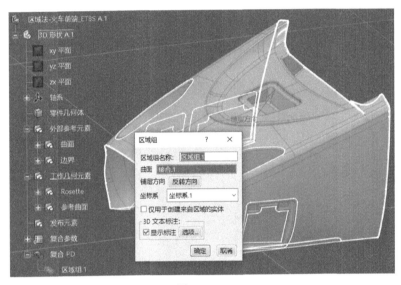

图 5-206

**3. 创建区域与导入层压**

（1）单击 "区域"，在弹出的对话框中选择上述步骤创建的"区域组.1"作为目标区域组，更改区域名称为"DOOR-R1"，并选择"曲线.3"作为轮廓，添加新的轮廓，并选择"曲线.4"作为"轮廓.4"的曲线。选择"层压.1"作为压层，见图5-207。

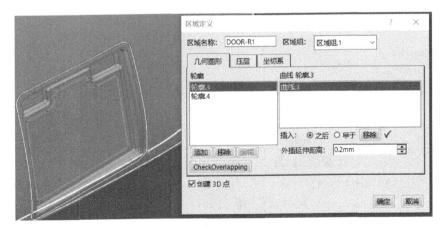

图 5-207

（2）单击"确定"，创建区域"DOOR-R1"，见图 5-208。

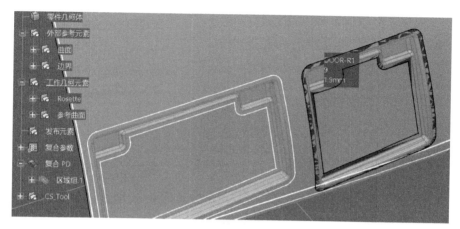

图　5-208

（3）单击 "区域"，按上述步骤创建"DOOR-R2"，其中，"曲线 .1"为外部轮廓，"曲线 .2"为内部轮廓，"层压 .1"为压层，见图 5-209。

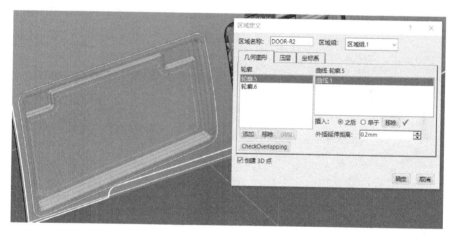

图　5-209

（4）单击 "区域"，按上述步骤创建"DOOR-L1"，其中，"曲线 .5"为外部轮廓，"曲线 .6"为内部轮廓，"层压 .1"为压层，见图 5-210。

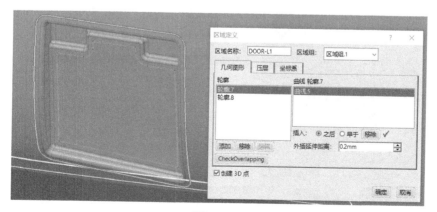

图　5-210

（5）单击 "区域"，按上述步骤创建 "LIGHT–L"，其中，"曲线 .8" 为轮廓，"层压 .2" 为压层，见图 5-211。

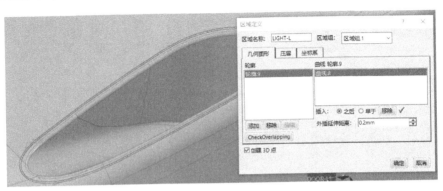

图　5-211

（6）单击 "区域"，按上述步骤创建 "LIGHT–R"，其中，"曲线 .7" 为轮廓，"层压 .2" 为压层，见图 5-212。

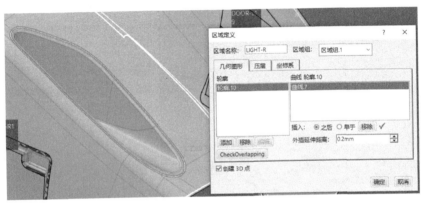

图　5-212

（7）单击 "区域"，按上述步骤创建 "FIXTURE–L"，其中，"EEOP" 和 "曲线 .10" 为轮廓，"层压 .3" 为压层，见图 5-213。

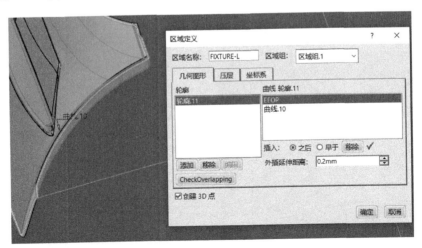

图　5-213

（8）单击 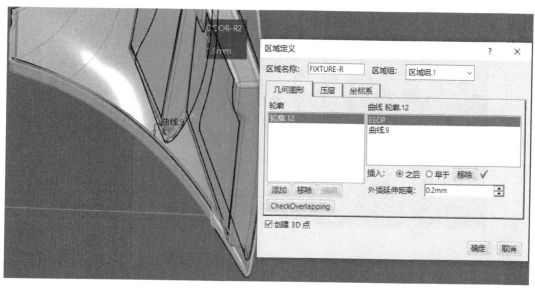 

（8）单击 "区域"，按上述步骤创建 "FIXTURE-R"，其中，"EEOP" 和 "曲线 .9" 为轮廓，"层压 .3" 为压层，见图 5-214。

图　5-214

（9）单击 "区域"，按上述步骤创建 "FILLING"，其中，"Filling Trim" 为外轮廓，"曲线 .1" "曲线 .3" "曲线 .5" "曲线 .7" "曲线 .8" 为内轮廓，"层压 .4" 为压层，见图 5-215。

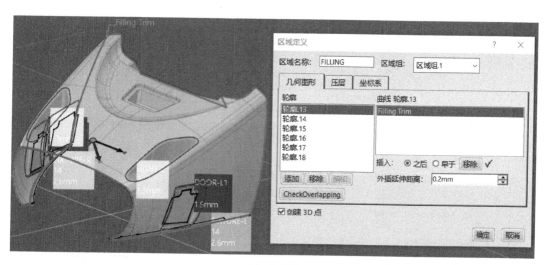

图　5-215

（10）创建完所有的区域后的结果，见图 5-216。

**4. 由区域生成铺层（ETBS）**

（1）单击 "由区域生成铺层"，选择 "区域组 .1"，选择 "创建完整铺层和 ETBS" 和 "生成交错数据文件"，单击 "…" 设置输出文件的名称和位置，见图 5-217。

（2）单击 "确定" 生成铺层信息以及 ETBS 节点，此时将会生成所有的铺层且所有的铺层边界相同，皆为参考曲面各个区域边界的最大轮廓，见图 5-218。

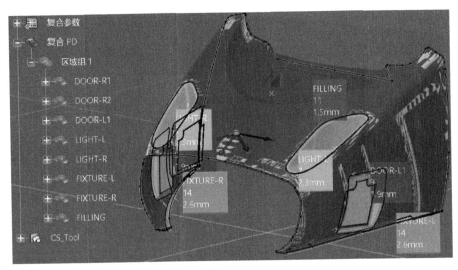

图　5-216

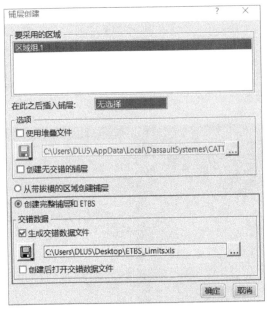

图　5-217

（3）双击生成的 Excel 文件"ETBS_Limits"，该文件中包含过渡区的形状及每个形状的区域集、方向和铺层数量、每个形状的铺层名称、每个形状要交错的边线的集、要交错的每条边线的值/步幅和方向、铺层变化方向（InvRelDir），见图 5-219。

　　注：使用该文件可以对过渡区的铺层角度、丢层方式等进行修改以满足设计需要。此处将不在文件中进行修改而在接下来的操作中修改铺层限制文件。

（4）单击 "由输入文件限制轮廓"，选择上一步生成的 Excel 文件"ETBS_Limits"，设置"重新限定曲线接合类型"为"外插延伸接合类型"，见图 5-220。

（5）单击"确定"，程序将根据交错文件中的设定创建多个限制轮廓组以限定区域过渡区的形状，见图 5-221。

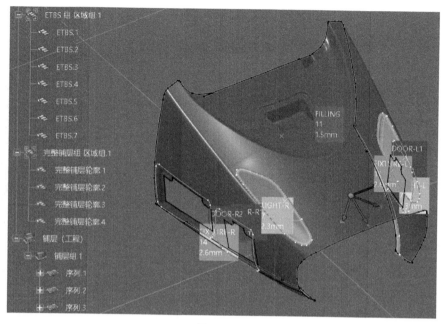

图　5-218

| Shape | Material | DOOR-R1 | DOOR-R2 | DOOR-L1 | LIGHT-L | LIGHT-R | FIXTURE-L | FIXTURE-R | FILLING | 0 | 45 | -45 | 90 | Total Ply Qty |
|---|---|---|---|---|---|---|---|---|---|---|---|---|---|---|
| 1 | BiMat 400/200 | | X | | | | | | | | 1 | 1 | | 2 |
| 2 | BiMat 400/200 | | | | | x | | | | | 2 | 2 | | 4 |
| 3 | BiMat 400/200 | | | | | | X | | | | 1 | 1 | | 2 |
| | MAT 300 | | | | | | X | | | 1 | | | | 1 |
| 4 | BiMat 400/200 | | | | X | | | | | | 2 | 2 | | 4 |
| 5 | BiMat 400/200 | | | | X | | | | | | 2 | 2 | | 4 |
| | MAT 300 | | | | | | | X | | 1 | | | | 1 |
| 6 | BiMat 400/200 | | | X | | | | | | | 1 | 1 | | 2 |
| 7 | BiMat 400/200 | X | | | | | | | | | 1 | 1 | | 2 |
| 8 | QX 1000 | | | | | X | X | X | | | 1 | | | 2 |
| 9 | QX 1000 | X | X | X | | X | X | X | X | | 1 | 1 | 1 | 4 |
| 10 | MAT 300 | X | X | X | X | X | X | X | X | 2 | | | | 2 |
| | Gel Coat | X | X | X | X | X | X | X | X | | | | | 1 |

| Shape.1 | Material | DOOR-R1 | DOOR-R2 | DOOR-L1 | LIGHT-L | LIGHT-R | FIXTURE-L | FIXTURE-R | FILLING | Ply Qty |
|---|---|---|---|---|---|---|---|---|---|---|
| | BiMat 400/200 | | X | | | | | | | 2 |

| Orientation | Plies | InvRelDir | ETBS | ETBS.2 Value(毫米) | ETBS.2 Step | ETBS.2 InvDir |
|---|---|---|---|---|---|---|
| -45 | 铺层 1 | 1 | ETBS.2 | 0 | 0 | 1 |
| 45 | 铺层 2 | | | 0 | 1 | 1 |

| Shape.2 | Material | DOOR-R1 | DOOR-R2 | DOOR-L1 | LIGHT-L | LIGHT-R | FIXTURE-L | FIXTURE-R | FILLING | Ply Qty |
|---|---|---|---|---|---|---|---|---|---|---|
| | BiMat 400/200 | | | | | X | | | | 4 |

| Orientation | Plies | InvRelDir | ETBS | ETBS.5 Value(毫米) | ETBS.5 Step | ETBS.5 InvDir |
|---|---|---|---|---|---|---|
| -45 | 铺层 3 | 1 | ETBS.5 | 0 | 0 | 1 |
| 45 | 铺层 4 | | | 0 | 1 | 1 |

图　5-219

**注：** 限制轮廓组的生成和区域法生成铺层的原理类似，最大化相同材料相同角度的铺层边缘，同时考虑区域之间的铺层差异从而生成了限制轮廓以创建过渡区的边缘。

5. 重新限定铺层边界

生成了铺层边界之后，需要对不同的边界进行偏移从而得到丢层的轮廓边界形成过渡区。其方法为调整限制轮廓的曲线以及限定的铺层边界变化。

图 5-220

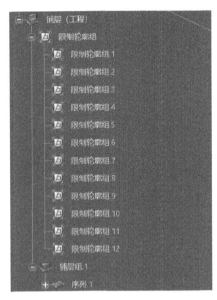

图 5-221

（1）双击"限制轮廓组.1"，将弹出对话框对偏移的边缘和需要切割的铺层进行设置以获得过渡区边缘。"实体"选择栏包含了将要进行切割的铺层，工作区显示红色的箭头表示铺层保留的材料区域，见图5-222。

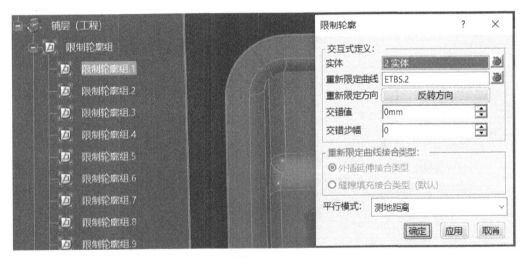

图 5-222

（2）单击"重新限定曲线"右侧的 🔘 "多选"，以对曲线偏移方向和距离进行设置。设置"交错值"为1mm，单击"交错方向"旁边的"反转"以确保浅蓝色箭头的方向指向红色区域，见图5-223。然后单击"关闭"回到主对话框。

（3）单击"应用"将在工作区显示铺层边界的偏移方向，见图5-224中的红色曲线。经检查，没有问题后可以单击"确定"完成第一个设置。

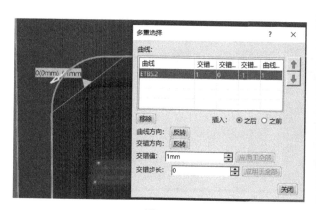
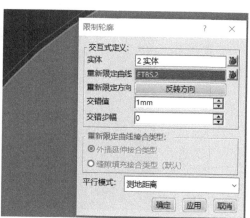

图 5-223 图 5-224

**注:** 如果检查结果发现铺层轮廓的偏移方向不正确,可以单击"重新限定曲线"右侧的 "多选"回到上一步进行曲线偏移方向反向操作。

(4)在结构树上可以看到在铺层的几何属性节点下添加了限制轮廓,通过对铺层的轮廓限制生成了单一铺层的边界,见图 5-225。

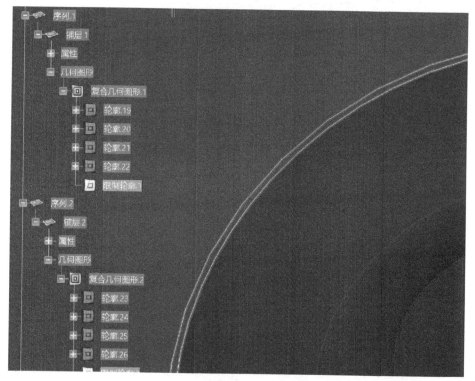

图 5-225

(5)按上述方法,对"限制轮廓组.2"进行设置,铺层边界曲线偏移方向和值见图 5-226。

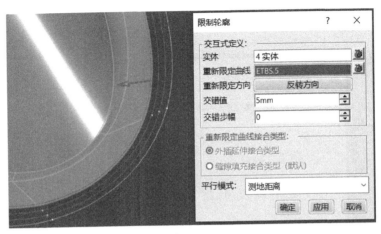

图 5-226

（6）按上述方法，对"限制轮廓组.3"进行设置，铺层边界曲线偏移方向和值见图 5-227。

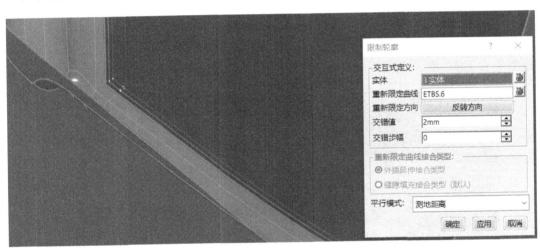

图 5-227

（7）按上述方法，对"限制轮廓组.4"进行设置，铺层边界曲线偏移方向和值见图 5-228。

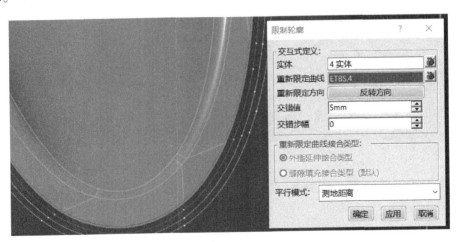

图 5-228

（8）按上述方法，对"限制轮廓组 .5"进行设置，铺层边界曲线偏移方向和值见图 5-229。

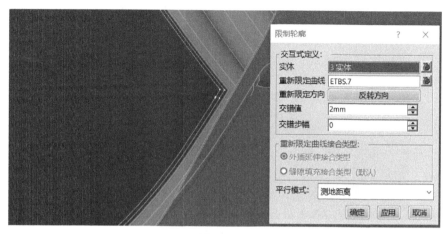

图　5-229

（9）按上述方法，对"限制轮廓组 .6"进行设置，铺层边界曲线偏移方向和值见图 5-230。

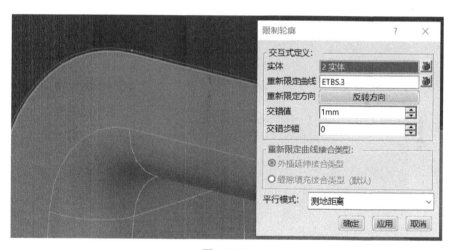

图　5-230

（10）按上述方法，对"限制轮廓组 .7"进行设置，铺层边界曲线偏移方向和值见图 5-231。

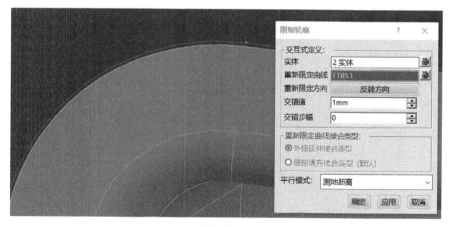

图　5-231

（11）按上述方法，对"限制轮廓组.8"进行设置，铺层边界曲线偏移方向和值见图 5-232。

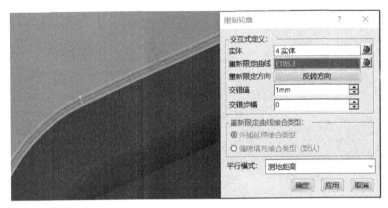

图　5-232

（12）按上述方法，对"限制轮廓组.9"进行设置，铺层边界曲线偏移方向和值见图 5-233。

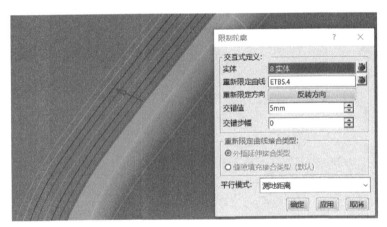

图　5-233

（13）按上述方法，对"限制轮廓组.10"进行设置，铺层边界曲线偏移方向和值见图 5-234。

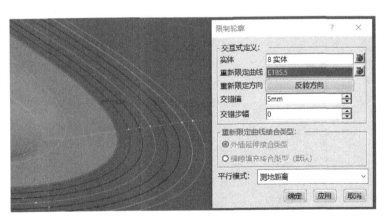

图　5-234

（14）按上述方法，对"限制轮廓组.11"进行设置，铺层边界曲线偏移方向和值见图 5-235。

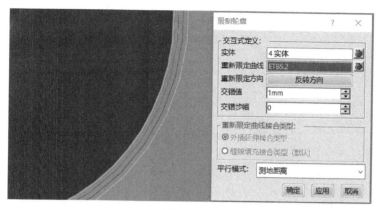

图　5-235

（15）按上述方法，对"限制轮廓组.12"进行设置，铺层边界曲线偏移方向和值见图 5-236。

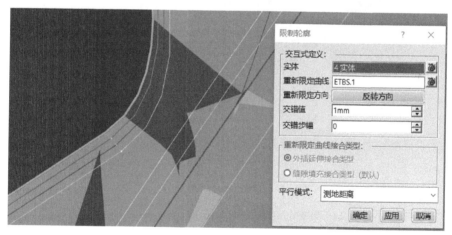

图　5-236

（16）使用截面工具和"平面.1"创建铺层的截面最后生成的铺层见图 5-237。

6. 编辑边界

从图中看到，不同的区域有不同的材料（角度也不同），也有相同的材料。在过渡区相同的材料将保持连续，不同的材料为了保证载荷的有效传递，将采用搭接的方式进行对接。为此需要将对铺层的序列和交错的位置进行修改。

对丢层的位置和铺层的序列进行修改，最终可以得到过渡区的铺层结果，见图 5-238。

7. 从等厚度区生成实体和上表面

此时得到完整的铺和过渡区的铺层丢层方式，并没有通过创建几何曲线来生成过渡区边界。由于 3DEXPERIENCE 平台的实体和上表面的计算是依赖于铺层的，在得到铺层后可以按照 5.4.7 节的方法，通过铺层直接得到零件的实体和上表面。

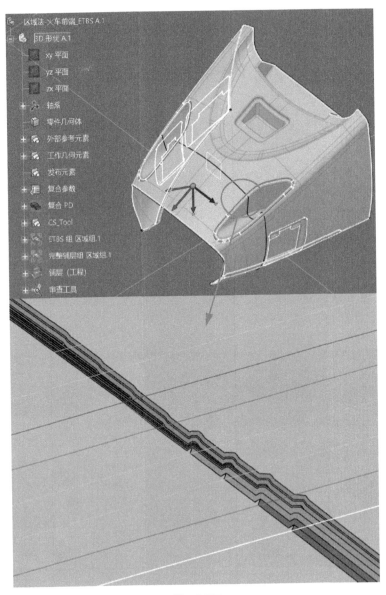

图　5-237

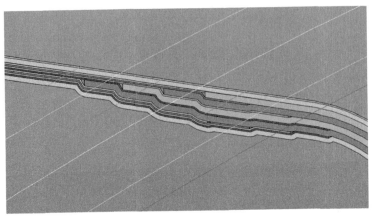

图　5-238

（1）定义结构树上的"等厚度参考点"为工作对象，进入"铺层的实体和上表面"选项卡，单击[icon]"等厚度区域"。在弹出的对话框中按图 5-239 进行设置。单击"计算并选择宽度大于 25.0mm 的区域"。

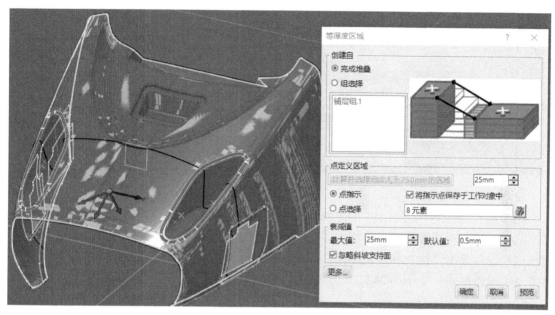

图　5-239

（2）单击"确定"后，得到 8 个等厚度区的参考曲面，结构树上将创建"等厚度区域组 .1"节点，见图 5-240。

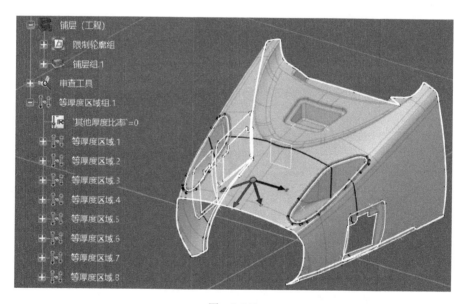

图　5-240

（3）单击[icon]"等厚度连接向导"后，在弹出的对话框中选择"等厚度区域组 .1"作为目标，单击"计算"以获得推荐的等厚度区连接线，见图 5-241。

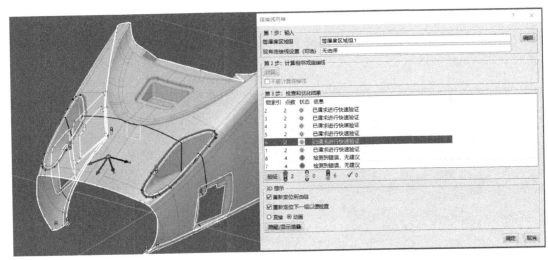

图 5-241

（4）由于 DOOR 和 LIGHT 的轮廓边缘是连续相切的曲线，因此自动计算无法正确找到等厚度区之间的连接线参考点。需要手动创建多个连接线以确保相邻的等厚度区之间至少有两根连接线。单击"检查和优化结果"中的红色信号灯，单击工作区中的相邻等厚度区中的参考点生成连接线，见图 5-242。

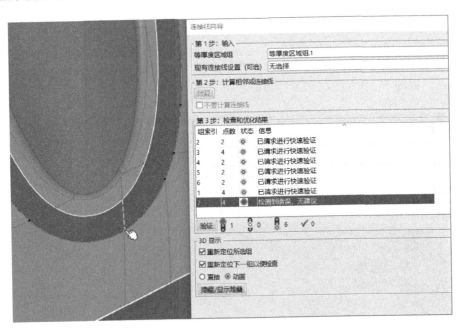

图 5-242

（5）在 3 个 DOOR 和 2 个 LIGHT 与车体区域的等厚度区之间创建图 5-243 中的连接线，然后单击"确定"在结构树上生成等厚度区连接线。

（6）单击 "从等厚度区域生成实体"，在弹出的对话框中选择"等厚度区域组 .1"作为等厚度区域组，选择前一步生成的连接线作为"斜坡定义"的连接线，选择"实体"作为输出结果，见图 5-244。

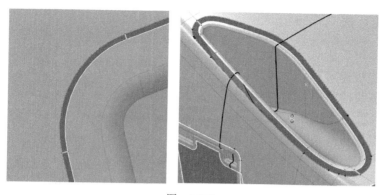

图　5-243

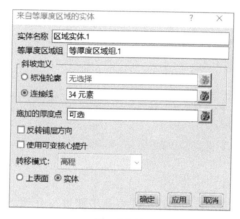

图　5-244

（7）单击"确定"则程序会自动计算得到关联实体，可以根据铺层变化自动完成实体的更新，见图 5-245。从截面中，可以看到不同的厚度区之间的实体时光滑过渡的。按同样的方法可以生成上表面（IML 或 OML）。

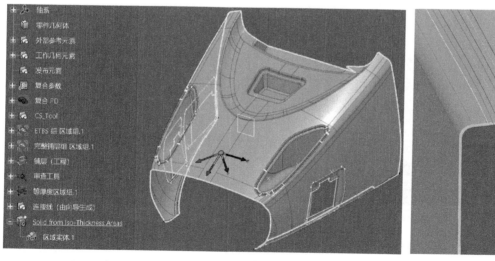

图　5-245

### 5.5.4 实体切片法

在使用实体切片法时，可以使用区域法的区域创建快速实体，也可以使用通过零件设计创建的实体作为实体切片的操作对象。然后，通过实体切片创建铺层的边界，使用切片得到的铺层边界从而快速定义铺层。最后，调整铺层的角度定义即可以完成铺层设计。采用实体切片法进行设计的主要过程（见图 5-246）如下：

图　5-246

1）定义复合参数。

2）创建参考曲面。

3）定义区域组（单个或多个）。

4）创建区域（单个或多个）。

5）创建桥接过渡区。

6）分析区域桥接。

7）由区域生成实体（或引用实体）。

8）分割实体。

9）由分割创建铺层。

10）调整铺层（并导入）。

下面以发动机叶片的实体切片为例，对关键步骤进行介绍。

1. 创建区域的层压

（1）从搜索栏中搜索零件"区域法 – 发动机叶片 _ 实体切片 A.1"，单击右键选择"打开"，见图 5-247。

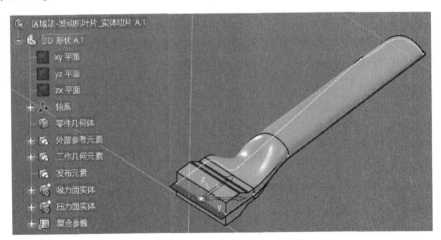

图　5-247

（2）双击"复合参数"，单击"添加层"以添加所需的层压，见图 5-248。

（3）单击"添加层"，在弹出的对话框中选择"厚度法则"，选择材料为" Carbon 0.10"并设置"0/90"度和"45/–45"度铺层数目各为 18，见图 5-249。

图　5-248

（4）添加完所需的层压后，结果见图 5-250。

图　5-249

2. 创建区域组

（1）进入"区域设计"选项卡，单击 🧱 "区域组"。在弹出的对话框中选择"参考曲面"作为曲面，选择已经创建的"坐标系 .1"作为区域组坐标系。设置铺层的堆叠方向指向吸力面，见图 5-251。

图　5-250

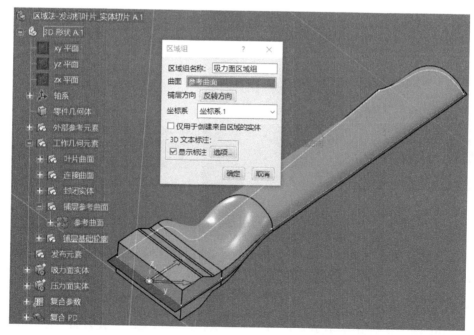

图　5-251

（2）再次单击 "区域组"，在弹出的对话框中选择"参考曲面"作为曲面，选择已经创建的"坐标系.1"作为区域组坐标系。设置铺层的堆叠方向指向压力面，见图 5-252。

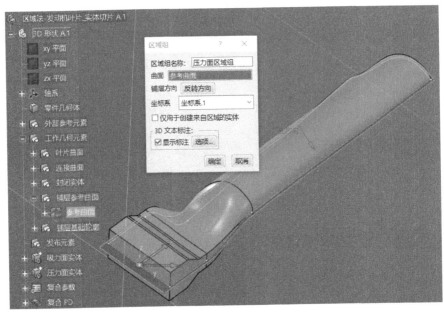

图　5-252

**3. 创建区域**

（1）单击 "区域"，在弹出的对话框中选择上述步骤创建的"吸力面区域组"作为目标区域组，更改区域名称为"吸力面"，并选择"铺层轮廓"作为轮廓。选择"层压.1"作为压层，见图 5-253。然后，单击"确定"以创建区域。

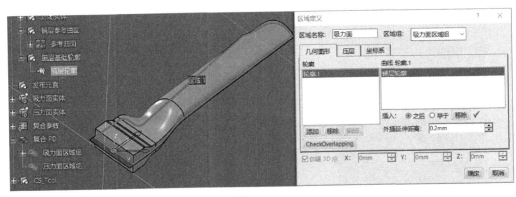

图　5-253

（2）单击 "区域"，在弹出的对话框中选择上述步骤创建的"压力面区域组"作为目标区域组，更改区域名称为"压力面"，并选择"铺层轮廓"作为轮廓。选择"层压.1"作为压层，见图 5-254。然后，单击"确定"以创建区域。

**4. 创建分割实体**

（1）单击 "分割组"，在弹出的对话框中选择结构树上的"吸力面实体"作为目标实体，"分割方法"选择"厚度法则"，"计算"方法选择"精确"，见图 5-255。

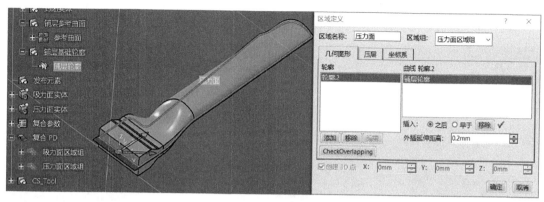

图　5-254

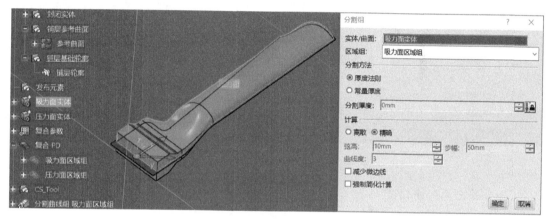

图　5-255

（2）单击"确定"将在结构树上创建分割曲线组，在该节点下可以看到分割产生的每个铺层的轮廓曲线，见图 5-256。

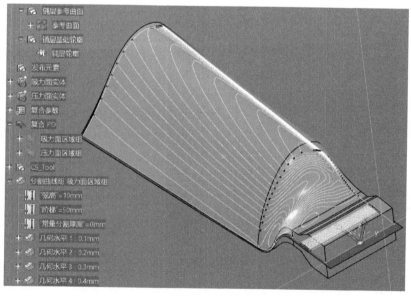

图　5-256

（3）按照前述步骤方法创建压力面的分割曲线组，见图 5-257。

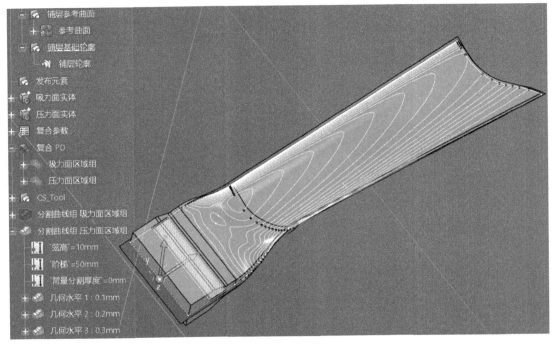

图　5-257

### 5. 由分割实体创建铺层

（1）单击 ![icon] "由分割组创建铺层"，在弹出的对话框中选择"分割曲线组吸力面区域组"，并勾选"创建新的铺层组"，见图 5-258。

（2）单击"确定"，则包含铺层的铺层组将自动创建，见图 5-259。

图　5-258

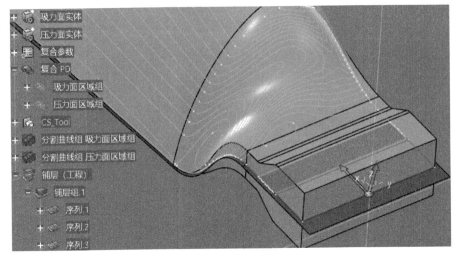

图　5-259

（3）使用"分割曲线组压力面区域组"，按照前述步骤创建"压力面"的铺层，结果见图 5-260。

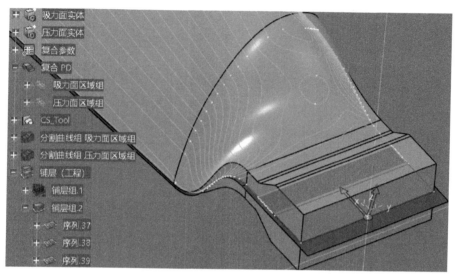

图　5-260

6. 铺层调整（并导入）

（1）双击"铺层（工程）"节点，在弹出的铺层堆叠对话框中可以看到铺层的角度并不满足设计要求，仅是按顺序排列的形式，见图 5-261。

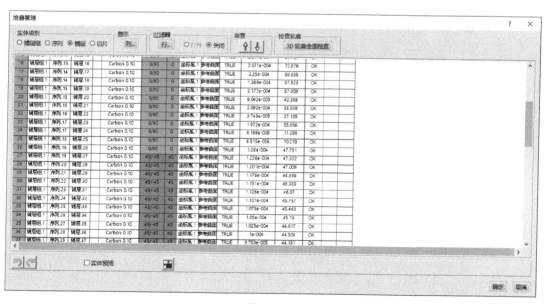

图　5-261

（2）为了对铺层进行快速调整，切换到"铺层设计"选项卡，单击 "铺层表"，在弹出的对话框中选择文件位置并输入文件名"StackUpFile"，见图 5-262。

（3）单击"确定"后打开 Excel 堆叠文件，见图 5-263。

图 5-262

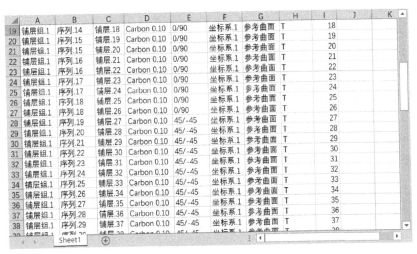

图 5-263

（4）在 Excel 堆叠文件中调整铺层序列下的铺层角度值，见图 5-264，然后保存关闭文件。

图 5-264

（5）在 **3DEXPERIENCE** 平台中单击 "铺层表导入"，在弹出的对话框中选择修改后的 Excel 文件，然后单击 "确定"，工作区中可以看到铺层的角度方向已经按照调整发生了改变，见图 5-265。调整后的铺层即为最终的铺层。

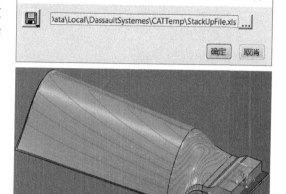

图　5-265

### 5.5.5　小结

本节通过汽车 B 柱、火车车头及发动机叶片的复合材料零件建模过程展示了如何使用区域法建模的过程。其中包含了如下知识点：

1）层压的创建和导入。

2）区域组和区域的创建。

3）如何修改区域的参数。

4）使用区域快速创建概念实体。

5）通过不同厚度区域之间的拔模斜坡创建铺层。

6）通过 ETBS 快速创建铺层。

7）使用实体切片法快速创建铺层。

## 5.6　网格设计法

从前述章节了解到通过手动法和区域法，可以完成如蜂窝夹层、汽车 B 柱、叶片等结构的设计。这些零件自身作为构件与其他零件的装配关系相对简单，不需要一次引入大量的装配参考作为设计参考曲线或平面。而对于如飞机机翼和机身等大型壁板，零件自身会与大量的梁或长桁装配在一起，设计过程中必须将这些参考零件考虑在内。在这种情况下，采用网格设计法（以下简称网格法）能大大提高设计的效率，因为网格法不仅可以引入初步设计中的区域层压，同时也可以考虑大量的结构参考元素对铺层设计的影响以高效完成铺层设计。

### 5.6.1　概述

在使用网格法设计的时候，一般会预先得到从强度部门给出的不同区域的层压，同时使用横向和纵向的参考元素生成网格，将层压赋予网格元素从而得到不同区域的铺层信息，然后通过虚拟堆叠生成铺层。虽然网格法在大型壁板类零件中使用最多，但在实际的使用中，很多具有使用网格法特征（参考元素可以形成封闭网格单元即可）的零件也可以使用网格法进行设计。在设计大型壁板时，存在大量的过渡区。每个过渡区的丢层设计都需要满足设计规范，在网格法设计中可以自动考虑这些丢层要求，从而使生成的铺层在过渡区可以自动满足给定的丢层要求，在生成铺层后也可以快速进行修改。对于使用了自动铺带和自动铺丝工艺的设计，也可以快速批量对铺层的最小切割长度进行设计，以满足制造要求。得益于 3DEXPERIENCE 平台的强大曲面设计能力，可以快速自动分析完成实体和上表面的等厚度区和连接线，从而快速创建铺层的结果实体和上表面（IML 或 OML）。

使用网格法进行设计一般包括如下过程（见图 5-266）：

1）定义复合参数。

2）创建参考曲面。

3）定义网格面板。

4）创建网格。

5）生成虚拟堆叠。

6）由虚拟堆叠生成铺层。

7）丢层管理。

8）铺层轮廓调整。

9）铺层尖角与材料添加。

10）生成实体（上表面）。

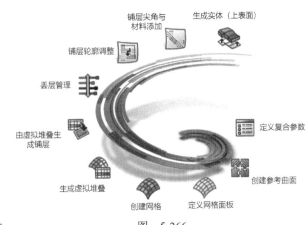

图　5-266

本节将使用网格法创建一个复合材料的机翼蒙皮（见图5-267）以展示在3DEXPERIENCE平台中网格设计法的应用过程。

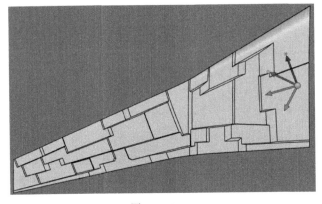

图　5-267

## 5.6.2　模型准备

（1）开始从搜索栏中输入需要搜索的3D零件"网格法 – 机翼 A.1"，右键单击选择"打开"，见图5-268。

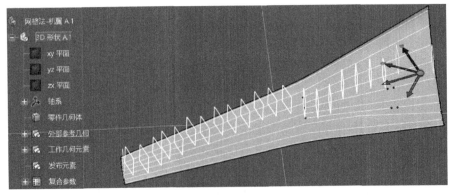

图　5-268

（2）双击"复合参数"，单击"添加层"以添加所需的层压，见图5-269。

图　5-269

（3）单击"…"，从窗口中选择文件"WingSkin–Laminates–CHN"，单击导入，将层压数据导入复合材料设计参数，见图 5-270。

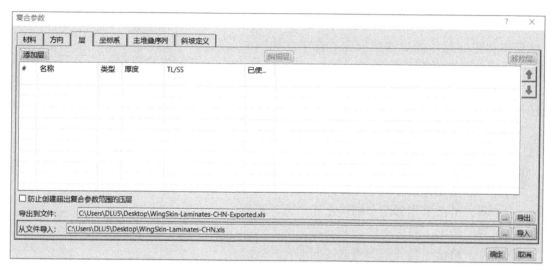

图　5-270

**注**：此时导入的文件中文状态和英文状态下的操作界面需要使用对应的导入文件以确保单元格格式对应，如果是英文状态下需要使用文件"WingSkin–Laminates–ENG"。

（4）添加完所需的层压后，结果见图 5-271。

（5）切换到"斜坡定义"选项卡，单击"添加斜坡定义"以添加所需的斜坡过渡方式，见图 5-272。此处所定义的斜坡将用于后续网格不同区域之间的丢层过渡定义。

| # | 名称 | 类型 | 厚度 | TL/SS |
|---|------|------|------|-------|
| 1 | TL1 | TL | 5.72mm | 11/11/11/11 |
| 2 | TL2 | TL | 5.98mm | 12/11/11/12 |
| 3 | TL3 | TL | 6.24mm | 12/12/12/12 |
| 4 | TL4 | TL | 6.5mm | 13/12/12/13 |
| 5 | TL5 | TL | 6.76mm | 13/13/13/13 |
| 6 | TL6 | TL | 7.28mm | 14/14/14/14 |
| 7 | TL7 | TL | 7.8mm | 15/15/15/15 |
| 8 | TL8 | TL | 8.06mm | 16/15/15/16 |
| 9 | TL9 | TL | 8.32mm | 16/16/16/16 |
| 10 | TL.10 | TL | 8.58mm | 17/16/16/17 |

图　5-271

图　5-272

（6）在弹出的对话框中选择"斜坡类型"为"平行 / 平行"，"平行类型"为"多平行"，"开始"定义选择"偏移"并设置为 50mm，"斜度"定义选择"步幅"并设置步幅为 3mm，单击"确定"创建第一个斜坡定义作为长桁的平行方向的斜坡定义，见图 5-273。

**注**：斜坡类型包括"平行 / 平行""偏移 / 偏移""偏移 / 平行""与曲线成夹角""两

曲线之间""自定义",不同的类型对应了不同的参考元素。其中,"平行 / 平行""偏移 / 偏移""偏移 / 平行"的生成方式见图 5-274。图中的元素 1 为参考元素(可以是曲线,也可以是平面或曲面),元素 2 为起始几何图形(指示了斜坡起始的参考边界),元素 3 为斜坡曲线(指示了铺层在斜坡区的丢层边界)。

对于"平行 / 平行"的斜坡类型,需要选择适合如下的平行类型:

1)多平行,平行将从参考曲线作为多平行特征在单个计算中构建。此计算更快更安全。选中此选项时,几何图形创建和光顺选项不再可用。

2)链接平行,每个平行均将在上一平行之后通过应用偏移和偏差来计算。

3)链接自第一条的平行,每个平行均将从第一条平行通过应用偏移和偏差来计算。

对于"开始","偏移"值将给定斜坡起始的参考边界。

"斜度"的定义方式有以下 4 种:

图 5-273

1)步幅,给出了相邻两个铺层之间的边界距离。

2)斜率,给出了斜坡厚度差和斜坡宽度之间的比值。

3)角度,给出了斜坡与参考面之间的夹角。

4)长度,给出了斜坡的起始和结束边界在参考曲面上的测地距离。

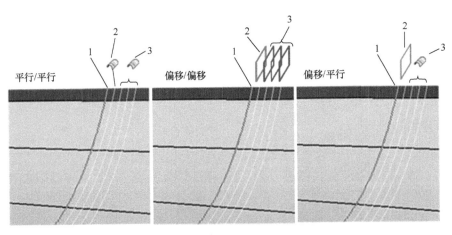

图 5-274

(7)单击"添加斜坡定义",在弹出的对话框中选择"斜坡类型"为"偏移 / 偏移","偏移光顺"定义选择"光顺模式"并设置为"自动","开始"定义选择"偏移"并设置为 50mm,"斜度"定义选择"步幅"并设置步幅为 3mm,单击"确定"创建第二个斜坡定义作为翼肋平行方向的斜坡定义,见图 5-275。

**注:**开始距离的设置(图 5-276 所示的偏移为 50mm,可以随时对其进行全局或局部的调整)将可以避免斜坡区与装配零件如翼肋和长桁的干涉。

(8)按上述步骤,添加斜坡定义以满足后续的网格定义,见图 5-276。

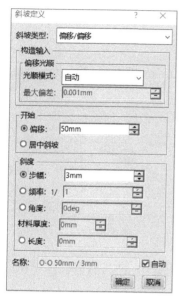

图　5-275

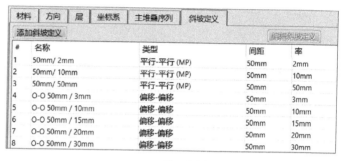

图　5-276

### 5.6.3　定义网格面板

定义网格面板是网格法的开始步骤，网格面板定义了网格法所需的基本信息，包括参考曲面、坐标系、铺层方向、网格参考元素等。

（1）进入"网格设计"选项卡，单击 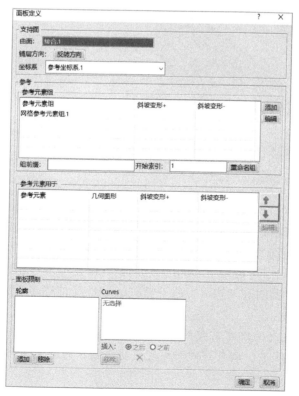 "网格面板"打开对话框，见图 5-277。

图　5-277

（2）在结构树或工作区单击选择"接合.1"作为支持面曲面，单击"铺层方向"的红色箭头使其指向如图5-278所示，选择"参考坐标系.1"为坐标系。

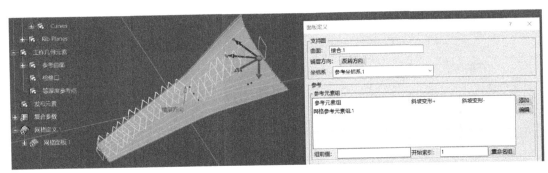

图　5-278

（3）在"参考元素组"设置栏中，单击选中"网格参考元素组.1"，然后在结构树或工作区中选择平面"Rib.1"到"Rib.23"，见图5-279。

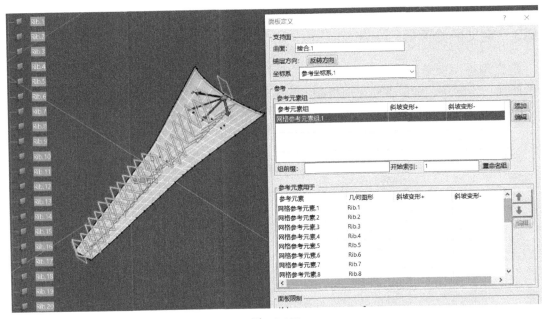

图　5-279

（4）单击选中"网格参考元素组.1"，在"组前缀"输入框中输入"RIBs"，然后单击"重命名组"对"参考元素组"和"参考元素"进行重命名，见图5-280。

（5）选中"RIBs组.1"再单击右侧的"编辑"，弹出"参考元素组"设置对话框。"两侧相同"为默认勾选，此时在"边+"的下拉列表中选择前述步骤定义好的斜坡定义O-O 50mm/3mm，见图5-281。

**注**：当已有的斜坡定义没有需要的对象时，可以单击"新建"进入斜坡定义以创建一个符合需要的新的斜坡定义。新创建的斜坡定义将会被保存到复合材料设计参数中的斜坡定义中以供其他设置调用。

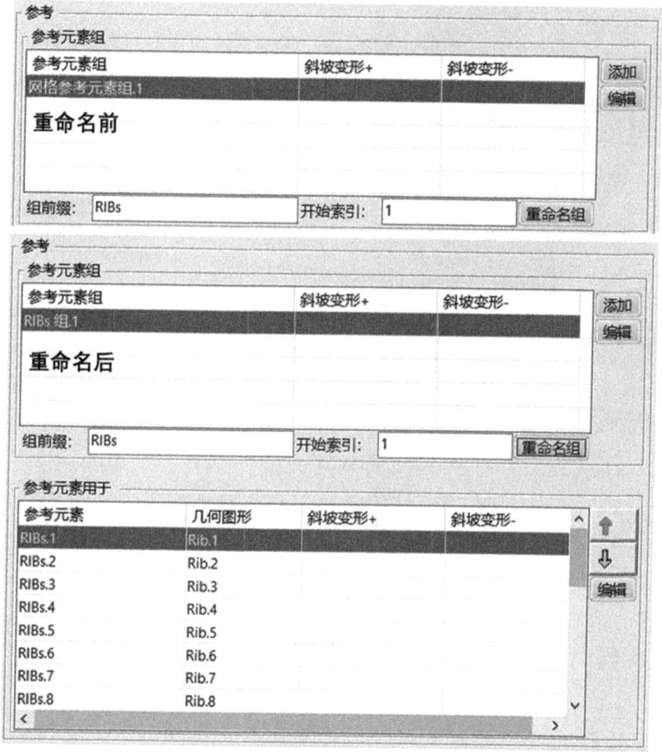

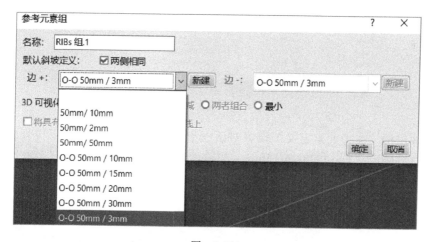

图　5-280

图　5-281

（6）然后单击"确定"，此时斜坡的设置可以应用到所有的参考元素，选择"是，包括子交错定义"，然后单击确定，见图 5-282。

（7）此时斜坡定义"O—O 50mm/3mm"应用到了所有选择的参考元素上，在工作区可以看到每个参考元素两侧显示了浅绿色的斜坡曲线。当选中参考元素时，其对应位置的斜坡信息将在工作区显示出来，见图 5-283。其中，蓝色箭头指示了"斜坡变形 +"的方向。

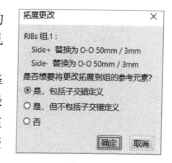

图　5-282

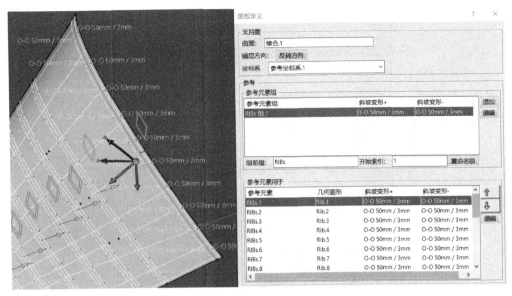

图　5-283

（8）在"参考元素用于"栏中，选中"RIBs.2"，单击"编辑"对其斜坡进行修改，见图 5-284。

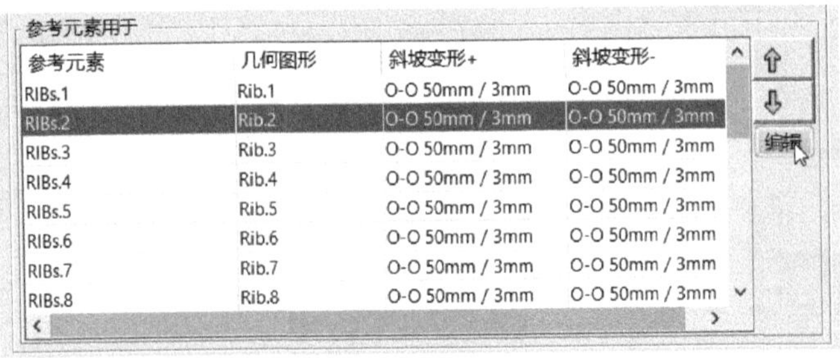

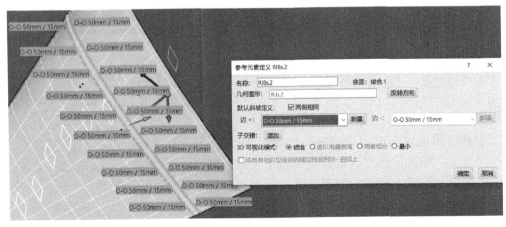

图　5-284

（9）在弹出的"参考元素定义"设置对话框中，此时在"边+"的下拉列表中选择前述步骤定义好的斜坡定义 O–O 50mm/15mm，以修改"RIBs.2"的斜坡定义。此时，在工作区可以看到修改后的斜坡显示，见图 5-285。

图　5-285

（10）单击"确定"回到主界面看到"RIBs.2"的斜坡变形已经成功修改，见图 5-286。

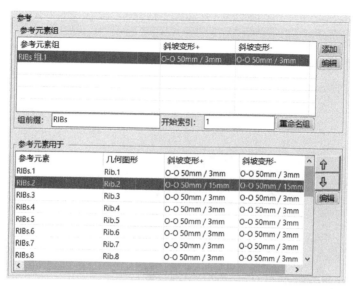

图 5-286

（11）按上述方法对"RIBs 组 .1"的参考元素的斜坡变形进行修改，见表 5-11。

表 5-11 RIBs 组 .1 斜坡定义

| 参考元素 | 斜坡定义 |
| --- | --- |
| RIBs.5 | O-O 50mm/10mm |
| RIBs.7 | |
| RIBs.8 | |
| RIBs.15 | |
| RIBs.21 | |
| RIBs.22 | |
| RIBs.6 | O-O 50mm/20mm |
| RIBs.19 | |
| RIBs.20 | |
| RIBs.13 | O-O 50mm/30mm |
| RIBs.16 | |

（12）在"参考元素组"设置栏中，单击"添加"添加一个新的参考元素组，见图 5-287。

（13）在"参考元素组"设置栏中，单击选中"网格参考元素组 .2"，然后在结构树或工作区中选择曲线"FrontEdge"到"RearEdge"，见图 5-288。

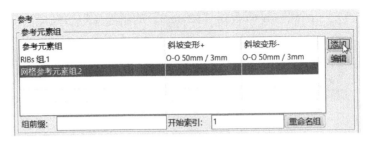

图　5-287

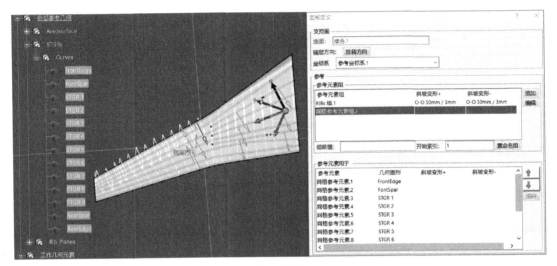

图　5-288

（14）单击选中"网格参考元素组 .2"，在"组前缀"输入框中输入"STGRs"，然后单击"重命名组"对"参考元素组"和"参考元素"进行重命名，见图 5-289。

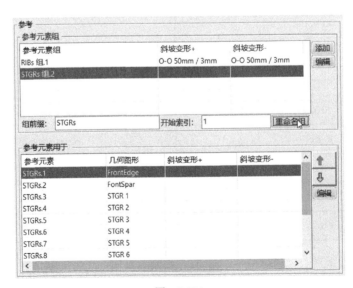

图　5-289

（15）按前述方法对"STGRs"组和参考元素的"斜坡变形"进行设置，见图 5-290。

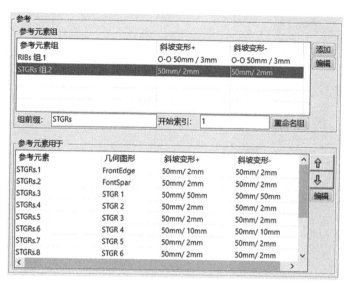

| STGRs.6 | 50mm/10mm |
| STGRs.3 | 50mm/50mm |
| STGRs.9 | |
| 其他 | 50mm/2mm |

图　5-290

（16）单击"确定"完成网格定义，此时在结构树上创建了节点"网格面板.1"，见图 5-291。

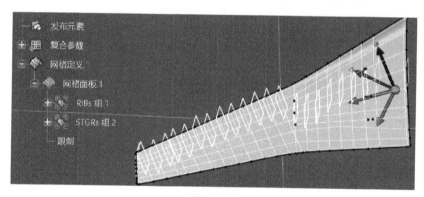

图　5-291

**注：** 在结构树上双击"RIBs组.1"和"STGRs组.2"节点可以对参考元素组的斜坡变形进行整体修改。单击元素组节点下的参考元素，如"RIBs.1"或"STGRs.1"等，可以单独修改参考元素的斜坡变形定义。

### 5.6.4　创建网格

3DEXPERIENCE 平台可以使用网格面板中的参考元素进行自动创建封闭轮廓以生成结构网格，每一个网格相当于区域设计法中的一个区域，在此基础上对各个网格赋予层压即可完成网格定义。

（1）单击 ◈ "网格"，3DEXPERIENCE 平台将自动计算网格并弹出"定义网格"对话框以完成网格定义，见图 5-292。选中的网格将在工作区高亮显示。

（2）在"导入 / 导出管理"栏中，单击" Import from file"右侧"…"进入文件系统，选择 Excel 文件" Gird-TLs Import-CHN"，然后单击"导入"。网格的层压信息将会被导入，在工作区不同的颜色表示不同的层压，见图 5-293。

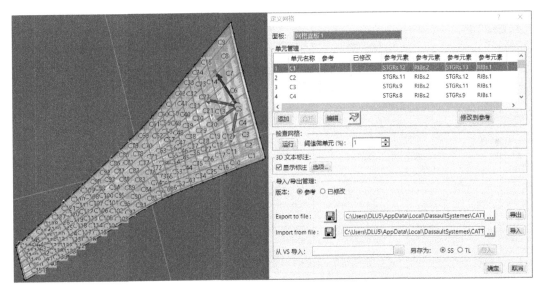

图 5-292

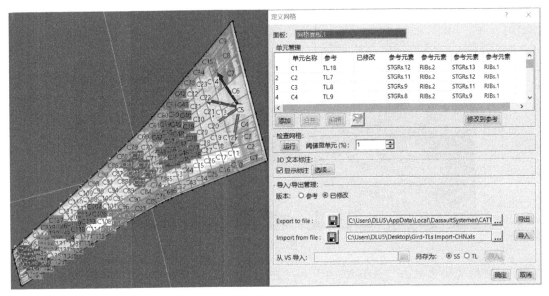

图 5-293

## 5.6.5 生成虚拟堆叠

虚拟堆叠为堆叠序列按网格的单元格覆盖范围生成的虚拟序列和铺层（此时并没有生成序列和铺层因而叫作虚拟堆叠）。使用虚拟堆叠，可以对铺层序列进行添加、删除、合并等操作，以完成铺层的设计。

（1）单击 "虚拟堆叠"，然后在结构树上选择 "网格 .1"，此时软件将会根据网格的单元层压信息自动计算虚拟序列和铺层，见图 5-294。

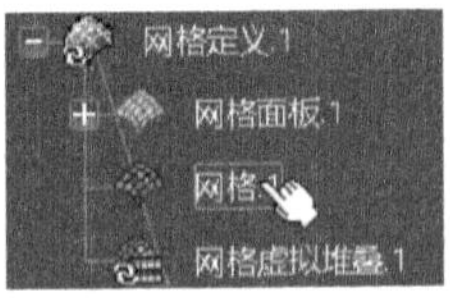

（2）完成计算后，将会显示铺层的 2D 视图（见图 5-295）及工具控制板（见图 5-296）。在 2D 视图中，按住 Ctrl 键同时使用鼠标滚轮可以放大和缩小视图以满足编辑的需求，设置 "实体级别" 为 "序列"，"视图模式" 为 "单元"。

图 5-294

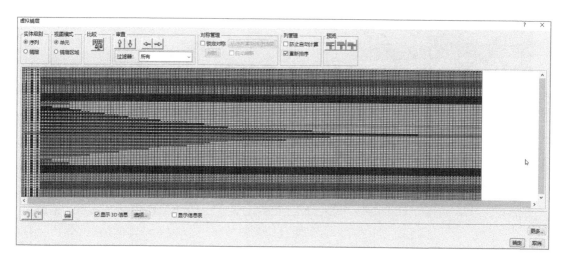

图　5-295

图　5-296

**注**：设置"实体级别"为"铺层"或"序列"，"视图模式"为"单元"，在铺层的 2D 视图中单击任意单元格，所在单元格将会工作区高亮显示，同时会显示该单元格的构成参考元素，见图 5-297。

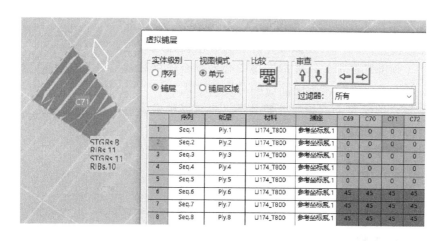

图　5-297

设置"实体级别"为"铺层"，"视图模式"为"铺层区域"，在铺层的 2D 视图中单击任意单元格，具有相同层压的单元格将会在工作区高亮显示，见图 5-298。

（3）在 2D 视图中可以看到，根据铺层最大化规则生成的铺层，在整个区域或单元中的铺层分布并不是对称的，见图 5-299。

图 5-298

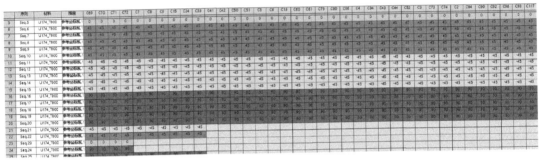

图 5-299

（4）单击"工具控制板"上的 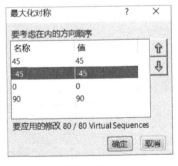 "最大化对称"，弹出对话框中使用上下箭头调整铺层角度的顺序，见图 5-300。此时，将按单元格覆盖范围，从虚拟堆叠外部边界上覆盖最大数量单元格的层（顶部和底部）到虚拟堆叠中心处具有最小数量单元格的层，对层进行排序以确保铺层的对称最大化。

注：不仅可以选择整个虚拟堆叠的铺层，也可以选定多个序列进行最大化对称设置。

（5）单击"确定"，在 2D 视图区域看到铺层已经按照给定的规则进行了重新排序，见图 5-301。

图 5-300

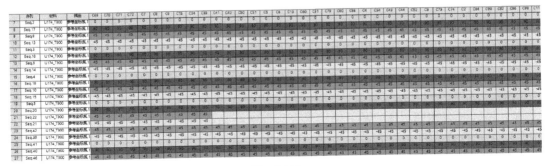

图 5-301

（6）完成后单击"确定"以完成虚拟堆叠的定义，结果见图 5-302。

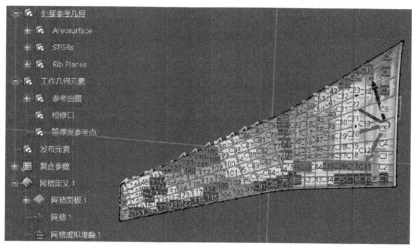

图  5-302

## 5.6.6  由虚拟堆叠生成铺层与铺层调整

**1. 由虚拟堆叠生成铺层**

（1）单击 "由虚拟堆叠生成铺层"，再弹出的对话框中勾选"更新现有的铺层组"并选择"交叉最小值"，"衰减阵列"下拉列表中选择"Diamond"，见图 5-303。

其中的运算法则含义如下：

表示最小交叉，在进行铺层边界运算时，对衰减阵列进行全局管理，在同一个方向将尽可能地减少铺层边界地交叉，见图 5-304。

表示最小重量，在进行铺层边界运算时，对衰减阵列进行本地管理，尽可能减少铺层边界的偏移，见图 5-305。

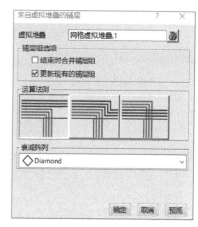

图  5-303

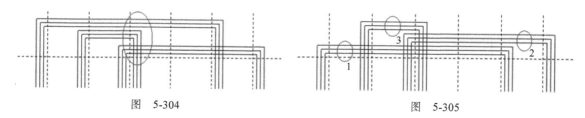

图  5-304                              图  5-305

表示交叉最小值与重量节约，在进行铺层边界运算时，同时考虑最小交叉和重量，通过 3 个条件管理衰减阵列，分别为长度、高度和曲面面积（L×H）。

其中的衰减阵列是指，此处选择的类型将在铺层生成时最大化斜坡过渡区的丢层形状。

（2）单击"确定"将生成由虚拟堆叠创建的铺层，见图 5-306。

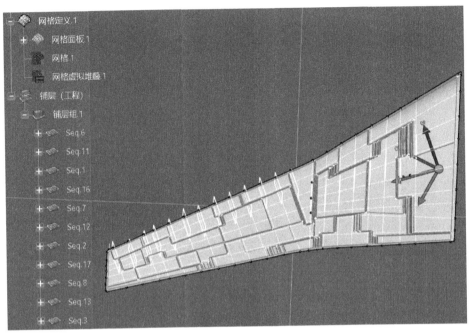

图　5-306

接下来将进行铺层的调整，可以进行铺层范围调整、对称性调整及局部斜坡调整等以获得满足设计要求的铺层。

2. 铺层范围调整

（1）在工作区空白处单击右键在上下文菜单中单击"显示"，选择显示"对象属性"，"对象属性"设置面板将会在工作区显示，见图 5-307。

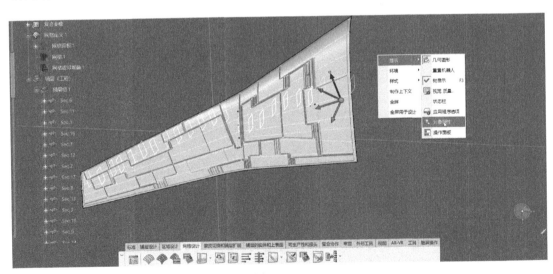

图　5-307

（2）在结构树上选择"铺层（工程）"，然后再对象图形属性中选择线型大小为"3：0.70mm"，则所有的铺层边界将会加粗显示，见图 5-308。

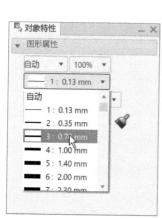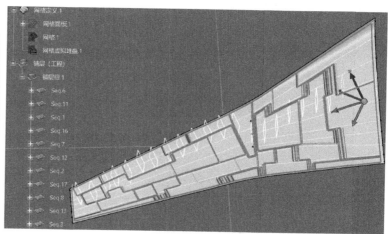

图　5-308

（3）通过图 5-309 所示的网格可以看到在 C74 和 C84 之间有两个铺层过渡，C96 和 C102 之间有两个铺层过渡，为了简化铺层可以将 C74 和 C84 之间的两个过渡铺层位置调整到 C96 和 C102 之间。

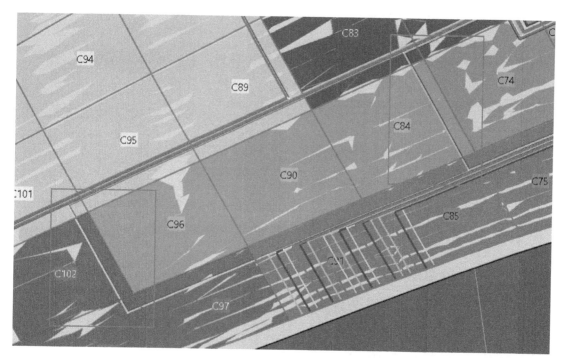

图　5-309

（4）为了将过渡铺层调整到到 C96 和 C102 之间，可以将单元格 C74 的层压赋予 C96、C90 和 C84，则过渡铺层将自动调整到到 C96 和 C102 之间。此时双击结构上的"网格 .1"，弹出"网格定义"对话框。按住 Ctrl 键在工作空间用鼠标单击选中单元格 C74、C96、C90 和 C84，则工作区将高亮显示以选中单元格，见图 5-310。

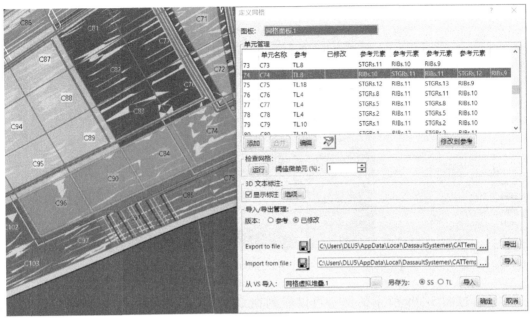

图　5-310

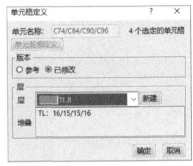

图　5-311

（5）单击"单元管理"栏下方的"编辑"，在弹出的对话框选择"版本"为"已修改"，在"层"下拉列表中选择和 C74 单元格一样的层压"TL.8"，见图 5-311。

（6）单击"确定"回到"定义网格"对话框，看到在"已修改"列，层压信息已经修改为"TL.8"，工作区网格颜色已经更新完成，见图 5-312，单击"确定"以完成更新。

图　5-312

（7）结构树上双击"网格虚拟堆叠.1"打开"虚拟网格"对话框，设置"实体级别"为"序列"，"视图模式"为"单元"，此时可以将更新后的网格信息同步到虚拟堆叠中，见图 5-313。

（8）单击"工具控制板"中的 🐘 "从网格重新计算"弹出"虚拟堆叠管理"对话框，单击"确定"即可将网格面板中的以修改的网格信息同步到现有的虚拟堆叠中，见图 5-314。

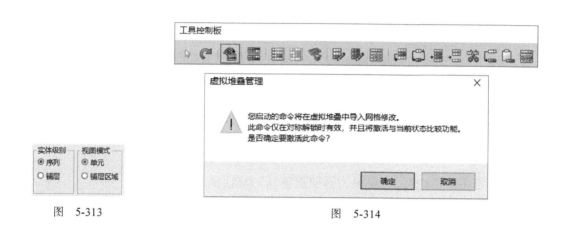

图　5-313　　　　　　　　　　　　　　　　图　5-314

（9）虚拟堆叠更新完成后，发生变化的单元格将会高亮显示，见图 5-315。

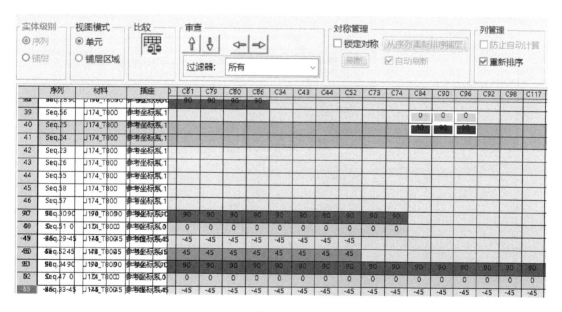

图　5-315

（10）如图 5-315 所示，C84、C90 和 C96 新添加的单元格铺层与 C74 不处于同一序列和铺层上，相当于单独增加了两个铺层。通过双击 C74 右侧 C84、C90 和 C96 相邻的单元格将自动添添加（或清除）铺层方向从而改变铺层，更改后的结果见图 5-316。

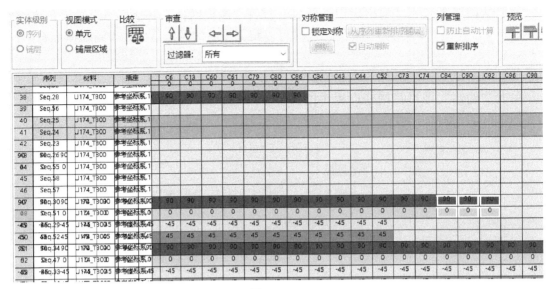

图 5-316

（11）单击"确定"，会弹出"铺层组更新"对话框，见图 5-317。

（12）单击"是"，"来自虚拟堆叠的铺层"对话框将会弹出以更新铺层，见图 5-318；直接单击"确定"以完成铺层的更新，铺层更新完成后将弹出"警告"对话框显示哪些铺层进行了修改，见图 5-318。

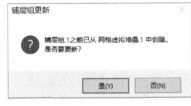

图 5-317

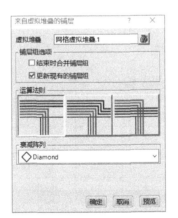

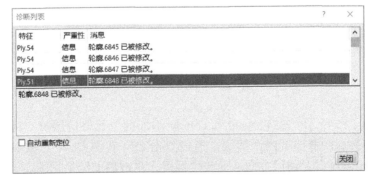

图 5-318

（13）铺层更新完成后在工作区可以看到图 5-309 所示的 0° 和 90° 铺层的边界已经自动调整到了图 5-319 所示的框的位置。

图　5-319

**注**：铺层边界也可以采用"重设铺层轮廓"的方法进行调整。

1）显示网格元素" RIBs.14"的斜坡支持面，见图 5-320。可以通过"重设铺层轮廓"，将 0° 和 90°（红框标记蓝色和灰色铺层）的铺层轮廓调整到左下角的区域。

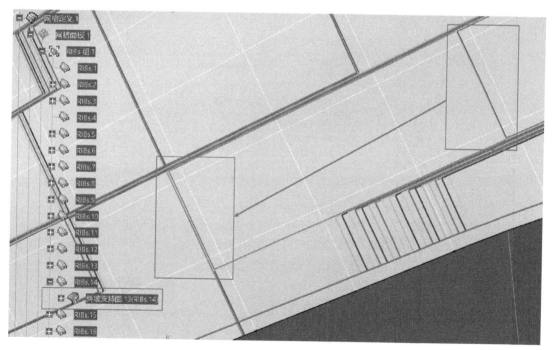

图　5-320

2）首先将 -45° 和 45°（红色和绿色铺层）铺层的边缘沿着斜坡支持面的偏移参考曲面移动两个步长。首先，单击 "重设铺层轮廓"，在工作区域选择红色 45° 铺层（Ply.65）；然后，选择要进行边界修改的起始顶点和结束顶点；最后，单击"添加具有相同形状的铺层"将自动将相邻的 –45° 绿色铺层（Ply.38）考虑在内一起调整边界，见图 5-321。

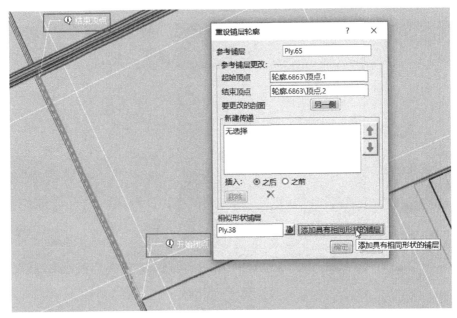

图　5-321

3）在工作区域用鼠标单击"RIBs.14"的斜坡支持面曲线"相交 .314"建立"新建传递"，见图 5-322。

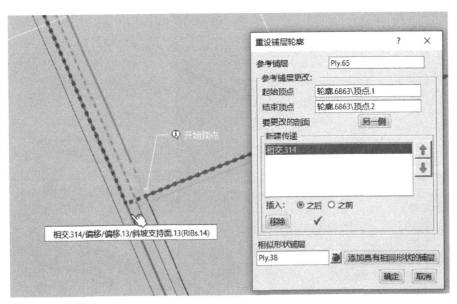

图　5-322

4）单击"确定"铺层边界将自动移动到指定的新边界上，被选择的相似形状铺层也会一起移动，见图 5-323。

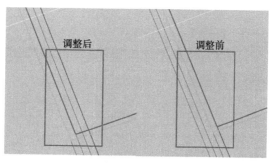

图　5-323

5）按上述方法，对 0° 和 90° 铺层的边界可以按图 5-324 所示进行调整。

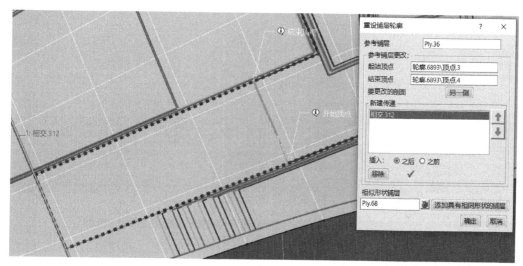

图　5-324

6）使用"重设铺层边界"调整铺层边界后的结果见图 5-325，与调整网格单元的铺层得到了一样的结果。

3. 对称性调整

铺层的对称性是一个非常重要的指标，在虚拟堆叠中可以直观查看和对铺层进行调整。

（1）双击结构树上的"网格虚拟堆叠 .1"，在弹出的对话框中，单击 2D 视图上方的"锁定对称"已经完成对称的铺层将会被锁定不可编辑；此时可以对其他非对称铺层进行调整，调整完成后新的对称铺层将会自动包含到顶部和底部的实际对称区域中，见图 5-326。

（2）此时根据需要可以对铺层所在网格进行编辑：按住 Ctrl 或 Shift 键多选非对称铺层的空白单元（图 5-328 所示的框选中的空白单元格），见图 5-327。

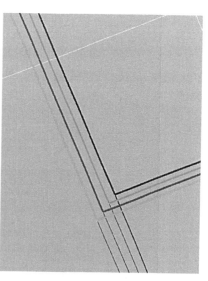

图　5-325

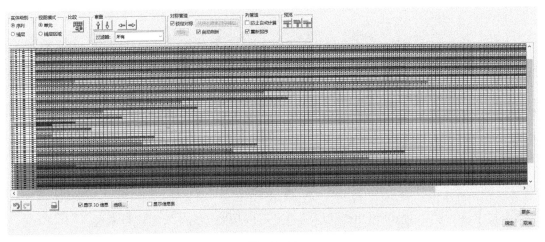

图 5-326

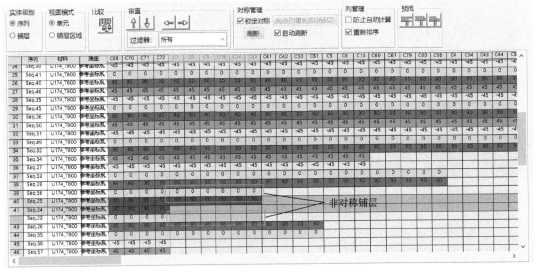

图 5-327

（3）然后，单击"工具控制板"上的 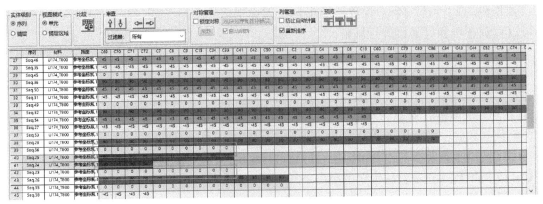 "对单元格赋值"，则下方的非对称空白单元格（0°铺层）将会自动赋值为 0，见图 5-328。

图 5-328

　　**注**：也可以选定非对称的 0° 铺层单元格，使用 ▦ "对单元格赋值" 后则选中的非对称单元格会自动清除角度为空白单元格从而完成对称设置。此处采用的是最大化铺层的方法，因而设置的是非对称空白单元格。

　　除了使用"工具控制板"上的工具进行编辑以外，也可以单击对话框下方的"更多"，将虚拟堆叠导出到 excel 文件中，在 excel 中对虚拟堆叠进行快速编辑再导回虚拟堆叠从而完成对虚拟堆叠的修改，见图 5-329。

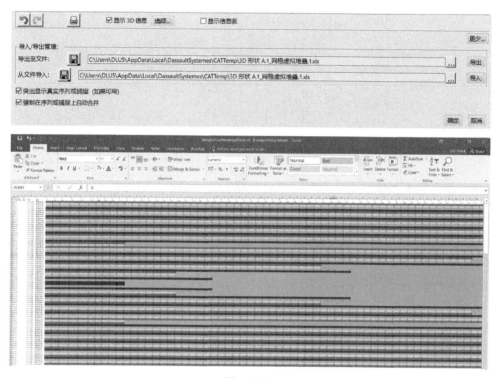

图　5-329

　　（4）重复上述步骤对对称轴上的非对称空白单元格（90° 铺层）进行设置，调整为 90° 铺层角度，可以看到受影响网格区域（C7、C8、C9、C15、C24、C33）在工作区域高亮显示，见图 5-330。

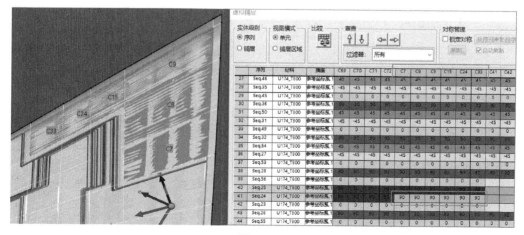

图　5-330

（5）单击"确定"，铺层将会根据虚拟堆叠进行更新，调整后的网格区域的铺层将严格对称，见图5-331。

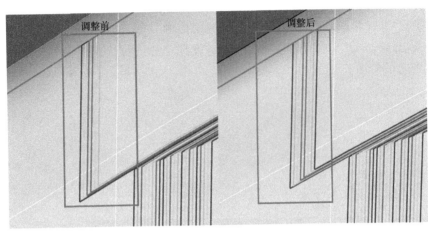

图　5-331

上述步骤介绍了如何使用虚拟网格快速对铺层的局部和全局的调整。

4. 局部过渡区调整

在应用虚拟堆叠时，应用了斜坡的全局定义。然而对于一些特定区域，希望设置单独的斜坡定义以调整局部的过渡区从而满足强度和装配的要求。接下来对其中一个斜坡过渡区进行单独调整以达到设计目的。

（1）图5-332所示的左右两个相似的斜坡使用了同一个参考元素"STGRs.12"作为斜坡参考，因此生成的斜坡坡度是一样的。接下来对图5-332右侧所示的斜坡坡度进行单独调整以达到设计目的。

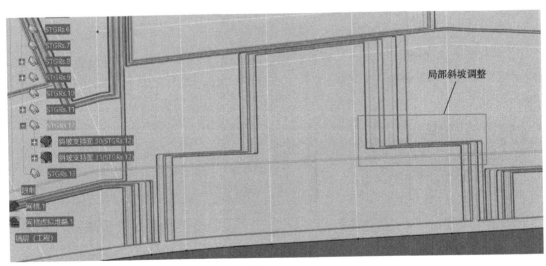

图　5-332

（2）在结构树上的"网格面板.1"节点下的"STGRs.12"子节点中双击"斜坡支持面.30（STGRs.12）"，弹出斜坡支持面编辑对话框，见图5-333。

（3）单击"斜坡定义"栏中的"编辑"，见图5-334。

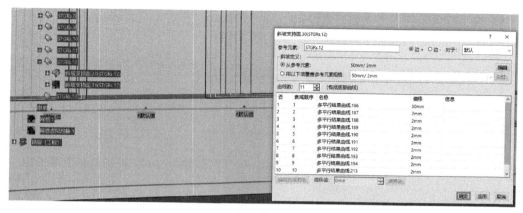

图　5-333

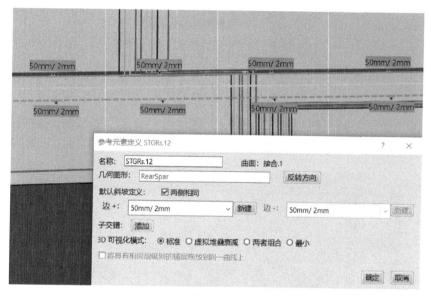

图　5-334

（4）单击"子交错"的"添加"，弹出包含子交错的参考元素定义对话框，见图 5-335。

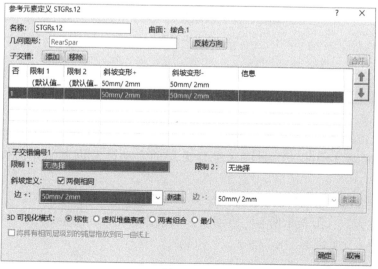

图　5-335

（5）在工作区单击参考元素"RIBs.5"和"RIBs.6"作为子交错限制，在"边＋"下拉列表中选择为 50mm/10mm 作为斜坡定义，见图 5-336。

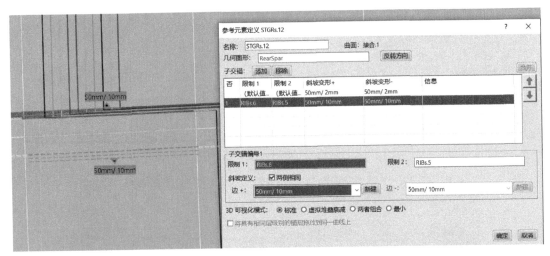

图　5-336

（6）单击"确定"回到斜坡定义对话框，再单击"确定"完成局部斜坡定义。然后，单击 📇 "由虚拟堆叠生成铺层"，以更新铺层信息，结果见图 5-337。

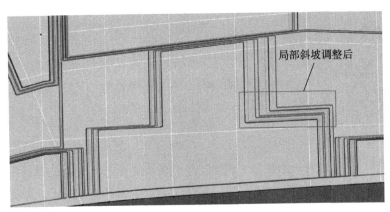

图　5-337

## 5.6.7　丢层管理

3DEXPERIENCE 平台提供了非常方便的工具对铺层斜坡区的丢层进行调整以符合设计规范。下面对其中的一个过渡区进行丢层的自动调整以展示如何快速地进行丢层调整。

（1）显示网格面板地参考元素，单击 ≣ "局部丢层"弹出"局部衰减"对话框。其右上角有 3 种显示模式：≣ 显示所有完整铺层；幸 仅显示相关的完整铺层；十 隐藏所有完整铺层。此处，选择十，见图 5-338。

图　5-338

（2）在工作区用鼠标单击参考元素"RIBs.10"，见图 5-339。然后，单击"计算截面"，可以得到丢层在所选的截面上的结果。因为在生成铺层时选择了宝石形（"Diamond"）的衰减阵列（见图 5-339），所以此处显示的丢层形状为宝石形。

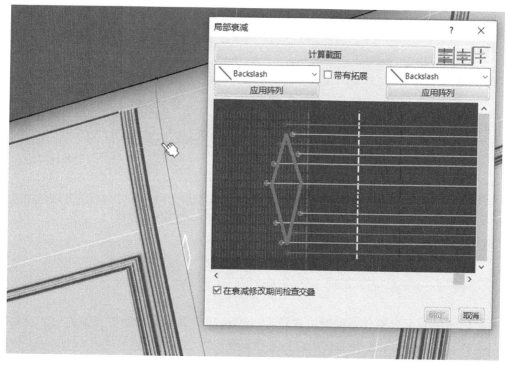

图　5-339

（3）在左侧的下拉列表中选择"Backslash"然后勾选"带有扩展"，单击"应用阵列"，丢层的形状将自动更改并应用到其所在铺层的扩展边界上，见图 5-340。

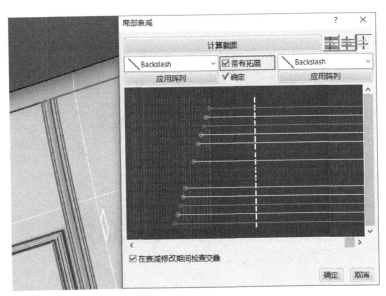

图　5-340

**注**：在进行丢层形状调整时也可以通过鼠标选取截面的铺层边界进行手动拖动来调整，见图 5-341。

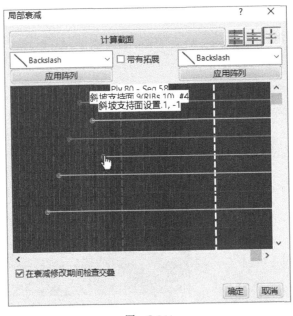

图　5-341

当扩展铺层的边界形状不同时，进行丢层形状调整将不能自动扩展到铺层的全部边界。此时，需要手动进行铺层丢层的扩展边界进行调整。

### 5.6.8　铺层尖角与材料添加

对于像飞机机翼蒙皮或机身蒙皮等采用自动铺带或铺丝技术进行纤维铺放工艺的零件，在设计时必须考虑设备的最小切割长度。在 3DEXPERIENCE 平台上，可以通过自动的尖角剪切或材料添加来满足这一工艺要求。下面对两个尖角分别进行尖角剪切和添加材料来展示如何利用 3DEXPERIENCE 平台快速自动地实现满足制造要求地设计。图 5-342 中，铺层由 A 区向 B 区减少，并且 B 区向 C 区减少，因此添加尖角其实就是减少材料，而添加材料将会在指示的区域增加一个斜角。

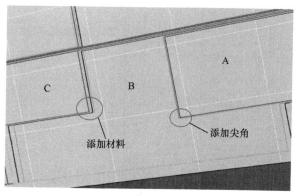

图　5-342

（1）单击 ▧ "网格尖角"弹出"铺层尖角定义"对话框，在铺层由内至外单击铺层的尖角并设置角度为 −135°，见图 5-343。

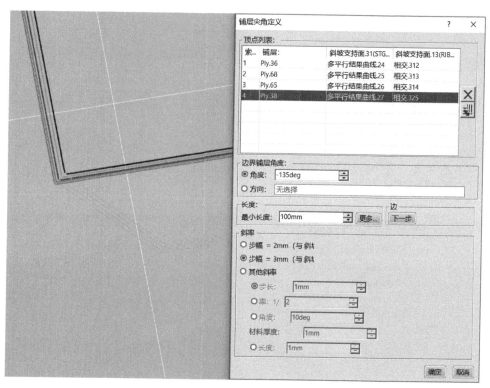

图　5-343

（2）此时可以根据最小切割长度设置"最小长度"为 100mm，单击"边"的"下一步"，调整铺层切角的方向，见图 5-344。

（3）单击"确定"完成尖角定义，程序自动计算铺层的边界并生成切角，结构树上生成了"网格开口角度设置.1"和"角度剪切的斜坡支持面设置"节点，见图 5-345。

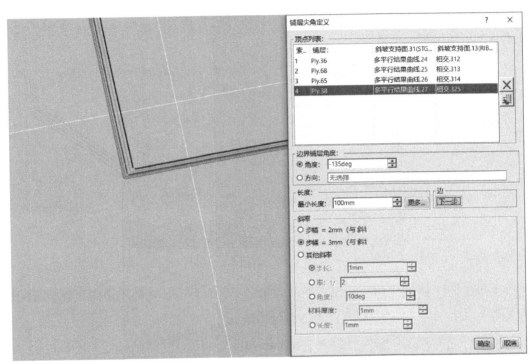

图　5-344

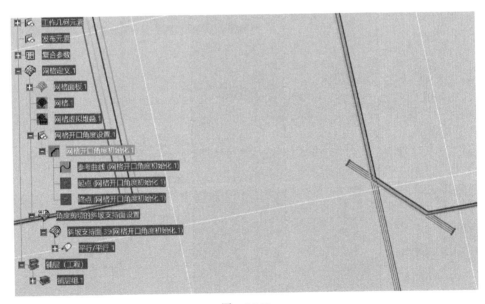

图　5-345

**注**：当需要对切角进行编辑时，直接双击结构树上的节点即可进行编辑。

（4）接下来进行增加材料的操作。进入"蒙皮切换和铺层扩展"选项卡，单击 "添加材料"，在弹出的对话框中设置"角度"为 –45°，"最小长度"为 100mm，"横向交错"为 5mm；然后，在工作区，由外向里依次单击尖角顶点，见图 5-346。

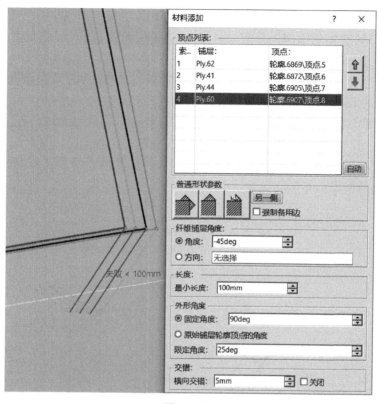

图　5-346

（5）单击"普通形状参数"栏中的 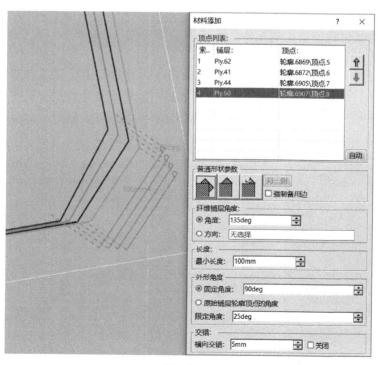 "45° 矩形形状"，程序自动计算材料添加的位置并进行预览，见图 5-347；然后，单击"确定"，铺层边界按照预览的形状生成。

图　5-347

不同的形状参数按钮对应不同的材料添加结果：

将矩形形状添加到铺层，具有 45° 或 135° 铺层角度，90° 形状角度，以及所有顶点两边的定位（矩形）。

将三角形形状添加到铺层，具有 45° 或 135° 铺层角度，90° 形状角度，以及所有顶点一边的定位（三角形）。

将三角形形状添加到铺层，具有轮廓的常规返回值，45° 或 135° 铺层角度，确保常规返回值的形状角度，以及所有顶点一边的定位（三角形）。

图 5-348 给出了不同参数的意义：红线表示最小长度；$\alpha$ 表示形状角度；$\beta$ 表示纤维铺层角度；双向箭头表示了横向交错。

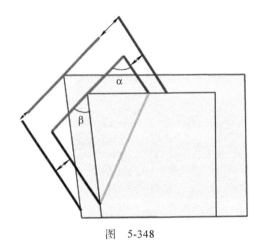

图　5-348

### 5.6.9　生成实体（上表面）

使用网格法创建的铺层生成实体和上表面的方法同 5.4.7 节的方式相同，按 5.4.7 节的方式即可创建相应的实体和上表面。

（1）完成铺层的定义后，为了使铺层名称和序列直观明了，先进行铺层重命名。双击"铺层（工程）"节点，弹出堆叠管理对话框，选择"铺层"实体级别，见图 5-349。

图　5-349

（2）单击任意一个列上方的名称以选中所有铺层，然后单击"工具控制板"中的 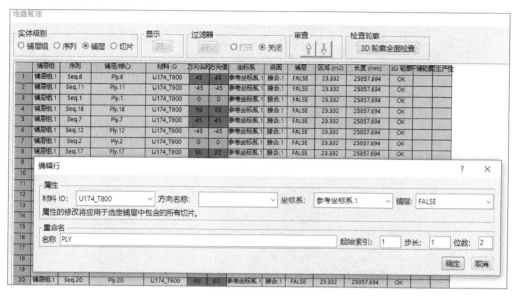 "多行编辑"。在弹出的"编辑行"对话框中设置"重命名"名称为"PLY"，位数为"2"，见图 5-350。

图　5-350

（3）单击"确定"以完成铺层的重命名并回到主对话框。按上述的方法对序列进行重命名，并确定。最后的结果见图 5-351。

（4）定义"等厚度参考点"为工作对象，然后进入"铺层的实体和上表面"，单击 "等厚度区域"。设置"衰减值"然后单击"计算并选择宽度大于 50.0mm 的区域"，见图 5-352，单击"确定"以生成等厚度区。

（5）生成的等厚度区有一个重新限定失败，此种情况下失败的区域会以粉红色显示，见图 5-353。此时将工作对象定义到对应的等厚度区，将红框处的多余曲面裁切掉即可。

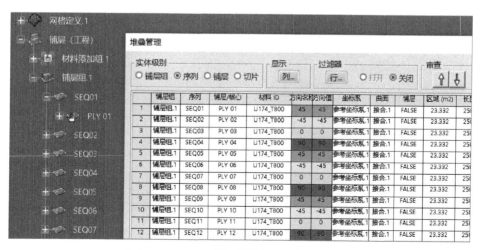

图　5-351

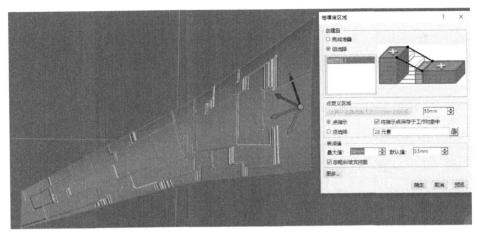

图　　5-352

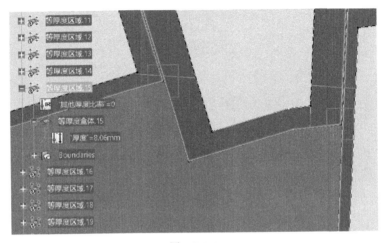

图　　5-353

（6）进入应用程序"Generative Wireframe&Surface"，然后延伸需要截除部分的侧面的边界，最后裁切等厚度区域，见图5-354。

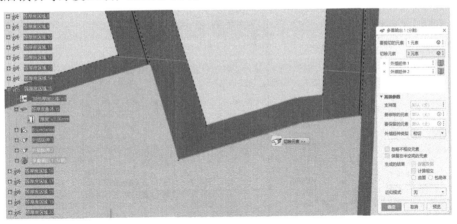

图　　5-354

（7）单击 等厚度连接向导"进入"连接线向导"，见图5-355，验证所有黄色信号的连接线，并通过添加连接线消除红色信号灯，确保所有的斜坡区的连接线正确生成。

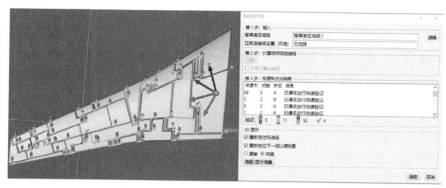

图　5-355

（8）单击 "从等厚度区域生成实体"，在弹出的对话框中选择"等厚度区域组 .1"作为等厚度区域，选择"连接线"几何图形集中的全部连接线，选择"实体"选项，见图 5-356，单击"确定"即可生成机翼蒙皮的实体。同样的方法选择"上表面"即可生成内型面（IML 或 OML）。

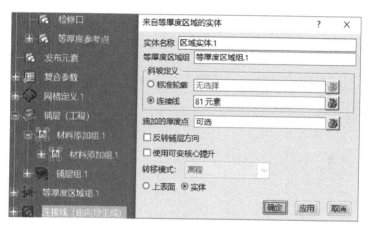

图　5-356

（9）最终完成设计的复合材料机翼蒙皮见图 5-357。

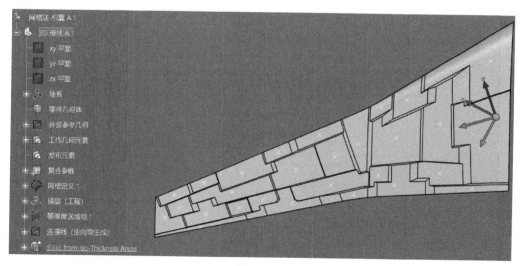

图　5-357

### 5.6.10　小结

本节通过设计一个复合材料机翼，展示了如何使用网格法建模的过程。其中包含了如下知识点：

（1）层压的创建和导入。

（2）网格面板的创建。

（3）网格定义的过程。

（4）如何定义虚拟堆叠。

（5）通过虚拟堆叠创建铺层。

（6）通过修改网格来修改已经生成的铺层。

（7）通过修改虚拟堆叠中的单元铺层角度来修改铺层。

（8）使用局部衰减来对丢层的形状进行管理。

（9）通过创建斜坡支持面的子交错来修改局部的斜坡定义。

（10）通过铺层尖角剪切和材料添加来满足制造约束。

（11）如何创建网格法定义的铺层的实体。

# 第6章 复合材料仿真与验证实践

复合材料具有制造工艺简单、重量轻、比强度高、比刚度大、耐腐蚀等特点，因而在航空航天、汽车、船舶等领域都有着广泛的应用。复合材料的大量应用对仿真分析技术提出了新的挑战。

达索系统提供了专业的仿真组合工具，可针对纤维复合材料进行计算分析，包括了前后处理建模、静强度分析（包括稳定性分析）、热分析、碰撞分析、失效分析及断裂分析等专业仿真能力，贯穿结构设计、强度计算及工艺校核等多个阶段，跨越了整机、系统、构件、层合板，直至纤维和树脂组分等多个尺度。

同时，针对复合材料的特点，达索系统基于 3DEXPERIENCE 平台实现了一体化设计与仿真（也称作 MODSIM），无缝集成复合材料的铺层设计及仿真（见图 6-1），为复合材料建模与仿真提供通用的用户界面和数据模型。在设计最初阶段应用仿真，可以准确地预测、比较多种产品行为，深入洞察产品性能，这些对于交付满足要求的高品质产品至关重要。此外，通过最大限度减少繁复的物理原型设计与测试，MODSIM 还有助于缩短产品的开发周期。

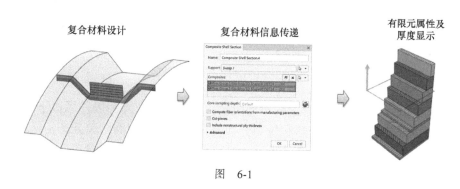

图 6-1

## 6.1 前处理

### 6.1.1 网格划分

网格划分是将几何体离散为许多小的单元，作为具有几何、物理属性的最小的求解域。网格划分是有限元分析流程中的必需程序。

一般来说，网格划分主要包含以下 5 个层面的内容。

1. 单元类型

有限元分析的单元类型包括零维单元（如质量点单元）、一维单元（如刚体单元、杆单元、梁单元等）、二维单元（如壳单元、膜单元）、三维单元（如体单元）及其他特殊应用的单元等，见图 6-2。

用户根据结构分析要求，来指定合适的单元类型。单元类型的选择尽可能反映部件的结构变形模式。在能满足分析要求的前提下，单元类型选择一般遵循以下原则：

1）选用形状规则的单元。

2）选用满足精度要求的单元。

3）选用计算效率高的单元。

4）线性四面体单元、楔形单元尽量用于网格过渡或不太关注的区域。

5）选用的单元类型在类似的模拟场景中有成功应用。

2. 单元阶次

有限元分析的单元可分为低阶单元和高阶单元：使用一次函数描述边界的单元，称为低阶单元；采用二次或更高次函数描述边界的单元，称为高阶单元，见图 6-3。

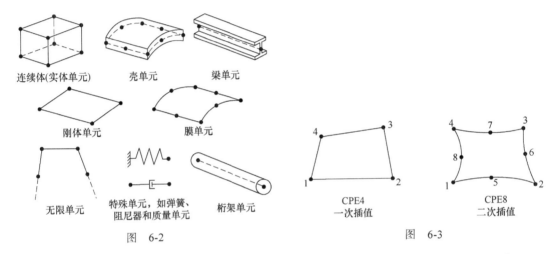

图 6-2          图 6-3

用户根据结构分析要求指定合适的单元阶次，单元阶次选择一般遵循以下原则：

1）对于结构形状不规则、变形和应力分布复杂的，宜选用高阶单元。

2）计算精度要求高的宜选用高阶单元，精度要求低的可选用低阶单元。

3）不同阶次单元的连接位置应使用过渡单元或多点约束等。

3. 网格尺寸

对于有限元分析，在单元类型确定之后，当单元网格划分越来越细时，数值解将收敛于精确解。通过增加网格数量和密度，计算精度一般也会随之提高。但是，如果盲目地增加网格数量，将会大大增加单元网格划分时间及求解时间，有时还会因计算的累积误差反而降低计算精度。所以，在实际工作中，如何划分网格能既保证计算结果有较高的精度，又能让计算量可以接受，一直是困扰仿真分析工程师的难点。

总体来说，网格尺寸的选择没有绝对标准。对于不同尺度的产品，网格尺寸一般不同；对于同一个产品开展不同分析类型，网格尺寸也可能不同。所以，用户一般根据分析目的、计算规模、效率、硬件承受能力等综合因素，确定网格尺寸（网格密度）。如图 6-4 所示，在孔周围加密网格，可以提高计算精度。

网格尺寸控制一般遵循以下基本原则：

1）对结构变化大、曲面曲率变化大、载荷变化大或不同材料连接的部位，应进行细化。

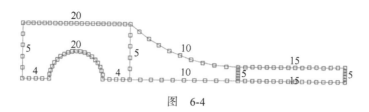

图　6-4

2）单元尺寸过渡要平滑，粗细网格之间应有足够的单元进行过渡，避免相邻单元的质量和刚度差别太大。

3）对于实体单元网格，在结构厚度上应确保3层以上。

网格尺寸的选取可基于以往类似案例的经验，并建议进行网格无关性分析，进而选取合适的网格尺寸。

4. 网格划分规则

选择合适的单元类型和网格尺寸后，有限元网格划分多由前处理软件自动并结合手工干预的方式生成。典型的网格划分见图6-5。

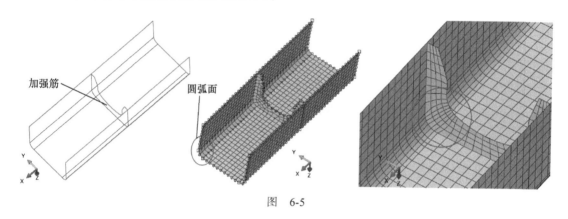

图　6-5

有限元网格划分一般应遵循以下要求：

1）网格划分时应保留主要的几何轮廓线，网格应与几何轮廓保持基本一致。

2）网格密度应能真实反映结构基本几何形状特征。

3）网格形状应尽可能规则，面网格尽量划分为四边形，体网格尽量划分为六面体。

4）网格特征应能满足网格质量检查要求。

5）对称结构可采用对称网格。

5. 网格质量检查

网格划分完成后，需要对网格质量进行检查，控制网格质量参数在合理范围内。具体检查项（见表6-1）及要求：网格中不应存在畸变网格；保证结构重点关注区域的单元质量高，非关注区域的单元质量可适当降低。

表6-1　网格质量检查项

| 最小单元尺寸 | 三角形最小角度 | 三角形最大角度 | 长宽比 | 单元方向 | 重复单元 |
| --- | --- | --- | --- | --- | --- |
| 最大单元尺寸 | 四角形最小角度 | 四角形最大角度 | 翘曲 | 偏斜度 | 自由边 |

综上所述，用户可以从以上 5 个层面来考虑如何进行网格划分。为了获得较高的网格质量，在网格划分之前，经常需要基于一定的规则对几何模型进行清理（去除一些小特征）；如果希望获得六面体网格，经常需要对几何模型进行分块。在网格划分之后，偶尔还需要对局部网格进行手动编辑，进一步提高网格质量。

基于 3DEXPERIENCE 平台，有一整套网格划分的逻辑和功能。

### 1. 有限元模型（Finite Element Model Representation，FEM Rep）

FEM Rep 是以有限元网格形式表示几何体的对象，将有限元模型与三维零件或物理产品关联起来。基于同一个三维零件或物理产品，可以建立不同需求的有限元模型。有限元模型还可以与一个抽象形状（不影响原始设计的理想几何模型）相关联，该抽象形状将与实际几何模型相关联。软件中三维零件、抽象形态、有限元模型之间的关系见图 6-6。

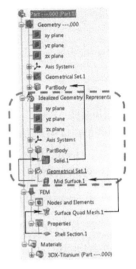

图 6-6

从应用程序"Structural Model Creation"，进入有限元模型的创建对话框，见图 6-7。

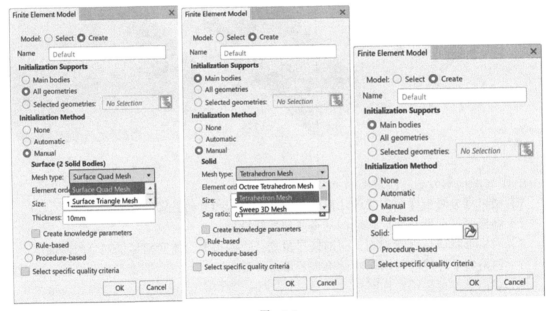

图 6-7

在一个模型中，针对不同的分析需求，用户可以创建多个有限元模型，但每一个仿真分析，只能关联一个有限元模型；同时，可以随时切换用于每次仿真分析的有限元模型。在一个有限元模型中，除网格外，还可能包含截面属性、节点和 / 或单元集合、连接方式等信息。

### 2. 创建和管理有限元模型的两种模式

基于 3DEXPERIENCE 平台，有两种有限元模型的创建和管理模式。

（1）基于装配的网格（Meshes of an Assembly，MoA）

所有零件的有限元模型，都在装配级创建，而不是挂在零件下，见图 6-8。

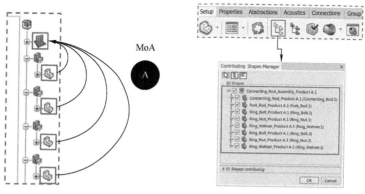

图 6-8

（2）网格装配（Assembly of Meshes，AoM）

基于零件层级，创建零件级有限元模型，然后链接到装配级有限元模型，见图 6-9。

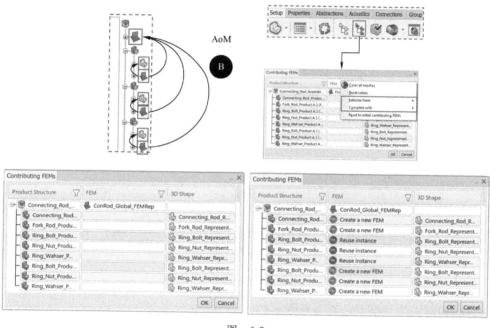

图 6-9

3. 网格划分模块

利用应用程序"Structural Model Creation"，或者在界面下切换到"Mesh"，见图 6-10。

图 6-10

网格划分相关的功能见图 6-11。

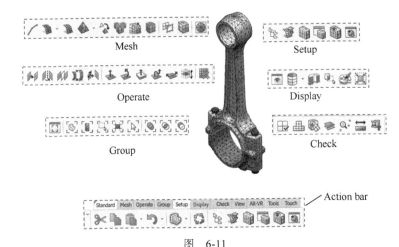

图　6-11

基于网格模块的网格划分功能，设定基本的控制参数，如单元尺寸、单元插值（阶数）、单元形状、网格生成算法（自由、结构、扫掠），从而获得想要的网格。

4. 八叉树网格划分（Octree Meshing）

八叉树网格划分是 3DEXPERIENCE 平台最简单、最快速的网格划分方法，包含八叉树三角形和四面体网格划分，分别针对二维和三维模型，见图 6-12。

图　6-12

三角形和四面体网格划分界面见图 6-13。

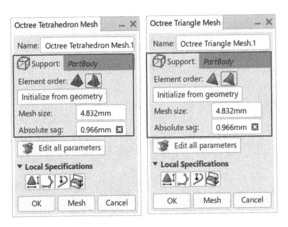

图　6-13

5. 一维网格划分

一维网格划分对话框见图 6-14。

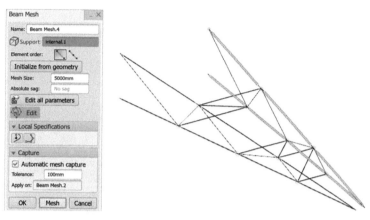

图 6-14

6. 二维网格划分

二维网格划分流程见图 6-15。

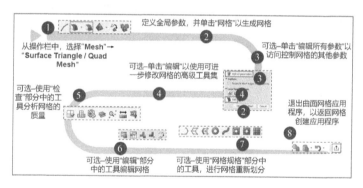

图 6-15

二维网格划分对话框见图 6-16。

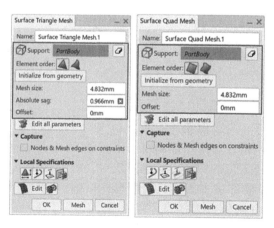

图 6-16

对于二维网格，软件支持多种控制功能，以获得用户需要的网格，见图 6-17。

图　6-17

设置网格脱离特征线，见图 6-18。

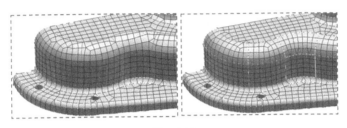

图　6-18

添加螺栓孔的"washer"（垫片区域），见图 6-19。

对于复合材料壳模型，在网格划分时，可以使用复合材料铺层数据的参考面，每个铺层的边界线都是硬线，见图 6-20。考虑复合材料铺层数据的区域或丢层定义，使得单元不会穿透区域或层边界。

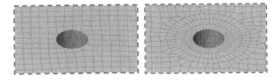

图　6-19

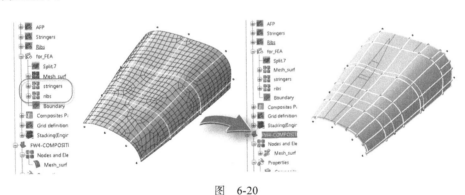

图　6-20

**7. 三维网格划分**

对于三维网格划分，大致有以下 3 种方法：

1）使用现有的零件体，直接创建实体网格。

2）基于已有的曲面网格，为该零件创建实体网格。

3）直接创建以六面体为主的网格（如包面技术，用于 CFD 应用程序）。

在网格划分之前，需要评估零件的几何图形，以确定创建三维网格的最佳方法。以下工具可用于创建实体网格（见图 6-21）：

1）八叉树四面体网格（前面讨论过）。

2）四面体网格。

3）四面体填充网格（此处不讨论）。

4）分块六面体网格。

5）扫掠三维网格。

6）六面体主导网格（此处不讨论）。

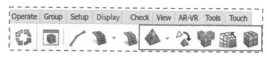

图　6-21

（1）四面体网格

对于四面体网格划分，设定总体网格尺寸，以及局部指定，包含局部网格尺寸、插入硬点、投影曲线、保留边界、表面捕捉、边界层等，见图 6-22。

图　6-22

（2）分块六面体网格

利用应用程序"Simulation Model Preparation"，对于复杂几何分块，可把比较复杂的几何模型切成一个个相对简单的几何体。对每个简单体进行六面体网格划分，见图 6-23。

（3）扫掠三维网格

扫掠三维网格划分流程见图 6-24。

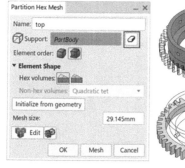

图　6-23

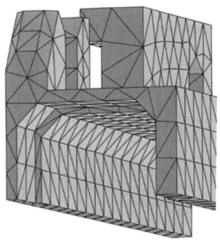

图　6-24

对于扫掠网格划分，案例见图 6-25。

**8. 基于规则的网格划分**

基于规则的网格划分流程见图 6-26。

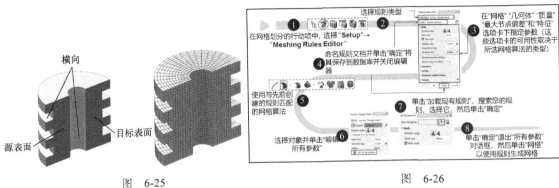

图　6-25

图　6-26

将网格划分规格和控制参数写到规格文件里，基于规则的网格划分支持大部分网格划分类型，见图 6-27。

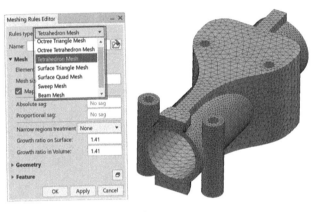

图　6-27

### 9. 零件网格管理器

"零件网格管理器"显示模型中所有零件的网格划分情况，提供网格状态和其他基本参数等信息。用户可以使用管理器编辑、删除、更新或控制网格的显示，见图 6-28。

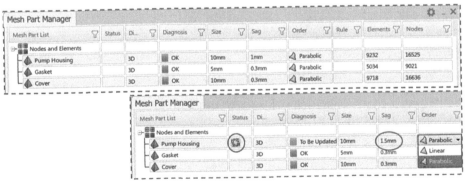

图　6-28

### 10. 网格显示控制

利用"Display"选项卡，控制模型显示，见图 6-29。

图　6-29

**11. 网格检查**

网格检查包括质量检查、自由边检查、干涉检查、重复检查等，见图 6-30。

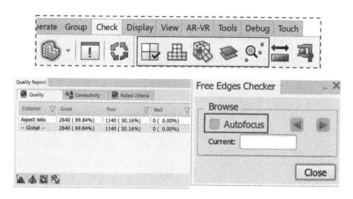

图　6-30

**12. 导入和导出网格**

支持导入第三方软件的网格，以及导出网格到第三方软件，见图 6-31。

**13. 更新网格**

对于没有更新的网格，单击"update"进行网格更新，见图 6-32。

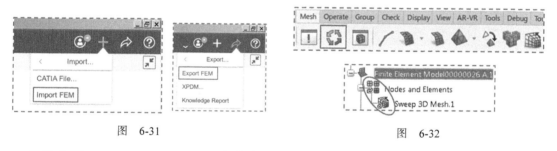

图　6-31　　　　　　　　　　　　　图　6-32

总体来说，3DEXPERIENCE 平台仿真应用程序的网格划分功能，有如下特点：

1）在基本的网格划分方法上，和传统的有限元分析工具差别不大。

2）关联几何和有限元网格，在设计方案变更后，支持网格快速更新。

3）网格管理模式更加先进，每个部件可以链接多个网格模型，用于不同的分析场景。

4）引入 CATIA 强大的几何功能，支持几何清理，提高网格划分效率和网格质量。

## 6.1.2　属性数据

属性数据包含材料属性和截面属性。材料属性包含核心材料和表面材料。对于仿真分析，需要设定核心材料的参数，或者称为结构的机械（力学）性能。截面属性包括额外的尺寸信息或单元类型。对于梁单元和壳单元，除了几何之外，还分别需要定义截面形状和厚度

（尺寸信息），以完善尺寸信息。对于一维几何，可以指定梁、杆等不同单元类型。

1. 材料属性

利用应用程序"Material Definition"或"Structural Model Creation"，新建材料，添加"Simulation Domain"，见图 6-33。

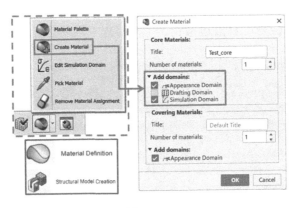

图　6-33

进入"Simulation Domain"，定义仿真材料数据，通常包含密度、弹性模量、塑性、损伤、断裂等，以及热、电、声等材料属性。对于复合材料，支持薄板和工程常数、正交各向异性、完全各向异性等模型，见图 6-34。

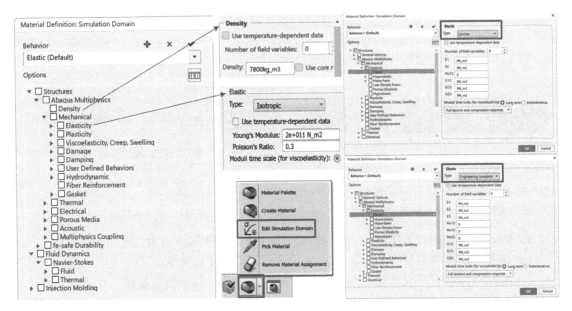

图　6-34

2. 截面属性

基于属性模块，定义各种类型的截面属性，包含实体截面、壳／膜／表面截面、梁／杆截面，以及其他特殊类型的截面属性，见图 6-35。

### 3. 实体截面属性

对于实体结构，如发动机缸体，这类结构无法简化为壳或梁单元，一般把三维几何直接作为分析对象。在实体属性创建和赋予窗口（见图 6-36），可选择属性赋予对象和材料。

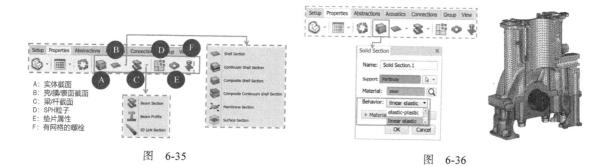

图 6-35　　　　　　　　　　　　　　　　　图 6-36

### 4. 壳截面属性

对于薄板结构，如飞机的蒙皮和壁板、车身的钣金件，在仿真分析模型中，一般会抽取薄板几何的中间平面，为中间平面赋予壳截面属性。在壳截面属性创建和赋予窗口（见图 6-37），可在"Support"选择中间平面，在"Thickness"设定厚度，在"Material"选择材料。

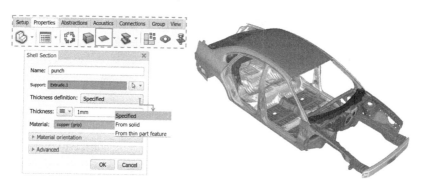

图　6-37

### 5. 梁截面属性

对于细长梁和杆结构，如飞机的长桁和隔框，在初步的仿真分析模型中，一般会简化为一维线几何，为一维线几何赋予梁截面属性。在梁截面属性创建和赋予窗口（见图 6-38），可在"Support"选择一维线几何，在"Beam Profile"选择截面定义，在"Material"选择材料。

梁的截面定义，集成各种类型的截面，同时支持用户自定义截面。在梁截面定义窗口（见图 6-39），可在"Shape"处选择截面类型为"Circular"，在"Radius"输入半径。

总体来说，对于大部分复杂产品，模型中有各种各样的材料（金属、塑料、橡胶、复合材料等），并有实体结构、薄板结构、细长梁杆并存。在仿真模型中，用户需要基于不同的分析目标，对每个部件选择合理的建模方式，其他设置也都需要用户合理规划。例如薄板结构，一般抽取中面去模拟，有时基于薄板几何创建实体网格。

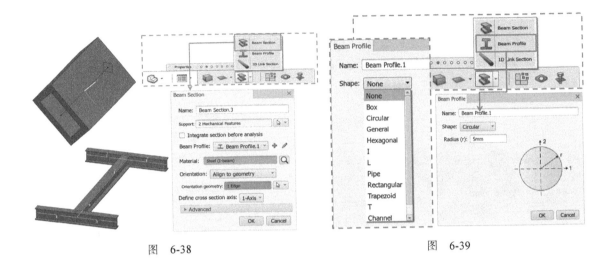

图 6-38                                            图 6-39

## 6.1.3 铺层数据的传递

如前所述，3DEXPERIENCE 平台提供多种不同的复合材料设计方法（手动铺层创建、传统区域设计、网格设计），能满足各种不同类型的复合材料件设计（见图 6-40）。

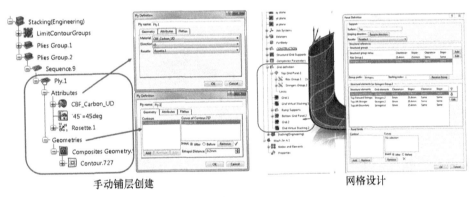

手动铺层创建                                      网格设计

图 6-40

基于 3DEXPERIENCE 平台，进入仿真模块，快速读取设计端复合材料铺层数据开展分析，复合材料仿真模块可以关联复合材料设计数据，不用重复铺层。

1. 铺层数据和网格划分

对于常规壳单元，在网格划分设置窗口（见图 6-41），可以使用复合材料铺层数据的参考面生成面网格，确保网格始终遵守每个铺层的边界。

2. 铺层数据和复合材料属性

基于属性模块，支持创建复合材料常规壳和连续壳属性，见图 6-42。

在属性赋予窗口（见图 6-43），可在"Support"选择参考面或网格，在"Composites"选择设计端定义好的复合材料铺层数据。

总体来说，在设计端定义的复合材料铺层数据，可以无缝传输到仿真端。基于仿真模块的网格划分和属性定义窗口，把复合材料铺层信息全部传递过来。

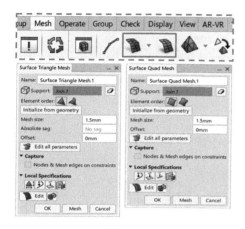

图　6-41

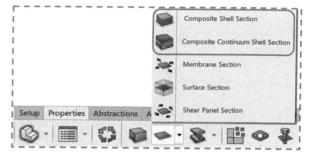

图　6-42

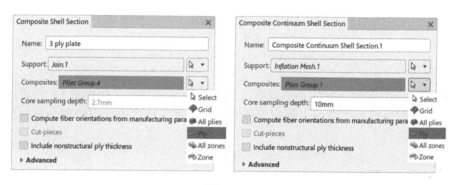

图　6-43

## 6.1.4　连接关系

对于复杂产品，部件之间可能存在螺栓、铆钉、黏胶、焊接等连接关系；同时，部件之间可能有相对运动关系。产品连接关系定义的工具见图 6-44。

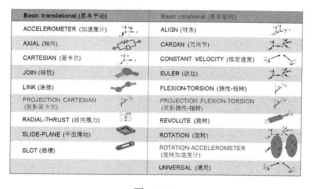

图　6-44

利用应用程序"Structural Model Creation"的"Connections"选项卡（见图 6-45），可以定义螺栓连接、耦合连接、弹簧、绑定约束、紧固件连接、连接器、刚性连接、销连接等连接关系。

图　6-45

创建的连接关系，可以在"Connection Manager"里查询，见图 6-46。

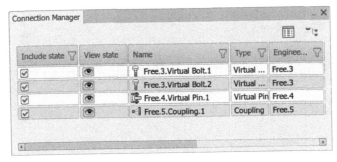

图　6-46

### 1. 连接模板

连接模板是一个包含连接信息的规则文档（类似网格划分规则模板）。创建连接时，可以将连接定义保存到模板文件中。创建模板有两种方式：特定连接编辑器和连接模板定义工具，见图 6-47。

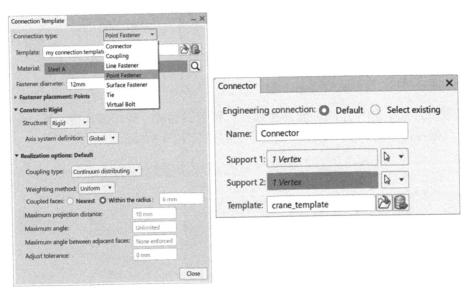

图　6-47

### 2. 虚拟螺栓

采用虚拟螺栓约束，模拟螺栓连接，可在一定程度上降低建模成本。虚拟螺栓的力学行为可以采用刚性、柔性或采用圆形梁单元，见图 6-48。

如果需要多个虚拟螺栓，可以复制一个虚拟螺栓并将其应用于其他位置。基于螺栓复制工具，根据孔直径，在检测到的每个位置快速创建虚拟螺栓，见图 6-49。

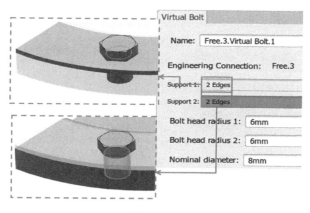

图 6-48

图 6-49

对于壳部件，需要搜索潜在螺栓位置，并使用虚拟螺栓检测工具自动创建虚拟螺栓。必须有一个或多个壳零件带有同心（或接近同心）孔。对于非同轴螺栓位置，指定适当的搜索公差，见图 6-50。

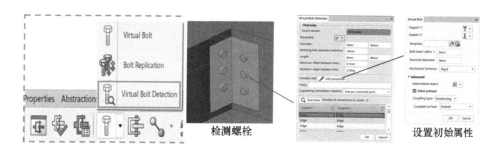

检测螺栓                                        设置初始属性

图 6-50

### 3. 耦合

耦合连接是指，在一对实体上，耦合顶点、边、曲面等。曲面和点之间或曲面之间的耦合可以是运动的，也可以是分布的。点之间，以及壳体边缘和实体表面之间，也可能存在耦合，见图 6-51。

对于一个简单模型，运动耦合和分布式耦合结果对比见图 6-52。

壳 – 实体耦合是指，建立壳和实体的连接。当局部建模需要三维实体，但结构的其他部分可以建模为壳时，将沿壳边的节点"线"运动与实体曲面上一组节点的运动耦合，见图 6-53。

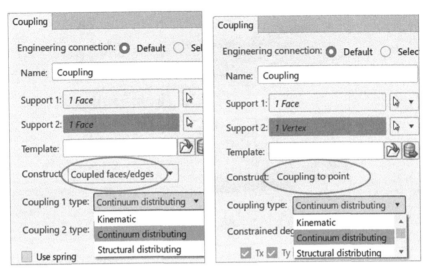

图　6-51

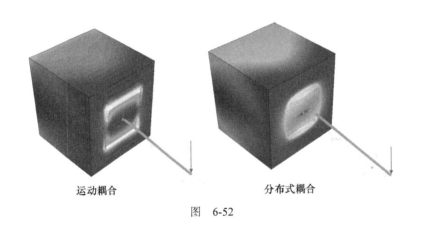

运动耦合　　　　　　　　分布式耦合

图　6-52

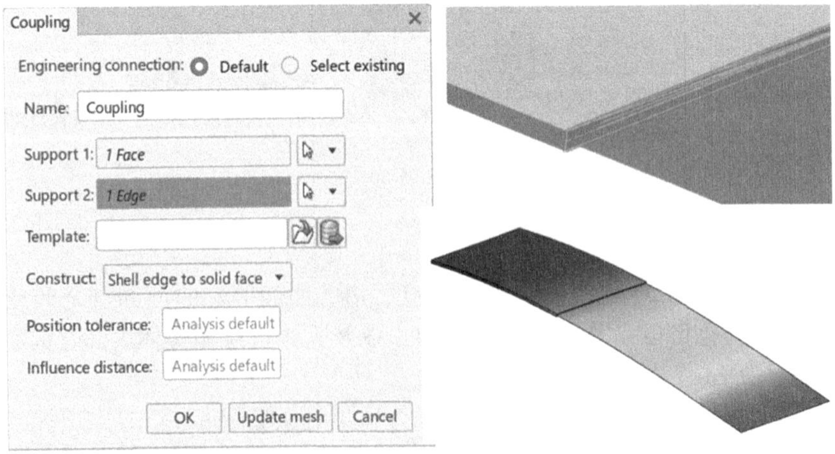

图　6-53

4. 弹簧

弹簧通常用于将一个零件上的点连接到另一个零件上的点。弹簧的刚度可以是线性的,也可以是非线性的。弹簧通常用于近似复杂连接。弹簧可以仅考虑轴向，也可以是通用的。通用弹簧允许用户沿每个自由度方向指定刚度，见图 6-54。

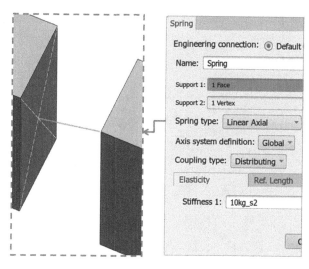

图 6-54

### 5. 绑定约束

绑定约束可以将两个区域绑定到一起，在整个分析过程中，不会脱离。在绑定约束定义界面，可以设定主从面、是否绑定转动自由度、从面的初始位置调整、位置容差和离散方法。基于绑定约束自动检测功能，可以在不同零部件之间自动创建绑定约束，见图 6-55。

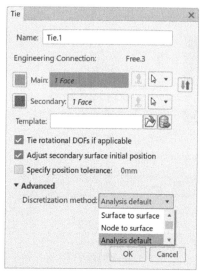
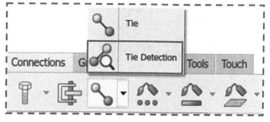

图 6-55

用户可以选择搜索域，默认情况下，整个模型被视为搜索域。对象可以考虑几何和 / 或网格表面，支持简单检测（几何或网格）和混合检测（几何和网格）。通过指定适当的容差，可以控制搜索到的绑定约束，见图 6-56。

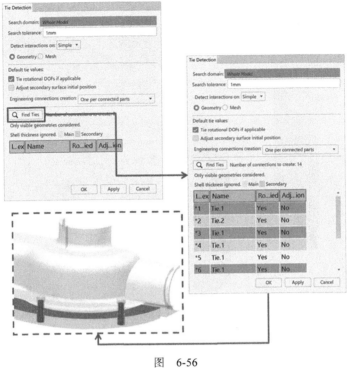

图 6-56

## 6. 紧固件

紧固件（Fasteners）约束，通常用于在两个彼此非常接近的物体之间建立刚性连接。紧固件连接可以跨越多个零件。支持三种类型的紧固件：点紧固件（A）、线紧固件（B）、表面紧固件（C），见图 6-57。

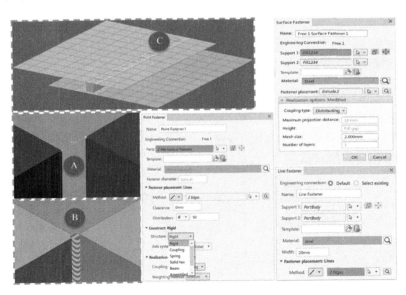

图 6-57

紧固件检测：基于点、线或曲面紧固件位置，自动查找紧固件周围区域，建立紧固件连接，见图 6-58。

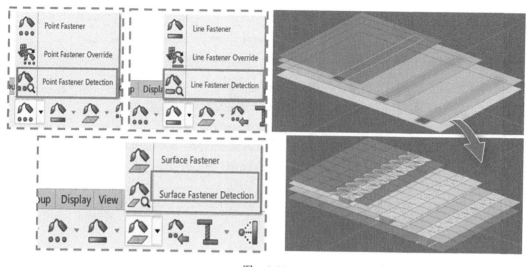

图　6-58

### 7. 连接器

连接器（Connector）用于可变形体或刚体之间的离散（点对点）物理连接建模。例如，连接器可以用来模拟铰链连接，连接门和门框，见图 6-59。

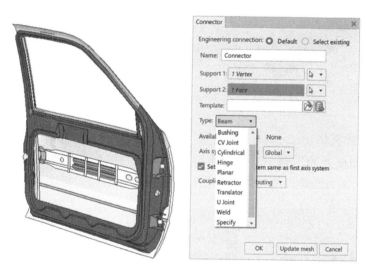

图　6-59

### 8. 刚性连接

刚性连接使用虚拟刚性梁连接两个结构。如图 6-60 所示，两个曲面通过刚性连接连接在一起。如果没有第二个"Support"选择任何对象，则默认情况下将其设置为"接地"，从而创建接地刚性连接。

### 9. 虚拟销

虚拟销连接将两个圆柱面连接在一起，并允许绕圆柱轴旋转。只要圆柱轴重合，两个圆柱面可以位于彼此之间的任何位置，见图 6-61。

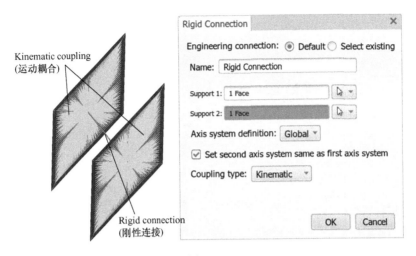

图　6-60

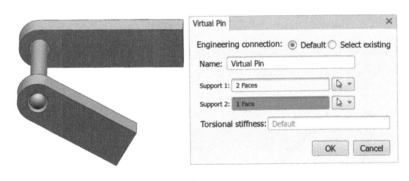

图　6-61

10. 刚体和解析刚体

刚体是节点和单元的集合，其运动由称为参考点的单个点运动控制。任何物体或物体的一部分都可以定义为刚体。刚体可以承受任意大的刚体运动，见图 6-62。

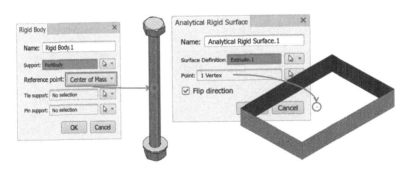

图　6-62

总体来说，连接选项卡主要包含螺栓连接、耦合连接、弹簧、绑定约束、紧固件连接、连接器、刚性连接、销连接、刚体等。用户可以根据实际模拟的需求，选择定义连接关系，保证模型连接和实际情况匹配。

## 6.2 载荷及工况定义

### 6.2.1 "Analysis Case" 和 "Load Case"

基于 3DEXPERIENCE 平台的仿真模块，支持隐式和显式求解器，背后的求解技术来自全球知名的非线性求解器 Abaqus。

根据产品的分析需求，利用 "Procedures" 选项卡，用户可以定义各种各样的分析类型。支持的分析类型见图 6-63。

图 6-63

**1. 非线性问题**

物理结构所有的行为都是非线性的。然而，当变形和运动足够小时，结构的响应可近似认为是线性的。在结构分析中，有 3 种基本的非线性来源：材料非线性、几何非线性、接触非线性（也称边界条件非线性）。

（1）材料非线性。材料非线性是由于应力和应变相互依赖的关系引起的，包含非线性弹性、金属塑性、塑性铰和塑性坍塌、断裂、压溃、颈缩等，见图 6-64。

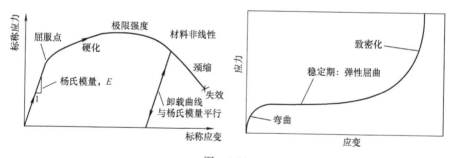

图 6-64

（2）几何非线性。几何非线性指的是结构变形引起刚度改变，如大挠度和大变形、大旋转、结构不稳定（屈曲）、预载荷效应，见图 6-65。

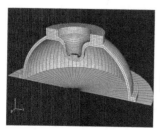

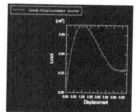

几何非线性

图 6-65

（3）接触非线性。接触非线性指的是结构变形导致接触约束和载荷的改变。在分析过程中，接触的出现，会导致结构边界条件发生变化。接触是严重不连续形式的非线性行为，见图 6-66。

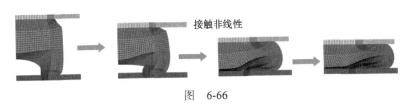

图　6-66

典型的非线性问题，包含所有三种非线性情况。在方程中，必须引入非线性项。通常，非线性方程的每个自由度是相互耦合的。

2.非线性问题的求解原理

非线性问题的求解，可以利用增量、迭代技术。通常将载荷作为时间的函数，分解为许多小的增量。每个增量步中都可以得到一个近似解，为了得到足够精确的近似解，可能在单个增量步中进行多轮迭代，见图 6-67。

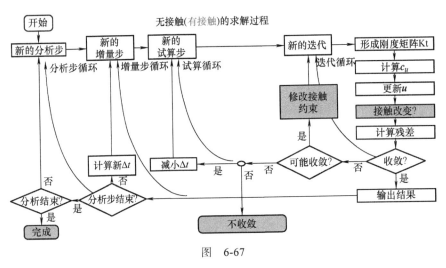

图　6-67

基于分析步，定义载荷与时间的关系，每个分析步都被分解成一个时间增量序列。用户指定初始时间增量（预估值），对于大多数非线性静力分析问题，建议初始增量步的大小是整个增量的 0.01 ~ 0.1，见图 6-68。

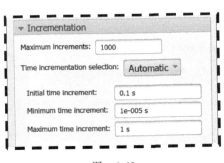

图　6-68

非线性求解使用自动时间增量算法，确定每一步的时间增量。非线性问题的求解效率依赖增量步的大小。增量步的自动调整目标是，对于每个增量步，通过 $4 \sim 6$ 个平衡迭代步后，找到一个收敛解，见图 6-69。

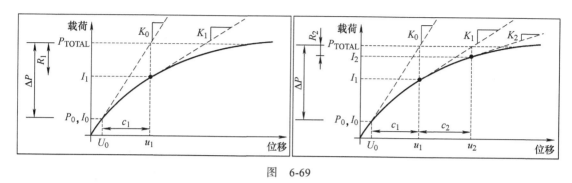

图 6-69

对于静态分析而言，根据分析需要，可以激活一些求解选项，包括是否开启几何非线性和自动稳定，见图 6-70。

3. 线性摄动分析

结构在摄动分析步中的响应是线性的。在前面的分析步中，模型可能具有非线性响应。

摄动分析步结果是关于基态的摄动。如果几何非线性包含在线性摄动所基于的模拟分析步中，则应力硬化或软化效应及载荷刚度效应（来自压力和其他从动件载荷）将包含在线性摄动模拟中。

基于 3DEXPERIENCE 平台的仿真模块，支持图 6-71 所示的线性摄动程序。

图 6-70　　　　　　　　　　　　　　　　　图 6-71

4. 多分析步分析

对于许多分析场景，将分析过程分解为多个分析步进行会比较方便。载荷或边界条件可以在各分析步逐步施加，输出需求可以针对性修改。下面以振动模拟为例（见图 6-72）进行介绍。

5. "Analysis Case"

基于同一个仿真场景，可以创建多个"Analysis Case"，开展不同需求的仿真求解，见图 6-73。在不同的"Analysis Case"之间，分析步和边界条件都是独立的。

6. 重启动分析

作业可能由于各种原因（达到分析步指定的最大增量数量、没有足够的硬盘空间、作业无法收敛）中止时，可以进行重启动分析，重新计算，见图 6-74。

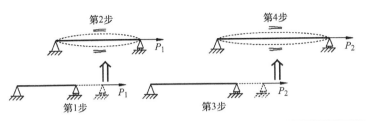

| 分析步 | 动作 | 分析步类型 |
|---|---|---|
| 1 | 拉伸 | 具有NLGEOM参数的通用分析步 |
| 2 | 提取频率 | 在第一个分析步的结束条件（基状态）的基础上，进行线性摄动分析 |
| 3 | 继续拉伸 | 在第一个分析步的结束条件（上一个非线性分析步）的基础上，继续通用分析步 |
| 4 | 再一次提取频率 | 在第三个分析步的结束条件（新的基状态）的基础上，进行线性摄动分析步 |

图　6-72

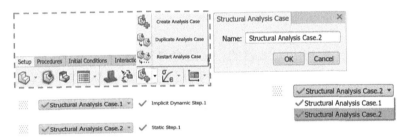

图　6-73

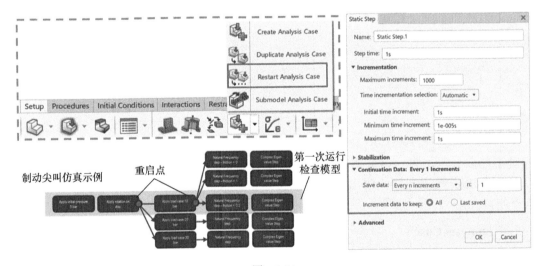

图　6-74

### 7. "Load Case"

对于多分析步（multi-step）静态摄动分析，多个载荷工况（multiple load cases）是一种有效的替代方法，可以有效提高计算效率。多个载荷工况，是在一个分析步中定义的，而不是使用多个分析步，见图 6-75。

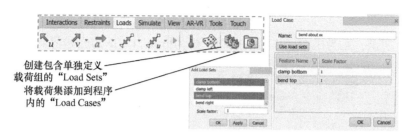

图　6-75

## 6.2.2　载荷

载荷通常指从初始状态引起结构响应变化的任何项，包括集中力、强制位移和速度、压力载荷、重力、温度等，见图 6-76。

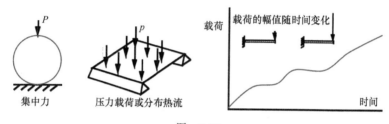

图　6-76

1. 载荷类型

基于 3DEXPERIENCE 平台的仿真模块，支持的载荷类型包含集中力、力矩、压力、壳边界载荷、面内载荷、管道压力、体力、线载荷、重力、螺栓力、广义平面应变、离心力、科里奥利力、连接器载荷、连接器力矩、子结构载荷、惯性释放，见图 6-77。

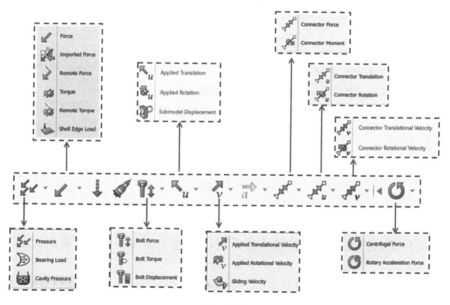

图　6-77

2. 载荷定义

如图 6-78 所示，A 为压力，B 为集中力，C 为分布力，D 为壳边界载荷。

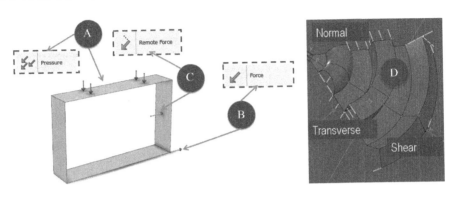

图 6-78

当需要定义重力载荷、离心力、旋转加速力等载荷时，材料定义中必须包含密度。对于载荷大小随时间而变化的场景，需要定义幅值曲线。

3. 多分析步的载荷

在多分析步模拟中，起始定义的载荷，可以在模型的后续分析步沿用，也可以在后续分析步中编辑或删除它们。

对于图 6-79 所示的案例，第 1 步施加 $200N/m^2$ 的压力，第 2 步施加 $250N/m^2$ 的压力。为了实现这一点，在第二个静态分析步中对压力载荷进行缩放。

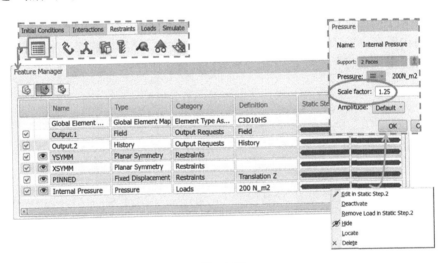

图 6-79

4. 加载区域

在窗口或树中选择几何体，可以将载荷直接施加于几何体，如载荷可以施加于面、边或顶点。

如图 6-80 所示，可以对"Publication""Group""Connection""FEM feature"或"Sim feature"施加载荷。

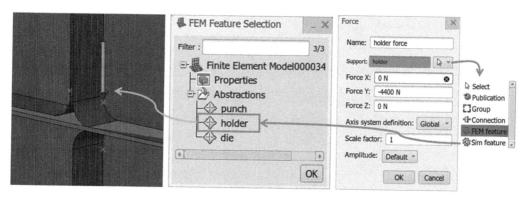

图 6-80

5. 加载曲线

利用 "Setup" 选项卡，可以定义幅值曲线，在载荷定义中可以调用，见图 6-81。

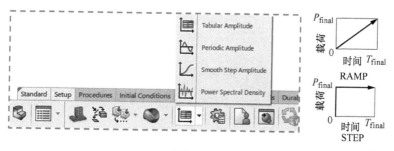

图 6-81

振幅可以使用两种时间度量：分析步时间和总时间。这两种类型都在常规分析步中跟踪时间，见图 6-82。

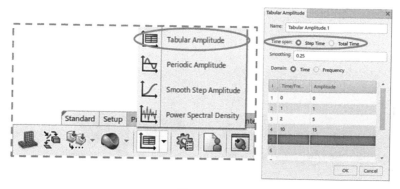

图 6-82

可以基于表格、周期或平滑阶跃，定义振幅曲线。平滑阶跃振幅通常用于显式动力学，捕捉准静态响应，见图 6-83。

总体来说，载荷定义是仿真分析必不可少的一部分，载荷定义必须能反映产品实际的工作情况，才能得到准确的结果。

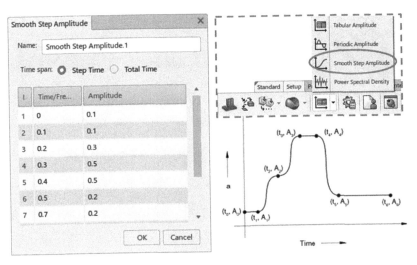

图　6-83

## 6.2.3　边界条件

边界条件一般指约束条件。在"Restraints"选项卡，可以定义模型的约束条件，见图 6-84。

1. 典型约束类型（见图 6-85）

A—夹紧约束，施加于零件的面、边或顶点，以固定该区域中的所有自由度。

B—螺栓约束，施加于虚拟或实际螺栓，以防止预张紧段的长度变化。

C—球头约束，通过将选定区域中节点的所有自由度内部耦合到一个参考点，然后释放参考点的旋转自由度来模拟球头的行为。

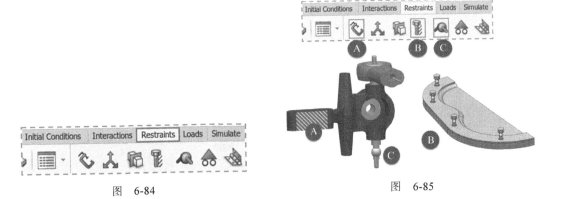

图　6-84　　　　　　　　　　　　　图　6-85

2. 约束区域

通过在窗口或树中选择几何体，可以将约束直接施加于几何体，如约束可以施加于面、边或顶点。

使用"Publication""Group""Connection""FEM feature""Sim feature"施加约束，见图 6-86。

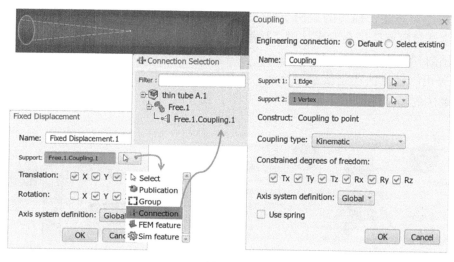

图　6-86

如果要对连续曲面的多个面施加载荷或约束，可以通过角度、相切、弯曲度等选择方法来选择整个曲面。支持"Face propagation"方式，快速选择多个相切面，见图 6-87。

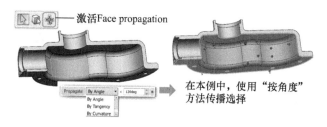

图　6-87

## 6.2.4　接触条件

在物理上，接触表示在两个接触的固体之间传递接触作用力。某些情况下，只传递垂直于接触面的法向力。若存在摩擦，沿接触面间的切向传递有限的切向力。

在数值上，接触是一个极度不连续的非线性行为。数值分析的一般目标是，确定接触面积和被传递的应力，见图 6-88。

1.接触建模的方法

提供两种基于表面接触的建模方法：通用接触和接触对，见图 6-89。

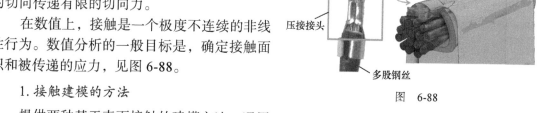

图　6-88

（1）通用接触算法，允许在模型的全部或多个区域之间，通过一个通用接触考虑模型中潜在的所有接触。默认情况下，接触域被自动定义为一个包含所有基于单元的外表面的面集合。接触区域可以跨越模型中多个不连通的部分。对于复杂模型，采用通用接触，前处理定义便捷，但计算效率相对接触对稍低。

（2）接触对算法，描述的是两个面之间的接触。用户需要指定每对接触对的表面，并且需要非常清楚哪些区域会发生接触。接触对可以手动定义或自动检测。由于接触面仅存在限定的范围内，因此计算效率更高。

选择通用接触算法还是接触对算法，主要是从接触定义的难易性和分析性能两者来权衡。两种算法的稳定性和精度是相似的，见图 6-90。

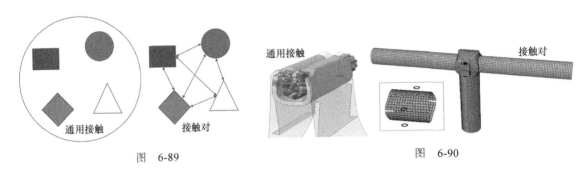

图　6-89

图　6-90

### 2. 接触定义选项卡

通用接触和接触对定义选项卡见图 6-91。

通用接触 A：通用接触定义命令。

接触对 B：接触对定义命令。

接触对 B1：接触探测命令，可以自动搜索模型中大量的接触对。

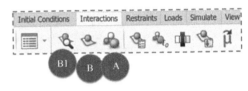

图　6-91

接触属性相关定义命令见图 6-92。

接触特性 C：用于表征表面之间的法向和切向行为。

接触初始化 D：确定在模拟开始之前自动调整常规接触曲面的方式。

接触干涉 E：允许对接触对施加配合间隙。

接触控制 F：施加稳定因子，以便于在涉及不稳定接触的情况下收敛。

切向行为 G：允许在后面的分析步中更改摩擦行为。

不同零件在装配体中的连接方式的视觉反馈 H 见图 6-93。

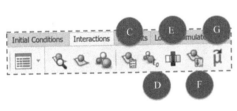

图　6-92

图　6-93

### 3. 通用接触

通用接触定义对话框见图 6-94。

曲面的几何平滑可用于减少与曲面表示相关的离散化误差，提高接触应力精度和隐式模拟鲁棒性，见图 6-95。

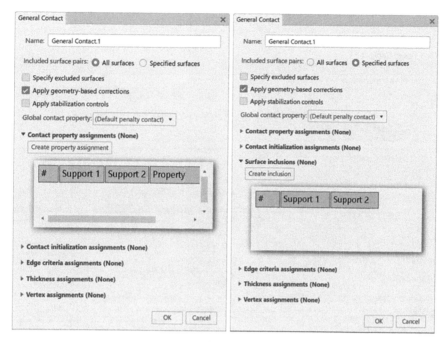

图 6-94

无修正        修正

图 6-95

**4. 接触对**

定义接触对，见图 6-96。

1）选择主从面，使用接触探测工具或手动选择，绿色表示主面，紫色表示从面。主从面可以调换。

2）指定是否将两个面绑定在一起（可选）。

3）选择曲面跟踪方法，有限滑动（默认）和小滑动。有限滑动是一种通用的跟踪方法，允许在接触面之间进行任意相对分离、滑动和旋转。

4）选择接触离散化方法，面面、点面。

5）将表面调整为精确接触（可选），无应变调整或过盈配合。

6）考虑壳体厚度，默认下考虑。

**5. 自动接触对探测**

自动接触对探测是在模型中定义接触对的一种快速简便的方法。用户可以自动定位（设定容差）模型中可能存在接触的所有曲面，而不是单独选择曲面并定义它们之间的相互作用，见图 6-97。

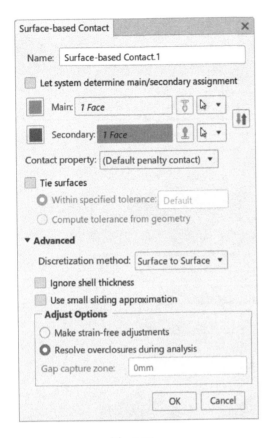

图 6-96

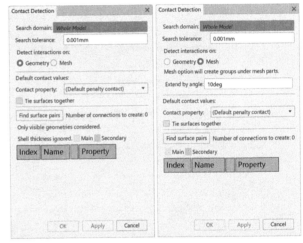

图 6-97

**6. 接触属性**

对于力学分析，接触属性一般包含切向行为和法向行为，见图6-98。

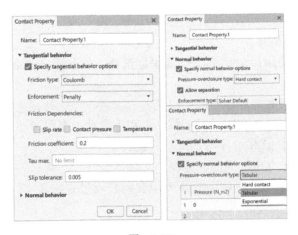

图 6-98

（1）切向行为，用于模拟库仑摩擦或粗糙摩擦。有两种强制执行方法（惩罚或拉格朗日乘数）。摩擦系数取决于滑动速率、接触压力和/或温度。

（2）法向行为，用于定义法向接触约束，支持直接法、惩罚法或增广拉格朗日法。压力–穿透关系可以是硬接触（默认）、表格或指数。

7. 接触初始化

接触初始化指的是如何处理初始穿透，考虑无应变调整还是过盈配合，以及是否进行精确的表面距离调整。

对于通用接触，针对初始穿透，支持两种处理方法（见图 6-99）：

1）基于指定的容差，调整从面的节点位置，但不产生应变。

2）在模拟的第一步中解决穿透问题，产生应变。

对于接触对，默认情况下，尝试在单个增量处理所有干涉。通常建议用户指定非默认接触干涉控制，以便可以在第一步内以多个增量步处理过盈配合（见图 6-100），支持两种调整方式：

1）自动缩放技术，当初始网格穿透是过盈距离时使用。

2）统一数值，当初始网格未反映所需的干涉或间隙距离时使用。

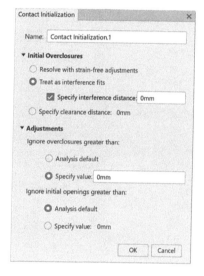

图　6-99

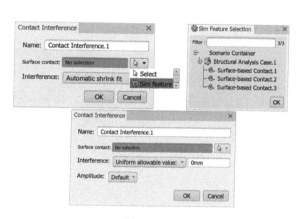

图　6-100

8. 接触稳定

对于存在刚体运动的模型，接触的自动稳定可以在接触和摩擦抑制刚体运动之前，自动控制静态问题的刚体运动，见图 6-101。

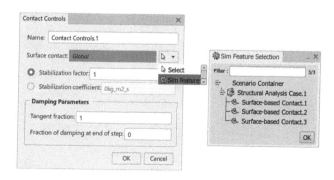

图　6-101

## 6.3　求解设置

求解设置包含输出请求、指定单元类型、运行仿真。

### 6.3.1　输出请求

输出请求允许用户通过指定所需结果的类型和频率，控制模拟中的输出。

输出类型包括"Field"或"History"，见图6-102。"Field"可以输出云图，同时可以基于"Field"输出创建曲线。"History"可以输出曲线。

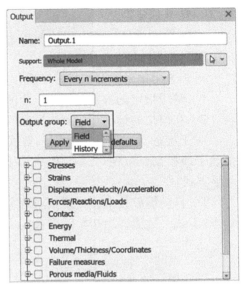

图　6-102

### 6.3.2　指定单元类型

全局单元类型指定整个有限元模型的单元，见图6-103。

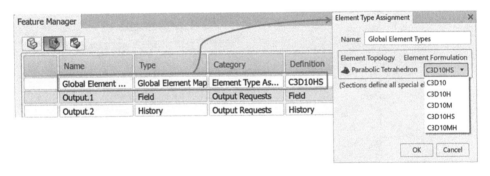

图　6-103

指定局部单元类型，允许为单个零件指定单元类型。局部指定的优先级高于全局指定的优先级，见图6-104。

图　6-104

### 6.3.3　运行仿真

完成模型定义和分析设置，就可以执行模拟。模拟的界面见图6-105。

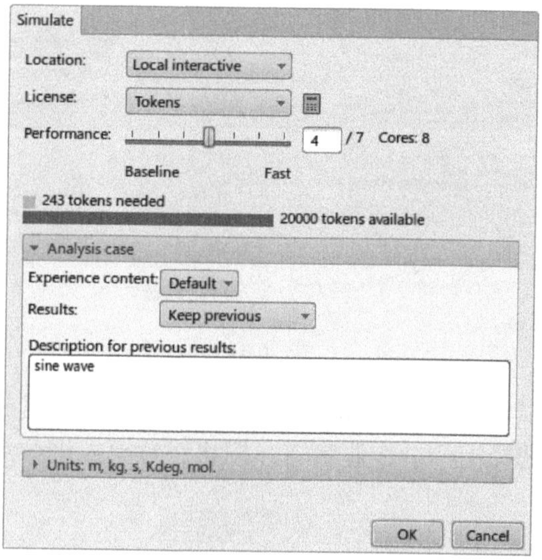

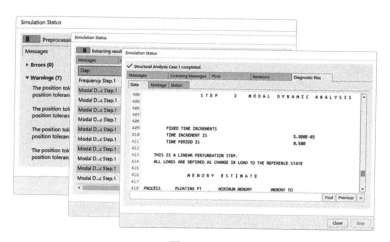

图 6-105

提交模拟后，"模拟状态"对话框将跟踪仿真进度；进度条指示模拟何时完成，结果何时可用于可视化。这些选项卡显示消息（错误和警告）、迭代和详细的诊断文件，见图 6-106。

图 6-106

## 6.3.4 运行仿真：位置

用户可以选择在会话的前台或后台及本地或远程计算机上运行模拟，见图 6-107。位置选项包括以下 3 项：

1）本地交互（Local Interactive），在用户的计算机执行模拟，并且在模拟过程中锁定用户界面。

2）本地非交互（Local Noninteractive），在计算机后台执行模拟，用户界面可用于其他活动。

3）远程（Remote），利用云或远程计算资源执行模拟。

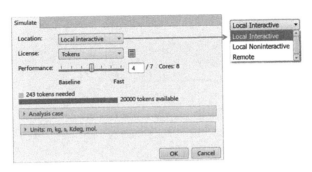

图 6-107

对于本地非交互模式，用户可以检查模拟的状态，在工具栏中的工具选项卡，选择"B.I.Essentials"功能；选择上一个作业状态，按状态对模拟进行颜色编码，见图6-108。

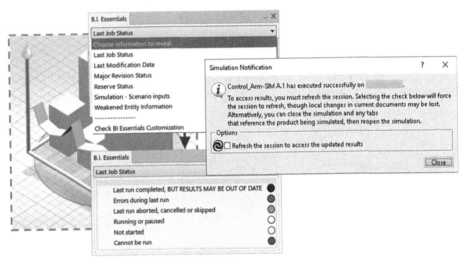

图 6-108

对于远程模式，如果用户购买云角色和许可，将在达索系统的云服务器上执行模拟，见图6-109。

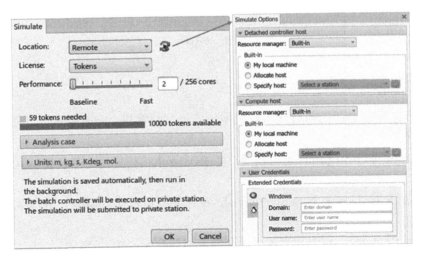

图 6-109

## 6.3.5　运行仿真：许可证

用户可以选择以下授权方式获取许可证：本机（Embedded、Tokens）、云端（Embedded、Tokens、Credits），见图 6-110。

"Embedded" 模式：部分角色已经嵌入 "Tokens"，计算时直接调用该角色的 "Tokens"，不会占用额外的 "Tokens"。

"Tokens" 模式：在许可证期限内，都可以开展持续模拟。当用户执行模拟时，会从许可证（license）池中锁定特定数量的 "Tokens"。所需 "Tokens" 的数量取决于仿真模型的复杂性、分析类型、指定的性能及预估的 CPU 核数量，见图 6-111。

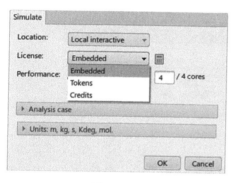

图　6-110

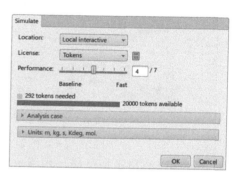

图　6-111

"Credits" 模式：使用一次性消费许可积分来执行模拟。当仅偶尔运行很大、很复杂的模拟时，使用 "Credits" 模式对于峰值计算更划算。消耗的 "Credits" 数量取决于仿真模型的复杂性、分析步类型和指定的性能值。当 "Credits" 被消费时，它将从可用总数中扣除，见图 6-112。

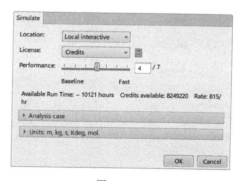

图　6-112

## 6.4　后处理

模拟计算完成后，利用后处理模块，查看计算结果。

### 6.4.1　诊断查看器

利用诊断查看器，了解结果状态（过期、不完整等），访问诊断文件，见图 6-113。

1）模型摘要，显示单元数量、性能等。

2）模拟检查消息，显示来自数据文件的警告和信息消息。

3）迭代、总时间、初始接触，这些对通用程序更加有用。

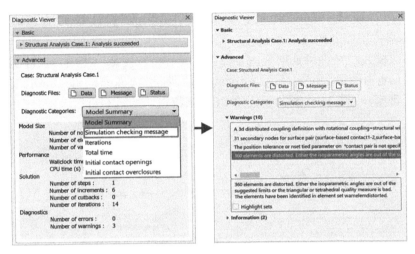

图　6-113

对于试图排除模拟故障的工程师来说，可以查看与之相关的几个量的结果来诊断，绘制时间平均力，见图 6-114。

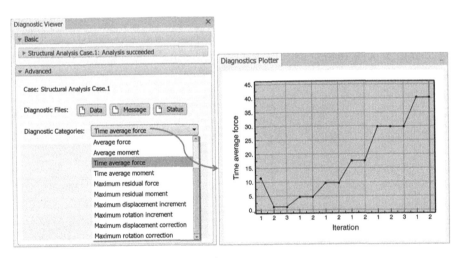

图　6-114

## 6.4.2　结果存储

用户可以选择将结果存储在服务器或本地目录中。应用程序"Scenario"或"Physical Results Explorer"的结果存储功能见图 6-115。

在结果存储对话框中，选择服务器或本地来存储结果。默认情况下，服务器选项处于选中状态。每个分析案例可以以不同的方式存储。

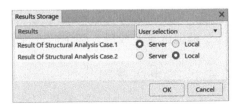

图　6-115

### 6.4.3 删除仿真结果

删除模拟结果工具，可用于从分析案例和其他结果功能中删除结果，见图 6-116。

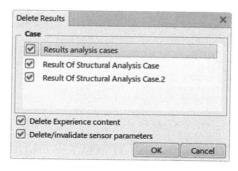

图 6-116

### 6.4.4 后处理界面

一旦模拟成功执行，就可以查看结果。在工具栏"Standard"选项卡中选择"Results"命令，见图 6-117。

图 6-117

进入结果显示后，"Plots"对话框将与云图一起显示。选择显示的分析步，并从"Plot"下拉列表中，选择具体对象显示，见图 6-118。

图 6-118

### 6.4.5 模型显示

在"Plots"选项卡中选择云图显示（Contour Plot）命令，见图 6-119，显示各种不同结果。显示不同的应力结果见图 6-120。创建符号图和云图见图 6-121。

图 6-119

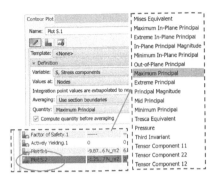

图 6-120　　　　　　　　　　　　　　　　图 6-121

每个单元或面都由一种颜色表示，用于评估每个单元结果。默认情况下，云图结果是在节点处取平均值，见图 6-122。

颜色编码显示工具，可以创建新的颜色编码显示。颜色编码可以让用户快速识别，可根据各种规则（零件、材料、属性、单元类型等）来分配颜色，见图 6-123。

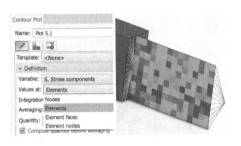

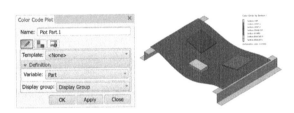

图 6-122　　　　　　　　　　　　　　　　图 6-123

## 6.4.6　自定义坐标系

用户定义的坐标系，可以用于转换。坐标系可以是矩形、圆柱形、球形。坐标系可以是相对于全局系统固定的，也可以是跟随指定节点运动的，见图 6-124。

用户定义的坐标系，可用于转换向量或张量分量的结果，见图 6-125。

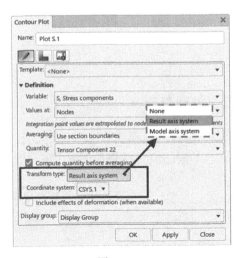

图 6-124　　　　　　　　　　　　　　　　图 6-125

圆柱仿真结果显示案例：各向同性材料，施加均匀内压，该结构的应力结果在圆柱坐标系中显示更有意义，见图 6-126。

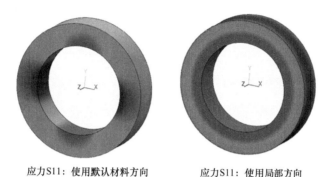

应力S11：使用默认材料方向　　　　应力S11：使用局部方向

图　6-126

## 6.4.7　云图显示设置

对于云图，支持添加一些符号辅助说明结果，见图 6-127。最大和最小值显示，见图 6-128。

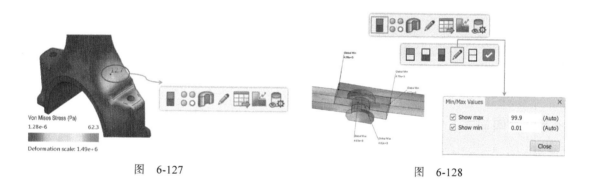

图　6-127　　　　　　　　　　　　图　6-128

## 6.4.8　显示组

显示组用于控制模型显示，查看不同子集的结果，见图 6-129。用户可以按零件、对象（属性、材料、约束、铺层、区域、表面）、类型（单元、连接器、约束）、集合（单元、节点）等方式，选择显示对象，见图 6-130。

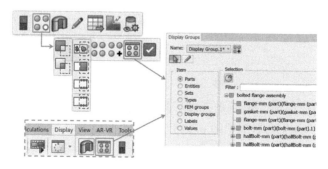

图　6-129

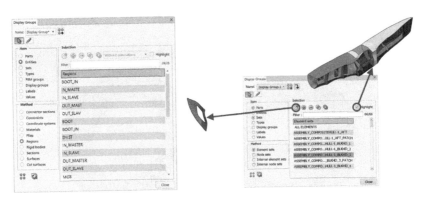

图　6-130

支持的显示控制方式（见图 6-131）：A，全部替换；B，反转显示；C，创建显示组；D，替换选定；E，添加选定；F，移除选定；G，相交；H，任何一个。

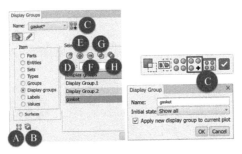

图　6-131

## 6.4.9　剖面显示

剖面显示有助于在模型内部可视化结果，见图 6-132。剖面显示案例见图 6-133。

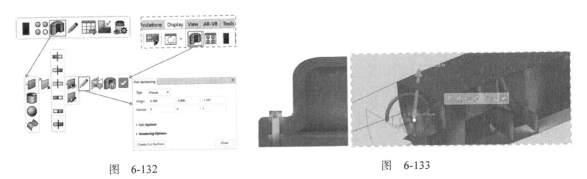

图　6-132　　　　　　　　　　　　　　　　图　6-133

## 6.4.10　显示选项

显示控制包含变形选项、截面点选项、渲染选项（见图 6-134）。利用变形选项得到的变形倍数为 1 和 1000 的对比案例见图 6-135。壳厚度显示选项案例见图 6-136。显示梁截面真实形状的案例见图 6-137。

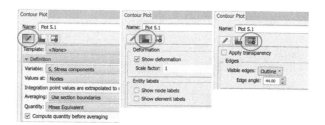

图　6-134

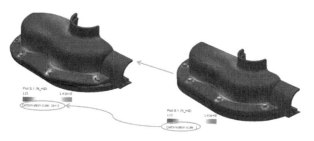

图　6-135

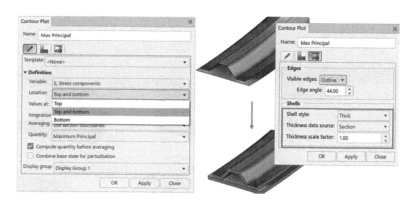

图　6-136

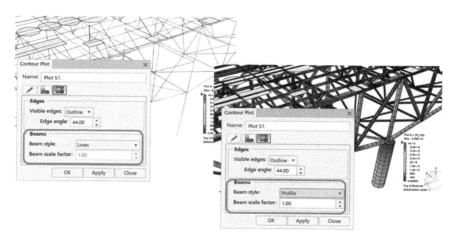

图　6-137

### 6.4.11　云图颜色条

定制云图颜色条，见图 6-138。

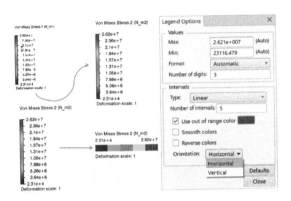

图　6-138

### 6.4.12　镜像和模式重复

对于部分模型，建模时可以进行简化，如 1/4 模型或 1/2 模型。在后处理时，则可以显示完整的模型，见图 6-139。

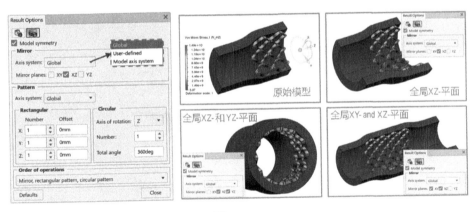

图　6-139

### 6.4.13　动画

利用动画播放功能可设置动画选项和动画播放，见图 6-140。

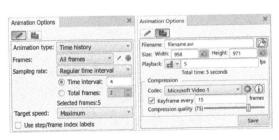

图　6-140

## 6.4.14　曲线显示

在"Plots"选项卡选择"X–Y Plots"工具，来显示曲线。基于"History"输出曲线，见图 6-141。基于"Field"输出曲线，见图 6-142。基于厚度方向显示曲线，见图 6-143。

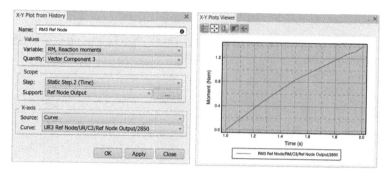

图　6-141

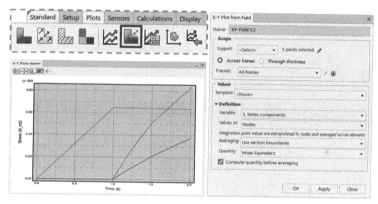

图　6-142

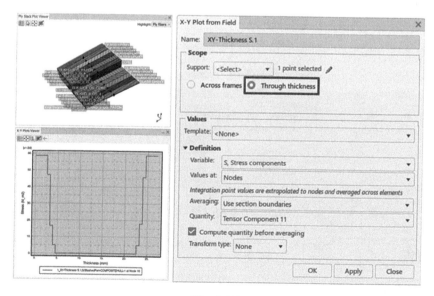

图　6-143

### 6.4.15 基于路径显示曲线

在"Setup"选项卡选择基于路径功能，来显示曲线。基于路径显示案例显示曲线见图 6-144。

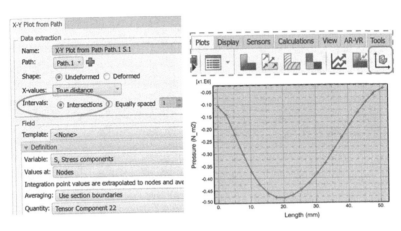

图　6-144

### 6.4.16 传感器

基于传感器，用户能够确定模拟中各个结果值的最小、最大和最大绝对值，见图 6-145。

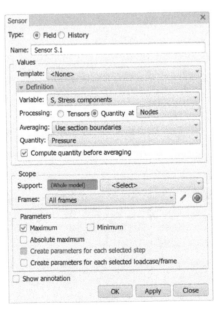

图　6-145

### 6.4.17 报告

可以生成 MS Word 和 MS PowerPoint 格式的报告，以说明模型详细信息和模拟结果，见图 6-146。

图　6-146

使用报告定义对话框，可以定义从标准模板（*.docx，*.pptx）中选择格式，输入第一页和报告页眉 / 页脚的一般信息，从列出的模型和结果中选择要报告的内容，见图 6-147。

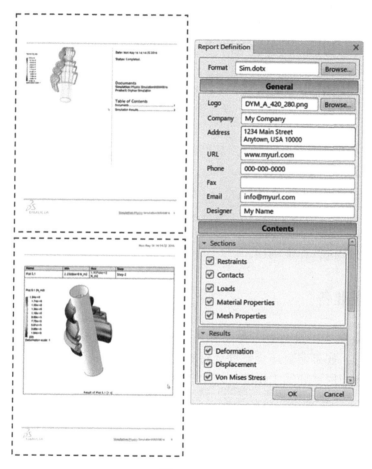

图　6-147

基于后处理模块，可以查看各个输出结果的云图、曲线及输出报告。

# 第 7 章　复合材料生产准备

利用 3DEXPERIENCE 平台，可以使用工程零件进行复合材料设计，之后将工程零件中的铺层转移到制造零件中，仅保留几何、材料、方向等信息。如此不仅可以保护知识产权，也可以减少制造信息传递过程中的模型大小。在 3DEXPERIENCE 平台上，设计模型到制造模型可以一键生成且保持数据同步，大大方便了数据在不同的部门之间的传递或从设计企业向制造企业的传递。

利用 3DEXPERIENCE 平台从设计零件到完成生产所需的数据准备的过程包括但不限于以下过程：

1）工艺模型准备。

2）可制造性分析。

3）剪口与对接 / 搭接。

4）铺层展开。

5）激光投影。

6）铺层工作表。

本章对以上过程进行详细阐述。

## 7.1　工艺模型准备

工艺模型准备是生产准备的开始工作，要将模型从设计状态同步至工艺模型中，并定义制造边界；同时，如果需要还会将复合材料的设计参考曲面转换至工艺参考面。以此为后续的可制造分析和铺层展开等工作准备好制造模型。

### 7.1.1　生成制造堆叠

（1）从搜索栏中输入需要搜索的 3D 零件"生产准备 – 工程零件 A.1"，单击右键选择"打开"，见图 7-1。

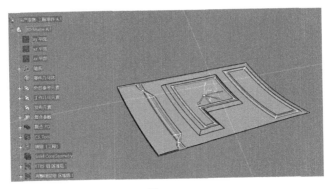

图　7-1

（2）单击 ✛，在菜单中单击"3D 零件"，新建一个零件，见图 7-2。

（3）在弹出的对话框中输入标题"生产准备 – 制造零件"，然后单击"确定"以创建一个不包含任何数据的新零件，见图 7-3。

图　7-2

图　7-3

（4）单击"生产准备 – 工程零件 A.1"零件选项卡，并进入应用程序"Composites Manufacturing Preparation"，见图 7-4。

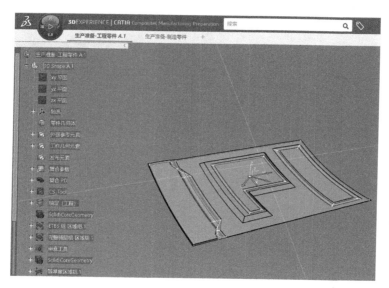

图　7-4

（5）单击工作区下方的"复合协作"选项卡，然后单击 📑 "制造堆叠"打开"制造堆叠"对话框，并选择"所有规格"方式，并单击" ..."，见图 7-5。三种不同的参数代表的含义如下：

1）作为结果 – 完整（建议）。作为堆叠输入的特征将转换为基准；铺层组坐标系和曲面、核心、铺层轮廓、中性边界、平铺平面、EOP 等堆叠特征也转换为基准；根据其对其他特征的影响，某些其他特征也会转换为基准。

2）作为结果 – 仅轮廓。将按此方法在制造堆叠中创建和同步所有复合特征，轮廓除外，未保留铺层轮廓的历史记录；除了支持曲面的链接之外，其他几何图形的链接均不会保留，构成工程轮廓的所有特征都将合并在一个按结果轮廓中。该按结果轮廓将与其他轮廓同等管理（如可以对其应用材料过剩或剪口）。

3）所有规格。将按此方法在制造堆叠中创建和同步所有复合特征及其输入。

（6）弹出选择指示框后，单击"生产准备 – 制造零件 A.1"选项卡，然后单击选中"生

产准备 – 制造零件 A.1"的顶节点，见图 7-6。

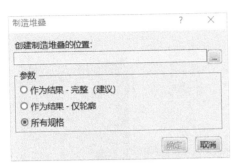

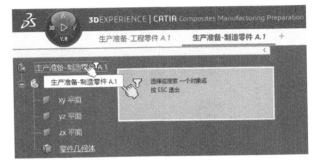

图　7-5

图　7-6

**注**：在选择同步制造堆叠的零件对象时，也可以通过搜索来选择对象。

（7）选择完生成制造堆叠的零件对象后回到图 7-5 所示的对话框，单击"确定"铺层的参考曲面和铺层相关信息将被复制到目标零件，见图 7-7。

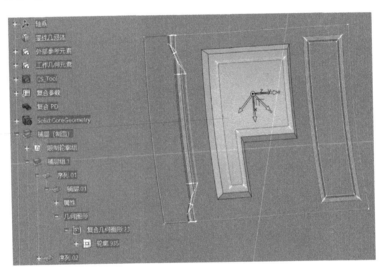

图　7-7

## 7.1.2　定义制造边界

将从设计模型得到的制造堆叠中铺层的轮廓作为理论轮廓边界，然而在实际的零件制造过程中需要留出一定的余料用以切除。因此，需要将理论轮廓边界进行扩展以得到制造边界。由于制造堆叠中只包含与铺层定义相关的几何元素，因此在定义制造边界时需要创建制造边界轮廓定义所需要的曲线，然后才能完成制造边界的定义。

（1）进入应用程序"Generative Wireframe&Surface"，在结构树上创建"制造边界"几何图形集，而后在其下创建"内侧铺层"和"外侧铺层"两个子几何图形集以分别创建不同铺层组的制造边界（因为不同的铺层组位于不同的参考曲面上）。定义"内侧铺层"为工作对象，见图 7-8。

图　7-8

（2）单击 "平行曲线"，创建外侧铺层的制造边界的平行曲线，设置偏移距离为 10mm，见图 7-9。

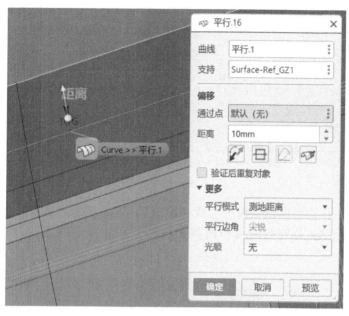

图　7-9

（3）按上述方法为外侧铺层的制造边界创建定义轮廓的平行曲线，见图 7-10。

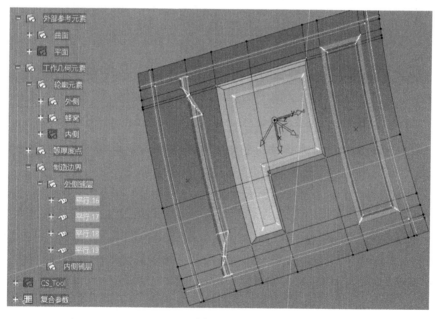

图　7-10

（4）进入应用程序 "Composites Manufacturing Preparation"，然后在 "蒙皮切换和 ply 扩展" 选项卡下，单击 "零件边线"。在弹出的对话框中，输入名称 "外侧 EEOP"，选择内侧铺层组的参考曲面 "Surface-Ref_GZ1"，并按顺序选择轮廓曲线，见图 7-11。

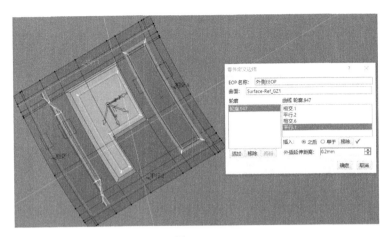

图　7-11

（5）单击"确定"，将在结构树上生成"EOP"节点，见图7-12。

（6）按照上述方法对外侧铺层和内侧铺层的工程边界和制造边界轮廓进行定义，见图7-13。

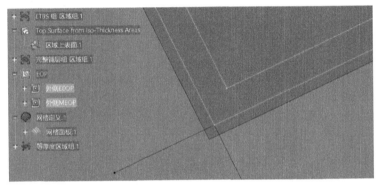

图　7-12　　　　　　　　　　　　　　　　图　7-13

**注：** 当设计零件中的铺层设计发生了改变，如修改铺层方向、修改铺层坐标系、修改铺层轮廓、堆叠重新排序、创建铺层、序列、铺层组等，单击 ⚙ "同步"可以自动将设计零件中的修改更新到制造零件中。

### 7.1.3　定义材料过剩

在复合材料零件制造的过程中，为了确保最终零件的轮廓是满足设计要求的，生产时会留有过量的余料以便于后续的加工。可以通过上述步骤定义的工程边界和制造边界来确定材料过剩的范围。定义完材料过剩，软件将自动更新铺层的边界。同时与之关联的实体将会自动更新。

（1）进入"蒙皮切换和Ply扩展"选项卡，单击 ▦ "材料过剩"。在弹出的对话框中选择"铺层组.1"作为实体对象，则"铺层组.1"下所有的铺层将会被选中。"曲面"选择"铺层组.1"的参考曲面"Surface-Ref_GZ1"，"工程EOP"选择前述步骤定义的"外侧EEOP"，"制造EOP"选择前述步骤定义的"外侧MEOP"，见图7-14。单击"确定"铺层边界将会被扩展。

图　7-14

（2）单击"确定"铺层边界将会从工程边界扩展到制造边界，见图 7-15。

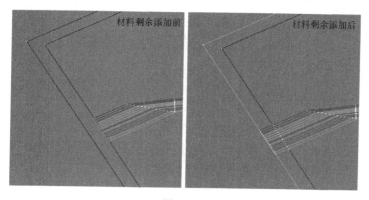

图　7-15

**注：** 如果需要删除材料剩余，在结构树的铺层组对象上，右键单击，在上下文菜单中选择"移除材料过剩"，则可以将铺层组中的材料剩余全部删除，见图 7-16。

图　7-16

（3）由于材料添加后程序会自动计算关联的特征实体，此时有外侧铺层生成的上表面作为内侧铺层组的参考曲面也会自动更新。这导致了外侧铺层组边界处的曲线发生变化，使得等厚度区域的外部边界和连接线端点的变化，需要手动选择以更新，见图7-17。

图　7-17

（4）选择"提取.5"，单击"编辑"。在显示红色边线位置重新选择等厚度壳体的边界，然后单击"确定"以完成第一条边线的更新，见图7-18。

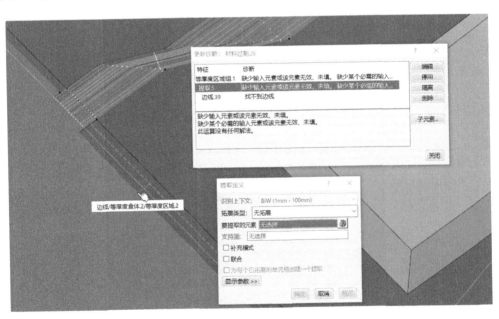

图　7-18

（5）完成边线更新后，内侧铺层组的参考曲面（"区域上表面.1"）将完成更新。定义几何图形集"内侧铺层"为工作对象，接下来创建内侧铺层的制造边界参考曲线。单击"相交"，并选择"扫掠.4"和"区域上表面.1"作为相交元素，单击"确定"生成内侧铺层的工程边界轮廓曲线，见图7-19。

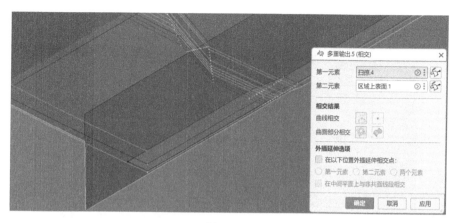

图　7-19

（6）按上述方法生成内侧铺层的 4 个轮廓线以定义工程边界，见图 7-20。

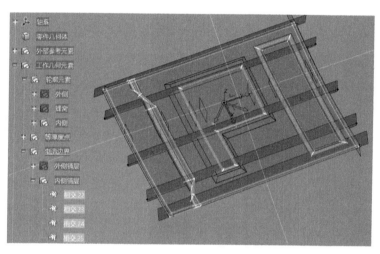

图　7-20

（7）通过"曲线偏移"的方法生成内侧铺层的 4 个轮廓线以定义制造边界（偏移距离为 10mm），见图 7-21。

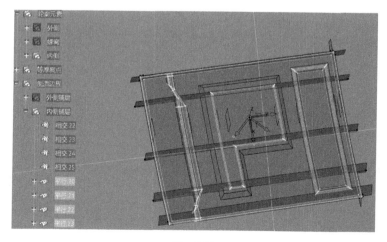

图　7-21

（8）按前述方法生成内侧铺层的工程边界和制造边界，见图 7-22。

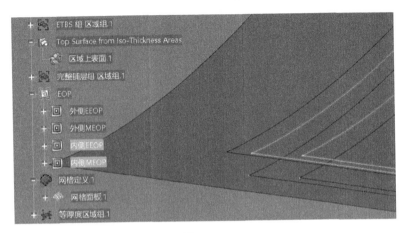

图　7-22

（9）按前述方法生成内侧铺层的材料剩余，见图 7-23。

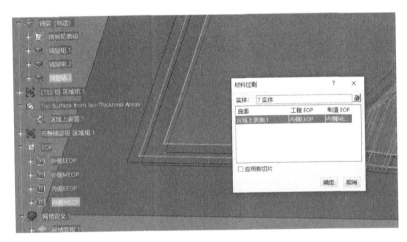

图　7-23

（10）完成外侧铺层和内侧铺层的材料剩余添加，见图 7-24。

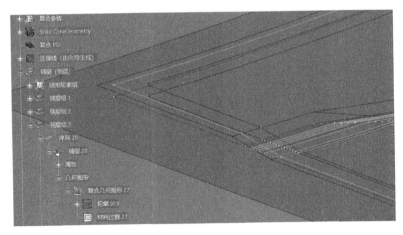

图　7-24

### 7.1.4　考虑制造回弹

对于某些类型的零件，在生产中产生的回弹变形必须要在零件制造时就考虑在内，以获得符合设计的最终外形。此时，对于生产准备过程中需要进行的铺层操作，需要在新的制造曲面上进行而不是在设计的工程曲面上进行。在 3DEXPERIENCE 平台可以使用曲面转移快速地将铺层映射到新的制造曲面上，以便进行后续的铺层操作。同时，在新的制造曲面上，通过映射后的铺层也可以快速生成实体以提供模具设计和工装夹具的实体几何参考。

（1）搜索并打开"曲面转移 – 制造零件 A.1"，见图 7-25，其中黄色曲面为考虑回弹变形的制造曲面。

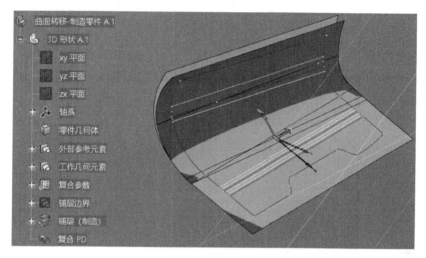

图　7-25

（2）进入"蒙皮切换和 Ply 扩展"，单击 "蒙皮切换"，弹出"蒙皮切换定义"对话框。结构树上单击"铺层（制造）"以选择所有铺层，然后在工作区或结构树上选择"接合 .1"，见图 7-26。

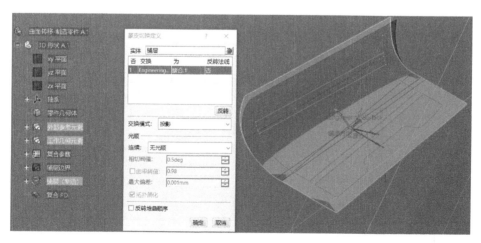

图　7-26

（3）单击"确定"，所有铺层将会映射到制造曲面上，同时在结构树上创建了新的"蒙皮切换组"节点，见图 7-27。

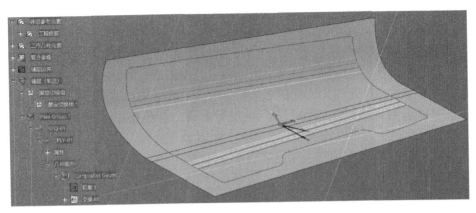

图 7-27

（4）完成铺层转移后，可以使用在新曲面上的铺层快速直接生成实体。进入应用程序"Composites Design"，在"铺层的实体和上表面"选项卡下单击 ![icon] "等厚度区域"，选择"Plies Group.1"铺层组设置"衰减值"，见图 7-28。单击"确定"生成等厚度区域组。

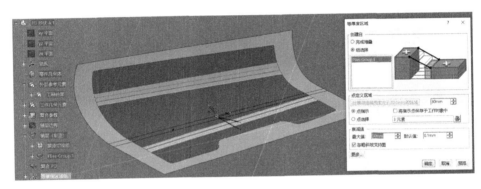

图 7-28

（5）单击 ![icon] "等厚度连接向导"，选择"等厚度区域组.1"并计算连接线，得到结果后，单击"确定"以生成连接线，见图 7-29。

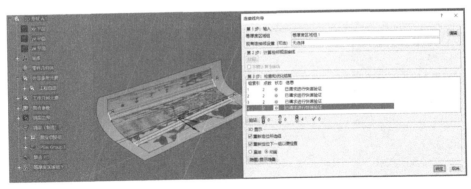

图 7-29

（6）单击 ![icon] "从等厚度区域生成实体"选择"等厚度区域组.1"及前述步骤生成的连接线，选择"实体"选项，单击"确定"以生成制造曲面上的零件实体，见图 7-30。

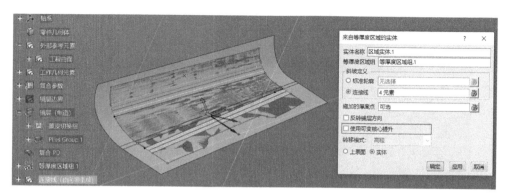

图　7-30

（7）创建物理产品将工程零件和制造零件进行对比，可以看到铺层和实体的前后变化，见图 7-31。

### 7.1.5　小结

本节展示了进行制造准备之前的铺层相关准备，包括工程边界和制造边界的定义、材料剩余的生成及如何进行曲面转移等。

## 7.2　可制造性分析

3DEXPERIENCE 平台提供的复合材料的可制造性分析功能，可以实现对手动铺放及自动铺丝 / 带

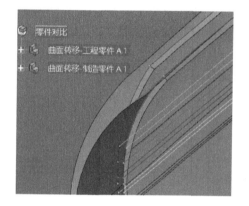

图　7-31

（AFP/ ATL）工艺铺层的纤维变形模拟，提供了多达 10 种方纤维变形仿真法以满足不同材料和不同工艺情况下的纤维铺放性仿真。同时，3DEXPERIENCE 平台也可以对编织和模压工艺过程进行模拟，以提供优化的工艺参数给制造部门。

### 7.2.1　手动铺放可制造性分析与剪口

此处将使用前述步骤完成的工艺模型准备的蜂窝零件作为手动铺放的可制造分析对象，展示如何在 3DEXPERIENCE 平台上进行手动铺放的可制造分析及根据结果创建剪口以优化结果，同时为后续的铺层展平做好准备。在进行可制造性分析时，可以通过选定起始的种子点、曲线或铺放区域的方式来探索如何才能获得一个良好的结果。在此基础上进行剪口设置，实现对工艺过程的指导。如需要，可组合种子曲线和铺层顺序，但种子曲线（和种子点）应位于第一个铺放区域。与此同时，选定的种子点、曲线或曲面区域可以导出到激光投影文件中以辅助手动铺放铺层操作。

1. 以种子点为铺放起始点的可制造性分析

（1）搜索并打开"生产准备 - 制造零件"，切换到"可生产性、平铺和接头"。单击💾"手工敷层的可生产性"打开对话框，在结构树上选择"铺层 .34"。此时，将为"铺层 .34"创建可制造性分析，见图 7-32。

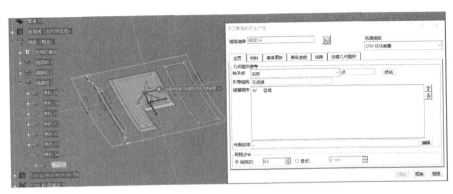

图 7-32

（2）在"扩展类型"下拉列表中选择"CFM 优化能量"类型，见图 7-33。

**注：**拓展类型反映铺层覆盖曲面的方式。因此，不同的拓展类型可导致展平铺层的形状和测量结果不同。考虑放置在曲面上以种子点开始的构造，其具有用来定义图 7-34 所示红色的种子曲线的主经向和纬向边界。如果红线约束到曲面，则将以唯一方式定义以绿线为边界的构造放置。

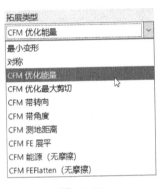

图 7-33

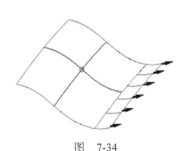

图 7-34

一次操作一条自由边线来完成材料到铺层边界的进一步扩展。扩展自由边线时，构造行为类似网格，故而不会完全定义扩展的精确方向。因此，必须根据材料行为和制造方法对扩展方向进行假设。3DEXPERIENCE 平台提供几种不同的拓展模式来涵盖最重要的制造选项，分为如下类别：

1）圆形拓展。使用双轴材料模型和圆形扩展策略来对交织构造的手动铺层进行建模。经向和纬向方向上的自由边线将交替扩展（箭头显示经向方向），以使铺层从种子点开始在所有方向上均匀扩展。通过建模，从种子点开始逐步将构造光顺到整个模型上，见图 7-35。

① 优化的能量拓展类型寻求最小化扩展（拓展）边线上的剪应变能量，通常能为各种构造提供优异的结果。另一方面，如果在构造中突然出现锁定，则最好尽量限制最大剪力。在这种情况下，优化的最大剪力拓展模式则更适合。无论选择哪种拓展模式，只要将材料切割为网格形状、准确定位种子点及用适当的参考将材料应用到铺层边线，就能获得优异的结果。

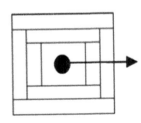

图 7-35

② 测地距离拓展模式可将主测地距离线从种子点扩展至铺层

边界（如果较小，则为第一个铺层顺序区域的边界；在经线和纬线的初始方向上）。它能以唯一的方式约束以主边界为边界的织物。如果铺层继续超出此区域，将根据需要在经向和纬向方向上从距离主边界最近的点扩展测地距离边界，直至覆盖曲面。此拓展类型可在低曲率曲面上提供较好的结果，但对于高曲率区域，会导致应力过大。

③ 能源（无摩擦）拓展模式可以模拟织物和模具之间无摩擦的情况。它允许织物移动以最大限度地减少材料整体剪应变能量。这样可对特定种子点（应被视为参考点）和初始经向方向产生独特的解决方案，且指示出最大限度减小整体铺层变形的理想化边界路径。此外，它还可用于在匹配的模具成型过程中估计变形。该解决方案不应高度取决于参考点的位置，但计算的此点的最佳位置在铺层中心附近。因此，建议将几何中心选项作为起点。

2）条带拓展。使用条带扩展策略来分别仿真编织或单向带的应用，其方式可精确反映以手动方式将复合材料带放置到曲面上的真实应用。这还可反映通过自动化的方式铺设的对接带，但请注意，3DEXPERIENCE 平台无法获知自动铺带 / 丝机的详细特性。一般而言，第一个丝束被放置后，随后的丝束平行放置，直至铺层末端。通过种子点的主要路径可采用以下 3 种方法之一决定：优先角度，其中主路径跟随曲面上的理论投影路径，这可将偏差降至最低；优先转向，其中主路径跟随曲面的测地距离路径，这可最大限度地减少变形；引导曲线，这是一种手动定义的曲线，允许自定义解。

3）FEFlatten 扩展。使用有限元分析技术来预测铺层的平铺情况，并适用于没有双轴或单轴微观结构的构造铺层。

上述圆形和条带拓展模式基于几何图形边界仿真并可为单轴和双轴材料提供优异的结果。其中材料以高度定向的方式发生变形，沿边界几乎没有变形，而变形主要集中在边界之间。然而，用于零件的一些复合材料的行为方式涉及更多各向同性，这是由于基础边界结构，在铺层中材料在由作用力和牵引力施加的方向上发生变形，而非被强制在特定方向上变形。这些包括以下常用于压层结构制造的薄板材料：

① 多轴向无纬布（NCF）。

② 短切原丝毡（CSM）。

③ 针织面料。

④ 泡沫芯。

⑤ 乙烯树脂和皮革。

若要计算这些材料的平整阵列和铺层阵列，单纯的几何方法将无法确定构造中重要的载荷路径（当强制实施到双曲曲面上时），此时需要基于有限元的平铺（FEFlatten）解决方案。其可以有效计算铺层的初始扁平形状，并假设在两个无摩擦模具之间形成材料。这样就能够在整个铺层上计算已光顺的最小能量解，并且结合使用非线性有限元分析技术，求解时间约为数分钟。此技术可视作介于单纯的几何图形仿真（耗时数秒）和全接触多铺层有限元计算（耗时数天）。FEFlatten 解决方案有一个特别的优势，即内部孔可为自由边界，因此可以毫无问题地对包含孔（或内部轮廓中的凹凸 / 空心）的曲面进行求解。

（3）在"几何图形参考"栏中，在"种子点"下拉列表中选择"说明"类型，此时可以在铺层的参考曲面上自由选择参考点作为可生产性分析的种子点（而无须提前定义好种子点的位置），此处采用默认的位置即可，见图 7-36。

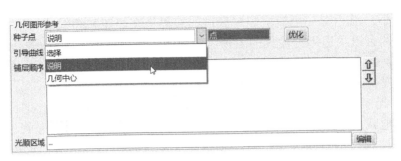

图　7-36

注：材料在种子点处未被剪切，并从远离该点处开始加速剪切。由特定材料构成的铺层中的剪切量将随铺层距离和曲面高斯曲率而增加（这反映了曲面的双曲度特性，如适用）。要最大限度地减少剪切，种子点的位置应满足：尽量减小到铺层边界任意部分的距离，从而使中间部分减少剪切，虽然这种做法有些不切实际；尽量减小起点附近的高斯曲率；在接近零高斯曲率的区域开始铺层（如可能）。

此处除了"说明"方式，还有两个方式："几何中心"，强制选择铺层的几何中心作为种子点；"选择"，选取预先定义好的参考曲面上的点作为种子点。

如果对种子点的位置不确定，可以使用"优化"对种子点的位置进行优化以获得参考位置点，优化的过程可以考虑加权全局最小剪切角度并且自动选择最小剪切的位置点作为种子点，见图 7-37。

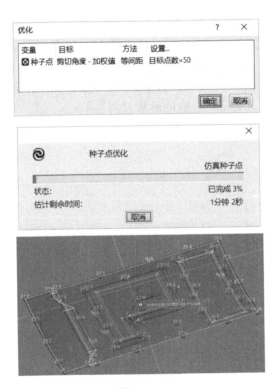

图　7-37

此时，可以单击蓝色手柄并拖动，可以直观地看到动态的分析结果，见图 7-38。拖动蓝色手柄直到红色变形区域最小的位置即可作为可制造分析的种子点。

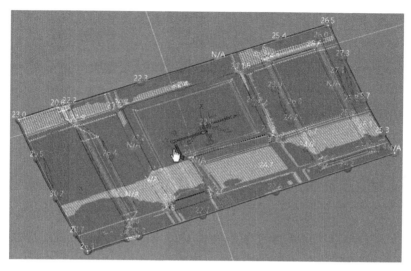

图　7-38

（4）设置"网格步长"为"0.2"，见图 7-39。

图　7-39

（5）在"材料"选项卡中，编辑最大剪力、最大扩展、警告转向、限定转向，见图 7-40。

（6）在"厚度更新"选项卡中，勾选"厚度更新"，单击 🌱 以选择"核心取样"方式作为厚度更新类型，设置最大值为 10mm，选择范围为"仅铺层组"，见图 7-41。

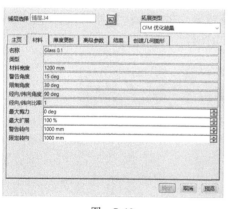

图　7-40

图　7-41

**注：**采用核心取样选项，以其中褶皱铺层的曲面为精确升降曲面，根据核心样本计算并考虑斜坡和衰减。关联值为铺层将被核心取样操作查询的最大厚度（此选项更加精确，但需要更大量的计算）；采用 🔩 "固定厚度"选项时，在其中褶皱铺层的曲面为支持铺层的曲面偏移（按所提供值），铺层忽略所有斜坡。

（7）单击"预览"可以得到仿真分析的结果，可以看到由蜂窝的直角处开始产生了大量变形并超过限制的网格区域。同时，在铺层的节点下创建了"可以生产性参数 .1"节点。

切换到"结果"选项卡，勾选"平整阵列"将展示铺层展平后的轮廓（黄色轮廓线），见图 7-42。若要查看铺覆过程，可单击动画播放按钮以播放铺覆过程动画。

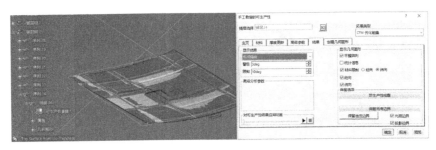

图　7-42

（8）勾选"统计信息"将弹出"剪切角度"和"偏差"的统计结果，见图 7-43。

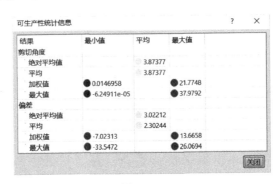

图　7-43

（9）在"保留选项"下，单击"可生产性检查"弹出对话框，在结构树上选择需要进行可生产性检查的点："点 .21"～"点 .40"；然后，单击"应用"可以得到对应点的理论角度和纤维实际角度，见图 7-44。如果需要，可以设置导出的 Excel 文件的位置导出为 Excel 文件。完成后，单击"取消"回到"手工敷层的可生产性"对话框。

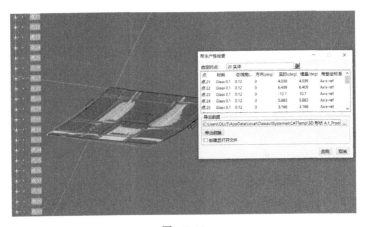

图　7-44

（10）在"保留选项"下，勾选"光顺边界"和"投影边界"，然后单击"保留选定边界"，即可在可制造性分析的网格上选择高变形区的网格曲线作为生成剪口的参考曲线。在工作区选择图 7-45 所示的网格曲线作为后续生成剪口的参考曲线。

图　7-45

（11）通过可生产性分析看到铺层中存在大量的高变形区，在实际的制造中将会产生褶皱，为了降低这些高变形区需要对铺层进行剪口以优化纤维的变形区域。接下来，在可制造分析的基础上，进行剪口设置以降低铺层在铺覆过程中的纤维变形。单击"保留选定边界"以回到"手工敷层的可生产性"对话框。单击"铺层选择"右侧的 剪口"弹出对话框，见图 7-46。

（12）选择"直线飞镖"并选择"点选择"，设置"缝隙"为 1mm。此时将选择参考曲面上已有的点或在曲面上生成点以创建直线剪口。在"点 1"选择框中单击右键，在上下文菜单中选择"创建相交"，见图 7-47。

图　7-46

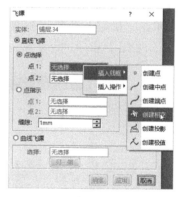

图　7-47

（13）选择上述步骤中生成的纤维网格曲线以生成交点，见图 7-48。

图　7-48

（14）同样方法，创建直线飞镖的第二个点，则由直线创建的剪口自动生成，见图 7-49。

（15）单击"确定"回到"手工敷层的可生产性"对话框，同时工作区纤维分析的结果会自动更新。可以看到，添加剪口后，超过允许范围的纤维变形区域（红色）已经消失；同时，在展开的铺层轮廓（黄色）显示了剪口区域的展开结果，见图 7-50。

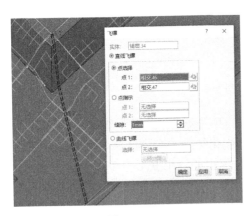
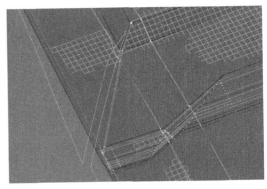

图 7-49          图 7-50

（16）此时还有其他存在超出限制角度的变形区域，再次单击"铺层选择"右侧的 🔳 "剪口"以创建新的剪口。在"飞镖"对话框中，选择"点指示"选项，此时可以直接在参考曲面上先后单击曲面以选择"点 1"和"点 2"来创建"直线飞镖"，见图 7-51。

（17）单击"确定"回到"手工敷层的可生产性"对话框，同时工作区纤维分析的结果会自动更新，见图 7-52。

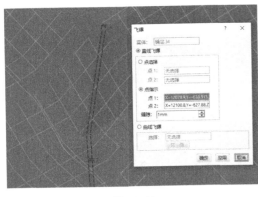

图 7-51          图 7-52

（18）再次单击"铺层选择"右侧的 🔳 "剪口"以创建新的剪口。在"飞镖"对话框中，选择"曲线飞镖"选项并在结构树上选择"剪口曲线 –2"，见图 7-53。

（19）单击"确定"回到"手工敷层的可生产性"对话框，按上述方法使用"剪口曲线 –3"创建一个新的曲线剪口，见图 7-54。

（20）然而在使用"剪口曲线 –1"对铺层创建剪口时，铺层的展开轮廓存在自相交的轮廓边缘，见图 7-55。因此，为了得到不相交的铺层展平轮廓，需要扩大曲线的包络范围。但是，这样会导致铺层剪口的范围变大，需要额外的铺层才能满足设计的要求。为了方便添加额外铺层（或者将铺层直接切片），可以采用图 7-56 所示的大剪口以同时消除最后的两个大变形区。

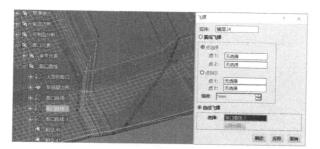

图　7-53

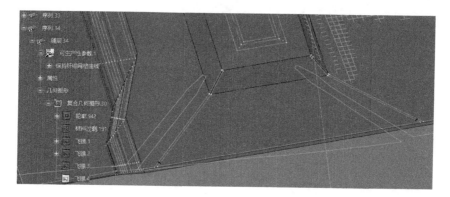

图　7-54

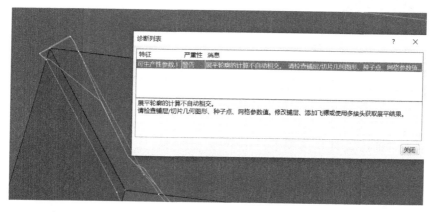

图　7-55

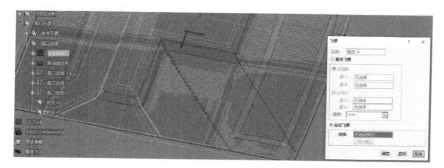

图　7-56

（21）完成后剪口后的可制造性分析结果：在铺层节点下将同时生成"可生产性参数.1"和剪口的节点，单击"确定"完成分析，见图 7-57。

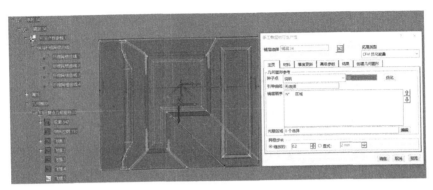

图　7-57

（22）此时，由于剪口导致的铺层减少区域过大，需要添加额外的铺层。直接在结构树上复制"铺层.34"然后在"序列.34"下粘贴复制的铺层，见图 7-58。

（23）在结构树上双击新的"铺层.34"，在弹出的对话框中修改"铺层名称"为"铺层.35"，移除铺层的飞镖轮廓，见图 7-59。

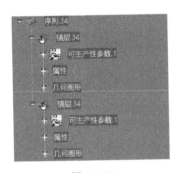

图　7-58

图　7-59

（24）进入"铺层设计"选项卡，单击 ▣ "限制轮廓"，在弹出的对话框中选择"铺层.35"为实体，选择"新铺层边界"（从"大面积剪口"偏移得到，以使新铺层和原铺层存在重叠），单击红色箭头使其向内，见图 7-60。

图　7-60

（25）单击"确定"此时复制的新铺层的可制造性参数需要更新，单击"更新诊断"中的"编辑"以完成新铺层的可制造性分析更新，见图 7-61。

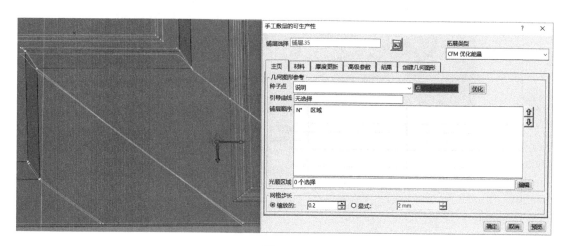

图　7-61

（26）可以看到经过剪口优化后，铺层的可制造性分析结果得到改善，见图 7-62。

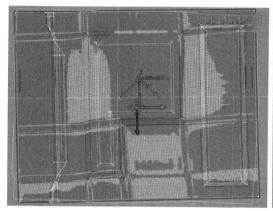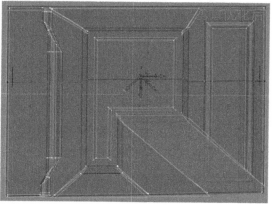

图　7-62

**2. 以种子曲线（引导线）为铺放起始的可制造性分析**

使用种子曲线使强制铺放过程沿种子曲线的经向、纬向或偏置方向进行。其中，种子曲线必须通过种子点，并且必须扩展至铺层边界。此种类型铺放方式特别适用于如梁、框或其他具有大曲率且零件长宽比较大的零件，见图 7-63。此处，继续使用上述步骤的蜂窝零件进行以种子曲线（引导线）为铺放起始的可制造性分析，从而对比使用各铺放起始方式的不同。

（1）按上述"以种子点为铺放起始点的可制造性分析"中的步骤为"生产准备 - 制造零件"中的"铺层 .34"创建可制造性分析；然后，在"几何图形参考"中，设置"种子点"为"说明"方式；单击"引导曲线"的选择框，在结构树上或工作区中选择"引导线"，见图 7-64。

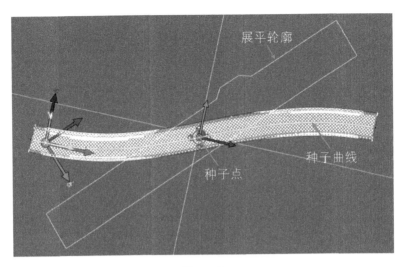

图 7-63

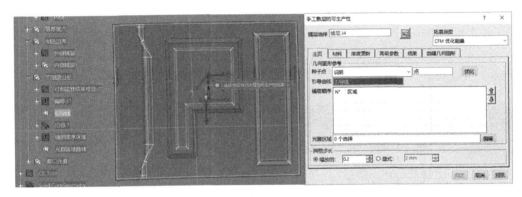

图 7-64

（2）单击"种子点"右侧的 ░░░░░░░ 选择框，然后在结工作区中的零件的内侧单击"引导线"上一点，从而将种子点设置到引导线上，见图 7-65。

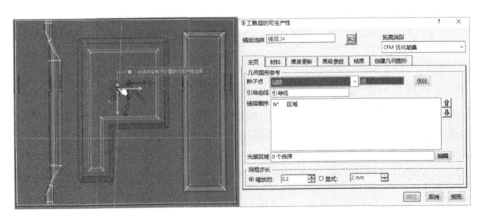

图 7-65

（3）单击"预览"以显示使用种子曲线的可制造性分析结果，见图 7-66。之后可以继续按照上述的方式创建剪口以优化铺放的仿真结果。

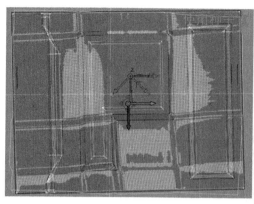
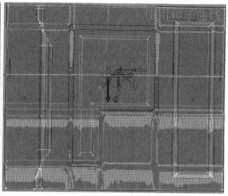

图　7-66

（4）单击"结果"选项卡中的显示动画按钮，可以看到使用种子点和种子曲线的铺放扩展方式的不同：使用种子曲线时，铺放将从种子曲线上的种子点开始沿种子曲线扩展，到达种子曲线边界后平行于种子曲线扩展至铺层边界，见图 7-67。

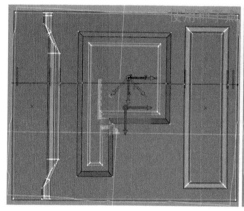
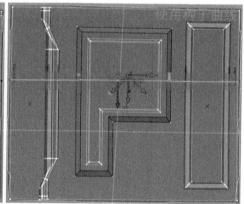

图　7-67

### 3. 预设铺放区域顺序的可制造性分析

使用预设铺放区域顺序的功能，可以创建同生产车间中实际工艺过程精确一致的可制造性分析过程。预设铺放区域顺序的功能，可以定义在一个铺层中覆盖的较小表面，并为材料的后续应用提供稳定的初始条件。示例见图 7-68，标记为 1 的第一个铺放区域必须包含种子点（X），否则将被忽略；在第一个区域结尾处，将使用第一个铺放区域顺序作为起点，通过仿真覆盖由标记为 2 的第二个铺放区域顺序定义的区域；然后，将用同样的方式覆盖第三个铺放区域 3；最后，将覆盖铺层的所有剩余区域。

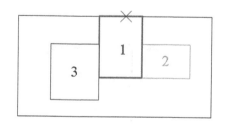

图　7-68

**注**：不要在单个铺层上定义过多的铺放区域顺序。通常，一到两个区域已足够。

（1）按上述"以种子点为铺放起始点的可制造性分析"中的步骤为"生产准备 – 制造零件"中的"铺层 .34"创建可制造性分析；然后，在"几何图形参考"中，设置"种子点"

为"说明"方式；单击"铺层顺序"的选择框，在结构树或工作空间中选择参考曲面上的闭合区域"铺层顺序 –1"，见图 7-69。

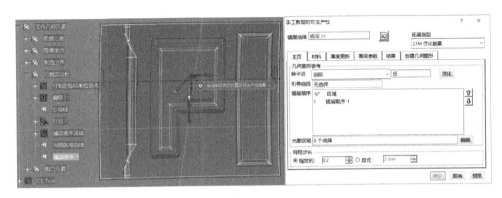

图　7-69

（2）单击"预览"以显示使用铺放起始区域的可制造性分析结果，见图 7-70。之后，可以继续按照上述方式创建剪口以优化铺覆的仿真结果。

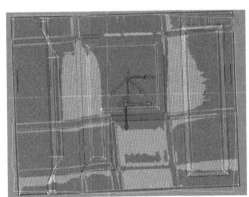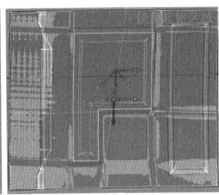

图　7-70

（3）单击"结果"选项卡中的显示动画按钮，可以看到使用铺放起始区域的扩展方式的不同：使用铺放起始区域时，铺放将先扩展到整个铺放起始区域，到达铺放起始区域的边界后，沿铺放起始区域的边界会扩展至整个铺层的边界，见图 7-71。

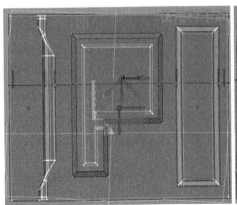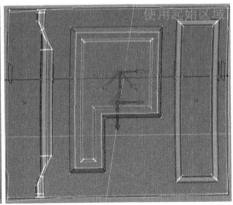

图　7-71

### 4.考虑铺层凸起区域及开口的可制造性分析

在蜂窝结构的复合材料零件中，在蜂窝的边缘往往存在没有覆盖整个蜂窝的边缘加强铺层使得铺层在蜂窝的凸起区域存在开口。采用普通可制造性分析仿真将会进行全局仿真，即使中间存在开口在仿真的过程中也忽略了开口的存在而直接在参考曲面上模拟纤维的变形扩展过程。这样的结果将与实际的铺放产生较大的偏差。不仅是蜂窝类复合材料零件，其他具有类似凹凸结构，并具有围绕凹凸结构放置且不将其完全覆盖的铺层，在仿真分析时也具有同样的问题。

3DEXPERIENCE 平台提供了光顺区域这样的功能，在进行可制造性仿真时可以忽略初始全局仿真不适合的凹凸/空心的区域，后续的局部区域铺放仿真从光顺区域边界朝向凹凸/空心的中心运行以获得符合实际的精确结果。光顺区域由一个区域和一条曲线定义：该区域（带或不带铺层顺序）指定可制造分析的区域；光顺区域曲线定义要使用点、切线或曲率填充光顺曲面的内部凹凸。图 7-72 中，1 表示凹凸；2 表示手动修剪区域；3 表示光滑区域边界；4 表示所需的剪口；5 表示完成的内部边界。

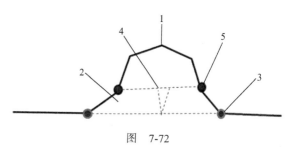

图 7-72

（1）继续使用上述的零件，单击 "手工敷层的可生产性" 打开对话框，在结构树上选择 "铺层 .32"，此时将为 "铺层 .32" 创建可制造性分析。如图 7-73 所示，可以看到 "铺层 .32" 在蜂窝上部的中间区域没有材料。

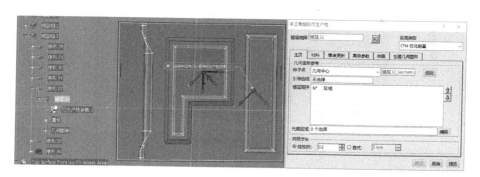

图 7-73

（2）将种子点按图 7-74 所示设置并单击 "预览"，可以看到不使用 "光顺区域" 的结果。

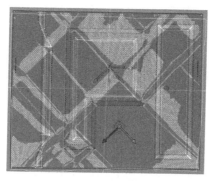

图 7-74

（3）将种子点按图 7-75 所示设置，然后在结构树上或工作区中选中"光顺区域曲线"（为蜂窝凸起的底部边线），单击"预览"可以看到可制造性仿真的结果发生了改变且更加符合实际。

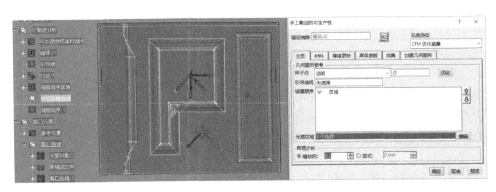

图　7-75

（4）单击"铺层选择"右侧的 🔲"剪口"，对铺层设置剪口（使用结构树上的"内部剪口 -1"到"内部剪口曲线 -5"及直线剪口），最后得到优化后的铺层可制造性分析结果，见图 7-76。

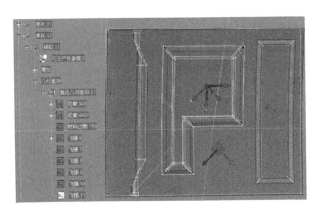

图　7-76

5. 多铺层的可制造性分析

（1）继续使用上述的蜂窝复合材料零件，进入"可生产性、平铺和接头"选项卡，单击 📋"编辑可制造性表"，弹出对话框；在"可生产性部件"栏单击"铺层 .01"然后按住 shift 键选择"铺层组 .1"中的最后一个铺层"铺层 .27"以选择"铺层组 .1"中的全部铺层；然后，单击 🖉"手工敷层的可生产性"以批量创建可制造性分析，见图 7-77。

（2）单击"编辑"进入"编辑"对话框，设置种子点为"几何中心"，"网格参数"为"0.5"，"厚度更新"选择"带厚度更新"并使作用对象为"仅铺层组"，选择类型为"核心样例"，最大厚度为 10mm，见图 7-78。然后，单击"确定"以完成批量编辑。

（3）回到"编辑可生产性表"后，单击"运行"按钮将对选择的铺层进行可制造性分析，结束后将在对话框中显示结果和"最大剪力"及"最大偏差"，见图 7-79。

（4）单击选中"铺层 .03"，可以在工作区看到可制造性分析的结果，见图 7-80。单击"确定"所有完成的分析结果将保存到对应的铺层节点下。

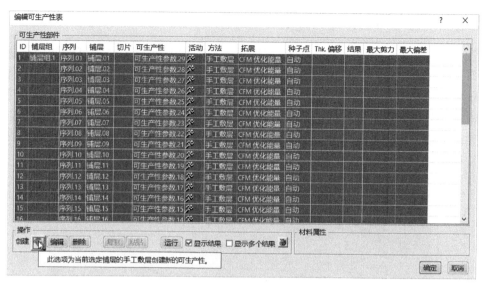

图 7-77

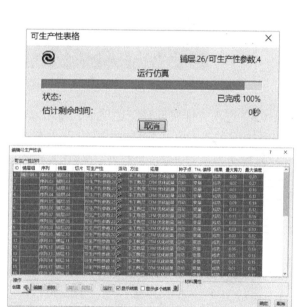

图 7-78

图 7-79

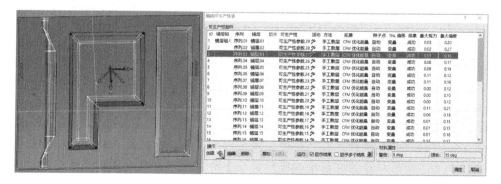

图 7-80

## 7.2.2 编织工艺可制造性仿真分析

编织类的复合材料零件具有良好的抗损伤性能、抗弯和拉压性能可设计、材料利用率高、生产自动化等优点，对于具有封闭截面且参考曲面高斯曲率为凸的复合材料零件，编织工艺往往可以实现低成本快速制造。使用 3DEXPERIENCE 平台的编织可制造性分析功能，可以为编织工艺过程提供提前的覆盖率、厚度结果分析，以优化对应的机器参数：心轴进给速率、编织角度、纱锭数目等。这里使用矩形截面复合材料支架对使用编织工艺的复合材料零件可制造性分析过程进行说明。

（1）搜索并打开"生产准备 – 编织工艺 A.1"复合材料零件，见图 7-81。

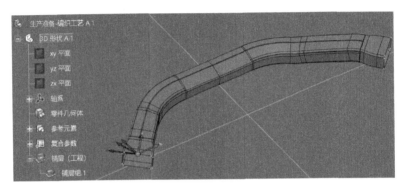

图 7-81

（2）进入"铺层设计"选项卡，单击 "手动铺层"以添加新的铺层；在弹出的对话框中添加"轮廓 .1"（轮廓曲线为"起始截面"）和"轮廓 .2"（轮廓曲线为"终止截面"），并设置铺层角度为 45°，材料为"CPB_Carbon_0.23"；然后，单击"确定"以完成编织铺层的定义，见图 7-82。

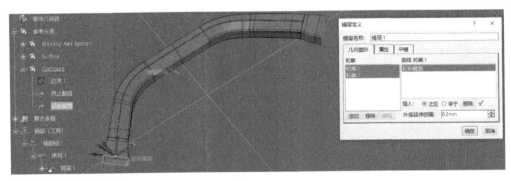

图 7-82

（3）进入"可生产性"选项卡，单击 "编织的可生产性"并选择"铺层 .1"作为编织可制造性仿真的对象，在"几何图形"栏中单击"生成"以生成心轴的中心线；同时，在结构树上将生成新的几何图形集以保存生成的中心线，见图 7-83。

**注：** 软件会对编织路径的中心线曲线进行光顺，以避免有损编织质量的尖锐凹凸。中心线的定义沿心轴的导管路径且自动延伸至距末端足够远，以使丝束到达心轴的末端时达到目标角度。如果不使用程序生成该中心线则需要手动指定一条允许编织工具相对于部件可以产生旋转的方向曲线。

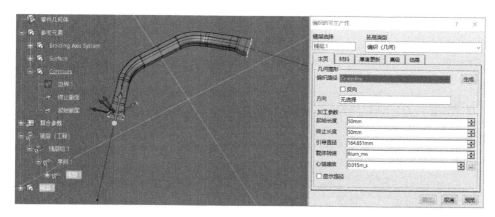

图 7-83

（4）在对话框中输入"加工参数"：起始长度（铺层开始前的距离，模拟在这里开始）为"200mm"，终止长度（铺层结束后的距离，模拟在这里结束）为"200mm"，引导直径为240mm，载体转速为"6 turn_mn"，心轴速度为"0.015m_s"，并勾选"显示路径"，见图 7-84。

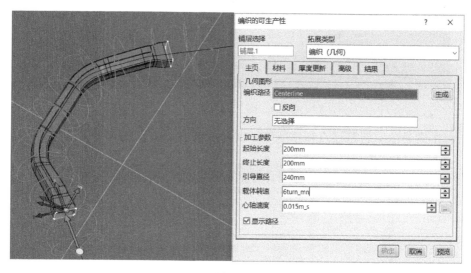

图 7-84

参数的含义说明如下：

1）起始长度，铺层开始前的距离，模拟仿真从这里开始。

2）终止长度，铺层结束后的距离，模拟仿真从这里结束。

3）引导直径，引导环的内直径，其默认值是最大直径的 1.5 倍。在实际的模拟中请尝试遵循制造实践，并使用紧密配合部件的引导环。使用过大的引导环会导致带曲率的零件求解的收敛问题。

4）载体转速，编织机器绕心轴的旋转速度。

5）心轴速度，作为固定值或作为编辑心轴速度对话框中的变量值。

6）显示路径复选框，以将编织路径显示为一对螺旋线，因此可以检查引导环直径和速度值的一致性（逆时针和顺时针丝束以不同的颜色显示）。

（5）实际的编织零件往往为了满足覆盖率的要求需要调整不同截面上的目标角度和心

轴进给速度，此时单击"心轴速度"右侧的"…"，对话框中"目标角度"（默认为铺层的角度）及"线段间距"将会自动计算，单击"创建"，将创建一系列的点，并给定对于位置的角度和速度，见图 7-85。

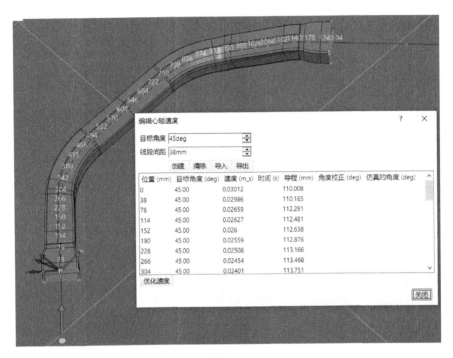

图　7-85

（6）单击"导出"将路径点和角度等导出到 CSV 文件，见图 7-86。

| | A | B | C | D | E | F | G | H |
|---|---|---|---|---|---|---|---|---|
| 1 | 位置 (mm | 目标角度 | 速度 (m_s | 时间 (s) | 导程 (mm | 角度校正 | 仿真的角度 (deg) | |
| 2 | 0 | 45 | 0.0301 | 0 | 0.11 | 0 | 0 | |
| 3 | 38 | 45 | 0.0299 | 0 | 0.11 | 0 | 0 | |
| 4 | 76 | 45 | 0.0266 | 0 | 0.112 | 0 | 0 | |
| 5 | 114 | 45 | 0.0263 | 0 | 0.112 | 0 | 0 | |
| 6 | 152 | 45 | 0.026 | 0 | 0.113 | 0 | 0 | |
| 7 | 190 | 45 | 0.0256 | 0 | 0.113 | 0 | 0 | |
| 8 | 228 | 45 | 0.0251 | 0 | 0.113 | 0 | 0 | |
| 9 | 266 | 45 | 0.0245 | 0 | 0.113 | 0 | 0 | |
| 10 | 304 | 45 | 0.024 | 0 | 0.114 | 0 | 0 | |
| 11 | 342 | 45 | 0.0236 | 0 | 0.114 | 0 | 0 | |
| 12 | 380 | 45 | 0.0232 | 0 | 0.114 | 0 | 0 | |
| 13 | 418 | 45 | 0.023 | 0 | 0.114 | 0 | 0 | |
| 14 | 456 | 45 | 0.0229 | 0 | 0.114 | 0 | 0 | |
| 15 | 494 | 45 | 0.0228 | 0 | 0.114 | 0 | 0 | |
| 16 | 532 | 45 | 0.0228 | | 0.114 | | | |

Component_铺层

图　7-86

（7）在 CSV 文件修改目标角度（可以修改单个值也可以修改多个值，也可以添加多行不同的目标角度值，但需要注意的是位置点的需要在零件截面的起始位置和终止位置之间），见图 7-87，然后保存文件。

（8）在"编辑心轴速度"对话框中单击"导入"并选择前述步骤保存的 CSV 文件，然后单击"优化速度"，此时得到不同目标角度下不同位置的心轴速度同时给出了对应的实际仿真角度，见图 7-88。

修改目标角度

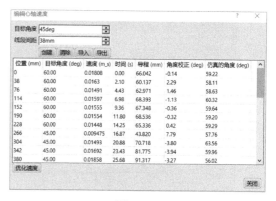

| | A | B | C | D | E | F | G | H |
|---|---|---|---|---|---|---|---|---|
| 1 | 位置(mm | 目标角度 | 速度 (m_s | 时间 (s) | 导程(mm | 角度校正 | 仿真的角度 (deg) | |
| 2 | 0 | 60 | 0.0301 | 0 | 0.11 | 0 | 0 | |
| 3 | 38 | 60 | 0.0299 | 0 | 0.11 | 0 | 0 | |
| 4 | 76 | 60 | 0.0266 | 0 | 0.112 | 0 | 0 | |
| 5 | 114 | 60 | 0.0263 | 0 | 0.112 | 0 | 0 | |
| 6 | 152 | 60 | 0.026 | 0 | 0.113 | 0 | 0 | |
| 7 | 190 | 60 | 0.0256 | 0 | 0.113 | 0 | 0 | |
| 8 | 228 | 60 | 0.0251 | 0 | 0.113 | 0 | 0 | |
| 9 | 266 | 45 | 0.0245 | 0 | 0.113 | 0 | 0 | |
| 10 | 304 | 45 | 0.024 | 0 | 0.114 | 0 | 0 | |
| 11 | 342 | 45 | 0.0236 | 0 | 0.114 | 0 | 0 | |
| 12 | 380 | 45 | 0.0232 | 0 | 0.114 | 0 | 0 | |
| 13 | 418 | 45 | 0.023 | 0 | 0.114 | 0 | 0 | |
| 14 | 456 | 45 | 0.0229 | 0 | 0.114 | 0 | 0 | |
| 15 | 494 | 45 | 0.0228 | 0 | 0.114 | 0 | 0 | |
| 16 | 532 | 45 | 0.0228 | 0 | 0.114 | 0 | 0 | |

Component_铺层

图　7-87

**编织心轴速度**

目标角度 45deg
线段间距 38mm

创建　清除　导入　导出

| 位置 (mm) | 目标角度 (deg) | 速度 (m_s) | 时间 (s) | 导程 (mm) | 角度校正 (deg) | 仿真角度 (deg) |
|---|---|---|---|---|---|---|
| 0 | 60.00 | 0.01808 | 0.00 | 66.042 | -0.14 | 59.22 |
| 38 | 60.00 | 0.0163 | 2.10 | 60.137 | 2.29 | 58.11 |
| 76 | 60.00 | 0.01491 | 4.43 | 62.971 | 1.46 | 58.63 |
| 114 | 60.00 | 0.01597 | 6.98 | 68.393 | -1.13 | 60.32 |
| 152 | 60.00 | 0.01555 | 9.36 | 67.348 | -0.36 | 59.64 |
| 190 | 60.00 | 0.01554 | 11.80 | 68.536 | -0.32 | 59.20 |
| 228 | 60.00 | 0.01448 | 14.25 | 65.336 | 0.42 | 59.29 |
| 266 | 45.00 | 0.009475 | 16.87 | 43.820 | 7.79 | 57.76 |
| 304 | 45.00 | 0.01493 | 20.88 | 70.718 | -3.80 | 63.56 |
| 342 | 45.00 | 0.01692 | 23.43 | 81.775 | -3.94 | 59.96 |
| 380 | 45.00 | 0.01858 | 25.68 | 91.317 | -3.27 | 56.02 |

优化速度

关闭

图　7-88

**注**：仿真得到的不同的位置的速度，可以导入编织机器作为工艺参数用于实际的制造。

（9）单击"关闭"以回到主对话框，此时已经使用已有参数完成了一次模拟，见图 7-89。

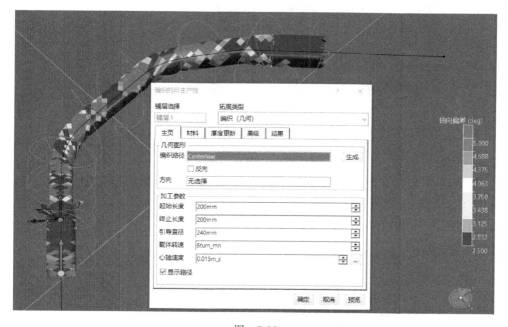

图　7-89

（10）单击"材料"选项卡，根据实际的机器纱锭数目设置"编织丝束数"，此处设置为 18；设置"轴向丝束比率"为 1，"编织丝束宽度"和"轴向丝束宽度"为 6mm，"编织丝束厚度"和"轴向丝束厚度"为 0.18mm，"纤维体积分数"为 53%；然后，单击"估计尺寸"可以看到零件编织厚度的估计值及零件周长的估计值，见图 7-90。

**注**：编织丝束的数目＝机器顺时针纱锭数＝递时针纱锭数。当应用轴向丝束时，其纱锭数也等于编织丝束数目。本例中即为，顺时针纱锭数＝顺时针纱锭数＝轴向纱锭数=18。

（11）单击"厚度更新"选项卡，勾选"厚度更新"并按图 7-91 所示设置以获得更为精确的仿真结果。

图　7-90　　　　　　　　　　　　　图　7-91

（12）单击"结果"选项可以选择显示不同类型的结果，见图 7-92。

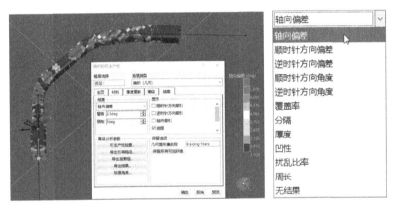

图　7-92

（13）在"显示"栏中勾选"顺时针方向牵引""逆时针方向牵引""轴向牵引"可以显示丝束在曲面上的铺覆路径，见图 7-93。

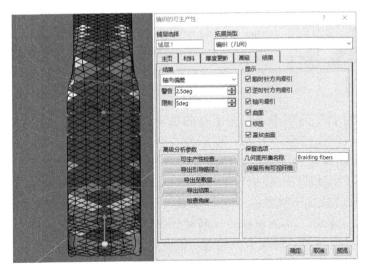

图　7-93

（14）在"保留"选项中单击"保留所有可视纤维"可以将纤维路径保存到几何图形集中，见图 7-94。

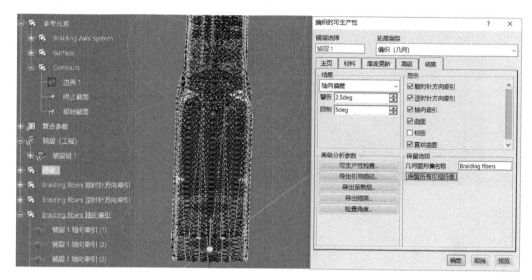

图　7-94

（15）在"高级分析参数"栏中单击"导出结果"可以将仿真的结果导出到 CSV 文件从而查看厚度和覆盖率，见图 7-95。

| 位置 (mm) | "两个角度平均值 (deg)" | "两个角度最小值 (deg)" | "两个角度最大值 (deg)" | 顺时针角度平均值 (deg) | "顺时针角度最小值 (deg)" | "顺时针角度最大值 (deg)" | 逆时针角度平均值 (deg) | 逆时针角度最小值 (deg) | "逆时针角度最大值 (deg)" | "平均厚度 (mm)" | "平均覆盖率 (%)" |
|---|---|---|---|---|---|---|---|---|---|---|---|
| 0 | 59.4 | 58.6 | 60.7 | 59.4 | 58.6 | 60.7 | 59.4 | 58.6 | 60.7 | 0.167 | 92.84 |
| 12.53 | 59.4 | 57.6 | 62.3 | 59.4 | 57.5 | 62.3 | 59.4 | 57.7 | 62.2 | 0.168 | 92.9 |
| 25.05 | 59.3 | 55.2 | 63.9 | 59.3 | 55.2 | 63.9 | 59.3 | 55.2 | 64 | 0.168 | 93.04 |
| 37.58 | 59.6 | 51.2 | 68.3 | 59.6 | 51.2 | 68.3 | 59.6 | 51.2 | 68.3 | 0.175 | 93.23 |
| 50.1 | 59.2 | 47.3 | 72.3 | 59.2 | 47.4 | 72.4 | 59.2 | 47.2 | 72.2 | 0.182 | 93.77 |
| 62.63 | 57.8 | 47.3 | 72.8 | 57.8 | 47.2 | 72.8 | 57.8 | 47.3 | 72.9 | 0.189 | 94.65 |
| 75.15 | 57.6 | 47.1 | 72.3 | 57.6 | 47.2 | 72.2 | 57.5 | 47.1 | 72.3 | 0.194 | 95.12 |
| 87.68 | 57.1 | 46.2 | 73.6 | 57 | 46.2 | 73.3 | 57.3 | 46.2 | 74 | 0.196 | 95.66 |
| 100.2 | 58.5 | 51.5 | 69.7 | 58.5 | 51.4 | 69.7 | 58.5 | 51.6 | 69.6 | 0.2 | 95.68 |
| 112.7 | 60.1 | 56.5 | 64.5 | 60 | 56.4 | 64.3 | 60.2 | 56.6 | 64.6 | 0.202 | 95.87 |
| 125.3 | 60.4 | 58.5 | 62.2 | 60.4 | 58.5 | 62.3 | 60.4 | 58.5 | 62.5 | 0.204 | 96.29 |
| 137.8 | 60.1 | 58.4 | 61.6 | 60 | 58.5 | 61.4 | 60.1 | 58.3 | 61.8 | 0.203 | 96.24 |
| 150.3 | 59.8 | 58.5 | 61.3 | 59.8 | 58.5 | 61.2 | 59.9 | 58.5 | 61.4 | 0.202 | 96.11 |

图　7-95

**注：**使用"高级分析参数"中的"可生产性检查"以检查指定位置的厚度和角度偏差等；"导出引导路径"可以将心轴的路径文件导出；"导出至敷层"可以导出"layup"文件以供 CAE 软件进行相关分析；"检查角度"可以检查参考曲面上指定点所在截面上的 50 个点角度值。

（16）单击"确定"仿真结果将保留到结构树中，见图 7-96。

（17）对于编织零件来说，如果使用的是零件的内部曲面作为参考曲面，则其可以作为心轴的模具面来生成心轴。然而，当参考曲面为零件的外部曲面时，其不可以作为心轴的模具面。此时，需要生成零件的内模面以定义心轴的模具面。3DEXPERIENCE 平台提供了编织曲面工具以协助快速生成内模面。进入"铺层的实体和上表面"选项卡，单击 "生成编织曲面"，弹出对话框。选择"铺层组.1"并设置网格参数，然后单击"预览"，见图 7-97。

（18）完成预览后，单击"确定"编织曲面将保留到结构树中的节点"心轴曲面"，见图 7-98。

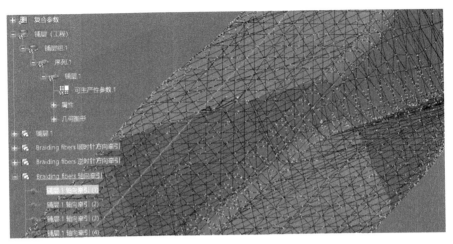

图　7-96

图　7-97

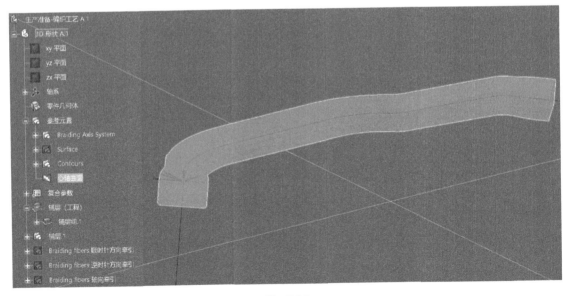

图　7-98

### 7.2.3　小结

本节展示了如何在 3DEXPERIENCE 平台对不同类型的复合材料零件进行可制造性分析，为生产准备提供铺放优化或工艺参数的优化，包含如下的知识点：

1）使用种子点进行可制造性分析。
2）使用种子曲线进行可制造性分析。
3）应用铺放起始区域进行可制造性分析。
4）如何使用剪口优化可制造性分析结果。
5）可制造性分析中考虑凹凸部分的开口。
6）编织工艺的可制造分析过程及结果检查。
7）模压工艺的可制造性分析。

## 7.3　铺层展平

铺层的展平为后续的铺层料片切割准备了轮廓信息，也是 DXF 文件导出的必要准备。3DEXPERIENCE 平台为铺层的展平提供了多样而简单的功能，可以快速完成铺层的展平与自动定位，同时可以自动检查材料的宽度以提供铺层切片的参考。

（1）搜索并打开"生产准备 – 制造零件 A.1"，切换到"可生产性、平铺和接头"。单击 ⫴"展平"打开对话框。在结构树上选择"铺层（制造）"将自动选择所有的铺层铺层包含的切片（如果以及完成切片），然后结构树上选择"展平平面"作为平面参考，在结构树上选择"矩形阵列 .1"作为"位置点"的参考。单击"预览"可以看到铺层的展开结果，见图 7-99。

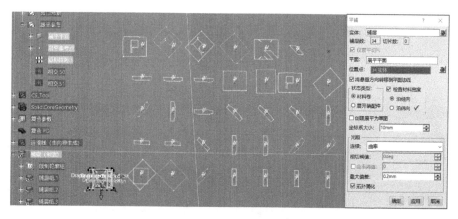

图　7-99

**注**：当选择阵列作为位置点时铺层的展平轮廓将自动定位到阵列点上，而选择单个位置点时所有的铺层将集中到单个点上会有图 7-100 所示的结果。

（2）当需要对铺层展平的参考点顺序进行调整时，单击位置点右侧的 🔳 进入"位置点"编辑对话框，使用上下箭头可以调整展平轮廓所处的位置点，见图 7-101。

（3）单击"确定"铺层展平图将在指定点生成，不同的颜色代表不同的角度，与复合材料设计参数中角度颜色的定义一致。同时在铺层的节点下创建了"平铺几何体"节点，见图 7-102。在工作区双击展平轮廓可以对铺层的展平进行编辑。

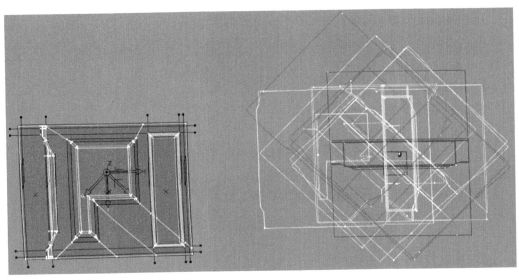

图　7-100

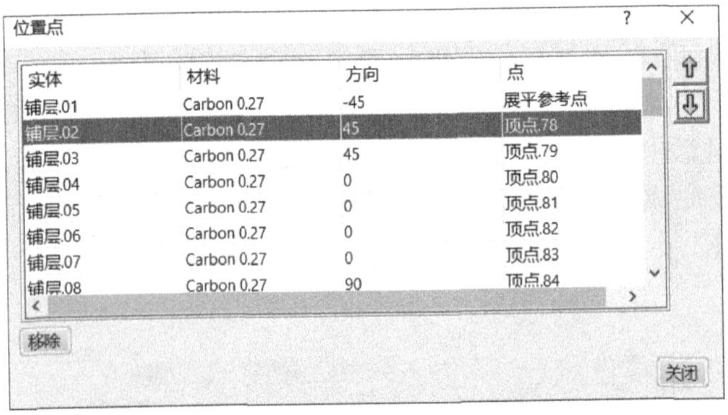

图　7-101

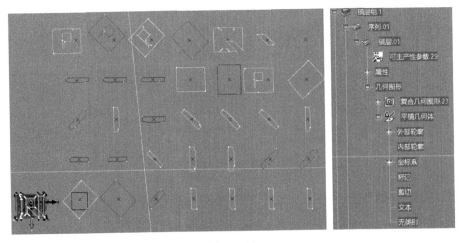

图　7-102

　　勾选了"检查材料宽度"后，展开的铺层将会自动检查材料的宽度是否满足展平要求，并给出提示，见图7-103。

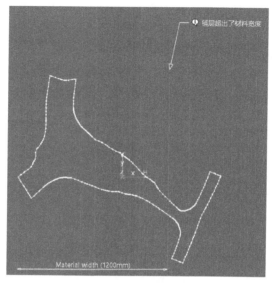

图　7-103

## 7.4　铺层接头

由于材料的幅宽不是无限的，当宽度达到一定值时需要使用一块新的材料进行拼接才能确保同一角度的铺层覆盖整个零件。同时，为了优化可制造性分析的结果有时候需要对铺层设置一个大面积的剪口，此时采用铺层切片的方式可以快速地优化可制造性分析的结果。

### 7.4.1　铺层接头区域类型定义

在某些区域由于结构配合的要求需要避免铺层搭接从而避免厚度增加，而有些区域由于设计的要求需要避免接头。3DEXPERIENCE 平台提供了相应功能可以快速地完成对这些特殊区域的定义以协助设计师高效地完成对接头的定义。

（1）定义无接头区。搜索并打开"生产准备 – 制造零件 A.1"，切换到"可生产性、平铺和接头"；单击 "无接头区域"打开对话框，选择 "Surface-Ref_GZ1"作为曲面元素，在结构树上单击"铺层组 .1"作为"应用区域的元素"，按图 7-104 所示的轮廓元素顺序选择以生成区域轮廓；单击"确定"以生成无接头区域，同时结构树上将创建"无接头区域"节点。

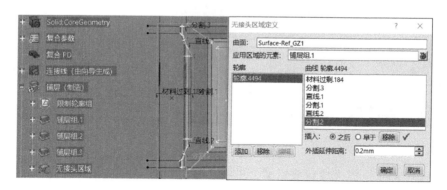

图　7-104

注：无接头区域将不允许创建接头，当创建的接头穿过该区域时会弹出警告并终止创建过程。

（2）定义对接区域。单击 🐾 "对接区域"打开对话框，选择"Surface-Ref_GZ1"作为曲面元素，在结构树上单击"铺层组.1"作为"应用区域的元素"，设置"缝隙大小"为0mm，按图 7-105 所示的轮廓元素顺序选择以生成区域轮廓；单击"确定"以生成对缝接头区域，同时结构树上将创建"对缝接头区域"节点。

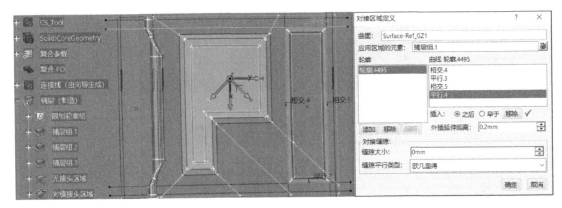

图　7-105

注：当创建的接头穿过对缝接头区域时，无论创建的接头类型是搭接还是拼接的，都会被自动更改为拼接类型。

## 7.4.2　创建 3D 铺层接头

（1）单击 🐾 "接头铺层"打开对话框，选择"铺层.02"作为实体对象，在"曲线选择模式"中选中"从 3D"，选择"坐标系转移曲线.1"作为"接头曲线"，设置"交叠值"为12mm，此时只选择了单个铺层因此设置"交错值"为 0mm（当有多个同角度相邻铺层时交错值需要设置一般为 12 ～ 25mm 以确保载荷正确传递），见图 7-106。

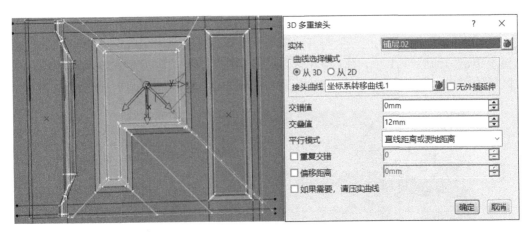

图　7-106

（2）单击"确定"以完成接头定义，见图 7-107。可以看到，在对缝接头区域，搭接接头在对缝接头区域自动修正成对接接头形式。

当多个相邻铺层需要在同一位置进行接头定义时，勾选"重复交错"，以重复使用计算出的平行，来生成接头铺层。如果重复值指定为 $N$，则交错步幅将在交错 $N$ 步幅之后重置为 1。在图 7-108 所示的示例中，有 10 个铺层。重复值为 4，将创建 4 条曲线：

铺层 1 ～ 4 具有交错步长 1、2、3、4。

铺层 5 ～ 8 具有交错步长 1、2、3、4。

铺层 9 和 10 分别具有交错步长 1 和 2。

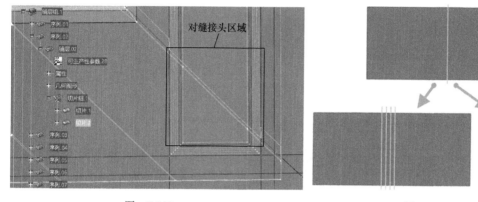

图　7-107

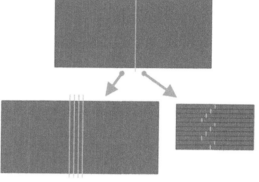

图　7-108

### 7.4.3　创建 2D 铺层接头

从 2D 创建铺层接头可以实现材料的最佳利用率并使切片边线上纤维的交叉切割最小化，对于使用单向材料的厚复合材料零件非常有用。当铺层已经完成展平后可以使用该功能在展平平面上对铺层进行接头设计。

（1）单击 "接头铺层"打开对话框，选择"铺层 .01"作为实体对象，在"曲线选择模式"中选中"从 2D"，选择"2D 接头直线"作为接头曲线，设置"交叠值"为 12mm，见图 7-109。

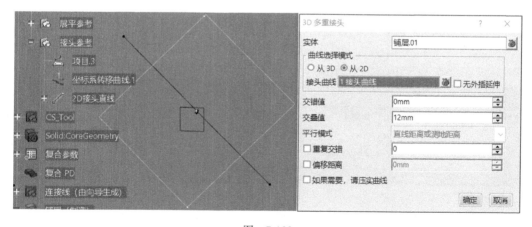

图　7-109

（2）单击"确定"以完成接头定义，见图 7-110。可以看到，铺层展平平面上与铺层展平相交的 2D 直线将 3D 曲面上的铺层切割成了两个切片。

注：无论是 2D 还是 3D 接头曲线支持相交，图 7-111 所示的曲线将产生 6 个有效的轮廓切片。

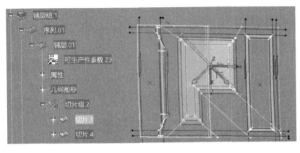

图　7-110

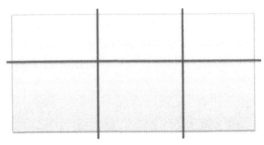

图　7-111

### 7.4.4　应用材料宽度自动分割铺层

当材料的宽度不足以覆盖整个铺放区域时，除了使用手动定义的接头曲线外也可以根据材料宽度自动对铺层进行分割和接头定义。在此之前需要对铺层进行可制造分析，然后即可使用材料宽度自动分割铺层。

（1）单击 🥢 "从可生产性接头铺层"弹出对话框，然后选择"铺层 .25"作为实体对象（也可以选择多个铺层作为实体对象），在"纤维网格参数"框下，选择" PtOnSurf_ 点 .24"作为铺层接头的参考起始点（将在此处创建初始接头）并勾选"重复使用材料卷宽度值"，设置"接头参数"的重叠距离为 12mm，见图 7-112。单击"应用"可以看到在铺层上生成了自动接头。

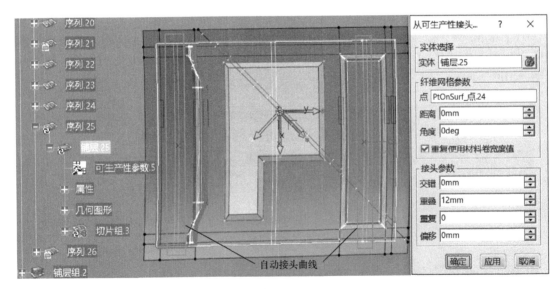

图　7-112

注：纤维网格参数中的"距离"代表接头开始的位置距离参考点的距离，"角度"为接头曲线与铺层定义角度方向的夹角。

（2）单击"确定"，在铺层节点下生成了切片组节点，见图 7-113。

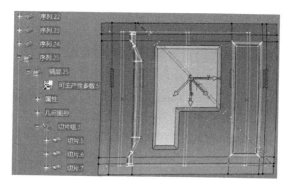

图　7-113

## 7.5　激光投影

对于复合材料零件的制造工艺，手工铺放是非常重要的方法且应用广泛。对于开放式工装、中大型结构件，手工铺放具有良好的工艺性，在雷达罩、短舱、整流罩等复合材料零件的制造中应用广泛。3DEXPERIENCE 平台为此类复合材料零件的制造提供了简单且高效激光投影模拟功能，可以可视化显示投影仪数量位置、现有激光工装靶点位置、料片轮廓、引导曲线及附加料片信息，可分析激光的覆盖范围，同时可输出指定格式、指定投影仪的工装靶点与铺层信息，直接输出给激光投影仪，从而指导操作员完成铺层材料的铺放过程。

### 7.5.1　定义激光投影仪

（1）搜索并打开"生产准备－制造零件激光投影"，切换到"复合协作"选项卡。单击 ⚒ "激光投影仪"打开对话框，在结构树上或工作区选择"目标点 –1"～"目标点 –4"作为目标点（工装靶点），选择"模具曲面"作为曲面元素，见图 7-114。单击红色箭头使其方向朝上，根据实际的位置可以拖动和旋转（或者直接在位置选项卡中输入空间坐标及法向量）以定位投影仪的位置。

**注**：针对零件的构型可以定义多个投影仪以确保零件的几何外形可以被准确地投影。

（2）单击"确定"以完成激光投影仪的定义，此时结构树上生成了新的节点"激光投影仪 .1"，见图 7-115。

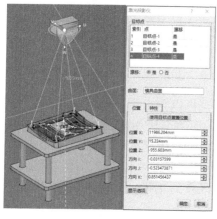

图　7-114

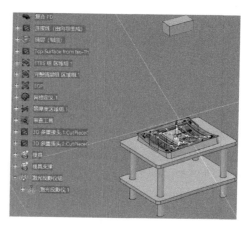

图　7-115

### 7.5.2 添加参考几何与说明

当需要在激光投影时在投影铺层上投影出额外的几何参考作为铺放的参考几何或文字说明时，可以使用添加"其他几何图形"及"堆叠文本"的功能添加几何参考和文字说明。

（1）单击 "其他几何图形"在弹出的对话框中旋转"PLY.26"作为"父级"，然后输入"Guide"作为"名称"。单击"确定"在铺层"PLY.26"的节点下创建了一个几何图形集，见图 7-116。需要注意的是，勾选"激光投影导出"才能在激光投影仿真中进行模拟。

（2）根据铺层来铺放需要在"Guide"几何图形集中定义"铺覆的起始边界"，见图 7-117。

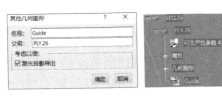

图　7-116

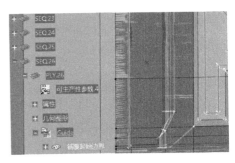

图　7-117

**注**：该几何起始边界将在激光投影时予以显示，需位于铺层 MEOP 范围内以确保考虑核心样例时的投影偏移保持在正确位置。

（3）单击 "堆叠文本"在弹出的对话框中旋转"PLY.26"作为"父级"，然后输入"Layup Start Edge"作为文本说明的内容。选择"铺层说明参考点"作为"起点"，用鼠标单击说明文本左下角的绿色参考点并拖动文本到合适的位置，见图 7-118。

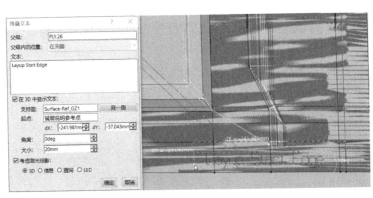

图　7-118

（4）对于多个铺层上需要自动显示的文本信息，可以单击 "铺层上的堆叠文本"在弹出的对话框中选择"铺层组.1"作为实体对象（此时将会应用此处的设置到"铺层组.1"中的所有铺层上），在"文本"框中输入"%PLYORCUTPIECE%%DIRECTIONNAME%"作为自动文本说明的内容；定位选择"种子点/几何中心"，文本方向选择"沿铺层方向"，大小设置为 50mm，然后单击"预览"可以在工作区看到结果，见图 7-119。单击"确定"以完成设置。

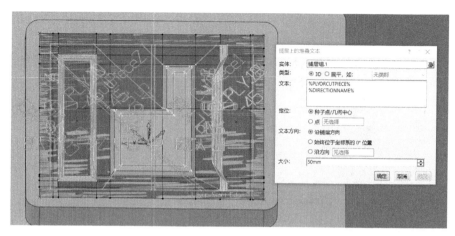

图　7-119

注：自动说明文本的定义包括 %PARTFILENAME%、%PARTNUMBER%、%PLYGROUP%、%SEQUENCE%、%PLY%、%CUTPIECE%、%PLYORCUTPIECE%、%PLY_CUTPIECE%、%MATERIALNAME%、%MATERIALID%、%DIRECTIONNAME%、%DIRECTIONVALUE%。

## 7.5.3　激光投影仿真（与导出）

（1）单击 "激光投影导出"，在弹出的对话框中 "格式" 选择为 " VIRTEK（.ply.cal）"，设置文件（实体文件为铺层文件，目标文件为激光校准点）的导出路径。当有多个激光投影仪时，勾选需要导出的激光投影仪，此处仅有一个默认勾选，见图 7-120。

图　7-120

（2）在结构树上 "需要导出的实体" 选择 "PLY.26"（根据需要选择铺层、铺层组或整个堆叠），此时在对话框的右侧显示具体导出的元素。单击需要导出的元素 "激光投影仪 .1"，在工作区将显示激光投影仪的目标点与选中的元素连线（绿色连线及点），见图 7-121。

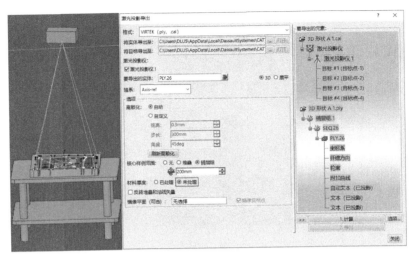

图　7-121

（3）在选项栏"离散化"选择"自动"，"核心样例范围"选择"铺层组"，"材料厚度"选择为"未处理"，然后单击计算。此时，激光投影模拟将考虑铺层的空间位置并自动进行更新，见图 7-122。其中蓝色虚线为铺层轮廓在模具面上的位置。

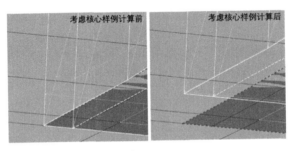

图　7-122

注：离散化设置可以对曲线和曲面的投影显示精度进行调整，见图 7-123。当减少弦高和步长时会产生更多的点，从而生成更大的输出文件。需要注意的是，角度的允许范围为 $12° \sim 45°$。

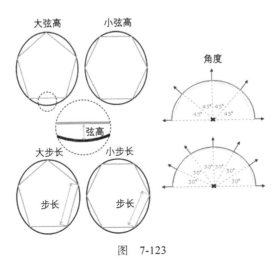

图　7-123

（4）当需要生成对称铺层的投影文件时，无须定义对称铺层来生成投影文件，见图 7-124，选择一个对称平面即可生成。

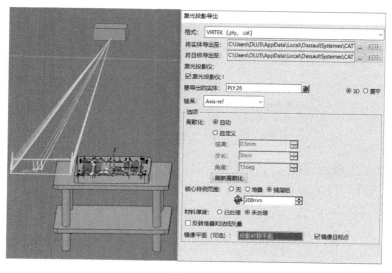

图　7-124

（5）单击"选项"，在弹出的对话框中选中"垂直限制平面"，见图 7-125。

图　7-125

（6）单击"关闭"回到主对话框，此时可以看到工作区中投影仪的垂直限制范围，见图 7-126。

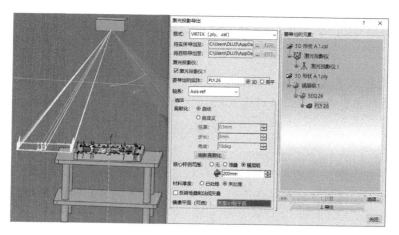

图　7-126

（7）检查投影的元素是否符合要求，满足要求后单击"导出"，前述设置的格式文件将导出到设置的文件夹中，见图 7-127。

图 7-127

（8）对于已经生成的投影文件需要检查时，单击 "激光投影文件读取器"，然后单击"…"从窗口中选择"PLY.26.ply"，见图 7-128。

图 7-128

（9）然后单击"读取文件"，可以读取已有的激光投影文件或第三方的激光投影文件，则铺层的投影信息将会被读取并显示到工作区供审核，见图 7-129。

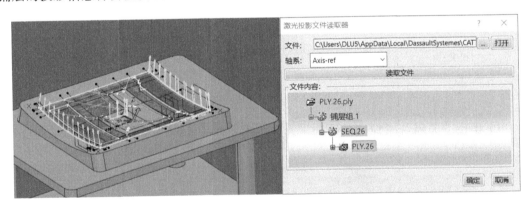

图 7-129

**注：**其中在轴系下拉列表中，根据导出激光投影文件的参考坐标系进行选择。如此导入的激光投影文件才能显示在正确的位置上。

### 7.5.4 小结

本节展示了如何使用 3DEXPERIENCE 平台的激光投影功能定义激光投影仪并进行仿真的过程，以及使用蜂窝复合材料零件进行了激光投影仿真。

## 7.6　工程图纸

在定义复合材料零件的图纸时，需要对铺层和堆叠次序等进行标注。3DEXPERIENCE平台提供了关联的铺层信息标注，可以方便且快速标注铺层的信息。同时，铺层工作表可以自动生成，大大地提高了创建制造文档的效率。

### 7.6.1　复合材料零件 2D 图纸创成式视图应用

在生成复合材料零件图纸时，图纸的样式与普通工程图纸略有区别：在具有实体特征的情况下创建的图纸需要正确地显示铺层的轮廓的边界。为此，需要应用创成式视图。在此处我们将展示如何应用创成式视图以便于复合材料零件图纸的标注。

（1）单击用户头像，在上下文菜单中选择"首选项"，见图 7-130。

（2）在"首选项"对话框中"应用程序首选项"的"机械系统"类下，单击"工程制图"，然后在"创成式视图样式"设置栏下，清除勾选"禁止使用创成式视图样式"则在创建复合材料零件的工程图时可以应用创成式视图，见图 7-131。

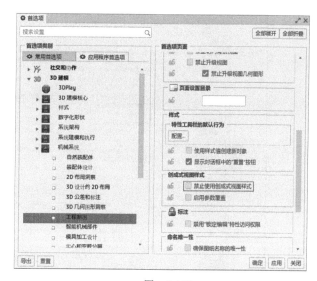

图　7-130　　　　　　　　　　　　　　　　图　7-131

（3）进入安装文件夹 \B423\win_b64\resources\standard\generativeparameters，见图 7-132。

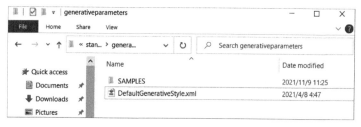

图　7-132

（4）进入 SAMPLES 文件夹，将 Composites*.xml 的文件复制到 generativeparameters的文件夹下，见图 7-133。此时创成式视图将启用 Composites 类的创成式样式。

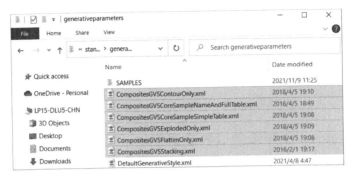

图 7-133

（5）使用文本编辑器打开 CompositesGVSContourOnly.xml，见图 7-134。可以看到设置复合材料零件铺层轮廓创成式样式的选项，包括是否显示铺层轮廓、爆炸曲面、展平视图、铺层高亮、种子点、种子曲线、坐标系等。为了准备后续铺层工作表，将 Highlight shell 设置为 Yes，见图 7-134 中的方框，然后保存。

```
CompositesGVSContourOnly.xml
6427   <!-- *--------- END · APPLICATION · - · GENERATIVE · SHAPEDESIGN · ---------- *-->
6428   <!-- ***************************************************************** -->
6429   <!-- ***************************************************************** -->
6430   <!-- *--------- START · APPLICATION · - · Composites · DESIGN · ---------- *-->
6431   <!-- ***************************************************************** -->
6432     <std:node name="Composites Design">
6433       <std:node name="Ply">
6434         <std:node name="Contour">
6435           <!--Extraction·Flag·for·ply·contour·(Yes/No)-->
6436           <!--Default·Value=Yes-->
6437           <std:enumval name="YesNo">Yes</std:enumval>
6438         </std:node>
6439
6440         <std:node name="Exploded surface">
6441           <!--Extraction·Flag·for·ply·exploded·surface·(Yes/No)-->
6442           <!--Default·Value=Yes-->
6443           <std:enumval name="YesNo">No</std:enumval>
6444         </std:node>
6445
6446         <std:node name="Flatten">
6447           <!--Extraction·Flag·for·ply·flatten·(Yes/No)-->
6448           <!--Default·Value=Yes-->
6449           <std:enumval name="YesNo">No</std:enumval>
6450         </std:node>
6451
6452         <std:node name="Highlight shell">
6453           <!--Extraction·Flag·for·ply·highlight·shell·(Yes/No)-->
6454           <!--Default·Value=No-->
6455           <std:enumval name="YesNo">Yes</std:enumval>
6456         </std:node>
6457
6458         <std:node name="Seed point">
6459           <!--Extraction·Flag·for·ply·seed·point·(Yes/No)-->
6460           <!--Default·Value=No-->
6461           <std:enumval name="YesNo">No</std:enumval>
```

图 7-134

## 7.6.2 2D 图纸中铺层信息引用

在本节中将展示如何快速地对铺层信息进行标注，包括如何展示铺层轮廓、标注核心样例、添加铺层堆叠表以及使用文本模板快读标注截面铺层信息等。

1. 含核心样例信息的铺层视图

（1）搜索并打开"生产准备 – 工程零件"。然后单击"+"，在上下文菜单中选择"工程图"，见图 7-135。

图 7-135

（2）在"工程图"选项，输入标题名称为"复合材料工程图"。然后切换到"工程图信息"选项卡，设置标准格式为 ISO，图纸样式设置为 A0，勾选下方的"在生产准备 – 工程零件 A.1 中插入工程图"，见图 7-136。

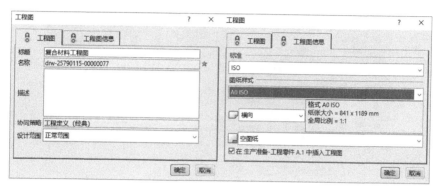

图　7-136

（3）单击"确定"，在零件节点下创建了"复合材料工程图"，此时工程图将直接与复合材料零件关联，同时打开"复合材料工程图"的 2D 工程图，见图 7-137。

图　7-137

（4）在工程图空白处左键，单击 "主视图"，在"创建选项"的上下文菜单中，选择 CompositesGVSCore SampleSimpleTable，见图 7-138。

（5）单击"生产准备 – 工程零件 A.1"选项卡，然后按住 Ctrl 键，在结构树上单击选择"审查工具"（选择"审查工具"可以在工程图中显示截面信息和核心样例的标注）、"铺层（工程）"然后单击"投影平面"，见图 7-139。

图　7-138

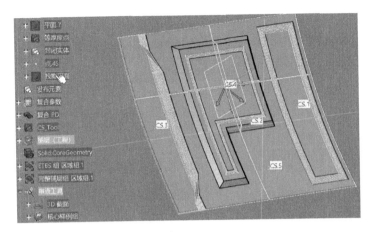

图 7-139

（6）在"复合材料工程图"选项卡中，单击右上角罗盘调整零件的投影视角，见图 7-140。

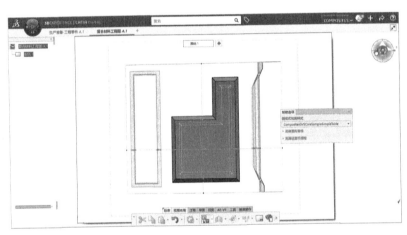

图 7-140

（7）调整好投影视角后，在空白处单击以确定投影，见图 7-141。可以看到所有的铺层轮廓被显示到工程图中，同时核心样例对应的区域创建了该区域的堆叠表。

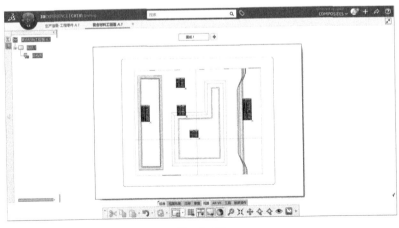

图 7-141

（8）核心样例的堆叠表中显示了铺层名称、材料名称、角度名称、铺层角度、坐标系名称等，见图 7-142。如果需要可以修改 CompositesGVSCoreSampleSimpleTable.xml 文件中的显示设置以满足实际需求。

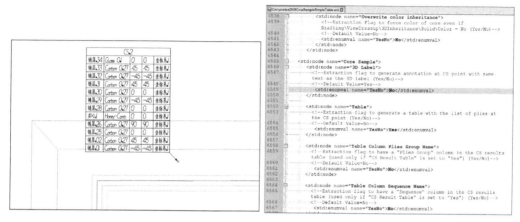

图　　7-142

### 2. 截面铺层信息标注

为了可以在截面中自动标注铺层的信息，需要先创建文本模板然后在截面中引用模板即可创建与复合材料零件铺层关联的标注。

（1）在图纸标题的右侧"＋"单击右键，然后选择"新建详图"以创建详细视图，结果见图 7-143。

图　　7-143

（2）双击详细视图"图纸 .2（详细信息）"以进入详细视图，在下方的"注释"选项卡中单击 "带引出线的文本"，在任意空白处单击以创建带引线的文本。然后在"文本编辑器"外部的空白处单击右键，在上下文菜单中单击"插入链接模板"，见图 7-144。

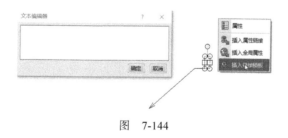

图　　7-144

（3）在弹出的"链接模板"对话框中，包类型选择 Composites，名称类型选择"铺层"，设置"占位符显示"为"属性"。然后在下方的属性列表中双击"名称"添加"；"作为分隔符号，接着添加"材料"和"方向"作为文本模板内容，见图 7-145，最后单击"确定"创建文本模板。

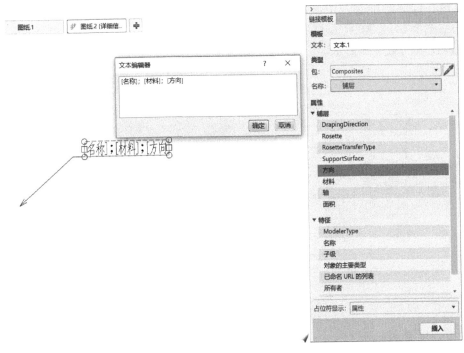

图 7-145

（4）回到"图纸.1"，在"视图布局"选项卡下单击 "对齐截面视图"，然后在"创建选项"中选择 CompositesGVSContourOnly 选项，在 3D 截面所在位置按图 7-146 选择截面的起始和终止点。

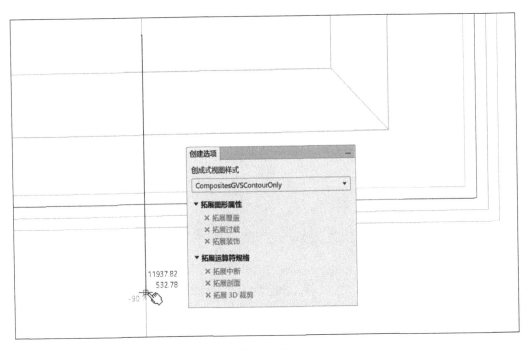

图 7-146

（5）在主视图的左侧投影截面视图，见图 7-147。

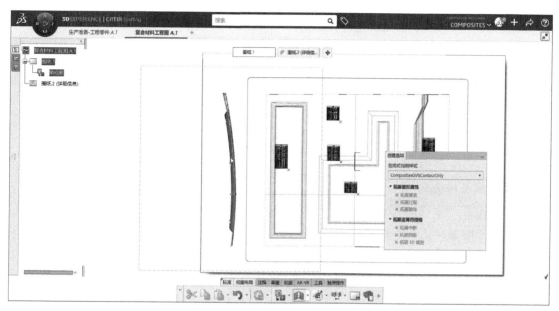

图　7-147

（6）删除截面视图 A–A 中的多余几何元素，然后双击"图纸.2（详细信息）"，进入详细视图。单击进入"注释"选项卡，然后单击 Abc "实例化文本"，再单击选择前述步骤创建的文本模板对象，见图 7-148。

（7）然后在结构书上双击" A–A "截面视图，进入截面视图。用鼠标单击需要标注的铺层，然后拖动文本选择合适的位置，见图 7-149。可以看到铺层的名称、材料名称以及方向与复合材料零件中的铺层定义自动关联。

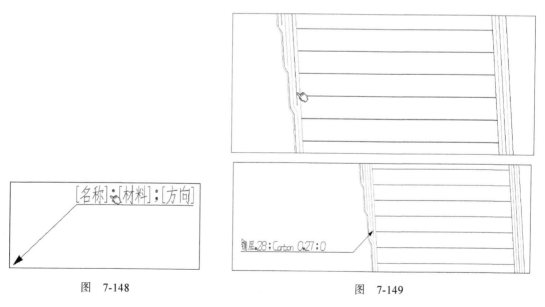

图　7-148　　　　　　　　　　　　图　7-149

（8）此时双击 Abc "实例化文本"，选择刚刚生成的说明文本。然后依次单击需要标注的铺层可以快速地标注选中的铺层，见图 7-150。

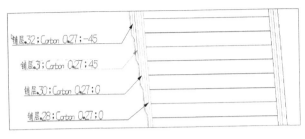

图 7-150

### 3. 零件铺层堆叠表

（1）单击 "主视图"，在 "创建选项" 的上下文菜单中，选择 CompositesGVSStacking，然后在 "生产准备 – 工程零件 A.1" 选项卡中单击 "投影平面"，此时将生成铺层堆叠表和零件的投影几何，见图 7-151。

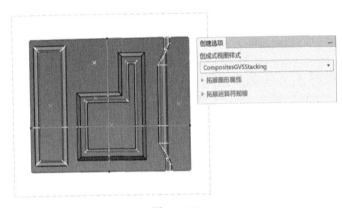

图 7-151

（2）单击以创建视图，然后删除视图中的无用几何元素，仅仅保留铺层堆叠表最后的结果，见图 7-152。

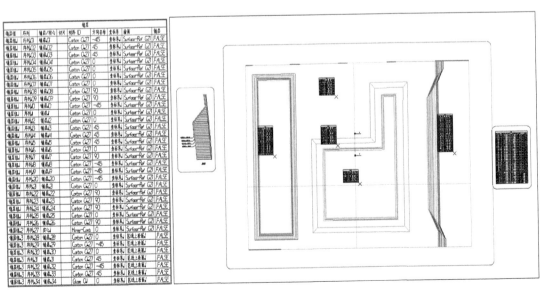

图 7-152

### 7.6.3　铺层工作表

铺层工作表为铺层或者切片的生产提供了 3D 或者展平视图，同时指示铺层的材料、角度、名称等相关信息。定义完成参考图纸模板后，3DEXPERIENCE 平台可以采用自动生成的方法快速批量地生成所有的铺层或者切片的信息。此处采用前述的蜂窝复合材料零件展示如何快速地生成铺层工作表。

（1）搜索并打开"生产准备 – 工程零件"。然后单击" + "，在上下文菜单中选择"工程图"，见图 7-153。

（2）在"工程图"选项，输入标题名称为"复合材料铺层工作表"。然后切换到"工程图信息"选项卡，设置标准格式为 ISO，图纸样式设置为 A0，勾选下方的"在生产准备 – 工程零件 A.1 中插入工程图"，见图 7-154。

图　7-153

图　7-154

（3）单击"确定"，在零件节点下创建了"复合材料铺层工作表"，此时工程图将直接与复合材料零件关联，同时打开"复合材料铺层工作表"的 2D 工程图，见图 7-155。

图　7-155

（4）双击"图纸.1"以编辑图纸，然后单击 ⬡ "等轴测图"，在"创建选项"的上下文菜单中，选择 DefaultGenerativeStyle，见图 7-156。

图　7-156

（5）切换到"生产准备 – 工程零件 A.1"选项卡，调整零件的视角，然后在零件上任意位置单击以创建轴测视图，见图 7-157。

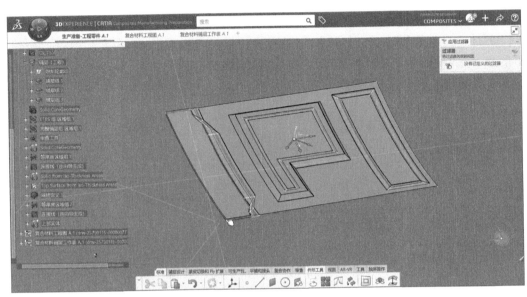

图　7-157

（6）回到工程图界面单击完成轴测视图投影，然后调整视图的比例为 1 : 2，拖动视图到合适位置，见图 7-158。

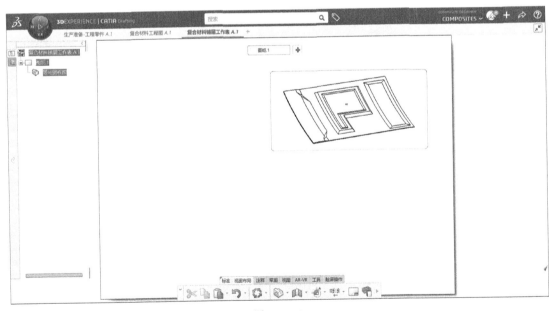

图　7-158

（7）再次单击"等轴测图"，在"创建选项"的上下文菜单中选择CompositesGVSContourOnly，见图7-159。

（8）切换到"生产准备 – 工程零件 A.1"选项卡，在相同的零件视角下，在结构树上选择"铺层.01"，然后在零件上任意位置单击以创建轴测视图，见图7-160。

图　7-159

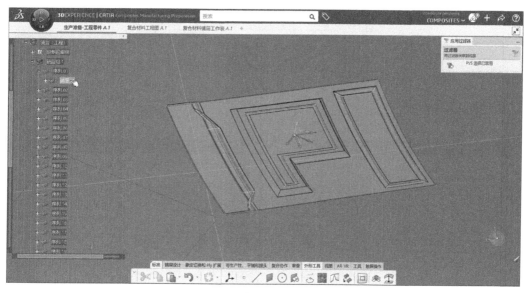

图　7-160

（9）回到工程图界面单击完成轴测视图投影，在属性中调整视图的比例为 1 ∶ 2，然后在"生成"选项卡中设置"视图生成模态"为"光栅"，见图7-161。

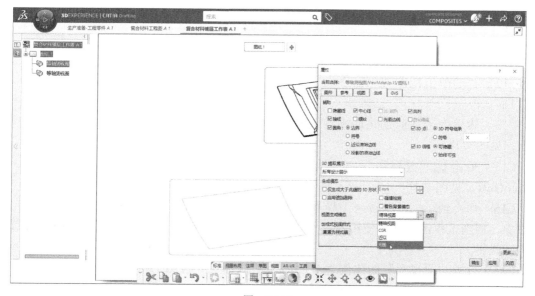

图　7-161

（10）然后单击"选项"，在弹出的对话框中选择"带边线着色"，单击"关闭"，见图 7-162。

图　7-162

（11）在属性对话框中单击"确定"以完成设置，见图 7-163。

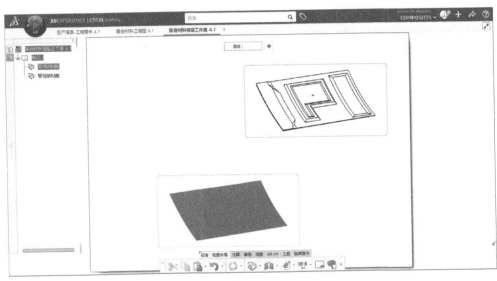

图　7-163

（12）右键单击视图边框，在上下文菜单中单击"视图定位"，然后选择"重叠"，见图 7-164。

（13）然后单击之前创建的零件轴测图的视图边框，选择的铺层自动重叠到零件轴测图上，见图 7-165。

（14）单击 "主视图"，在"创建选项"的上下文菜单中，选择 CompositesGVS-FlattenOnly，见图 7-166。

（15）切换到"生产准备 - 工程零件 A.1"选项卡，在结构树上选择"铺层 .1"作为投影对象，回到工程图界面后使用罗盘调整视图角度，见图 7-167，然后单击以完成铺层的展平视图投影。

（16）设置"前视图"的比例为 1：2，然后调整展平视图的位置，见图 7-168。此时包括轴测图和正视图的模板工程图已经创建完成，铺层工作表将使用此模板创建选中铺层的图纸。

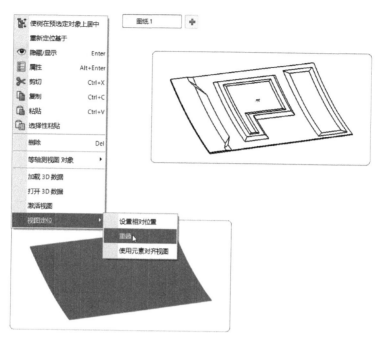

图　7-164

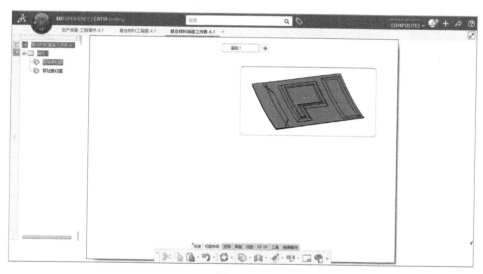

图　7-165

图　7-166

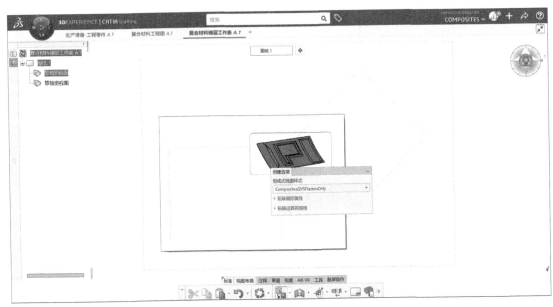

图　7-167

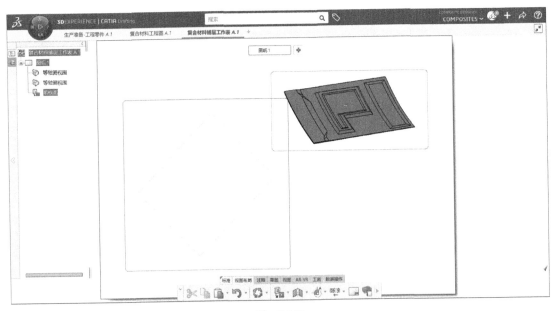

图　7-168

（17）单击 "铺层工作表"，然后切换到 "生产准备 – 工程零件 A.1" 选项卡，在结构树上单击选中 "铺层组 .1" 回到工程图界面，再次切换到 "生产准备 – 工程零件 A.1" 选项卡，在结构树上选中 "铺层组 .3" 回到工程图界面，见图 7-169。

　　注："铺层组 .2" 中包含蜂窝夹芯，其没有展平几何，因此不需要选择 "铺层组 .2"。对于采用 3D 轮廓作为的主视图模板则可以选择所有铺层组（选择堆叠即可）作为实体对象。

（18）单击 "确定" 则程序开始自动创建每一个铺层或切片的工程图，见图 7-170。

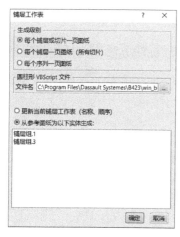

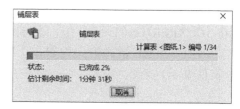

图　7-169　　　　　　　　　　　　　　　　　　图　7-170

（19）完成自动创建过程后，所有铺层的工程图结果见图 7-171。

图　7-171

（20）在创建投影视图的同时，程序也自动创建图纸边框和标题栏，其中将包含铺层名称、材料名称、铺层厚度、铺层角度等，见图 7-172。

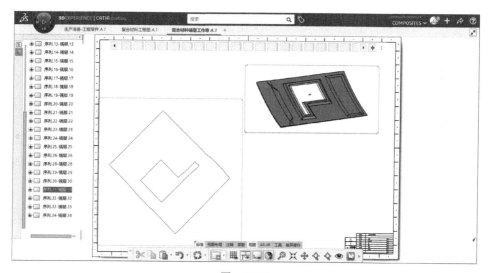

图　7-172

### 7.6.4　小结

本节展示了 3DEXPERIENCE 平台中工程图纸的铺层标注方法，包括如何应用创成式视图、自动铺层标注引用、铺层工作表等。

## 7.7　文件导出

在 3DEXPERIENCE 平台中，复合材料零件的设计铺层的信息可以导出到 IGES 2D/3D、DXF、XML 格式的文件以供不同的设备，或者也可以导出到 STEP 文件供 3D 查看。

### 7.7.1　铺层 IGES/DXF 导出

（1）在进行铺层数据导出时需要提前对铺层导出的名称进行设置，单击用户图标，在弹出的菜单中选择"首选项"，见图 7-173。

（2）进入"应用程序首选项"，在"3D 建模"的子类别"多专业工程"下选择"复合设计"。可以看到，在"导出铺层数据"下，有 IGES 的设置按钮，见图 7-174。

图　7-173

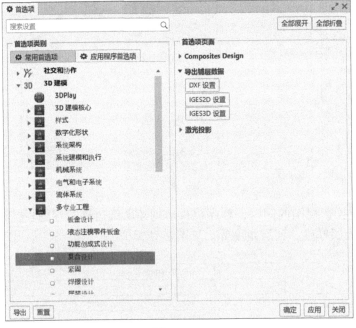

图　7-174

（3）单击"IGES3D 设置"，详细的设置将展开。此时我们可以定义文件导出时的文件名设置、导出模式以及轮廓选项设置，见图 7-175。

**注：** 在文件名模式中，可以自定义文件名包含的信息。同时勾选了"考虑厚度更新"将得到更为精确的 3D 信息，以确保激光投影的准确性。

（4）单击"IGES2D 设置"，详细的设置将展开。此时我们可以定义文件导出时的文件名，设置注释模式以及文本位置和字体，见图 7-176。

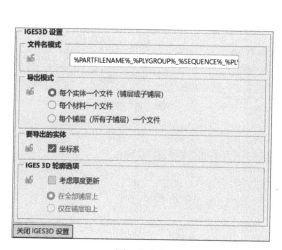

图　7-175

图　7-176

（5）单击"DXF 设置"，详细的设置将展开，见图 7-177，完成相关设置即可满足导出要求。

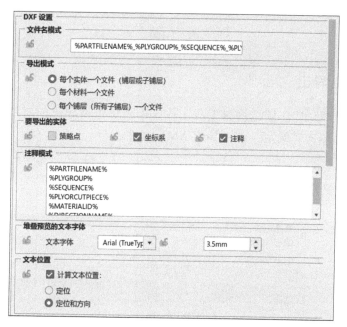

图　7-177

**注**：在 IGES2D 和 DXF 的导出时，需要提前使用可制造性分析和铺层展开，将铺层提前展开成平面图形。同时如果导出模式为每个材料一个文件，所有的料片将导出到一个DXF 或者 IGES 文件中，有利于后续的下料排版操作。

（6）完成相关设置后，进入"复合协作"选项卡，单击　"铺层数据导出"，从下拉列表中选择铺层需要导出的类型，见图 7-178。

（7）然后从结构树上或工作区选择需要导出的对象（单独的铺层或铺层组或整个堆叠），选择导出到的文件夹，见图 7-179，单击"导出"即可将铺层导出。

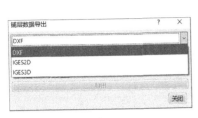

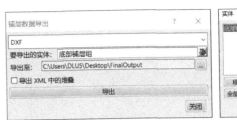

图 7-178

图 7-179

（8）完成导出后会弹出报告对话框显示铺层导出的结果，见图 7-180。

图 7-180

## 7.7.2 铺层 XML 导出

单击 **"** XML 导出"，从结构树上或工作区中选择需要导出的对象，设置导出文件的路径，见图 7-181，单击"确定"即可导出 XML 文件。

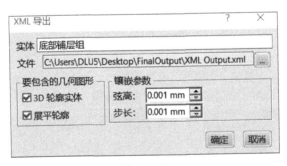

图 7-181

## 7.7.3 导出 STEP 铺层信息

STEP 格式作为一种通用数据格式，在不同的 CAD 系统以及 CAM 系统的数据交换中有着极为重要的作用。3DEXPERIENCE 平台支持 STEP AP242 的最新格式的 STEP 数据交换能力，可以完整地保留复合材料的铺层信息。

（1）在导出 STEP 文件时为了包含复合材料铺层信息需要进行 STEP 设置。单击用户头像，在上下文菜单中选择"首选项"，见图 7-182。

图　7-182

（2）在"首选项"对话框中"应用程序首选项"的"3DEXPERIENCE 打开"下，单击"STEP 转换器"，然后在"常规"设置栏下勾选"复合"多选框，并且在"导出"设置栏中选择 AP（应用协议）242 ed1，见图 7-183。单击确定后即可进行 STEP 导出操作。

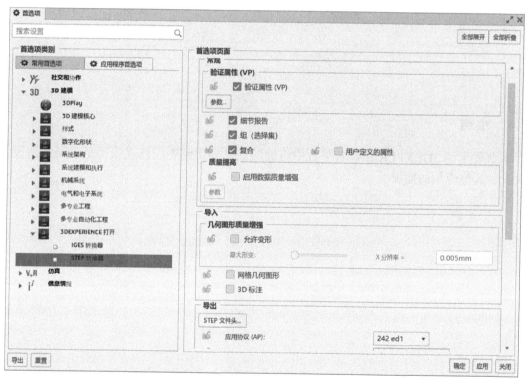

图　7-183

（3）使用 "分享"，在列表中选择"导出"，见图 7-184。

图　7-184

（4）在弹出的对话框中，格式下拉列表中选择 STEP，见图 7-185。设置导出的文件名以及路径，单击确定后即可将复合材料零件导出为 STEP 格式。

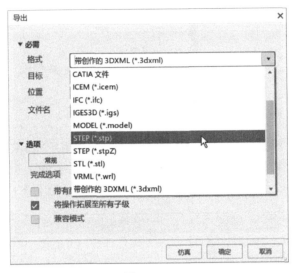

图　7-185

## 7.7.4　小结

本节展示了 3DEXPERIENCE 平台中将铺层信息导出到不同格式以满足不同制造设备的输入或者其他应用的需要。

# 第8章 复合材料制造流程实践

数字化制造是当今世界制造业发展的趋势,近年来,数字化制造以其柔性好、响应快、质量高、成本低的优势正逐渐成为先进制造技术的核心。得益于达索公司 3DEXPERIENCE 平台下的数据一体化与连续性,达索复合材料设计软件与数字化制造及工艺规划软件 DELMIA 无缝衔接。设计中产生的复合材料专业信息可被无误地在制造规划阶段中使用,大大减少了设计数据与制造数据的转换匹配导致的成本和时间。工艺规划的同时也需要考虑到每一步所需要的资源信息,如预浸料储备情况,工装模具是否可用。在哪个车间哪个工位上进行生产等,同时可在虚拟环境中更加准确地模拟现实生产情况,更早地发现可能存在的问题和瓶颈,确保在真实生产前尽可能多地解决问题。

在 3DEXPERIENCE 中,从设计零件到完成生产所需的数据准备的过程如下所示:

1）复合材料 MBOM 管理。

2）复合材料工艺规划。

3）复合材料制造资源管理及数字化工厂。

4）复合材料工艺指导文件。

在接下来的章节中,我们将对以上过程进行详细阐述。

## 8.1 复合材料 MBOM 管理

MBOM 实现对产品制造过程进行规划及组织,主要是用于表达具体工艺规划及工艺设计过程,通过网络模型组织用于生产准备和组织的各类信息,包括工装、工具、设备、原材料 / 辅助性材料等信息,从而实现为产品的生产 / 试验等实际过程提供完整、准确、一致、有效的数据源头,反映了物料在生产车间之间的合理流动和消失过程。

### 8.1.1 概述

本节将介绍如何定义包含复合材料的制造物料清单（MBOM）、定义 MBOM 组件和子组件并将零件分配给组件、如何修改和管理 MBOM,以及日常的 MBOM 状态查询。

达索系统 DELMIA 品牌的 MID（Manufactured Item Definition）应用程序是定义和管理 MBOM 的专业工具。MID 可以创建产品的完整装配结构。

本节涵盖的主题包括:

1）MID 应用程序的作用。

2）关于制造物料清单。

3）将 MBOM 与产品结构相关联。

4）定义 MBOM 组件和子组件。

5）将零件分配给装配体。

## 8.1.2 关于 MBOM

MBOM 包含构建完整产品所需的所有零件和组件。它通常采用分层级结构树的形式，最顶层显示最终产品，底层显示单个组件和材料。作为工艺设计定义的第一步，工程师首先要定义一个 MBOM 结构，详细说明该产品主要的装配和 / 或加工变形步骤，以便使用产品零部件生成最终交付 MBOM，见图 8-1。

图 8-1

然后，在下一步的工艺设计步骤"工艺规划"（Process Planning）定义时，工程师可以创建和管理制造工艺系统，管理工艺路径，平衡每个操作站位 / 工位之间的制造项目以及平衡系统之间的操作，见图 8-2。所以，这个 MBOM 结构将作为工艺流程定义的输入。

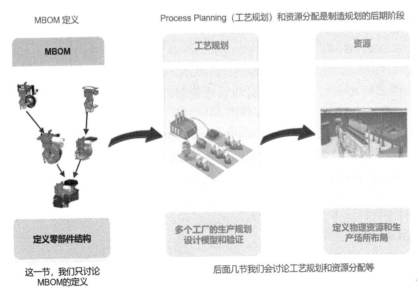

图 8-2

MBOM 是由以下目标对象组成的, 见图 8-3。

1) 制造装配体。

2) 提供零件。

3) 变换。

4) 紧固。

5) 安装。

6) 制造材料。

7) 制造套件。

8) 制造零件。

图 8-3

### 8.1.3 基于现有 EBOM 创建 MBOM

MID 应用程序提供了一个直观的用户界面, 可帮助你展示产品的完整结构。创建 MBOM 的第一步是设定产品的范围。范围是通过从参考制造零部件到参考产品的实施链接来定义的。

基本操作步骤如下:

(1) 在 3DE 平台, 打开一个现有的包含复合材料的产品结构 (EBOM), 见图 8-4。

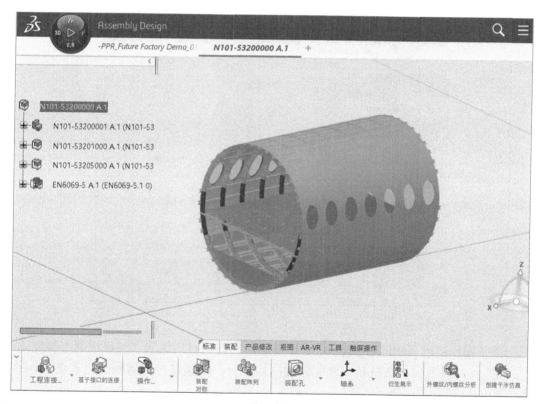

图 8-4

(2) 单击左上角的指南针并选择 MID 应用程序, 见图 8-5。

图 8-5

在打开的 MID 应用程序中可以看到：

1）自动生成一个 PPR 结构树，见图 8-6。

2）刚才的复合材料的产品结构（EBOM）自动创建于这个 PPR 结构树的顶层节点。

3）一个默认的根制造装配体视图也自动创建于 PPR 结构树的顶层节点。

4）位于屏幕中间自动生成的蓝色卡片，是制造组装节点的 3D 视图现实，卡片上还指示了该组装的名称。

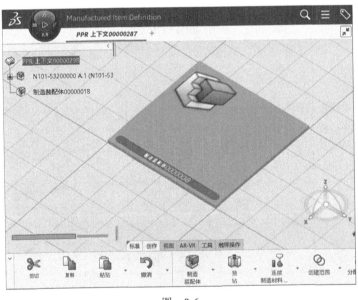

图 8-6

（3）从操作栏的 Authoring 选项卡，单击创建制造项目结构 📦。选择根制造装配体，单击"确定"。可以看到：在根制造装配体的图标上有一个橘红色的圆圈，代表该 MBOM 与上面的 EBOM 建立了"范围链接"。

创建的 MBOM 结构带有一个"实施链接"的"范围"，因此，用户可以使用"范围"创建"实施链接"。另外，"实施链接"是 EBOM 的零组件与相应的 MBOM 的参考制造装配中的制造零组件之间的联系，见图 8-7，显示了 EBOM 与 MBOM 建立实施链接。

例如，在产品 A 和制造装配体 A 之间创建范围链接时：

1）该 MBOM 创建 / 制造参考产品 A。

2）该 MBOM 实现了产品 A 的所有零件。

3）对于产品 A 以外的零部件不能实施在该 MBOM 中，因为它与制造装配 A 没有"范围链接"，也就不存在"实施链接"。从而保证了产品 A 的 MBOM 是基于产品 A 的 EBOM，而不是基于任何其他产品的 EBOM。

用户也可以在 MBOM 结构树的较低级的子级节点定义额外的范围链接，以识别那些需要特定 MBOM 对象来实现的 EBOM 中的零件，见图 8-8。

定义"范围"的方法允许用户轻松管理多制造场所的多模型（产品 EBOM 和制造零部件 MBOM 的子系统之间的多个范围链接，见图 8-8）。在 EBOM 和 MBOM 结构树之间建立正确的范围，允许用户在单个 PPR 上下文的情况下维护所有工作，包括分装、总装、不同制造厂、车间等，这避免了数据重复。用户拥有一个唯一的参考（任何修改只会进行一次），这也很容易比较不同的模型，并对不同制造场所 / 单元 / 站位进行优化平衡。

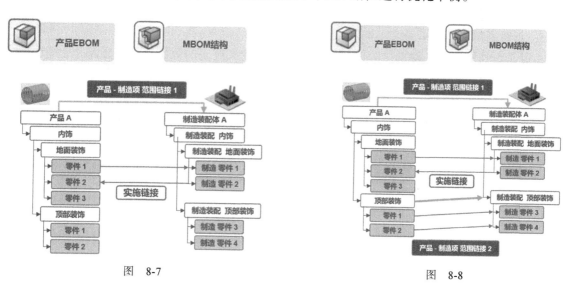

图　8-7　　　　　　　　　　　　　　　　　图　8-8

用户可以定义子级范围并突出显示附加值。例如，一个工艺工程师正在定义产品的子模块（机身中段）的工艺操作的流程，工程师能够根据范围链接和实施链接检索相关的 MBOM 制造零部件和 EBOM 产品，见图 8-9。

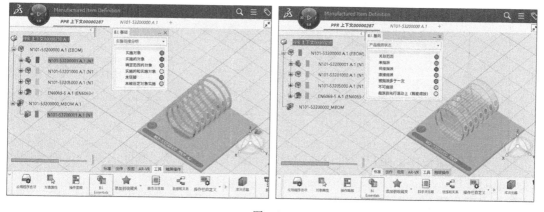

图　8-9

软件提供定义 MBOM 子级范围的功能，是因为每个工艺工程师通常只需要加载自己负责的部分 MBOM 零部件，所以，他可以在 MBOM 的子系统做与自己工作相关部分的范围定义。

但同时，软件不仅支持查看分配给工程师自己的 MBOM 零部件，还支持查看任何其他工艺工程师的输入。例如，在汽车制造的白车身中，负责侧板、地板和车顶焊接的工艺工程师能够加载其他工艺人员详述的所有输入（侧板、地板、屋顶）和他负责的所有焊缝。

使用范围链接将 MBOM 与产品结构相关联，即使产品不在同一站点上组装，也可以对其进行管理。例如，在航空航天领域，机翼、驾驶舱、机身部分可以在不同的地点组装。因此，范围链接可以定义每个工作场所的责任范围。

将 MBOM 与产品结构相关联的优点：

1）灵活的多结构和多链接方法，支持多模型和多站点场景。

2）提高模型准备期间的零件加载效率。

3）明确定义工作上下文不同的站点和 / 或用户。

定义正确的范围，特别是范围的级别很重要。定义过多的范围链接将限制重组 / 重新分配方面的灵活性。范围是一个强大的链接，工艺工程师无法通过实施链接绕过它。

**注：** 工艺工程师可以在 MBOM 结构树中或 3D 视图工作区中选取一个对象，然后单击在"创作"工具栏中的"关系"命令。在"关系"面板中会显示你选定对象有各种关系的对象，包括"实施链接"关系的对象等，见图 8-10。

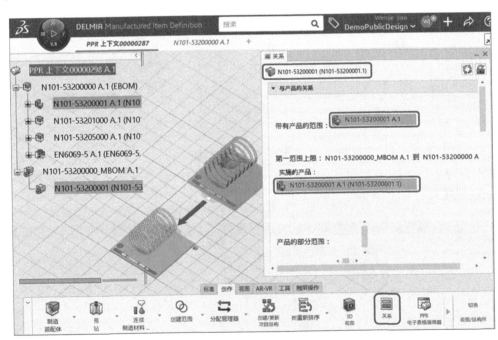

图 8-10

在"关系"面板中，用户还可以通过从上下文菜单中选择"删除关系"选项来删除与制造产品的关系。

使用以下步骤在根节点创建 MBOM（制造项目）– EBOM（产品）的范围：

1）右键单击 MBOM 结构树中的根节点制造装配体，并选择"创建范围"，见图 8-11。

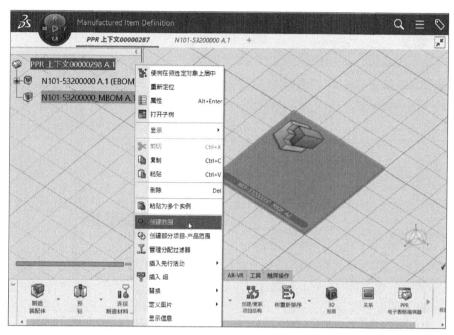

图　8-11

2）现在，从 PPR 结构树中选择 EBOM 根节点（即：产品节点）。

3）这样，就定义了 MBOM 零件或装配体的边界，见图 8-12。

4）尚未分配到 MBOM 中的 EBOM 零组件，在 3D 视图工作区的蓝色卡片上，呈现为透明。

5）PPR 结构树中 MBOM 根节点上显示红色圈框符号，代表范围链接已建立。同时，这个符号也显示在蓝色卡片上。

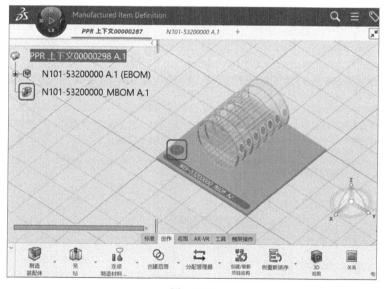

图　8-12

6）另请注意：现在，用户也可以右键单击蓝色卡片，在上下文菜单中选择"移除项目 – 产品范围"选项，见图 8-13，来删除 MBOM–EBOM 的范围链接。

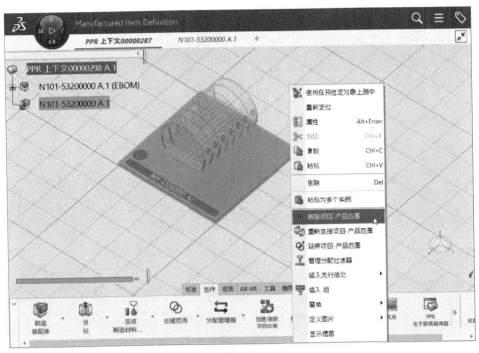

图　8-13

通过同样的步骤，用户可以在装配结构的子部件之间创建"子范围"：

1）右键单击 MBOM 结构树中的制造装配节点，然后选择"创建部分项目－产品范围"，见图 8-14。

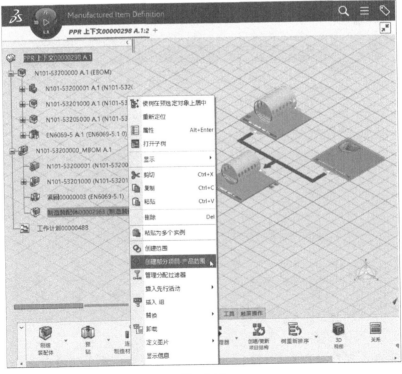

图　8-14

2）现在，从 EBOM 结构树中选择想要关联的产品节点，这时，橘红色圆圈符号显示在 MBOM 结构树和范围符号的装配节点上，这个橘红色圆圈符号也同时显示在 3D 视图工作区的蓝色卡片上，见图 8-15。

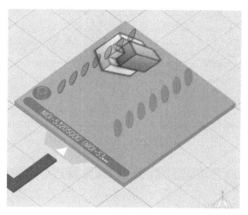

图　8-15

3）类似地，也可以为"提供零件"定义"范围"，即创建"制造项目 – 产品范围"。

创建装配体和子装配体可以帮助用户创建复合材料加工 MBOM 的结构，用户可以使用上下文菜单或使用操作栏中的"创作"部分来创建复合材料加工和装配的 MBOM 的层级结构，见图 8-16。

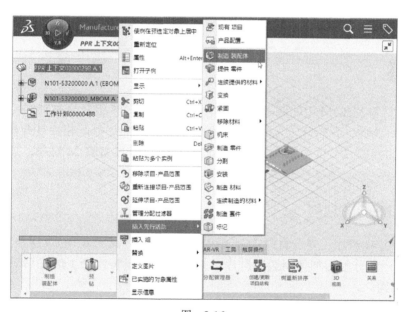

图　8-16

1）右键单击要编辑的 MBOM 根节点或 MBOM 中的任意制造装配体，选择"插入先行活动"→"制造装配体"。

2）单击"制造装配体"。

3）右键单击"制造装配体"并选择"属性"。复合材料工艺工程师可以通过在"标题""名称"等字段中键入新名称来重命名该制造装配体，见图 8-17。

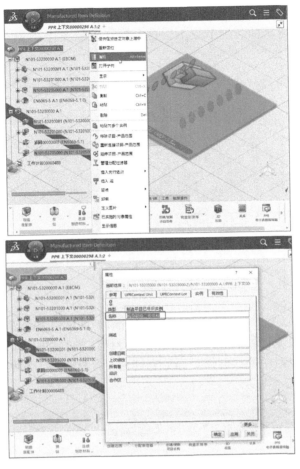

图 8-17

基本复合材料 MBOM 中的制造装配体的结构将为每个/组复合材料零件加工提供一个专门的子装配。为此，我们首先需要一个专门的装配体，然后分配相关复合材料零件到这个装配体中。通过将零件分配给装配体，它将创建一些专用的 MBOM 对象，这些对象是"提供零件"。

## 8.1.4 创建 MBOM 结构

使用 MID 应用程序，复合材料工艺工程师可以规划产品的 MBOM 层级结构。在这里，工程师可以将产品分解为如何组装的顺序，按照产品的组装或加工的先后顺序来重新组织 MBOM 层级结构。

在 3D 视图工作区，蓝色卡片所演示的 MBOM 层级结构的布局是向上扩展开来的。这意味着产品将在从左到右排序降序排列。复合材料工艺工程师也可以选择不同的布局方向。

展开的布局的方向可以调整，使用：我→首选项→所有首选项→我的模拟任务→模拟→工艺工程→制造项目定义，见图 8-18。

1. MBOM 对象的类型

复合材料工艺工程师可以在 MBOM 结构中创建以下类型的 MBOM 对象：

1）制造装配（Manufacturing Assembly）：它是指由几个零件和/或子装配组成的制造装

配，见图 8-19。例如，一个经典的 MBOM 结构节点，一个作为参考跟踪的中间装配步骤，可以外包的预装配。

2）提供零件（Provided Part）：它是指为任何制造步骤提供的单个产品 / 零件，见图 8-19。例如制造组件，所有单个零件都分配给具有提供零件项目的装配体。

3）紧固件（Fasten）：指任何制造装配所需的紧固件。例如，汽车白车身中的任何中间组件都需要一些点焊和 / 或螺栓，这些点焊和 / 或螺栓将分配给具有紧固项目的制造组件。

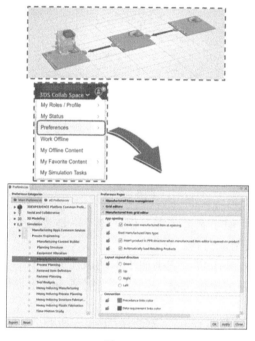

图　8-18

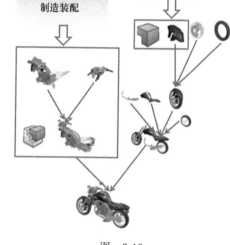

图　8-19

4）制造安装（Manufacturing Installation）：是指将零件 / 组件 / 紧固件安装在更大的组件上但不生成新组件的步骤。示例：在汽车行业中，摩托车车架可用于安装各种零件，例如座椅、变速箱、前叉等。在这种情况下，摩托车车架可以作为许多制造安装（例如座椅组装、变速箱）的通用参考组装部件，组装见图 8-20。

5）制造套件（Manufacturing Kit）：这是指未组装在一起的一组项目（零件 / 组件）的一种方式。例如，在总装中，可以将一些零件袋直接组装在车辆 / 机身等上。即使它不是真正的程序集，也需要作为参考进行跟踪，见图 8-20。

6）拆卸过程（Disassemble Process）：是指已经拆除了一个或几个零件或紧固件的新组件。例如，汽车总装过程中的车门拆卸过程。门在生产线开始时被拆除，并在后期重新组装。

7）加工变形（Transform）：是指将一个装配体或零件转换到另一个需要跟踪作为参考的阶段（喷漆、表面处理、弯曲、机加工等）的步骤。例如，需要在数据库中作为参考进行跟踪的半成品的中间制造步骤（将发送到企业资源计划），见图 8-21。

8）去除材料（Remove Material）：是指去除一些材料的加工过程。去除材料工艺有不同的子工艺类型：钻孔 / 预钻孔 / 切割 / 磨削 / 坡口，见图 8-21。

9）制造零件（Manufactured Part）：当设计零件与用于制造的零件不同时，它是指零件规格（供应条件）。例如，基于紧固件规格的预钻孔零件（通常没有设计孔）。

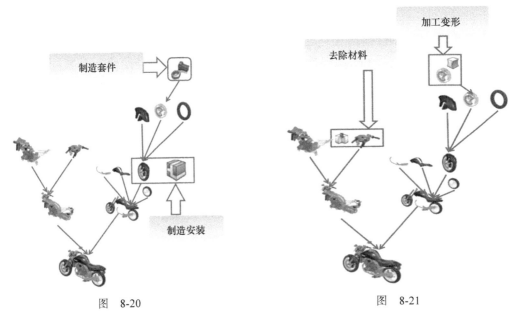

图 8-20　　　　　　　　　　　图 8-21

10）制造材料（Manufactured Material）：它类似于制造装配，但适用于不是装配的全新零件（例如轮胎）。我们通常使用配方示例来说明制造材料，见图 8-22。

11）连续提供的材料（Continuous Provided Material）：它类似于不能识别为单个部分但可以识别为体积、质量、长度或面积等数量的东西的提供部分。例如，当需要为汽车提供机油时，可以定义特定的体积。

12）连续制造材料（Continuous Manufactured Material）：它类似于制造材料，但针对特定数量（体积、质量、长度或面积）连续制造的东西。例如，电缆制造、油漆、牙膏、饮料。

**2. 定义 MBOM 制造装配体和子装配体**

要创建复合材料加工和装配的 MBOM 层级结构，可以用两种不同的方式创建：使用"上下文菜单"，或者操作栏中的"创作"部分。

当复合材料工艺工程师打开制造项目编辑器（MID）时，在 3D 工作区，一个默认的蓝色卡片会被自动创建，它对应的是 PPR 结构树中的 MBOM 根节点。然后，可以使用以下两种方法创建子加工/装配卡片，见图 8-23：

1）右键单击 3D 工作区中的蓝色卡片，并选择插入先行活动 > 制造装配体。

2）在底部工作栏中的"创作"部分，单击"制造装配体"命令。

这时，3D 工作区的网格上会出现一个新的蓝色卡片。在添加新的"子制造装配体"卡片时，系统会自动创建一个数据需求链接。

工程师也可以并行添加多个"子制造装配体"卡片，作为前置的或后继的步骤顺序。类似地，任何后继卡片都可以是其自己的后继卡片集的前驱。通过这种方式，工程师可以创建简单的或高度复杂的 MBOM 对象。

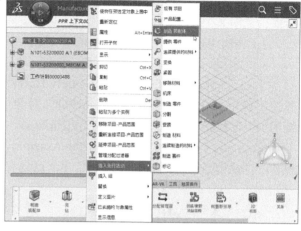

图　8-22　　　　　　　　　　　　　　　图　8-23

如果想要重新安排制造装配体（卡片）的先后顺序，可以通过将卡片拖动到另一个要重新分配为前置顺序的卡片上，这样，就可以将卡片重新分配给新的前置。当工程师将此卡片放在该位置时，后继卡片会移动到新的先后顺序关系中。

1）通过将卡片拖放到另一个卡片上，会将制造装配体卡片重新定义为不同的前置顺序。

2）如果工程师需要删除制造结构中间的制造装配体卡片而不删除所有后续卡片，则必须将后继卡片重新分配给不同的前置卡片，然后删除额外的卡片。

3. 创建工艺顺序的约束

基于复合材料加工顺序和组装顺序而构建 MBOM 后，添加前置顺序约束将进一步细化定义 MBOM 对象。使用底部工具栏"创作"部分中的"创建优先约束"功能，来定义 MBOM 结构中的约束，见图 8-24。

优先约束创建规则，因此 MBOM 对象的某些组装阶段必须按设定的顺序发生。可以在连接到单个后继者的同一 MBOM 对象级别的任何图块之间创建这些约束。

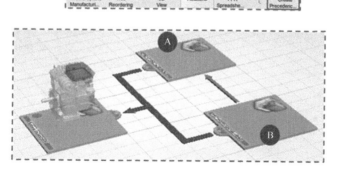

图　8-24

**4. 自动生成 MBOM**

工程师可以使用"创建 / 更新制造装配"命令自动创建 MBOM 结构，见图 8-25。

1）在 Authoring 选项卡，单击创建 / 更新制造装配命令。将显示创建 / 更新制造装配对话框，见图 8-25。

2）在树中选择根产品和根 MBOM 对象，然后单击下一步，见图 8-25。

3）选择所需选项并单击下一步，见图 8-26：

① Generate Manufacturing Assembly Based on Make–Buy：如果选择此选项，则根据业务逻辑确定 MBOM 对象的生成。MBOM 对象生成取决于所选的行业模式（本场景中的高级用户）以及产品节点是被视为制造还是购买。

② Create Complete Manufacturing Assembly for Assembly：如果选择此选项，将递归处理非叶产品节点。满足条件时，产品叶节点具有相应的提供零件或紧固步骤。

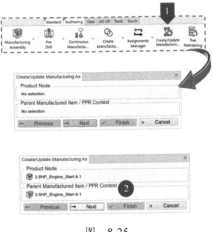

图 8-25　　　　　　　　　　　　　　　　　图 8-26

4）选择为装配体和零件生成 MBOM 对象所需的选项，然后单击完成，见图 8-27。

为多个实例化零件生成单个提供的零件参考：如果选择此选项，将在单个参考下创建在单个产品中多次使用的相同零件。例如，在 Cover_Assembly 产品中，Cover_Bolt_Medium 是使用了两次的同一个零件。生成制造装配后，Cover_Bolt_Medium 的两个实例都将 Cover_Assembly 作为参考。创建的 MBOM 结构出现在 MID 和根 MBOM 对象下的树中。

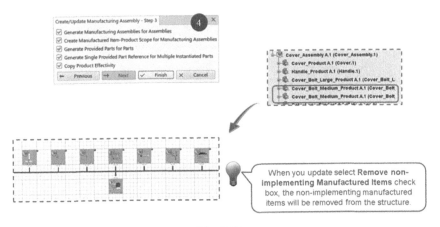

图 8-27

如果涉及产品构型信息的 EBOM，在自动生成 MBOM 的过程中，工程师可以选择"复制产品有效性"选项。如果选择此选项，则会将产品的有效性复制到其相关的有实施关系的 MBOM 零部件中。

例如，见图 8-28 中的例子，使用"创建 / 更新制造装配"并选择"复制产品有效性"复选框，工程师就可以将与单个 EBOM 关联的有效性复制到其生成的 MBOM 中。创建的 MBOM 结构与 EBOM 组件具有相同的有效性。

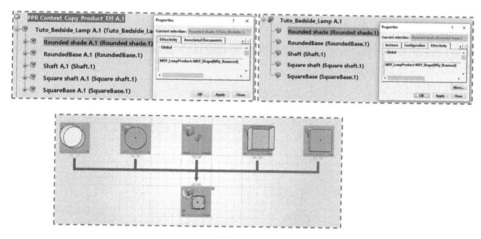

图　8-28

**5. 删除 MBOM 中的零部件**

工程师可以使用"卸载"命令从结构中删除不需要的制造项目：

1）从 MBOM 结构树中选择要删除的零件，或从 3D 工作区中选择制造项目的卡片。

2）在底部工具栏的"工具"选项卡中，单击"卸载"命令，见图 8-29。

3）在"卸载"所选对话框中，单击确定。这样就可以删除选定的卡片和零件。

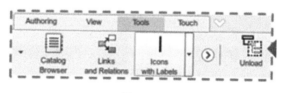

图　8-29

**6. 使用表格来编辑 MBOM**

电子表格允许工程师以表格的形式显示 MBOM 的内容。通过电子表格编辑器，工程师可以创建或删除项目、修改属性、使用业务逻辑添加自定义属性并将 MBOM 结构导出为 .xls 文件，见图 8-30。

1）将电子表格编辑器在一个新的沉浸式浏览器中打开，其中包含电子表格中的 MBOM 内容。在电子表格编辑器中，工程师可以浏览属性、编辑对象、插入新对象并使用当前应用程序中可用的任何命令，见图 8-30 中的 A。

2）电子表格中显示 MBOM 对象的内容。MBOM 对象的所有子组件按行列出。

3）MBOM 子组件的属性列在列中。列中的（R）表示该属性与参考相关，见图 8-30 中的 C。

4）除了显示名称、路径和类型之外，只要对象可编辑，就可以编辑属性。

**注**：系统默认的是当用户打开表格来编辑 MBOM 时，PPR 结构树就自动隐藏，如果想看到 PPR 结构树，就单击 F3 功能键，PPR 树就会弹出。

5）见图 8-31 中的 E，针对产品、制造项目和系统显示不同的面板。选定的编辑对象显示在每个面板中树的顶部。在电子表格编辑器中，用户可以通过双击树中的对象在新面板中打开一个对象。

6）"插入新内容"命令允许用户在所选对象下创建插入新对象，见图 8-31 中的 F。

7）"过滤属性"命令使用户能够仅查看想要查看的数据，其他属性的数据会被隐藏。只需要在属性过滤面板中，选择工程师想要查看的属性，然后，在电子表格中就仅显示与该属性相关的数据，见图 8-31 中的 G。

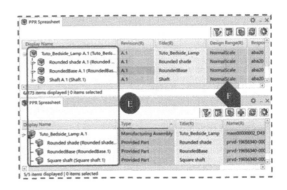

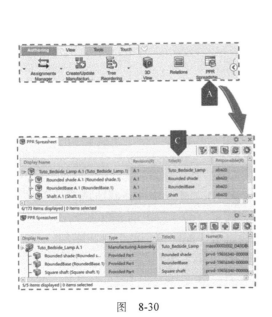

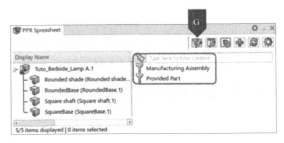

图　8-30　　　　　　　　　　　　　　　　　图　8-31

## 8.1.5　从 EBOM 分配复合材料零件到 MBOM

1. 从 EBOM 分配零部件到 MBOM，*方法一*

当 MBOM 对象 – EBOM 产品范围已存在，用户就可以将一个或多个产品分配给选定的 MBOM 对象。从 EBOM 结构树中直接拖拽零件或子装配体到不同的蓝色卡片上，是从 EBOM 分配零部件到 MBOM 的最方便的方法，见图 8-32。

从 EBOM 结构树中选择主装配体下的一个零件，将此项目拖放到 3D 工作区所需的蓝色卡片中，零件或子装配体现在就被分配给该装配，见图 8-32 中的 A。

Select All Leaves 命令允许用户选择制造项目的所有子节点（Children Elements）或叶节点（Leaf Elements）。此命令还使用户能够选择系统和操作的所有子节点。

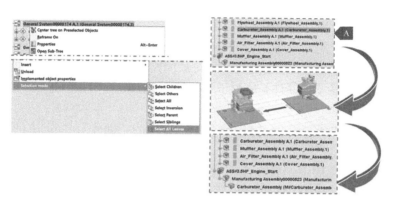

图　8-32

2. 从 EBOM 分配零部件到 MBOM，方法二

1）装配体分配助手可用于将产品和紧固件分配给 MBOM 对象。可以分配、取消分配和重新分配产品，见图 8-33 中的 A。

2）可以从"创作"部分访问"装配分配助手"命令，见图 8-33 中的 B。

3）从制造项目下拉列表中选择未分配显示可分配的产品，见图 8-33 中的 C。

4）从下拉列表中选择一个 MBOM 对象会在相应的 3D 查看器中显示由该 MBOM 对象实现的所有产品。这些产品也列在 3D 查看器下的可用产品和已分配产品列表中，见图 8-33 中的 D。

5）见图 8-34 中的 E，当用户在右侧的 MBOM 对象下拉列表中选择一个 MBOM 对象时，未分配的产品列表会更新。

6）分配给前序节点的产品在产品列表中标识为输出，并显示在 3D 查看器中。但是，它不可用于分配。选择列表中的零组件会在查看器中突出显示生成的产品。同样，在查看器中选择产品会突出显示列表中对应的零组件行，见图 8-34 中的 F。

7）使用箭头移动部件，见图 8-34 中的 G。

**注**：用户可以使用在"分配助手"对话框中的箭头，来直接将所选的 EBOM 对象从左侧分配到右侧 MBOM 的 3D 视图区域中。

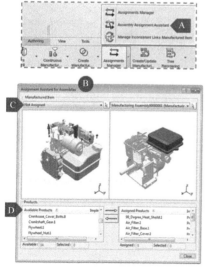

图　8-33

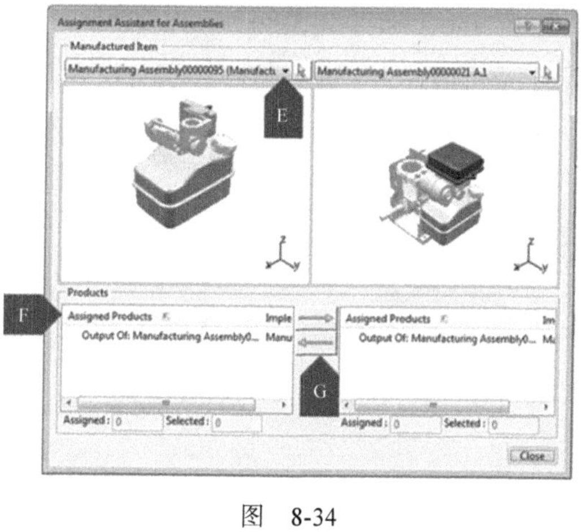

图　8-34

**3. 从 EBOM 分配零部件到 MBOM，方法三**

用户可以使用"分配管理器"命令，将一个或多个 EBOM 产品零部件分配给选定的 MBOM 对象，还可以取消已分配给 MBOM 对象的产品。（注意，此操作的前提是：那些可以被分配的 EBOM 产品（零部件）是源于"MBOM 对象 – 产品范围"定义的）。具体操作如下：

1）见图 8-35 中的 A，用户可以从底部工具栏的"创作"部分访问"分配管理器"命令。

2）在 MBOM 结构树中选择一个对象，打开"分配管理器"面板，在对话框下方显示了所选 MBOM 对象的"已分配的产品"和"可分配的产品"两个列表，见图 8-35 中的 B。

3）在"可分配的产品"区域，在列表中选择产品后，用户可以通过单击"分配"箭头，将选定产品分配到 MBOM 对象中。用户可以从"分配管理器"面板上半部分的对话框中看到变化，见图 8-35 中的 C（当从"可分配的产品"列表中选择产品时，被选定的零部件也会在左侧 PPR 结构树中突出显示，这为用户提供了可视化的方便）。

4）在"已分配的产品"区域，显示已分配给选定 MBOM 对象的产品列表。

5）在"其他已分配的产品"列表中，显示的是已被分配给 MBOM 的 EBOM 产品零部件列表。在某些情况下，工程师需要重复分配一些 EBOM 零部件给 MBOM 的不同对象，系统也提供了这个方便。所以，重复分配的操作也是被允许的。

6）取消分配：从"已分配的产品"列表中选择产品后，用户可以通过单击取消分配选定的产品来取消分配。

7）过滤列表：工程师还可以通过单击过滤器来过滤属性列的内容。将出现一个文本对话框，工程师可以在其中键入要过滤的完整或部分名称，然后，如果用户选择一列的标题，则整个列都会被过滤。工程师可以通过这个方法快速过滤出你要找的 EBOM 中的件号，见图 8-36 中的 H。

8）关闭"分配管理器"面板，完成对 MBOM 对象的编辑。

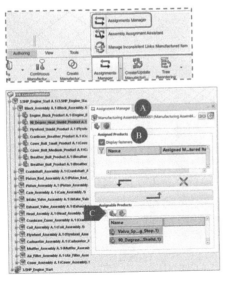

图　8-35

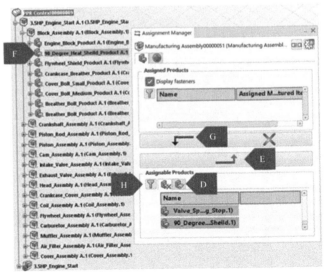

图　8-36

**4. 从 EBOM 分配零部件到 MBOM，方法四**

"子结构树"允许工程师通过简单的拖放方法分配零件，见图 8-37：

1）右键单击装配体，并选择"打开子结构树"（Open Sub-Tree）。

2）将零件拖放到子结构树面板中的 MBOM 装配体中。

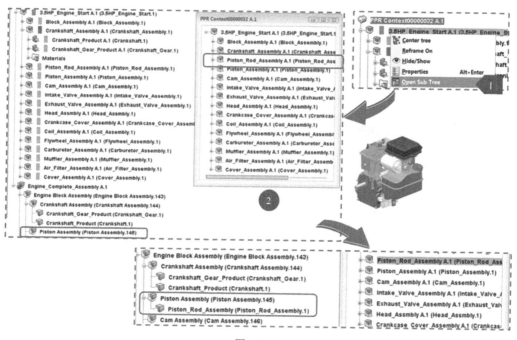

图　8-37

## 8.1.6　快捷工具使用汇总

**1. 使用 F5 列表**

使用 F5 列表功能是工程师可以直接在 3D 可视化工作区，基于直观的复合材料加工或组装零件的真实几何图形来编辑 MBOM，见图 8-38。

1）用户可以在 3D 工作区，使用 F5 列出与 MBOM 对象关联的零件和紧固件。分配的零件和紧固件按其各自的名称显示在 F5 列表中。

2）可以从一个 MBOM 对象的 F5 列表中拖放一个对象，以将其重新分配给另一个 MBOM 对象。

**2. 使用"3D 视图"查看 3D MBOM**

"3D 视图"面板为工艺工程师提供了在单独窗口中可视化查看 MBOM 结构树的零组件的选项。工程师在通过分配管理器分配零件时，可以使用 3D 视图命令对零件进行 3D 可视化查看：

1）"3D 视图列表"面板：允许用户在选择 MBOM 零部件时，过滤 3D 视图面板的显示对象，见图 8-39 中的 A。

2）显示选项：用户可以在 3D 视图面板中显示不同类别的零部件的构建，还可以很方便地在 3D 视图面板、3D 视图列表面板、PPR 结构树和 3D 工作区之间交叉突出显示和预突出显示，见图 8-39 中的 B。

3）它允许用户在 3D 视图列表面板中隐藏 / 显示对象，见图 8-39 中的 C。

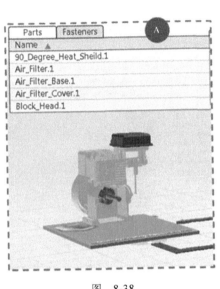

图　8-38

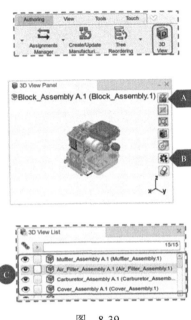

图　8-39

### 3. 使用 B.I. Essentials 面板方便查看 MBOM 状态

底层工具栏"工具"部分中的 B.I. Essentials 功能，对于工程师查看和检查 MBOM 数据和状态来说是一个非常方便的工具。它可以使工程师能够获取产品的分配状态、MBOM 对象的更新和完成状态、组件的紧固状态以及执行工具链接分析等。"配置有效性"提供了是否有任何有效性与产品结构和制造装配相关联的信息。"制造零件更新状态"提供了一个专用选项，用于从完整的装配结构检查制造零件的更改或更新状态。

当从下拉列表中选择产品分配状态选项时，PPR 结构树中的 EBOM 或 MBOM 对象会以不同的颜色代码突出显示，见图 8-40。

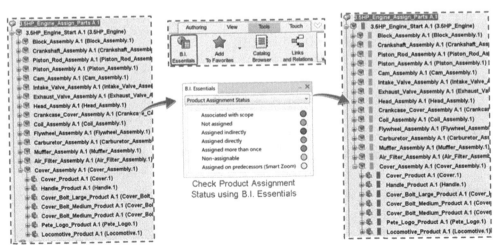

图　8-40

当产品分配状态 B.I. 被选中，树中的产品节点旁边会显示彩色方块。图 8-41 中表示了不同状态颜色代码的含义。

| Color | Status | Description |
|---|---|---|
| | Associated with scope | The product has a scope link to an MBOM object. |
| | Not assigned | The product is not yet assigned, but can be assigned when taking into account assignment rules and scopes. |
| | Assigned indirectly | The product that is not assigned, but its parent is assigned to an MBOM object. |
| | Assigned directly | The product is directly consumed by an MBOM object. |
| | Assigned more than once | The product is assigned to at least two MBOM objects. This is possible, for example, if the product is assigned to MBOM objects that have different applications. |
| | Non-assignable | The product cannot be assigned. Considering the scopes, some products cannot be assigned because this would lead to the violation of assignment or scope rules. |
| | Assigned on predecessors (Smart Zoom) | A product that is assigned to a predecessor. In Smart Zoom mode, the 3D display of the product is colored yellow. |

图　8-41

例如，工程师通过如下操作可以查看 EBOM 到 MBOM 的分配状态，工程师可以检查是不是有遗漏或者重复分配的零件：

1）单击底层工具栏"工具"部分中的 B.I. Essentials 命令，然后从列表中选择产品分配状态，见图 8-42 中的 A。

2）现在，将 EBOM 零部件分配到相应的 MBOM 对象。在分配零件时，可以观察到 EBOM 或 MBOM 结构树中的变化。

当然，用户还可以检查更新零件的状态或查看产品是否完全受约束等其他选项，来快速查看和检查 MBOM 数据和状态。

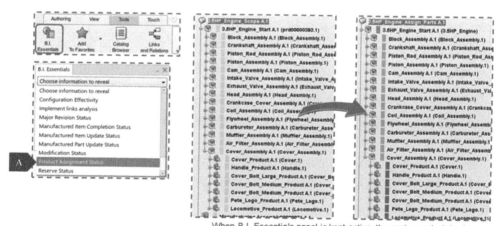

When B.I. Essentials panel is kept active, the assignment status is displayed promptly while the parts are being assigned

The selection of a label corresponding to a color in the legend leads to selection of all objects having this color code. So, it allows multi-selection before applying a command.

图　8-42

## 8.1.7　小结

1. 定义复合材料的制造物料清单（MBOM）

1）MBOM 包含构建完整产品所需的所有组件和单个部件。

2）MBOM 是一种层次结构，主要由作为中间节点的程序集和子程序集以及作为叶节点的各个部件组成。

3）MBOM 程序集是由制造程序集之类的对象组成的，并提供零件。

4）制造装配是指由多个部件和 / 或子部件组成的制造装配。

5）提供的部件是指为任何制造步骤（如制造装配）提供的单个产品 / 部件。

2. 将零件分配给 MBOM 组件

1）如果存在制成品 – 产品范围，则可以使用 Assignments Manager 命令将一个或多个产品分配给选定的制成品。

2）可以使用程序集的"分配助手"来管理产品到制成品的分配。可以分配、取消分配和重新分配产品。

3）可以使用产品分配状态来管理产品到制成品的分配。树中的产品节点根据产品分配状态着色。

4）可以手动或根据显示名称的字母顺序对树中的已制造项、系统和操作进行重新排序。

5）可以使用 B.I. Essentials 面板来管理制造品的分类状态（已分配，没有分配等）。树中的制成品根据颜色代码进行着色。

## 8.2　复合材料工艺规划

### 8.2.1　概述

每个制造企业都需要定义工艺规划，制定生产流程来保障生产计划。流程规划可帮助你定义和模拟操作之间的产品流程和时间限制，以确保生产具有正确的逻辑顺序。

工艺规划应用包含通用系统、工作计划、操作步骤等类型。

1. 通用系统

1）不同层次布局的逻辑描述：工厂 / 生产线 / 区域 / 车站 / 工作场所。

2）产品流程在不同项目之间定义。

3）操作在 Workplace 或 Stations 内的此结构的叶节点处定义。

4）有不同类型的制造系统，但首先应使用通用系统来描述布局。所有其他类型的制造系统都与流动模拟有关。

2. 工作计划

工作计划是包含操作和步骤的可执行过程：

1）它是独立于布局考虑定义路由 / 操作的结构。

2）通过将操作从工作计划结构分配到制造系统结构，可以将平衡作为第二步。

3）这允许在中央定义路由 / 操作，并在本地拒绝任何生产相同产品的工厂。

① 基于相同操作的不同装配顺序。

② 一些具体操作。

③ 不同的资源分配。

4）工作计划结构的范围仅限于 MBOM 并使用它。

5）一般系统结构的范围仅限于工作计划结构，操作分配给工作站或工作场所。

3. 操作步骤

1）作为逻辑布局结构（制造系统）的叶节点，可以创建操作和子级操作。

2）相关时间可以是估计的、分析的（以标准时间分析为子级项）、模拟的、汇总的（来自工作指导或子级操作）。

3）在排序 / 平衡期间必须遵守的优先约束（时间约束）。

4）使用产品流进行排序。

5）作为参考或上下文链接的相关工具。

6）配置信息。

7）相关消费要求 / 规格。

8）详细工作说明（子级项）。

## 8.2.2　创建系统及操作

创建与步骤对应的操作。必须与定义范围内的 MBOM 结构相关联。

1）当打开 Process Planning 应用程序时，会在 PPR 上下文中自动创建一个默认的根系统。这个根系统是一个通用系统，见图 8-43 中的 A。

2）或在 Authoring 选项卡，单击 General System 命令并选择树中的位置。创建新系统并将其添加到树中，见图 8-43 中的 B。

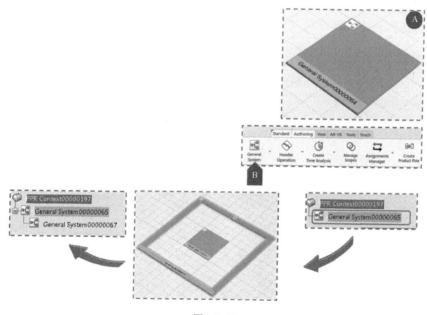

图　8-43

3）右键单击并选择 Insert → General System 创建新系统并将其添加到树中，见图 8-44。你还可以右键单击 PPR 节点并选择插入系统→通用系统。创建新系统并将其添加到树中。可以根据需要使用图标展开或折叠系统块。

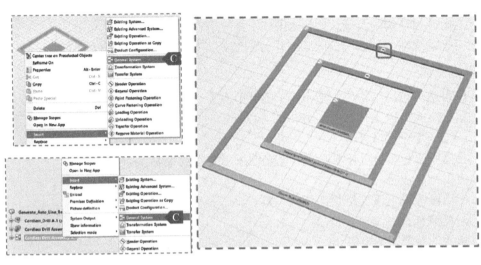

图　8-44

在将 MBOM 分配给系统结构之前，必须在操作和 MBOM 之间定义范围。范围建立在系统和 MBOM 之间，通过链接进行定义。一旦定义了范围，只有范围下的 MBOM 将是分配的候选对象。

范围关联的系统内包含子系统和操作，用以制造实现关联的 MBOM 对象所需的步骤，见图 8-45。

系统组织结构的定义中，一个系统由一个或多个操作（子系统）组成，这些操作（子系统）对应于实现所关联的 MBOM 结构。产品流链接通过选择源系统和目标系统来定义操作流程。可以使用工具"创建产品流"命令在系统之间创建产品流链接。可以使用属性选项管理每个节点的名称，这些属性选项为每个特定流程节点提供了唯一标识符号，见图 8-46。

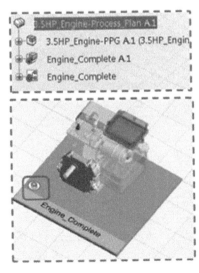

图　8-45

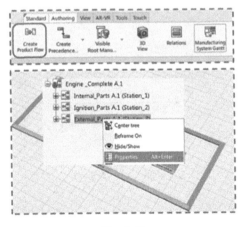

图　8-46

　　当打开流程规划应用程序时，系统编辑器将显示在主框架中。见图 8-47，可以使用"应用程序选项"对话框管理系统编辑器。可以打开 App Options 对话框，右键单击工作区并选择 Display → App Options，在 App Options 窗口中，可以管理系统编辑器显示。可以根据自己的需要查看系统，也可以单击刷新系统编辑器命令来刷新系统编辑器中显示的所有数据。

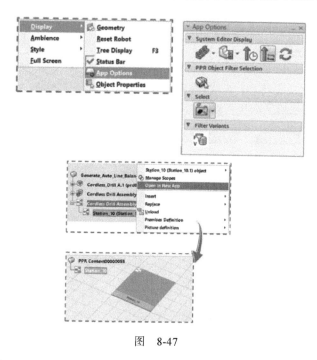

图　8-47

　　可以在系统节点下创建操作。这些操作基于前面定义的作用域链接使用 MBOM，见图 8-48。

　　1）在 Authoring 选项卡，从可用操作列表中选择所需的操作命令。

　　2）选择要插入操作的树的系统结构中的位置。

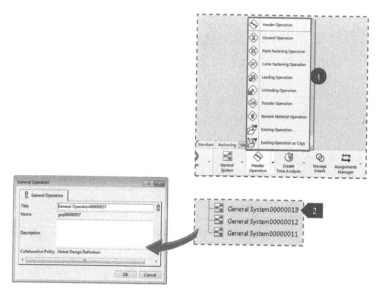

图　8-48

如果需要，在 Title 字段中键入活动名称并修改操作的默认属性，单击 OK，见图 8-49。

一旦定义了计划流程，就可以在流程改变之后重新规划操作路径。在首选项下，当 MBOM 发生变更，其关联的操作必须重新连接，操作和 MBOM 必须在一个会话中，制造的对象只能在范围内的操作间移动，见图 8-50。

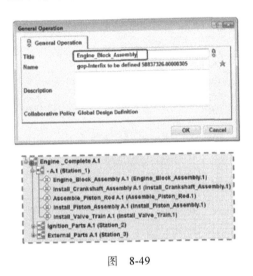

图 8-49

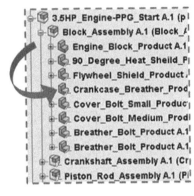

图 8-50

## 8.2.3 分配 MBOM 到操作

将 MBOM 分配给操作是通过将特定的 MBOM 从产品编辑器界面拖放到系统编辑器界面来完成的。切换到使用系统编辑器的应用程序时，打开系统编辑器界面。切换到制造项目编辑器的应用程序将打开 MBOM 编辑器界面，当打开 PPR 结构时，该结构将在最近兼容的应用程序的界面中打开。例如，如果"制造项目定义"界面是最后打开，则 PPR 结构将在 MBOM 编辑器界面中打开。然后，如果启动流程规划应用，该结构将在系统编辑器中打开，见图 8-51。

图 8-51

如果系统和 MBOM 之间存在范围，见图 8-52，可以使用 Assignments Manager 命令将一个或多个 MBOM 分配给所选的操作。还可以不分配已经分配给某个操作的 MBOM。可用于分配的 MBOM 来自范围链接。在 Authoring 选项卡，单击分配管理器命令并从树中选择所需的操作，则可以观察所选操作的当前和潜在的 MBOM 分配。指定的制造品区域显示已经分配给所选操作的 MBOM 列表。在本例中，没有分配 MBOM。可以使用双箭头工具将 MBOM 分配给指定操作。

见图 8-53，第一个选项卡显示了未分配的 MBOM 列表。在下面的窗格中，第二个选项卡显示已经分配给其他操作的 MBOM 列表，这些也可以进行重新分配。可以按如下方式管理分配：

1）分配一个制造项目：当生产项被选中的未分配的制造项列表，可以通过单击分配选择制造项目按钮。

2）取消分配制造项目：当选择制造项目的分配生产项目列表，可以通过单击 Unassign 取消选择制造项目按钮。

3）属性内容过滤：可以过滤一个属性列的内容通过单击过滤器按钮。出现一个文本框，可以在其中指定要筛选的数据。可以通过单击"属性自定义"来自定义属性列。

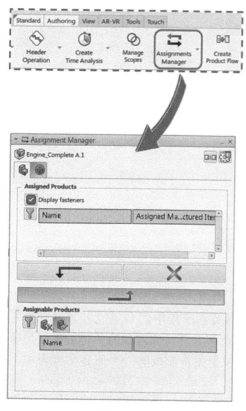

图 8-52

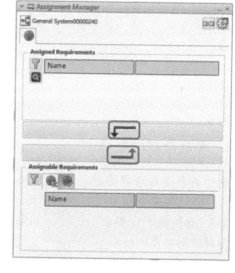

图 8-53

在 Configure 对话框中，见图 8-54，首先选择对象类型，并将一个或多个可用属性从可用属性列移动到显示的属性列。单击 OK 完成配置。若要停用筛选器，请再次单击筛选器按钮。单击 Close 以考虑对 MBOM 进行的操作分配的任何修改。

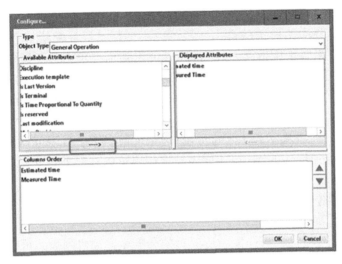

图　8-54

变更工艺图板上的产品视角。见图 8-55，使用罗盘指针，通过手动或者 Snapping 来旋转修改工艺图板上显示的零件。

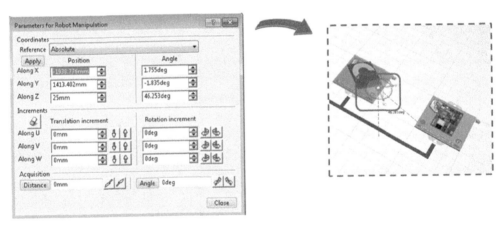

图　8-55

## 8.2.4　关联数据的查看

通过关系面板查看数据。见图 8-56，可以选择关系面板中的对象或者通过双击关系面板中的一个对象来更新关系面板。但是，当在关系面板之外选择对象时（例如在结构树中选择对象），面板将不会更新。相反，如果所选对象位于关系面板的一个或多个列表中，相应的列表对象将被高亮显示。

如果关系面板的锁定模式被停用，选择关系面板外的对象将使用新选择的对象更新关系面板。可以同时在关系面板和树中选择多个对象。

可以在关系窗口中选择多个对象，这有助于验证操作的分配。可以更新一个或多个选定的对象。可以同时选择一个或多个对象。在修改结构时更新窗口，见图 8-57。关系窗口与其他应用程序集成，该窗口在系统模拟过程中自动更新。

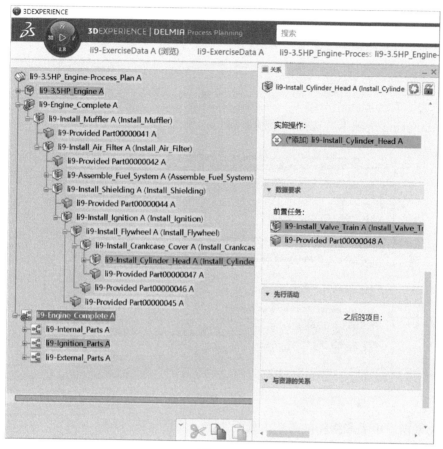

图　8-56

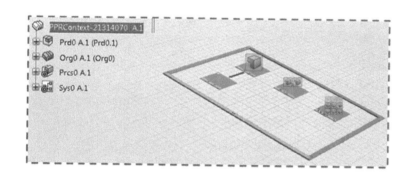

图　8-57

　　锁定 / 解锁模式限制输入选择。可以查看上方的范围关联项。可以编辑列出的对象的属性，见图 8-58。

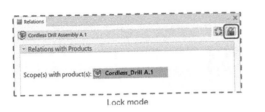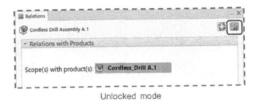

图 8-58

选择 Authoring 选项卡，选择两个制造项目，见图 8-59。

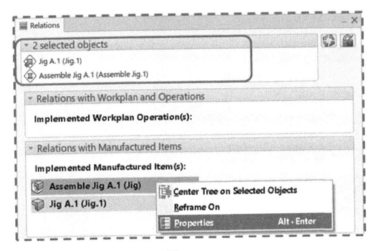

图 8-59

查看关系窗口中关联操作的关系，见图 8-60。

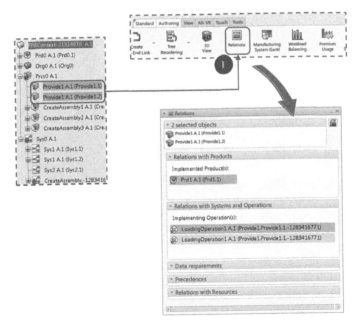

图 8-60

现在，选择一个 Provide 零件，并选择关系命令，见图 8-61。

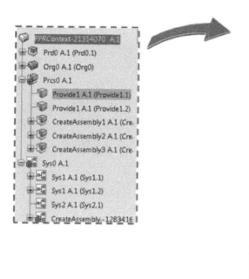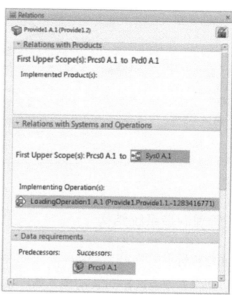

图　8-61

　　查看结构树上的 MBOM 结构。可以使用 F5 启用所有根 MBOM 或单个根 MBOM，还可以使用可见的根制造项命令启用根 MBOM。在 Authoring 选项卡，选择可见的根制造项命令，见图 8-62。

　　从列表中选择一个根 MBOM，并验证工作区域是否经过筛选以显示所选 MBOM 节点的零件，见图 8-63。

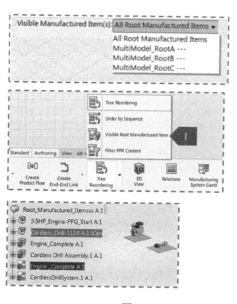

图　8-62

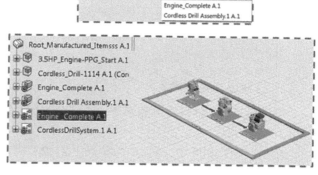

图　8-63

　　可以按 F5 查看输入和输出部分。零件列在清单中，见图 8-64。

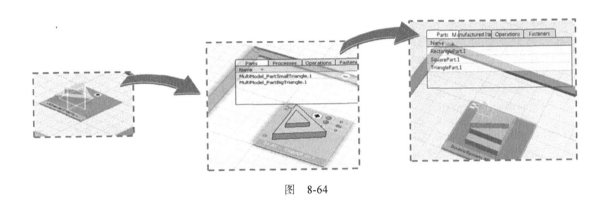

图 8-64

## 8.2.5 管理制造系统结构

1. 在结构树中选择 PPR 对象

可以非常方便地选择 PPR 对象，如产品和 MBOM。可以通过以下方式来进行选择，见图 8-65。

| Icon | Icon Name | Description |
|------|-----------|-------------|
|  | Select Children | Selects all children of a PPR object. |
|  | Select Others | Selects the nodes other than those selected previously. |
|  | Select All | Selects all the nodes in a PPR tree. |
|  | Select Inversion | Selects all children of a root except the occurrence along the path of the selected occurrence. |
|  | Select Parent | Selects the parent node of a PPR object. |
|  | Select Siblings | Selects all the siblings of a PPR object. |

图 8-65

2. 3D 视图中查看对象

可以通过 3D 窗口将所选对象（产品、MBOM、系统、操作或资源）的相关 3D 数据可视化。

在 3D 视图面板中，可以查看以下对象：产品、操作、系统、制造项目、资源，见图 8-66。

1）在结构树上选择要查看的对象。

2）在 Authoring 选项卡中，单击 3D View 命令，对应的对象显示在 3D 视图面板中。

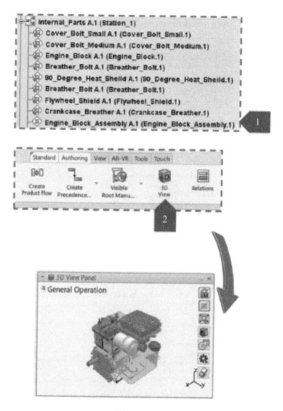

图　8-66

单击工作区中的产品构建选项命令，选择查看选项以显示 MBOM。观察零件 / 产品是否显示在 3D 视图面板中，可以旋转其中的对象，见图 8-67。

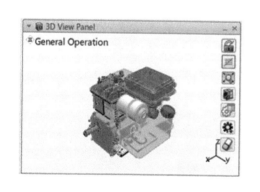

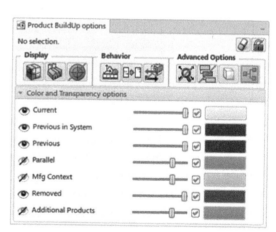

图　8-67

可以为制造系统中的每个操作设置附加值。这个值显示在每个操作的甘特图中，所有操作的平均值显示在制造系统中。

使用以下步骤设置时间信息，见图 8-68：

1）在制造系统甘特图中，右键单击某个操作并选择 Properties。

2）指定估算时间上的价值增加比率为 60%。

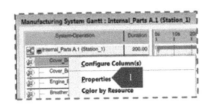

图 8-68

类似地，右键单击操作 2 并将估算时间上的价值增加比率指定为 40%。

3）在蓝色系统栏的顶部显示一个黄色的条，表示添加的值，见图 8-69。

4）系统和操作的增加值也显示在 Value added Ratio 列中。

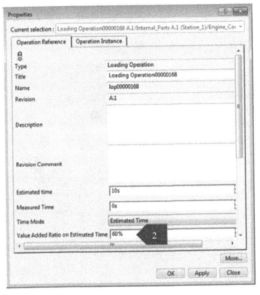

图 8-69

制造系统甘特图提供了一个系统 / 操作视图和一个接口：

1）显示系统及其操作。

2）创建新的操作。

3）从目录中插入操作。

4）将操作与时间限制联系起来。

使用以下步骤打开制造系统甘特图，见图 8-70。

1）在 Authoring 选项卡，单击制造系统甘特命令，然后在树中或在工作区选择系统。

2）在 Authoring 选项卡，单击"创建优先级链接"命令。

3）在制造系统甘特图中，选择第一个操作，然后选择第二个操作，两个操作之间的甘特图中出现一个优先约束链接。

4）在 Authoring 选项卡，单击 Create End-Start 链接命令，然后依次选择两个操作。

5）键入延迟时间然后选择 OK。时间限制链接已创建并显示在列表中。类似地，可以使用其他优先级链接的其他命令进行定义工作。

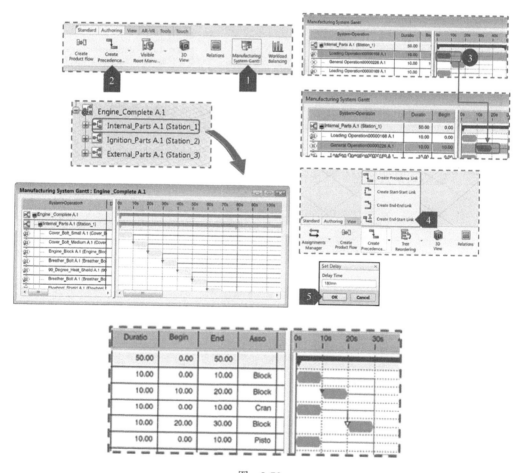

图　8-70

可以使用操作、系统和资源属性或任何自定义属性来配置制造系统甘特图表的列，见图 8-71。

1）在制造系统甘特图中，右键单击根系统节点并选择 Configure 列。

2）在配置窗口中，从对象类型列表中选择所需显示的对象。

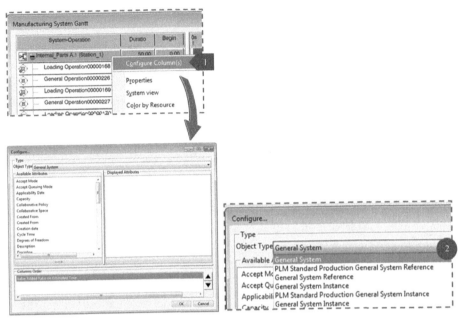

图　8-71

3）见图 8-72，在可用属性列表中，按 Ctrl 键选择多个属性，然后单击水平箭头移动选择的属性到显示的属性列。

4）在列顺序列表中，单击"向上移动"或"向下移动"来管理列中的属性顺序，然后单击"确定"。这些列是按照它们被选择的顺序出现的。

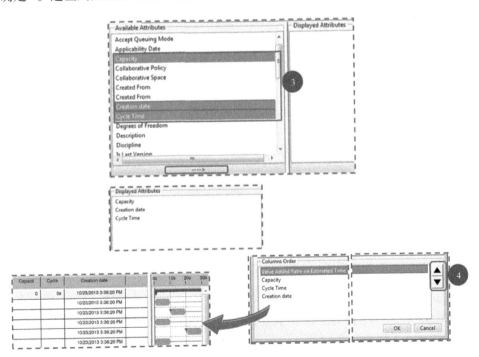

图　8-72

当 MBOM 和系统 / 操作之间由于删除和重路径而存在不完整或不一致的关联链接时，可以方便地复原使得 PPR 一致，见图 8-73。

1）在 Tools 选项卡中，单击 B.I. Essentials 命令。

2）在 B.I. Essentials 面板，选择系统更新状态。系统节点显示黄色，表示系统中的一个或多个对象受到了影响。对象可能已被卸载、删除或修改，导致链接不一致。

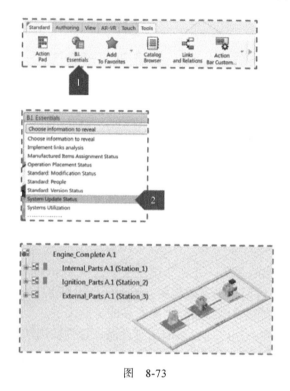

图　8-73

3）在 Authoring 选项卡，单击"管理不一致的链接"操作命令，并在树中选择所需的系统节点，见图 8-74。

4）从建议执行列中选择所需的操作并单击 Apply。所有不一致的链接都得到了解决，系统节点变成绿色。

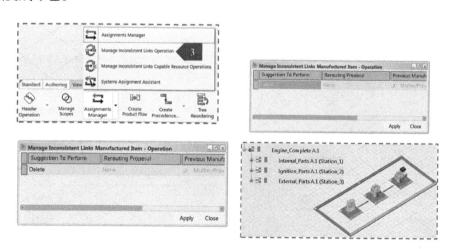

图　8-74

可以计算系统或操作的输出结果产品，这些结果可以作为独立的产品保存在数据库中，系统或操作的输出结果是产品当前工艺过程状态。如果有来自其他系统的产品流，则输出结果将显示所有相关装配。此外，任何相关人员（流程规划人员、编程序员、供应商）都可以在此产品上工作并对其执行所需的操作。使用以下系统计算和设置输出结果产品：

1）在工作区中，右键单击系统并选择系统输出 > Compute Output。然后生成输出产品并与系统关联。并在工艺图板的左中部显示一个图标，以指示输出产品链接到系统，见图8-75。

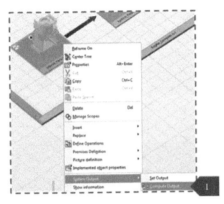 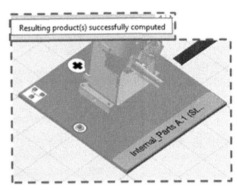

图　8-75

2）右键单击指定输出的系统，并在新选项卡中选择 System Output → Open Output。在 New 选项卡中打开输出，可以根据需要编辑结果产品，见图8-76。

3）选择系统输出 > 删除输出以删除结果产品的关联关系。

4）见图8-77，为了将数据库或会话的现有产品设置为输出结果，执行以下步骤：

① 右键单击系统，选择系统输出，选择 Set Output。

② 选择所需插页以选择产品并单击 OK，所选产品作为输出结果与系统关联。

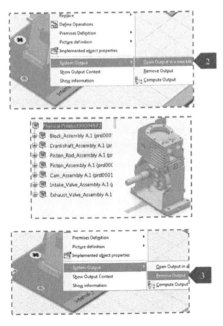

图　8-76

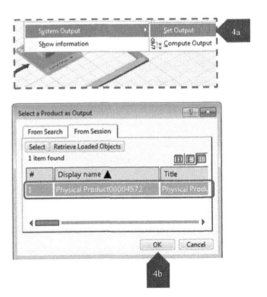

图　8-77

5）见图 8-78，可以使用"输出比较"对话框来检测现有系统输出与新计算产生的输出之间的差异。右键单击已经有系统输出的系统，并选择系统输出→Compute Output，将显示输出比较对话框。它由两部分组成，即受管理产品和表示系统或操作关联的产品。输入产品指的是表示产品流或前置操作生成的产品。

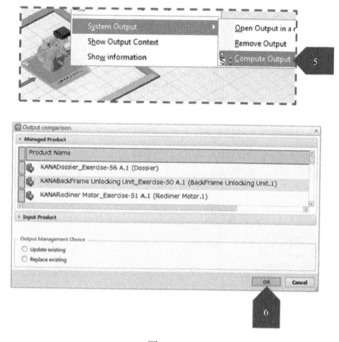

图　8-78

打开特定的系统数据可以处理工艺人员负责的相关联的站位数据。通过这种方式，可以避免加载 PPR 场景中不需要的数据。可以将此数据保存为单独的 PPR 上下文，并在需要时使用它。这将帮助你提高导航期间的总体性能。

使用以下步骤打开特定的 PPR 上下文，见图 8-79。

1）在顶部的栏中，搜索制造系统。

2）选择所需的系统，并选择浏览→Explore in PPR...。

3）在树中，右键单击一个站点并选择 PPR 智能完成。

4）选择产品、流程、系统节点，然后右键单击并选择树扩展→展开选择。

5）选择树必须展开到的级别，然后单击 OK。

6）右键单击 PPR 上下文并选择高级打开。

选择所需的选项并单击 OK。现在可以在特定的站点工作（例如：站位 20）。如果已经将输出与站点相关联，则可以使用上下文菜单查看它，见图 8-80。

使用电子表格编辑器浏览和编辑规划内容。

使用电子表格编辑器管理 PPR 对象。它可以创建组节点，管理和编辑属性，管理偏好的显示布局。

可以从选项卡页面中查看新的电子表格编辑器，其中每个选项卡页面对应于 PPR 上下文中现有的 PLM 对象类型。每个根 PLM 项目都由选项卡分隔。可以使用这些工具来过滤、分组和管理电子表格编辑器的布局，见图 8-81。

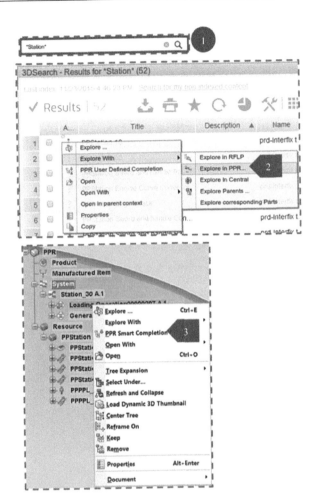

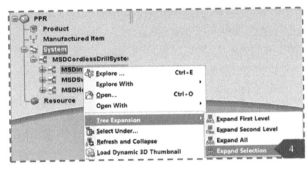

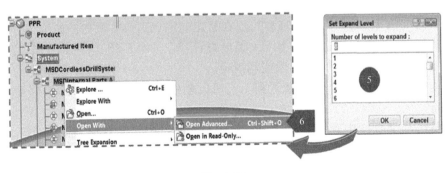

图 8-79

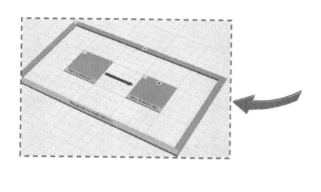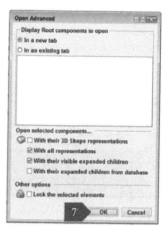

图　8-80

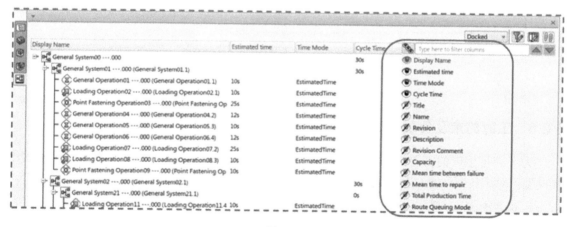

图　8-81

可以从电子表格编辑器中提供的列表管理所有的属性。每个属性的可见性可以从列表中进行管理。可以从可用的树列表中修改所有的可编辑属性。还可以对属性进行多重编辑，见图 8-82。

图　8-82

1）单击电子表格编辑器，见图 8-83。

2）单击属性管理器并隐藏标题、名称、修订和描述。

3）在 Estimated Time 选项卡下选择一个字段，设置值为 10s。

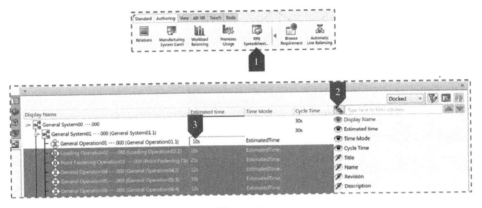

图　8-83

见图 8-84，Group Manager 允许创建一个组节点，该节点将根据属性值从树中组合项目。

1）单击 Group Manager 并从可用列表中选择属性标识符。显示所有可用属性。

2）隐藏属性值并单击 OK。在树中显示创建新的组节点。

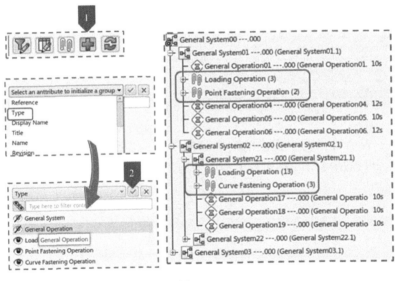

图　8-84

## 8.2.6　工时约束及负载规划

为了满足生产的需要，需要对工时约束进行规划。可以根据不同的需求考虑不同的班次模型。对于任何系统，都可以根据指定的生产需求和班次模型数据更新计划，见图 8-85。

1. 生产需求

生产需求表示为每种产品对象生产的数量。它构成了一种简单的方法来确定数量和时间周期，这些与工艺过程和产品对象相关联。

2. 班次模型

班次模型的目的是在轮班计划中存储信息。班次模型允许计算系统的生产周期时间。该周期时间可与生产需求挂钩，计算系统所需的循环时间。

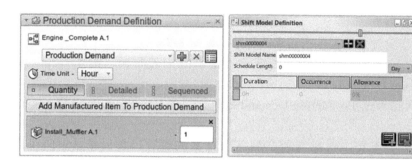

图　8-85

使用下列系统管理工时约束，见图 8-86。

1）在 Process Planning 应用程序中，右键单击根系统并选择 Premises Definition →
Define Shift Model。

2）单击 Create a New Shift Model 命令。

3）为下列参数赋值：

① 班次模型名称：模型名称。

② 轮班周期：轮班以周、日、小时为单位的周期。

③ 工期：轮班的工期。

④ 频次：在班次模型周期时间内的排班次数。

4）见图 8-87，单击"向选定的班次模型添加一个班次"命令。添加了一个新行，可以
根据需要指定班次参数。

5）单击关闭。

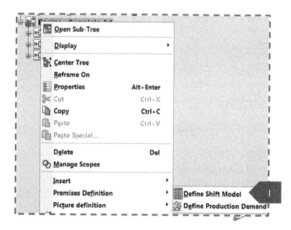

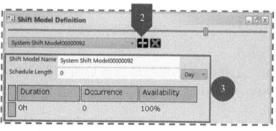

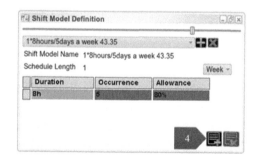

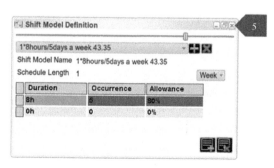

图　8-86

图　8-87

3.定义产能需求

使用以下步骤设置控制生产需求的参数，见图8-88。

1）在工艺计划应用程序中，右键单击主系统工艺图板，选择 Premises Definition→Define Production Demand。

2）单击 Add New Production Demand 命令。使用 Edit Production Demand Name 命令对其进行重命名。

3）从 PPR 上下文中选择与新产品需求相关的流程，然后单击"向生产需求添加制造项"。

4）定义时间单位。

5）单击"关闭"。

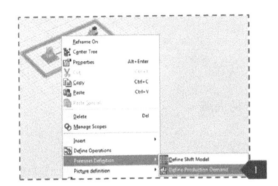
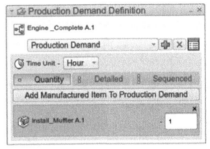
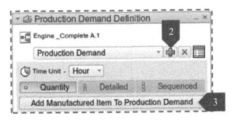

图　8-88

4.工作负载平衡

工作负载平衡允许在系统之间平衡工作量。工作负载平衡结果由条形图和显示系统数据的数据表组成。可以简单地将多余的工作从一个系统拖放到另一个工作负载较小的系统中。

1）工作负载平衡由条形图组成，条形图指示每个系统的工作分配。每一列中的操作由蓝色矩形表示。根系统的周期时间用红色表示，并用一条红色水平线表示。结合工时约束的定义，有生产系统用时可能超过周期时间。

2）上下文菜单帮助你以 XML 格式导出工作负载平衡数据。XML 文件包含诸如系统名、父系统名、相关制造项、总时间、利用率、空闲时间、估计时间、循环时间、操作列表、操作时间和应用于操作的筛选器等信息，见图 8-89。

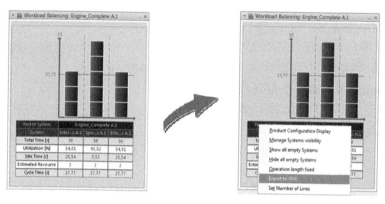

图　8-89

3）如果已经定义了生产需求和班次模型，那么将启用工作负载平衡对话框来管理工时约束的使用。

4）使用工时约束对话框，可以计算所选生产需求和班次模型的工作负载，见图 8-90。

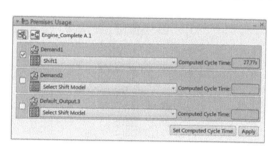

图　8-90

生成工时负载平衡，见图 8-91，使用以下步骤计算系统上的工作量：

1）在 Authoring 选项卡，单击工作负载平衡命令，然后选择根系统节点。

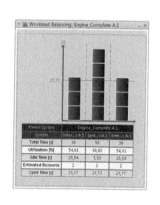
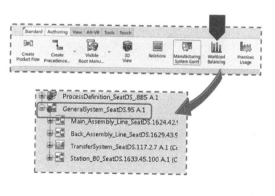

图　8-91

2）在条形图中，选择表示操作的矩形。矩形块、颜色和提示提供关于操作的信息。该操作也在树中突出显示在相邻的图像中，可以看到与系统2和系统1相比，系统3过载了，见图8-92。

3）拖动选定的矩形并将它放到另一个系统栏上，新矩形被添加到另一个系统栏中。类似地，可以拖放其他超出的操作矩形，并将它们拖放到工作负载更少的系统栏中。甘特图也得到了更新，显示操作现在被添加到System3，System2和System3中的操作被重新排序。

4）为其他系统生成工作负载平衡图。

5）单击"关闭"。

可以拖拽工作负载平衡图到另外的窗口，见图8-93。

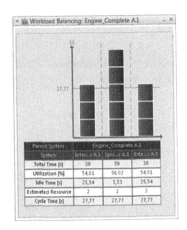

图　8-92

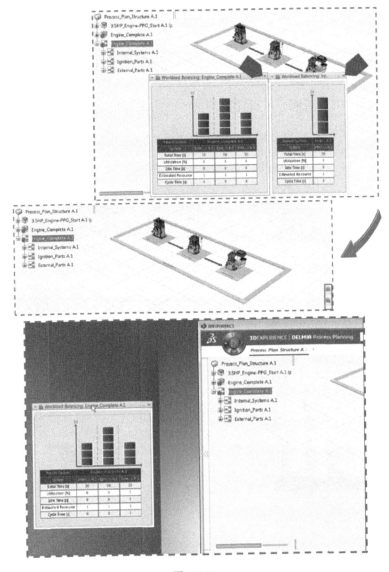

图　8-93

1）见图 8-94，在 Authoring 选项卡，单击制造系统甘特命令，并在 PPR 上下文中选择系统节点，制造系统甘特图打开，显示操作是如何排序的。

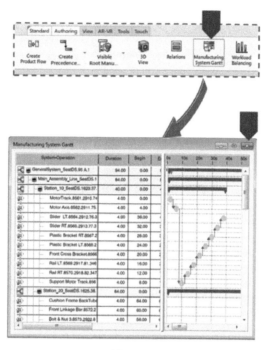

图　8-94

2）单击"关闭"。

计算指定系统的周期时间，见图 8-95。

1）单击工作负载平衡命令，观察每个系统上的操作负载。

2）单击 Premises Usage 命令。

3）单击"选择活动系统"，并在树中或工作区中选择系统。

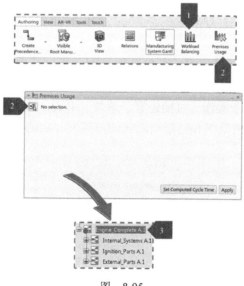

图　8-95

见图 8-96，选择一个班次和一个产能要求并单击设置计算周期时间按钮。现在，观察工作负载平衡，使用红线所示的计算和设置的循环时间，并更新了子系统的周期时间。

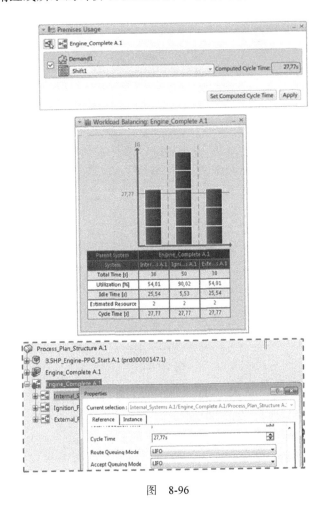

图 8-96

## 8.2.7 小结

工艺流程规划应用程序提供了工具用以定义制造系统，对系统结构和系统内的制造项目进行平衡。

一个系统由一个或多个操作（可能还有子系统）组成，这些操作对应于完全实现制造项目所需的流程步骤。这是由系统和制造项之间的范围所界定的，见图 8-97。

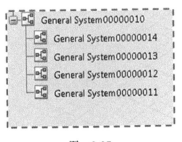

图 8-97

可以使用 3D 视图命令查看所选操作制造的产品，见图 8-98。

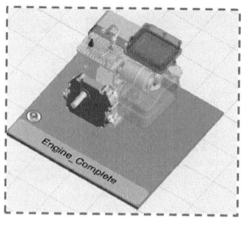

图　8-98

使用制造系统甘特图来查看系统及其操作，见图 8-99。

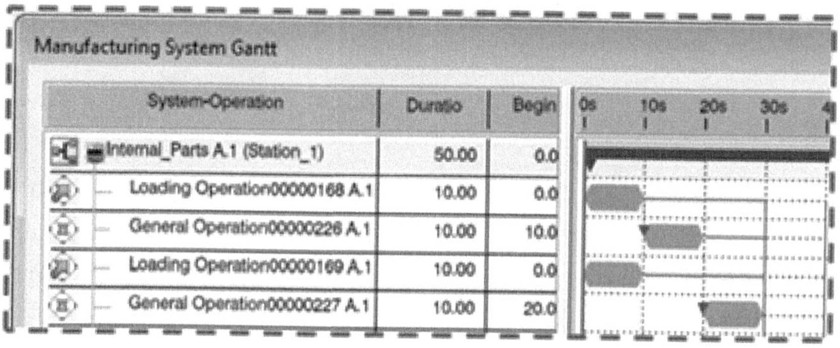

图　8-99

使用 B. I. Essentials 命令，可以管理由于删除和流程重新规划而导致的产品和系统 / 操作之间的不一致链接。

可以根据指定的生产需求和班次模型数据优化工艺计划，见图 8-100。

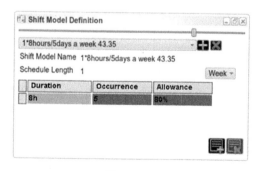

图　8-100

工作负载平衡结果由条形图和数据表组成以显示系统数据，可以简单地将多余的工作从一个系统拖放到另一个工作负载较低的系统，见图 8-101。

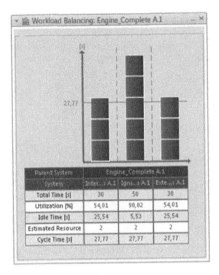

图 8-101

## 8.3 复合材料制造资源管理及数字化工厂

### 8.3.1 概述

复合材料制造资源管理及数字化工厂为定义和验证车间布局提供了一个真实的环境，与工艺设计及管理人员共享资源以丰富和验证工艺流程计划，并将布局交付到车间进行施工。

无论是规划新的生产设施还是改变现有的生产设施，布局规划都是一项重要任务，它会极大地影响其他规划活动和未来的生产。在规划制造设施时必须考虑多个方面（新设施和改变现有制造设施）。根据将要生产的产品，制定工艺计划，这会影响我们如何安排设备和资源。这是在布局规划中定义的，而布局规划又定义了材料将如何流经工厂。这三个组件相互连接并相互提供输入。此外，还必须进行人力资源规划、组织规划和架构规划。所有这些都包含在边界条件中，例如位置的选择，更广泛的制造战略和基础设施方面的考虑。

工艺资源库主要对企业、工厂、车间及其机床、夹具、刀具、模具、量具、工具、辅具、工艺装备、工艺布局等制造工艺资源的技术信息、管理信息等进行有效管理，关联相应的工艺资源 3D 模型，并保持唯一的数据源，还可以新增工艺资源库；能够对企业工艺装备的基本属性、模型等进行分类管理。

工艺知识库能够对企业工艺常用的技术资源、科研成果、工艺手册、工艺经验和知识进行有效的管理，也能对工艺设计过程中的典型工艺进行管理，为工艺的复用提供数据支持。

### 8.3.2 定义资源

1. 资源分类

资源是一种用于制造生产线或装配线的设备（工具、机器人或机器）。根据使用方式和地点，资源可分为工作、非工作或组织。工作资源定义了执行操作的资源（机器人、工人或输送机），这些资源也被称为设备资源。设备资源或工作资源是可编程的，这意味着它们在上下文中具有逻辑或行为；对于机器人来说，逻辑可以在参考或上下文中定义，并且只能由关联人进行使用，见图 8-102。

图　8-102

非工作资源定义了工作资源用于执行操作的工具资源。非工作资源是不可编程的，这意味着它们只能具有参考的逻辑或行为。

组织资源定义了执行操作的资源（工作站、区域、产线或工作台），这些也被称为区域资源。组织资源是不可编程的，它们只是用于参考，而且不能在上下文中有逻辑或行为。

2. 资源类型

每种资源类型都具有不同的特性，比如聚合其他资源或被其他资源聚合的能力。资源可以用于特定的应用或多个应用，见表 8-1。

表 8-1　资源类型表

| Resource Type | Function | Programmable | Implement Link |
|---|---|---|---|
| Area | Organizational | Non-programmable | Where |
| Worker | Working | Programmable | Who |
| Robot | Working | Programmable | Who |
| Transport | Working | Programmable | Who |
| Industrial Machine | Working | Programmable | Who |
| Inspect | Working | Programmable | Who |
| Conveyor | Working | Non-programmable | Who |
| Tool Device | Non-working | Non-programmable | With |
| Storage | Non-working | Programmable | With |
| Control Device | Working | Programmable | Who |
| Logic Controller | Working | Non-programmable | Who |
| Sensor | Non-working | Non-programmable | With |
| User Defined | Non-working | Programmable | With |

### 8.3.3 修改和管理资源

1. 插入现有资源

规划人员可以通过插入当前会话或数据库中的现有产品或资源，并使用预定义的机器人、工人、输送机、工具等设计资源布局，从而创建工厂布局。

可以从当前会话或数据库插入现有产品或资源。在"插入现有产品或资源"对话框中搜索对象，见图 8-103。

从另一个打开的会话中选择该项，或者在搜索字段中键入所需资源项的名称，然后单击 Search，见图 8-104。

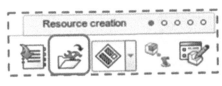

图 8-103

图 8-104

2. 使用资源库插入参数资源

还可以使用资源库浏览器添加资源，并且可以定位或替换工厂的现有资源。

使用资源库浏览器选项搜索机器人库，搜索资源的名称。

要创建一个资源布局，右键单击资源并选择 Use Item > Insert 或 Replace，见图 8-105。

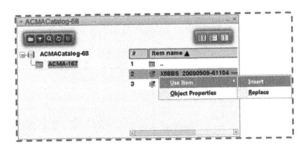

图 8-105

从树或资源中选择一个组织资源来替换或放置，用指针定位到工作区域中，资源将出现在指定的位置，见图 8-106。

对于资源库，默认情况下资源会插入结构树的活动节点中。不需要在结构树中另外选择。

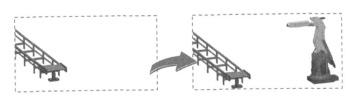

图 8-106

**3. 创建和插入新资源**

插入资源的另一种方法是使用创建资源选项。这里，未定义的零件可以生成作为资源使用，见图 8-107。

1）使用 Insert Resource 命令选择资源类型，并从树中选择组织资源。

2）在 Title 字段中键入资源的名称。

3）在新资源项的上下文菜单中，选择 Insert Resource → Insert Existing Product or Resource。

4）从当前打开的会话中选择现有资源，或搜索组件的名称。

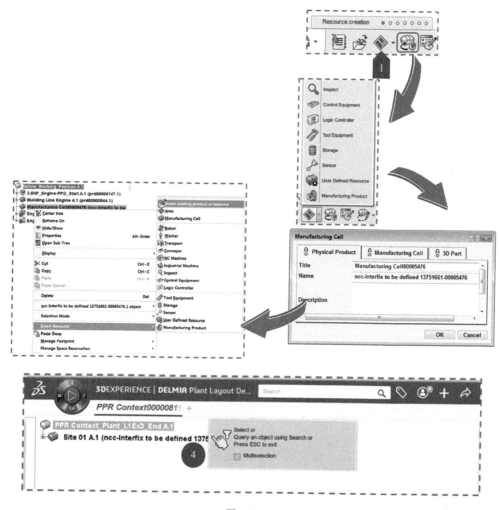

图　8-107

## 8.3.4　生成 3D 车间布局

3D 车间布局图是车间内资源占用区域的设计及施工规划。当 2D 图纸可用时，工厂布局设计应用程序允许你将其导入 3D 体验平台。它们被放置在布局层上，这样资源就可以被固定到指定的位置。你还可以生成 3D 布局的 2D 尺寸图和注释图，以供工厂使用。

工厂布局设计应用程序包含一个参数化资源的目录，如传送带、货架、桌子和箱子，可以在现有的 2D 工厂图纸上使用，布局设计员可以将资源快速地定位到 2D 图纸上，实现 3D 布局。

1. 创建布局

1）右键单击资源并选择 Manage Footprint → Create Footprint，见图 8-108。

2）双击 FootPrint 以查看工作表编辑器。

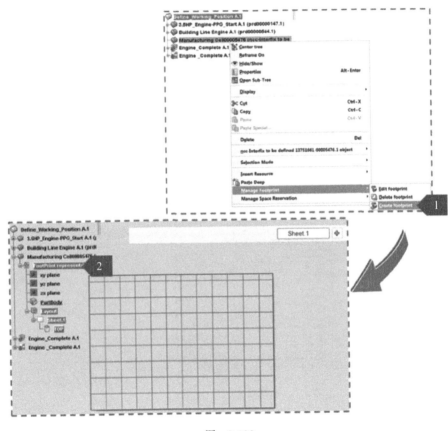

图 8-108

2. 布局编辑

1）可以用维度来标注布局。这允许你精确地规划布局，并根据适合布局的维度生成资源，见图 8-109。

2）右键单击资源并选择 Manage Footprint → Edit Footprint，或在资源创建部分单击 Edit Footprint 并在"属性"对话框中填写必要的详细信息。

3）见图 8-110，导入 2D 图纸。在"视图布局"部分，单击"布局中的传输视图"。

4）在"视图转换选项"对话框中，选择所有选项并单击"确定"。

5）显示布局视图。

6）见图 8-111，在 Annotation 部分，单击 Dimensions 命令。

7）选择要放置尺寸的区域，创建尺寸。

8）右键单击尺寸并选择 Properties。

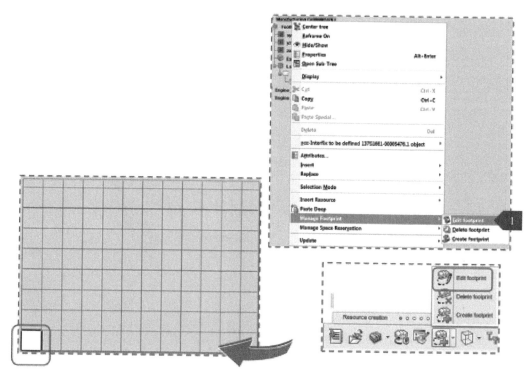

图　8-109

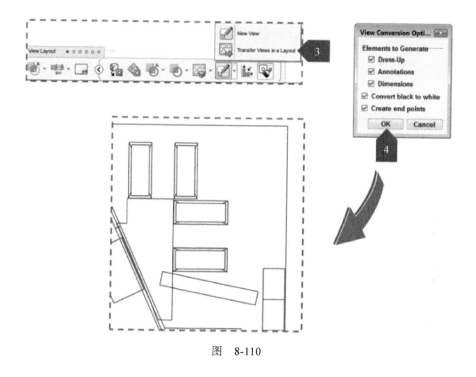

图　8-110

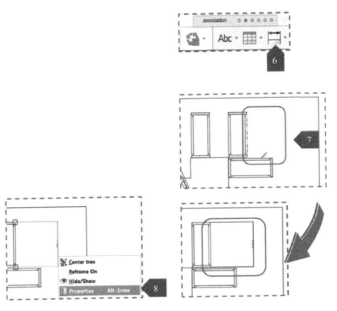

图　8-111

9）见图 8-112，增加尺寸的字体大小。

10）单击 OK，可以在 3D 视图中看到更改。

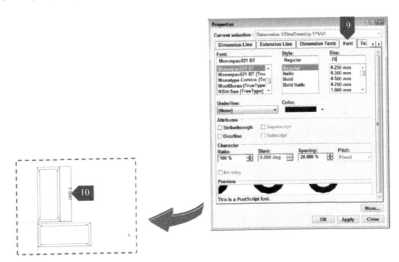

图　8-112

3. 定位资源

使用捕捉定位工具操作资源类似于通过选择边、面、点或轴系统来进行资源对齐。目前，定位资源主要包含如下功能：

1）平面上捕捉定位资源。

2）三个点定义平面进行资源定位。

3）基于 2D 直线进行捕捉定位。

4）阵列定位。

5）镜像定位。

6）智能捕捉定位。

7）布局工具部分。

捕捉定位命令位于布局工具部分。当将对象组合在一起时，所提供的箭头允许将对象翻转过来。

轴系用于翻转方向或将其坐标系统拖动到另一个方向。默认情况下激活全局模式。单击箭头激活本地模式，见图 8-113。

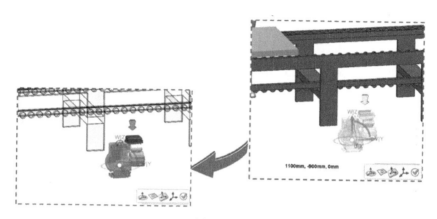

图　8-113

关于智能捕捉定位的操作如下：

可以智能捕捉定位同一父节点下的资源。智能捕捉命令允许使用连接器端口捕捉定位两个资源。要使用智能捕捉命令，连接器端口必须未使用。当选择资源时，代表连接器端口的轴系统将显示在资源上。

当你单击轴系统时，将激活智能捕捉命令。要智能捕捉定位两个资源，单击第一个资源的轴表示，并将其拖到具有连接器端口的目标资源。

当你将资源拖近目标几何图形时，资源将变得透明。如果捕捉成功，端口颜色将变为蓝色。捕捉的预览目标端口为蓝色，见图 8-114。

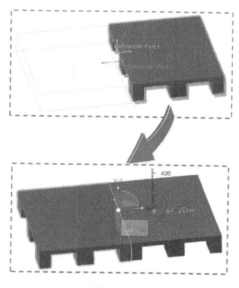

图　8-114

必须创建一个连接器端口来智能地捕捉定位资源。定义连接器端口来捕捉定位资源，见图 8-115。

1）在资源创建部分，单击定义端口命令。

2）选择资源。

3）在"端口管理"对话框中，选择"连接器端口"显示平面选择器和指针。

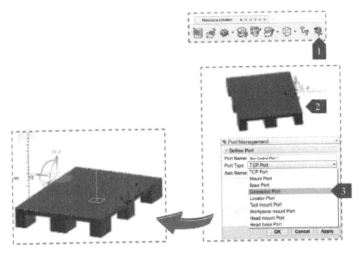

图　8-115

4）见图 8-116，选择要定义连接器端口的位置。指针附着在定位点上。

5）在气泡栏中，单击"定义 $x$ 轴的新方向"。

6）在选定的点上移动鼠标，直到你看到一条绿色的线，然后单击以更改 $x$ 轴的下一个方向。

7）单击 OK。

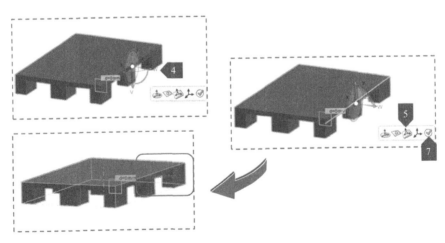

图　8-116

智能捕捉定位资源：选择带有连接器端口的资源，见图 8-117。

1）智能捕捉命令已激活。

2）单击连接器端口并将其拖到目标资源。当目标资源的连接器端口被定位时，该资源将变得透明。捕捉位置预览目标端口为蓝色显示。

　　3）使用智能捕捉，这样你选择的基本端口就会捕捉到目标对象上的挂载端口。

　　4）选择接受偏移和结束捕捉定位。

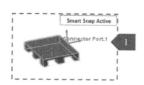 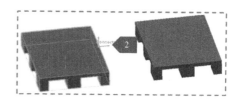

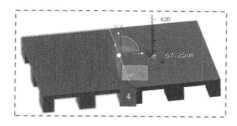 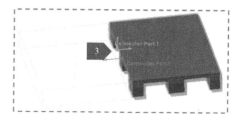

图　8-117

## 8.3.5　小结

　　资源是使用的设备（工具、机器人或机器），它用于在产线上制造成品。

　　根据使用方式和地点的不同，资源可以分为工作资源、非工作资源和组织资源。

　　可以创建和生成资源。可以根据制造操作的需要放置资源对象。

　　如果资源在上下文中具有逻辑或行为，那么它就是可编程的。如果资源只有引用的逻辑或行为，或者根本没有逻辑，那么资源就是不可编程的。

　　布局是车间内资源占用的区域的规划图。

　　可以导入一个已有布局到 3D 体验平台并创建一个 2D 布局。

　　可以生成尺寸并对 2D 绘图进行注释，见图 8-118。

　　布局工具用于定位资源，也可以操作用于为资源预留一个位置。

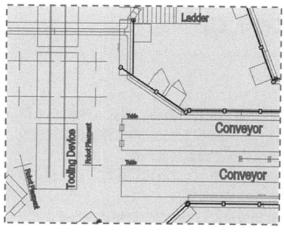

图　8-118

可以在现有的 2D 布局上获取资源以快速实现 3D 布局。捕捉定位使得在沉浸式的 3D 环境中布局资源更为快捷和精准。

可以立即将资源捕捉定位到某个位置。将其与其他几何图形对齐，测量并移动到指定的距离，并检查是否有干扰。智能嵌入式定位器将布局中的对象智能地拼接在一起。

可以将资源捕捉定位到由三个点定义的平面。这允许你在一个圆柱形物体内折断一个物体（如螺母或垫圈内的螺丝），见图 8-119。

全局模式和本地模式可以方便地选择要捕捉定位资源的平面。

可以使用操作包络矩形（围绕所选对象绘制的绿色框）重新定位资源。当此功能被激活时，可以选择并拖动绿色框的任何边缘来移动对象，见图 8-120。

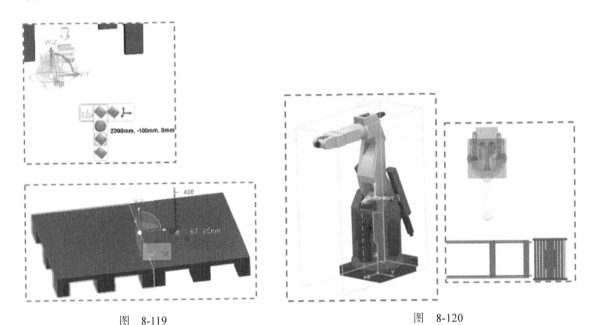

图 8-119　　　　　　　　　　　　　图 8-120

可以将一个资源与另一个资源的边缘进行对齐。在逻辑上允许将资源放在一起。

可以使用阵列命令水平或垂直排布选定的元素。第一个选择的资源成为参照物。

可以使用镜像命令将元素移动到选定平面的另一侧。还可以对镜像元素应用旋转。

## 8.4　复合材料工艺指导文件

### 8.4.1　概述

每个员工都有自己的背景和独特的经历。因此，他们在工作、互动和展示不同技能的方式上有所不同。所有这些不同都可以为公司的工作流程带来变化。标准化的目标是用更少的资源、更少的时间和更少的努力做更多的事情。

工作指令应用程序提供了一个 3D 沉浸式的环境，可以创建工作指令类型，包括基于文本的工作指令、数据收集、签名和警报。

然后，可以使用拖放功能对流程中的操作轻松地进行排序。

可以使用包含定义的一般操作的数据的"工作说明"应用程序。它是使用"装配体验"

应用程序或"过程规划"应用程序设置的。

可以直接输入工作指令,将指令添加到操作中,这些操作在子操作中没有其他操作。

当您第一次打开"工作说明"应用程序时,选择应用程序工作的系统。系统中的操作是您将分配工作指令对象的操作。

当您选择工作指令或单个系统操作而不是父系统时,软件将搜索树以找到有效的活动系统。

本节涵盖的主题包含:

1)验证产品构建。

2)建立工作说明。

3)构建 3D 作业指导说明。

4)规范和发布工作指令。

## 8.4.2　验证产品构建

在作业指导书应用程序中打开系统,即可查看作业,还可以查看系统的操作。在编写工作说明之前,验证产品构建是否处于适当的阶段和检查操作是两个重要的步骤。产品构建允许您查看当前以给定颜色实现的部件,以及之前组装的部件以不同的颜色显示,见图 8-121。

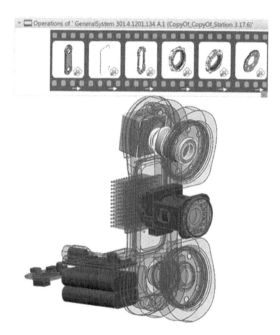

图　8-121

可以选择序列中的每个操作来检查部件堆叠和事件顺序。

在工作指令应用程序中面向当前活动系统的每个会话中定义指令工作描述。

如果您选择的系统是创建特定产品的多个系统之一,那么还可以看到以前系统构建的产品:

1)第一个操作只包含当前操作零件,见图 8-122 中的 A。

2)前四步操作包括上游操作的组装部件及其实现产品,见图 8-122 中的 B。

以下类型的操作可以作为它们的子级操作：

点连接操作、曲线紧固操作、加载操作、卸载操作、去除材料操作、通用操作（无子级或子级作为作业指导书）。

通用操作一旦作为子级操作编写工作指令，就不能再定义子级操作。其他类型的操作可以作为子级操作进行工作指令编制。

### 8.4.3　建立工作说明

在本模块中，您将学习如何为操作创建工作说明以及如何修改、重新排序和删除它们。您还将学习如何格式化工作说明和附加文档，例如 pdf、Microsoft Office 文档或各种图像文件。

涵盖的主题为：

1）建立工作说明。

2）加强和修改工作说明。

3）创建 3D 工作说明。

4）审查工作说明。

现在您已经检查并验证了结构，下一步是根据操作和必要的信息编写工作指令，可以创建不同类型的工作指令。

有四种类型的默认指令可以作为工作指令添加到操作中，见图 8-123。可以修改它们以满足所需的指令规范，A：文本，B：数据收集，C：签字，D：警报。

这是一个通用的工作指令，包含文本和任何相关截图或文档：

1）当您从"指令创作"部分选择"创建文本指令"命令时，将显示"文本指令"对话框。或者，当您单击带有工作指令的操作时，将显示文本指令对话框，见图 8-124 中的 A。

2）可以接受默认名称或指定您自己的名称，见图 8-124 中的 B。

3）可以键入或复制粘贴所需的信息，见图 8-124 中的 C。

4）可以使用搜索字符串 wit 在顶部栏中搜索现有的文本指令，见图 8-124 中的 D。

1. 创建数据采集指令

可以使用数据采集来定义所需数据集和 / 或为操作定义参数。可以提供特定的参考值来保证结果的正确性。

数据采集有以下选项内容：

图　8-122

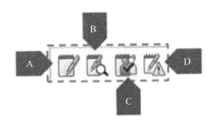

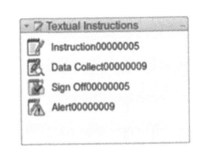

图　8-123

1）指令文本：可以输入或复制所需的信息，见图 8-125 中的 A。

2）标签：可以创建一个标签代表一组数据集用于车间显示，见图 8-125 中的 B。

3）类型：可用选项是实数、整数、文本和布尔值，见图 8-125 中的 C。

4）大小：可用选项取决于所选类型，见图 8-125 中的 D。

5）最小值、最大值、可能值：可以用来限制数据采集的边界，见图 8-125 中的 E。

6）可以在顶部搜索栏中通过 WID 字符串搜寻现有数据采集指令，见图 8-125 中的 D。

图　8-124

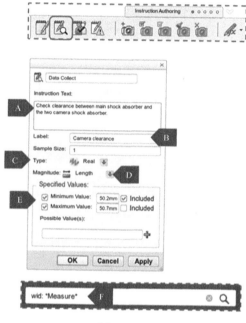

图　8-125

使用签收作业指导书来识别操作签收的负责人。在"签收"对话框中提供以下选项：

1）可以将一个或多个角色添加到指令的签名中，见图 8-126。

2）Actor 由必须签名的人的角色列表组成。角色由管理员使用 ENOVIA People and Organization 应用程序定义。

3）如果需要其他角色，管理员可以在数据管理库的人员和组织中创建它们。

4）可以使用搜索字符串 wis 在顶部栏中搜索现有的签收指令。

可以使用警报工作指令来识别关键信息。警报对话框提供以下选项：

1）显示一次：如果选择此选项，下游制造执行系统（MES）中的特定用户的警报将显示一次，然后消失。此选项通常用于警报，用于通知工作人员已建立的（长时间运行的）流程中的更改。默认情况下，它被选中，见图 8-127 中的 A。

2）始终显示：如果选择此选项，则在下游 MES 每次显示操作时都会显示警报。它通常用于对数据、材料或人员发出危险警报，见图 8-127 中的 B。

3）跟踪确认：选择此选项意味着下游 MES 记录看到警报的工人的确认。默认情况下，它被选中，见图 8-127 中的 C。

4）可以使用搜索字符串 wia 在顶部栏中搜索现有的警报指令。

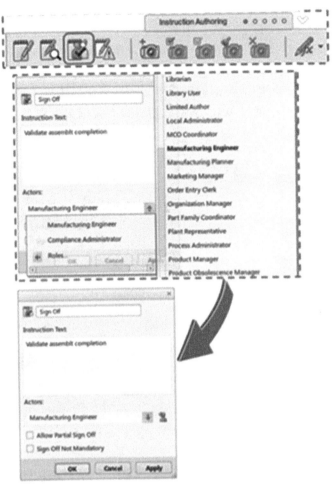

图 8-126

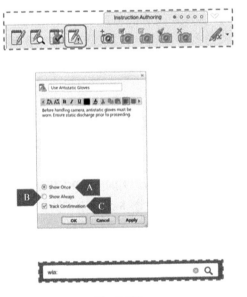

图 8-127

所有的说明都列在窗口的左边。默认情况下，将显示指令引用名称。

如果希望显示指令文本而不是引用名称，则使用 Me →首选项选择 Show Instruction Text 选项，见图 8-128。

此选项使您更容易识别为给定操作编写的各种工作指令。

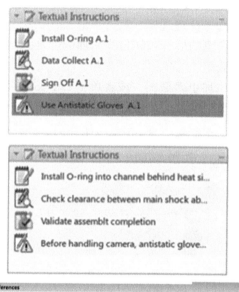

图　8-128

可以从操作中删除任何工作指令。

使用以下步骤删除工作指令，见图 8-129：

1）右键单击工作指令。

2）选择删除。

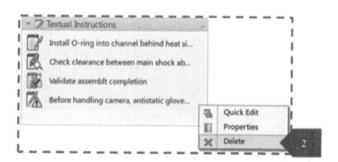

图　8-129

**2. 捕获屏幕和附加截图**

添加图像或附加文档可以更好地表达指令的意图，在创建工作指令时或之后执行此操作。还可以对现有的指令重新排序。在工作说明中添加截图，见图 8-130：

1）在指令工具部分的辅助区域中，单击 Capture 屏幕截图命令。

2）选择要附加截图的指令，将显示 Capture 窗口。

3）单击下拉菜单并选择首选选项，然后单击 Capture。

4）可以使用对话框右侧的展开按钮打开附加的屏幕截图。

5）双击缩略图预览截图。

6）单击 Apply 继续添加更多截图，或者单击 OK 关闭对话框。

**3. 附加文档说明**

把文件附在说明上以供参考。可以从数据库检索这些文档，也可以从本地驱动器导入这些文档。使用以下步骤向工作指令添加文档，见图 8-131 和图 8-132：

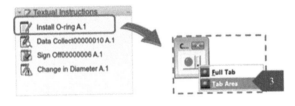

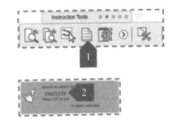

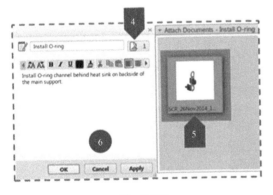

图　8-130　　　　　　　　　　　图　8-131

1）选择文本语句，单击"附加文档"命令。

2）单击导入文件，将显示文档选择器。

3）选择一个图像并单击打开，显示工程文档对话框。

4）单击 OK，所选文件作为文档导入数据库中。

5）单击 OK，该文件附在文字说明后面。

6）双击"附件文档"窗口显示附件的文档。

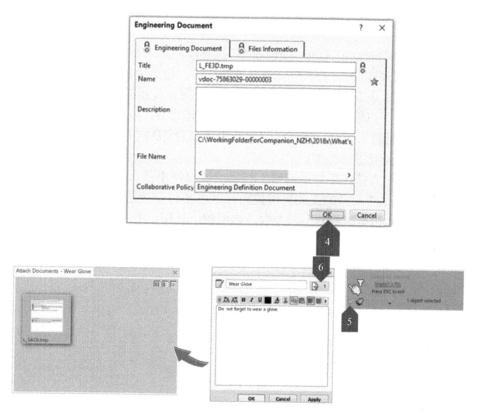

图　8-132

创建了指令之后可以对指令描述进行重新排序。例如，可能需要一条警报指令作为特定操作的第一条指令。若要重新排序指令，请将其拖放到所需位置，见图 8-133。

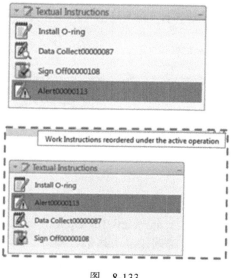

图　8-133

对于文本内容的格式定义，可以通过富文本编辑工具使指令描述的字体及颜色等规范化，同时使其更有吸引力。

#### 8.4.4 构建 3D 作业指导说明

在本章节中，我们通过定义 3D 工作说明来指导车间工人在生产线上组装、安装和维护组件。3D 作业指导书可以提高工人的安全，消除误解，避免错误。3D 工作指令可以通过使用不同的视角、颜色、几何对象、文本框或透明度来突出显示区域。3D 工作指令通过一系列视图来呈现，而且可以像幻灯片一样显示。视图创建之后，可以修改视图的顺序。这些视图基于 3D 数据和环境进行定义，因此可以使查看者结合 3D 内容查看作业指令。

以下是 3D 作业指导书的类型：

1）标记：允许你直接在工作区域给出指示。可以使用箭头、线、圆、图片和超链接等标记，这些都可以在指令定义的工具页中找到，见图 8-134 中的 A。

2）测量：允许你指定测量的不同类型，如面积、长度、半径、两点之间的最小距离等，见图 8-134 中的 B。

3）剖面：允许你对零件进行剖切，并对不可见的部分进行高亮显示，见图 8-134 中的 C。

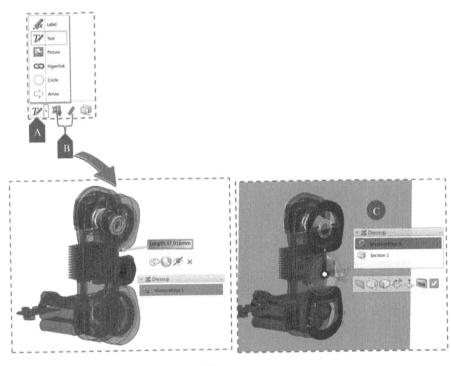

图 8-134

操作见图 8-135：

1）当选择一个操作并单击 Create View for Operation 时，将显示 Views 面板和 Mfg Item & Resource 面板。使用当前视图创建一个新幻灯片。

2）视图面板显示操作的当前视图，右下角的图标指示视图当前处于活动状态。

3）在所选操作中显示一个表示 3D 工作指令的指示器。

4）每次为操作创建视图时，都会向视图面板添加一个新的幻灯片，其中包含当前视图。

5）右键单击视图来更新、应用、重命名或删除它，见图 8-136。

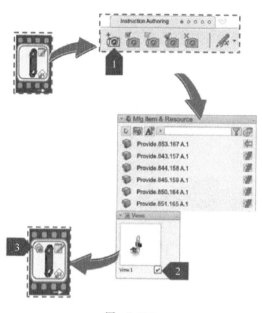
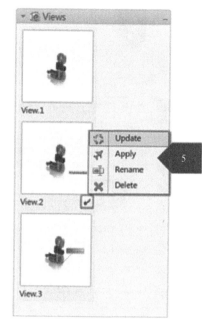

图　8-135　　　　　　　　　　　　　图　8-136

6）可以使用简单的拖放方法对视图重新排序，见图 8-137。

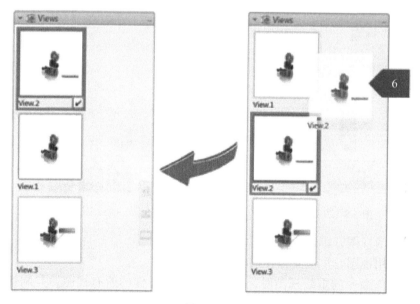

图　8-137

后续操作见图 8-138：

7）Mfg Item & Resource 面板列出了与活动系统关联的所有 MBOM 对象和资源。

8）Mfg Item & Resource 面板允许你选择无法在 3D 视图中直接访问的部件。选中的部分在 3D 视图中突出显示。

9）右键单击该部分以隐藏 / 显示它。

10）可以通过右键单击并选择 Restore 来恢复所选部件的默认设置。

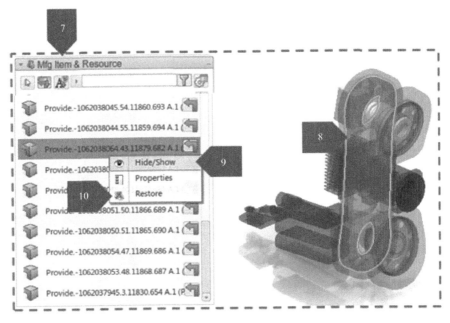

图　8-138

11）当视图被禁用时，将显示一个红色的 3D 工作指示器，见图 8-139。
后续操作见图 8-140：

图　8-139

图　8-140

12）若要激活视图，单击激活视图进行操作。

13）若要停用视图，单击要操作的停用视图。

14）单击操作命令的重绘视图时，将按顺序应用操作的所有视图，并刷新视图缩略图。此命令只刷新视图面板中显示的缩略图。它不会自动更新该操作的视图。如果更新工作流对某些视图造成影响，则不会执行该命令。

15）若要删除视图，单击"删除用于操作的所有视图"。

创建带有文本指令的 3D 视图，见图 8-141。

1）选择带有文本指令的操作。

2）在指令 Authoring 选项卡，单击 Create View for Operation，显示视图和 Mfg Item & Resource 面板。

3）在指令 Authoring 选项卡，单击 Text 并单击工作区域内，将显示文本对话框。

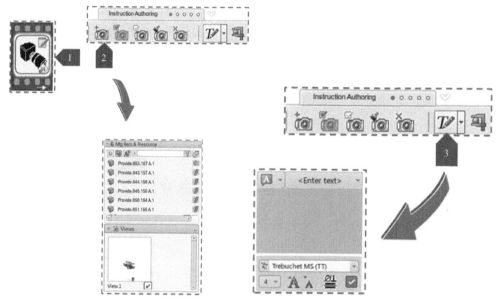

图　8-141

后续操作见图 8-142：

4）指定文本并单击工作区。文本显示在工作区中。显示 Dressup 面板。

5）右键单击文本并选择 Edit Content 来编辑它。在"文本"对话框中，可以更改字体、增大或减小字体大小并插入符号。

6）单击 OK。修改后的文本和气泡条一起显示在工作区中。气泡栏允许你更改文本标题、文本样式、设置颜色、显示和隐藏文本并删除它。

7）右键单击视图并选择 Update，视图被更新。

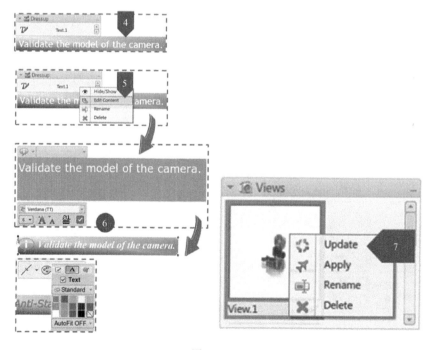

图　8-142

可以通过选择文本命令中的 More 图标添加更多的文本标记符，见图 8-143。

8）在指令 Authoring 选项卡中，选择文本命令并选择工作区中的一个部分。

9）从下拉菜单中，选择 More 图标，选择一个合适的文本标记符。

10）指定文本并单击工作区。文本标记符添加在文本前面。

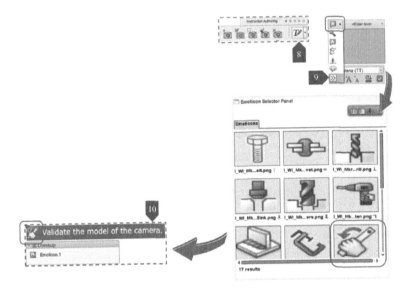

图 8-143

创建带箭头标识的 3D 视图，见图 8-144：

1）在指令 Authoring 选项卡，单击下拉菜单，使用标记突出显示部件。

2）使用气泡栏编辑标记。可以使用气泡条更改颜色、隐藏和删除标记。

3）可以使用绿色箭头旋转标记。创建视图后，单击 Create View 进行操作。

4）使用当前视图创建一个新幻灯片。

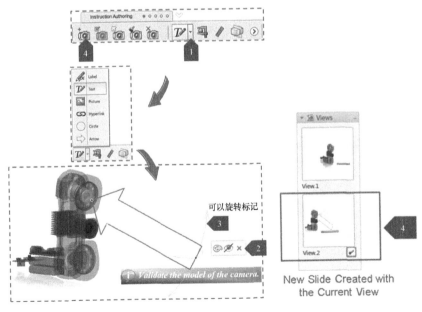

图 8-144

创建带测量标识的 3D 视图，见图 8-145：

1）在指令创建部分，单击测量项命令。将显示"测量项"对话框。选择要度量的部分。

2）显示与零件相对应的测量值。

3）在"测量项"对话框中，单击"确定"。

4）在"指令创作"部分，单击"测量"命令。将显示"测量之间的距离"对话框。

5）选择你想要测量的两个点，然后单击 OK 显示两点之间的最小距离。

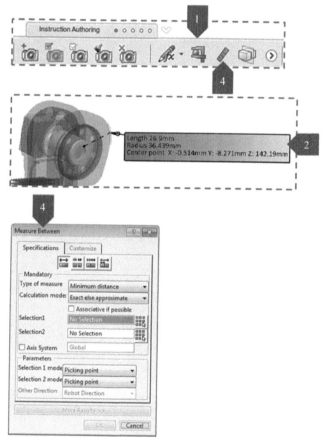

图　8-145

后续操作见图 8-146：

6）选择度量，将显示上下文工具栏。

7）使用上下文工具栏编辑标记。可以使用上下文工具栏更改标记的颜色、隐藏和删除它们。

8）单击操作命令的创建视图，将使用当前视图创建一个新幻灯片。

创建带剖面标识的 3D 视图，见图 8-147：

1）在"指令创作"部分中，单击"剖面"命令。指针连接到零件上，并显示剖面气泡条。

2）移动指针创建想要的部分，然后单击 OK。

3）单击标尺附近的测量，编辑测量。

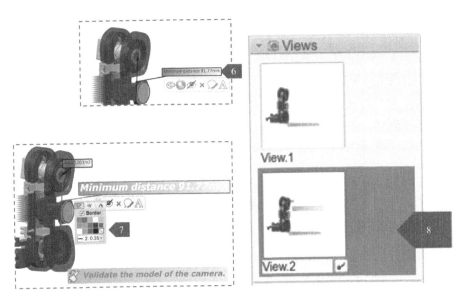

图　8-146

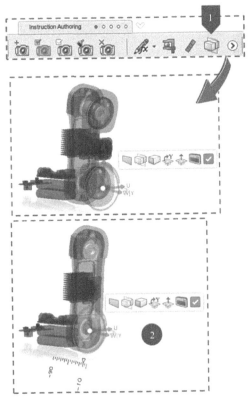

图　8-147

创建带直线标识的 3D 视图，见图 8-148：

1）在指令 Authoring 选项卡，单击下拉菜单，使用直线标记突出显示部件。

2）在零件表面选择一个点。

3）在另一部分的表面选择一个点。确认直线是在工作区中创建的。

4）使用上下文工具栏编辑标记。可以使用上下文工具栏更改标记的颜色、隐藏和删除它们。

5）要移动标记，单击并拖动直线尾点。

6）单击 Create View 进行操作。使用当前视图创建一个新幻灯片。

图　8-148

创建带标签标记的 3D 视图，标签标记允许你创建包含所选对象名称的标签，见图 8-149：

1）在指令 Authoring 选项卡，单击下拉菜单，使用标签标记突出显示部件。

2）在工作区域中选择一个部件。

3）选择"指定对象"选项的子组件。标签面板展开以显示子组件树。

4）选择子组件。

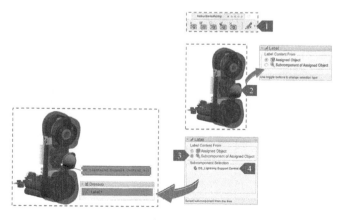

图　8-149

后续操作见图 8-150：

5）选择标签，将显示上下文工具栏。

6）使用上下文工具栏编辑标记，可以使用上下文工具栏更改标记的颜色、隐藏和删除标记。

7）创建视图后，单击操作命令的 Create 视图。使用当前视图创建一个新幻灯片。

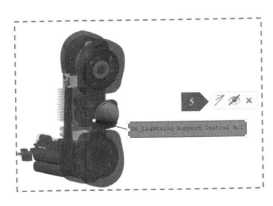

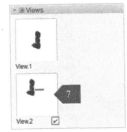

图　8-150

播放演示 3D 作业指导书的视图，见图 8-151：

1）单击共享→保存。

2）在罗盘中，单击 Play 文本指令播放后是 3D 工作指令。

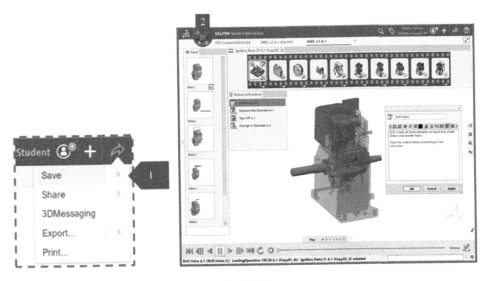

图　8-151

## 8.4.5　规范和发布工作指令

　　一旦操作的工作指令完成，下一步是检查它们，可以查看在制造执行系统（MES）中使用这些指令时如何显示。

　　可以在会话期间预览工作指令，以查看它在 MES 上的外观，也可以将其复制为 HTML 格式，以便预览工作指令。

　　在 Compass 中单击 Play 开始查看工作指令的回放，见图 8-152。

图　8-152

　　可以通过生成 HTML 文档来查看工作说明。文件可以显示在幻灯片中的所有操作生成文档，见图 8-153：

　　1）在"指令工具"部分，单击"为所有操作生成文档"。

　　2）显示"格式和属性"对话框。可以为输出格式选择模板：选择格式模板 XSLT：可以从下拉列表中选择系统模板的格式；选择属性 XML：可以从下拉列表中选择系统模板的格式。可以从字段旁边的省略号按钮中选择其他模板。

　　3）单击 OK。

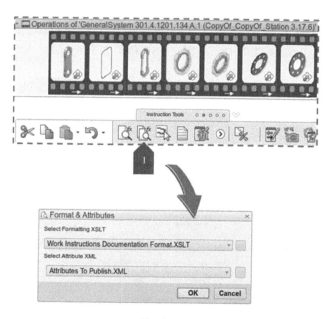

图　8-153

　　对 3D 工作指令所做的所有更改都必须更新到视图中，见图 8-154。如果预览未保存的 3D 工作指令，则会显示一条警告消息。显示我们的更改。单击 Yes 保存更改。

4）右上角显示了一个压缩的沉浸式浏览器。

5）移动并调整浏览器的大小。你还可以使用滚动条查看信息。浏览器中显示系统操作的格式化列表及其 PPR 上下文中的内容。

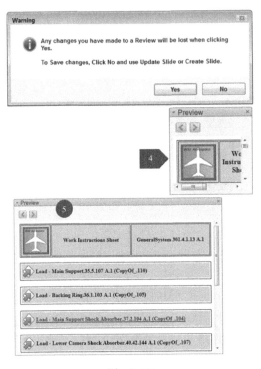

图　8-154

定制化文档背景。可以通过 Me → Preferences → Manufacturing Planning → Work Instructions 选项卡中的新选项更改背景颜色。选择 Me → Preferences → Manufacturing Planning → Work Instructions 选项卡，见图 8-155 和图 8-156。

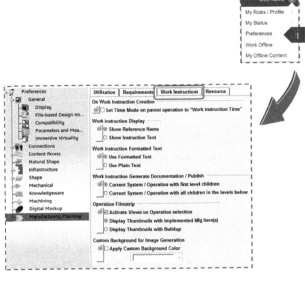

图　8-155

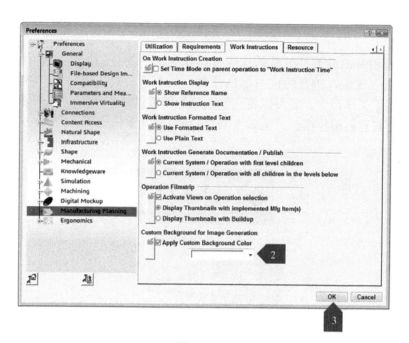

图　8-156

选择"应用自定义背景颜色"复选框，并从调色板中选择"白色"，然后单击 OK。

工作指令的预览可以保存起来供以后使用。在生成的预览下面显示一个地址栏。选择文件夹以标识要保存预览的路径和目录。选择 Save 图标，见图 8-157。预览保存后，可以在 web 浏览器中打开预览。

图　8-157

### 8.4.6　小结

构建工作说明有四种类型的默认指令可以作为工作指令添加到操作中。可以修改它们以满足所需的指令规范。所有的说明都列在窗口的左边。默认情况下，将显示指令引用名称。一旦你创建了工作指令，就可以将它们创建为模板供将来使用。你必须将工作指令添加到目录中，以便将它们用作模板，见图 8-158。可以删除工作说明。

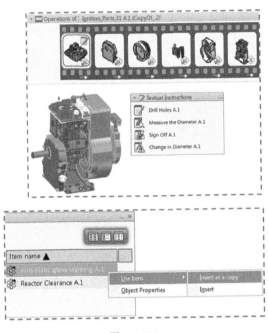

图　8-158

工作指导书在定义过程中可以进行强调和修改，可以快速地创建并将截图附加到工作说明中。可以把文件附在指导书上以供参考，见图 8-159。可以从数据库中检索这些文档，也可以从本地驱动器导入这些文档。可以通过选择对话框窗口右侧的双叉形，然后选择图标来查看附加的文档。一旦创建了指令，就可以轻松地对它们重新排序。例如，警报指令可能需要作为特定操作的第一个调用项。还可以格式刷操作描述文本。

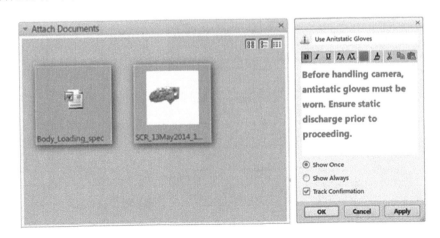

图　8-159

　　创建 3D 工作指令可以向操作和产品内容的视图添加文本或图形标记，见图 8-160。这些添加的部分称为 dress up，这些视图可以称为 slide。可以指定不同类型的测量，如面积、长度、半径、两点之间的最小距离等。可以对零件进行分段，并突出显示不可见零件。

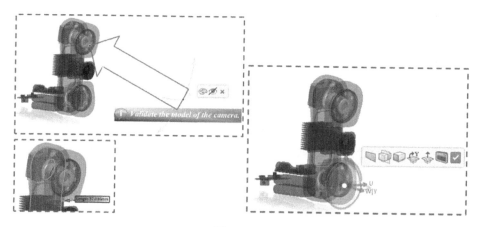

图　8-160

　　一旦为每个操作编写了指令，就可以顺序播放查看它们。可以创建系统中的操作及其工作说明的预览，见图 8-161。可以生成包含所有操作的系统预览。包含工作指令的操作将有超链接来查看工作指令，可以保存工作说明的预览，以便在 DELMIA 之外查看或稍后使用。可以使用其他模板发布工作指令。

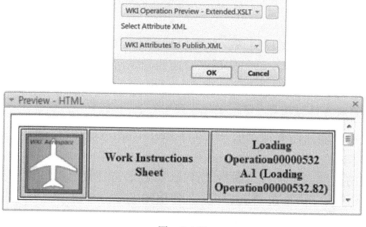

图　8-161

# 第9章　基于 3DEXPERIENCE 平台 复合材料综合案例

在 3DEXPERIENCE 平台中，可以同时完成复合材料零部件的设计－仿真－制造过程。3D 数据从设计到仿真再到制造的过程实现无缝传递，可以有效地降低产品的研发周期。前述章节分别展示了在 3DEXPERIENCE 平台中如何进行复合材料零件的设计、仿真分析以及制造的过程。

在本章中，我们将使用 3DEXPERIENCE 平台展示某叶片的设计到制造的过程，进一步展示 3DEXPERIENCE 平台的复合材料一体化设计制造能力。

## 9.1　复合材料桨叶设计

复合材料桨叶由蒙皮（上蒙皮和下蒙皮）、前缘以及梁构成。采用网格法可以根据概念设计时得到的层压区域以及层压的厚度法则快速创建铺层并生成实体。本节将在桨叶的气动曲面基础上快速设计铺层，从而为后续的仿真分析和制造准备对应的模型数据。

### 9.1.1　桨叶蒙皮

桨叶蒙皮主要由 3 个厚度区组成，从翼根到翼尖厚度由厚变薄，同时桨叶前缘由于需要和梁连接，因此厚度有加厚。通过构建桨叶曲面的纵向平面和展向曲线构建网格，从而快速创建铺层轮廓。

1. 设置复合材料设计参数

（1）从搜索栏中输入需要搜索的 3D 零件 RotorUpperSkin，右键单击选择"打开"，见图 9-1。

（2）在下方的选项卡中选择"网格设计"，然后单击"复合材料设计参数"，在弹出的"材料"选项卡下单击"添加材料"。接着在弹出的选项卡中选择"从数据库"，然后搜索 Carbon 0.18 并添加该材料到复合参数中，见图 9-2。

（3）切换到"层"选项卡，单击"添加层"以添加所需的层压。在层对话框中选择"厚度法则"并设置其材料、铺层角度对应的铺层数量、层的名称，见图 9-3。

（4）单击"确定"，回到"层"选项卡，按同样的方法添加另外两个压层，最后的结果见图 9-4。

（5）切换到"斜坡定义"选项卡，单击"添加斜坡定义"以添加所需的斜坡过渡方式。此处所定义的斜坡将用于后续网格不同区域之间的过渡区丢层方式定义，见图 9-5。

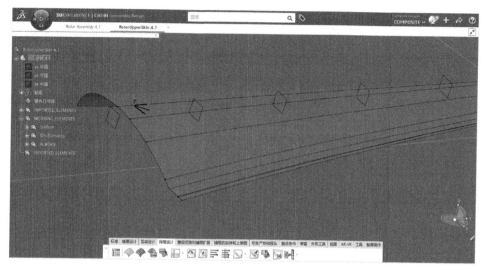

图　9-1

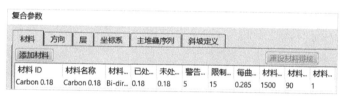

图　9-2

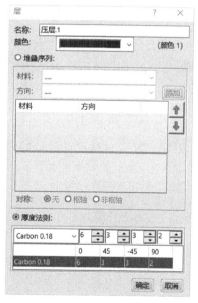

图　9-3

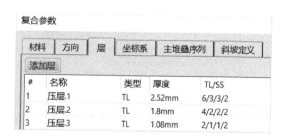

图　9-4

图　9-5

（6）在弹出的对话框中选择"斜坡类型"为"平行/平行"，选择"平行类型"为"多平行"，将"开始"中的"偏移"设置为0mm，"斜度"定义选择"步幅"并设置步幅为10mm。单击"确定"创建第一个斜坡定义作为桨叶横向的斜坡定义，见图9-6。

（7）单击"添加斜坡定义"，在弹出的对话框中选择"斜坡类型"为"偏移/偏移"，选择"光顺模式"为"自动"，将"偏移"设置为0mm，"斜度"定义选择"步幅"并设置步幅为15mm。单击"确定"创建第二个斜坡定义作为桨叶垂直方向的斜坡定义，见图9-7。

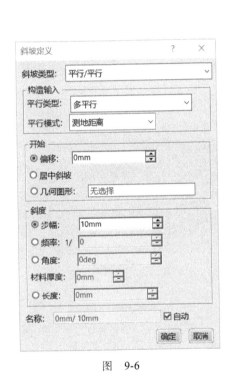

图 9-6　　　　　　　　　　　　　图 9-7

（8）斜坡定义完成后见图9-8，然后单击"确定"以完成复合材料设计参数的设置。

图 9-8

### 2.创建网格面板

（1）单击 "网格面板"打开对话框，在结构树或工作区单击选择"参考曲面"作为支持面曲面，单击"铺层方向"的红色箭头使其指向如图9-9所示，选择"坐标系.1"为坐标系。选择"平面.1"到"平面.11"作为参考元素组的元素，然后重命名参考元素组为V-Elements，结果见图9-9。

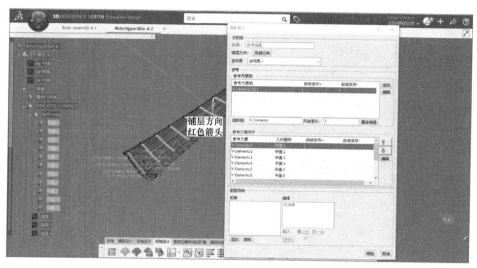

图　9-9

（2）在"参考"栏中单击"编辑"以对"参考元素"添加斜坡定义，然后选择"O-O 0mm/15mm"作为斜坡定义，见图 9-10。

图　9-10

（3）设置好斜坡定义后，将斜坡定义应用到所有元素以完成第一个桨叶垂直方向的参考元素组定义，见图 9-11。

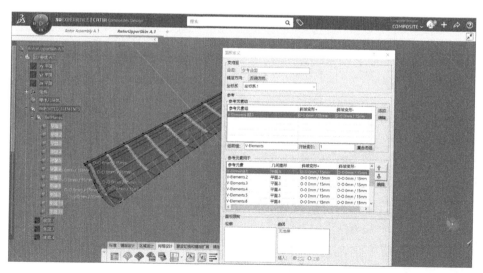

图　9-11

（4）按上述步骤创建 H-Elements 参考元素组并选择图示参考元素，完成斜坡定义后，见图 9-12。

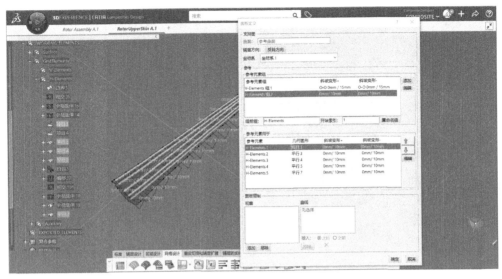

图 9-12

### 3. 创建网格

单击 💠 "网格"以创建网格,通过手动选择单元格并定义单元格层压。网格单元对应的层压信息如图 9-13a 所示,或者导入 Excel 文件 RotorUpperSkin-Grid,以赋予每个单元格层压定义,结果见图 9-13b。

| 单元 | 层 | 单元 | 层 | 单元 | 层 | 单元 | 层 |
|------|------|------|------|------|------|------|------|
| C1 | 压层.1 | C9 | 压层.1 | C17 | 压层.2 | C25 | 压层.3 |
| C2 | 压层.1 | C10 | 压层.2 | C18 | 压层.1 | C26 | 压层.2 |
| C3 | 压层.1 | C11 | 压层.2 | C19 | 压层.3 | C27 | 压层.1 |
| C4 | 压层.2 | C12 | 压层.1 | C20 | 压层.3 | C28 | 压层.3 |
| C5 | 压层.1 | C13 | 压层.2 | C21 | 压层.1 | C29 | 压层.2 |
| C6 | 压层.1 | C14 | 压层.2 | C22 | 压层.3 | C30 | 压层.1 |
| C7 | 压层.2 | C15 | 压层.1 | C23 | 压层.2 | C31 | 压层.3 |
| C8 | 压层.2 | C16 | 压层.2 | C24 | 压层.1 | C32 | 压层.2 |

a)

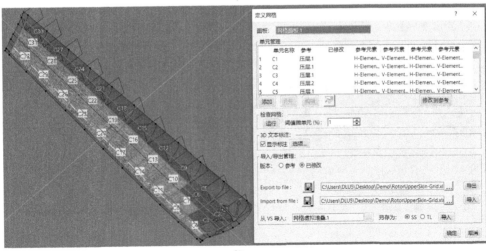

b)

图 9-13

4. 创建虚拟堆叠

单击 "虚拟堆叠"，然后在结构树上选择 "网格.1"，得到虚拟序列和铺层，见图 9-14。

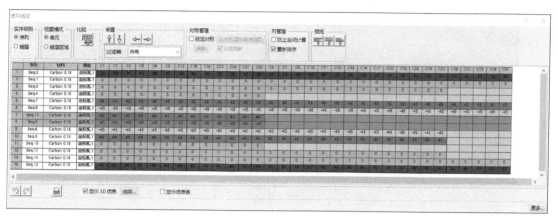

图　9-14

5. 创建铺层

（1）单击 "由虚拟堆叠生成铺层"，在弹出的对话框中勾选 "更新现有的铺层组" 并选择 "交叉最小值"，"衰减阵列" 下拉列表中选择 Backslash，见图 9-15。

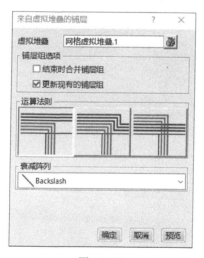

图　9-15

（2）单击 "确定"，则铺层自动创建，见图 9-16。

6. 生成桨叶上蒙皮实体

（1）进入 "铺层的实体和上表面" 选项卡，单击 "等厚度区域"。按图 9-17 设置 "衰减值"，然后单击 "计算并选择宽度大于 15.0mm 的区域"，结果见图 9-17。单击 "确定" 以生成等厚度区。

（2）单击 "等厚度连接向导" 进入 "连接线向导"，见图 9-18。选择 "等厚度区域组 .1"，然后单击 "计算"。得到连接线，检查后单击 "确定" 即可创建等厚度区连接线。

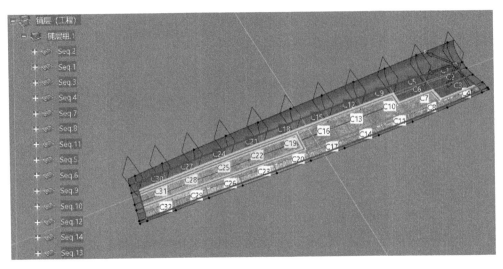

图 9-16

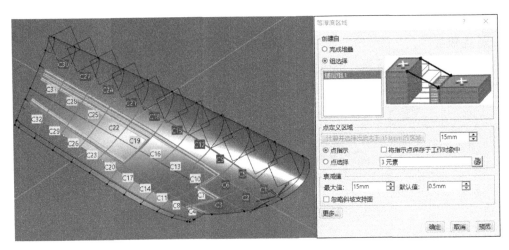

图 9-17

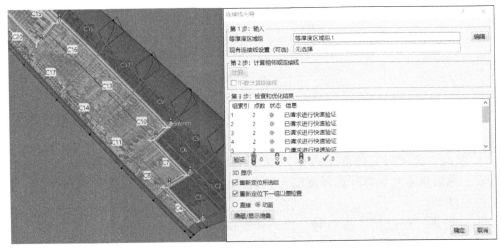

图 9-18

（3）单击 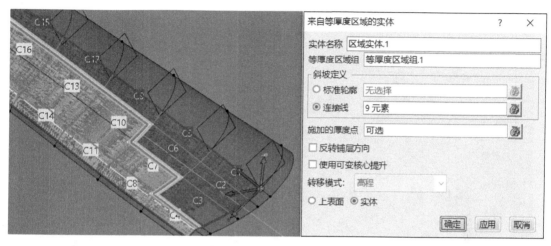 "从等厚度区域生成实体"，在弹出的对话框中选择"等厚度区域组.1"作为等厚度区域，选择"连接线"几何图形集中的全部连接线，选择"实体"选项，见图 9-19。单击"确定"即可生成桨叶上蒙皮的实体。同样的方法选择"上表面"即可生成内型面（IML 或 OML）。

图　9-19

（4）通过铺层得到桨叶零件实体，见图 9-20。

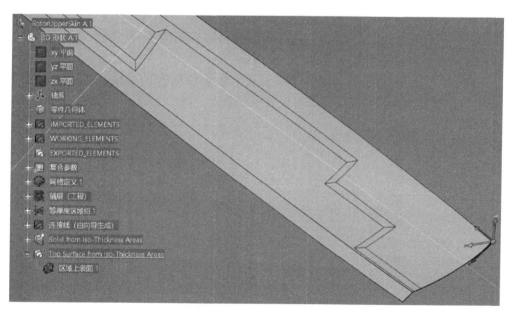

图　9-20

## 9.1.2　桨叶前缘

桨叶前缘具有非常大的曲率，网格法可以快速生成铺层。然而在自动生成零件实体时由于曲率问题不能自动创建，此时可以由铺层自动创建的上表面得到实体闭合曲面，从而得到零件实体。

1. 设置复合材料设计参数

（1）从搜索栏中输入需要搜索的 3D 零件 RotorLeadingEdge，右键单击选择"打开"，见图 9-21。

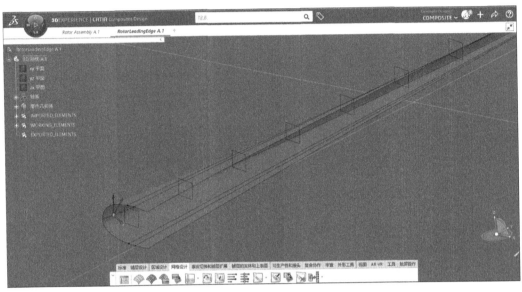

图　9-21

（2）在下方的选项卡中选择"网格设计"，然后单击"复合材料设计参数"，在弹出的"材料"选项卡下单击"添加材料"。接着在弹出的选项卡中选择"从数据库"，然后搜索 Carbon 0.18 并添加该材料到复合参数中，见图 9-22。

（3）切换到"层"选项卡，单击"添加层"以添加所需的层压。在层对话框中选择"厚度法则"并设置其材料、铺层角度对应的铺层数量、层的名称，最后的结果见图 9-23。

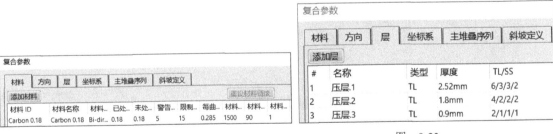

图　9-22

图　9-23

（4）切换到"斜坡定义"选项卡，单击"添加斜坡定义"以添加所需的斜坡过渡方式。如前述步骤完成如图 9-24 所示的斜坡类型定义。然后单击"确定"以完成复合材料设计参数的定义。

图　9-24

### 2. 创建网格面板

单击 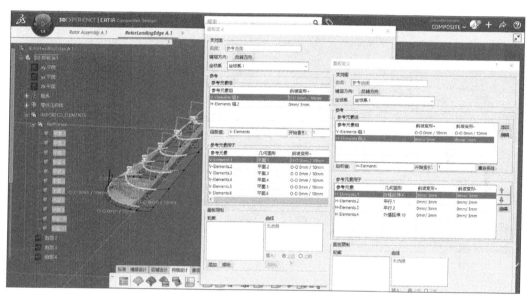 "网格面板"打开对话框，在结构树或工作区单击选择"参考曲面"作为支持面曲面，单击"铺层方向"的红色箭头使其指向内侧，选择"坐标系 .1"为坐标系。选择"平面 .1"到"平面 .11"作为参考元素组的元素，然后重命名参考元素组为 V-Elements。接着选择"外插延伸 .4""外插延伸 .10""平行 .1""平行 .2"作为横向的参考元素并将其重命名为 H-Elements 参考元素组。同时按前述步骤设置斜坡定义，结果见图 9-25。

图　9-25

### 3. 创建网格

单击 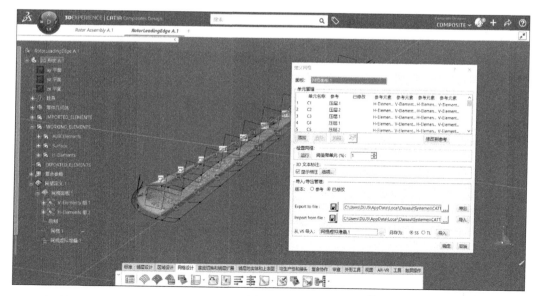 "网格"以创建网格，网格单元对应的层压通过导入 Excel 文件 RotorLeadingEdge-Grid，以赋予每个单元格层压定义，结果见图 9-26。

图　9-26

4.创建虚拟堆叠并生成铺层

单击 "虚拟堆叠"，然后在结构树上选择"网格.1"，得到虚拟序列和铺层。然后单击 "由虚拟堆叠生成铺层"，在弹出的对话框中勾选"更新现有的铺层组"并选择"交叉最小值"，"衰减阵列"下拉列表中选择 Backslash，得到图 9-27 所示的铺层。

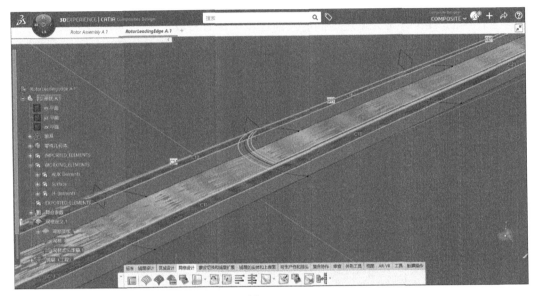

图 9-27

5.生成桨叶前缘蒙皮实体

（1）进入"铺层的实体和上表面"选项卡，单击 "等厚度区域"。按图 9-28 设置"衰减值"，然后单击"计算并选择宽度大于 20.0mm 的区域"，结果如图 9-28 所示。单击"确定"以生成等厚度区。

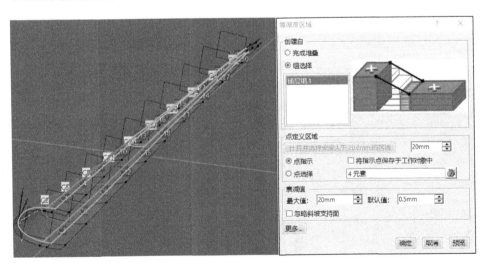

图 9-28

（2）单击 "等厚度连接向导"进入"连接线向导"，见图 9-29。选择"等厚度区域组.1"，然后单击"计算"。得到连接线，检查后单击"确定"即可创建等厚度区连接线。

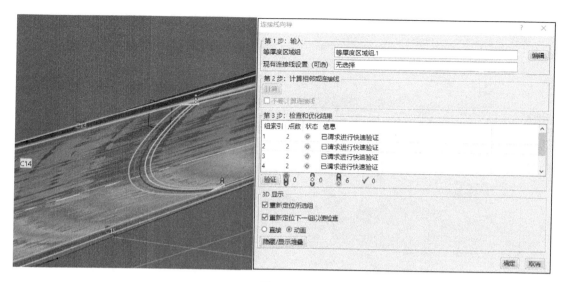

图　9-29

（3）单击 💾 "从等厚度区域生成实体"，在弹出的对话框中选择"等厚度区域组 .1"作为等厚度区域，选择"连接线"几何图形集中的全部连接线，选择"上表面"选项，见图 9-30。单击"确定"即可生成桨叶前缘的内型面。

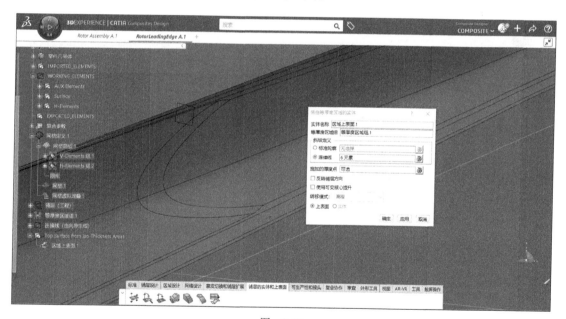

图　9-30

**注**：由于曲面的原因，此处不能通过等厚度区直接生成实体，因此先创建内型面，然后通过封闭曲面的方式得到零件实体。

（4）进入 Generative Shape Design 应用，单击 ✂️ "分割"，然后选择"参考曲面"作为剪切的对象，接着选择"外插延伸 .4""外插延伸 .10""平面 .1""平面 .11"作为切除元素。通过切割参考曲面得到以铺层轮廓为边界的底部曲面，见图 9-31。

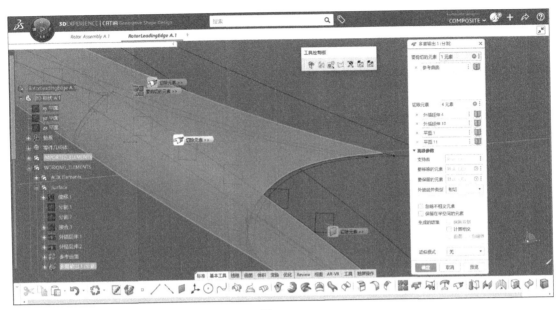

图 9-31

（5）单击 <img> "边界"，从上述步骤的曲面以及通过铺层创建的上表面提取边界曲线，见图 9-32。

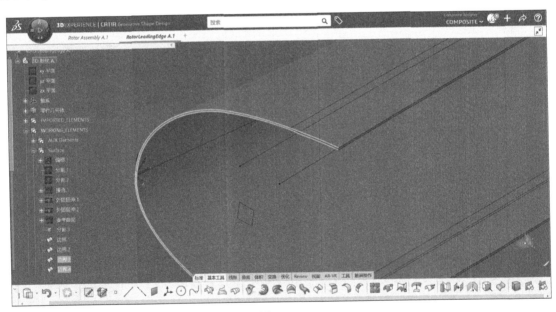

图 9-32

（6）单击 <img> "桥接"，选择边界曲线以创建桥接曲面。通过创建四个桥接曲面以提供包裹曲面所需的曲面，见图 9-33。

（7）单击 <img> "接合"，然后选择"区域上表面.1""分割.9"以及四个桥接曲面作为接合对象，从而得到封闭曲面，见图 9-34。

（8）进入 Part Design 应用，单击 <img> "封闭曲面"，然后选择"接合.3"作为封闭实体的曲面对象，从而得到实体，见图 9-35。

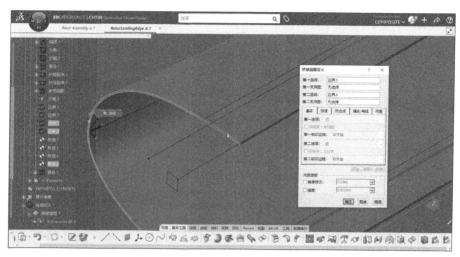

图　9-33

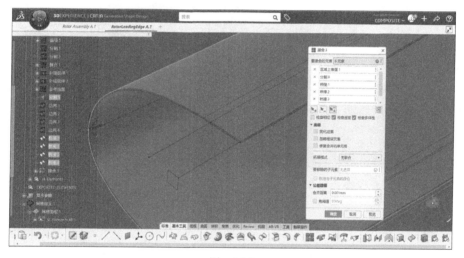

图　9-34

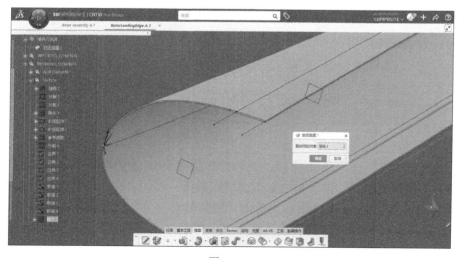

图　9-35

### 9.1.3　桨叶梁

桨叶梁为 C 形梁，从翼根往翼尖铺层逐渐减少。梁的参考曲面与蒙皮和前缘实体的内型面一致，采用网格法快速创建铺层与生成实体。

1. 设置复合材料设计参数

（1）从搜索栏中输入需要搜索的 3D 零件 RotorSpar，右键单击选择"打开"，见图 9-36。

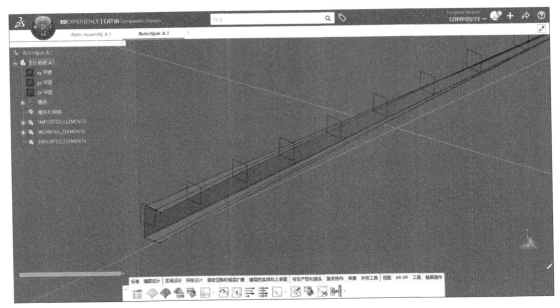

图　9-36

（2）在下方的选项卡中选择"网格设计"，然后单击"复合材料设计参数"，在弹出的"材料"选项卡下单击"添加材料"。接着在弹出的选项卡中选择"从数据库"，然后搜索 Carbon 0.18 并添加该材料到复合参数中，见图 9-37。

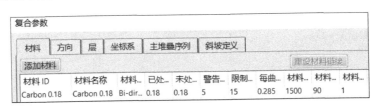

图　9-37

（3）切换到"层"选项卡，单击"添加层"以添加所需的层压。在层对话框中选择"厚度法则"并设置其材料、铺层角度对应的铺层数量、层的名称，最后的结果见图 9-38。

（4）切换到"斜坡定义"选项卡，单击"添加斜坡定义"以添加所需的斜坡过渡方式。如前述步骤完成如图 9-39 所示的斜坡类型定义，然后单击"确定"以完成复合材料设计参数的定义。

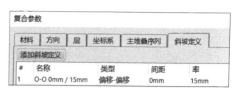

图　9-38　　　　　　　　　　　　图　9-39

### 2. 创建网格面板

单击  "网格面板"打开对话框，在结构树或工作区单击选择"参考曲面"作为支持面曲面，单击"铺层方向"的红色箭头使其指向内侧，选择"坐标系 .1"为坐标系。选择"平面 .1"到"平面 .11"作为参考元素组的元素，然后重命名参考元素组为 V-Elements。接着选择"外插延伸 .11""外插延伸 .12"作为横向的参考元素并将其重命名为 H-Elements 参考元素组。同时按前述步骤设置斜坡定义，结果见图 9-40。

图　9-40

### 3. 创建网格

单击 "网格"以创建网格，选择单元 C1 ~ C3 并赋予其"层压 .1"，然后选择单元 C4 ~ C6 并赋予其"层压 .2"，剩余的单元赋予"层压 .3"，结果见图 9-41。

### 4. 创建虚拟堆叠并生成铺层

单击 "虚拟堆叠"，然后在结构树上选择"网格 .1"，得到虚拟序列和铺层。然后单击 "由虚拟堆叠生成铺层"，在弹出的对话框中勾选"更新现有的铺层组"并选择"交叉最小值"，"衰减阵列"下拉列表中选择 Backslash，得到图 9-42 所示的铺层。

### 5. 生成桨叶梁实体

（1）进入"铺层的实体和上表面"选项卡，单击 "等厚度区域"。按图 9-43 设置"衰减值"，然后单击"计算并选择宽度大于 20.0mm 的区域"，结果见图 9-43。单击"确定"以生成等厚度区。

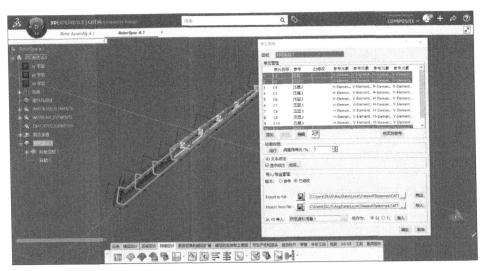

图 9-41

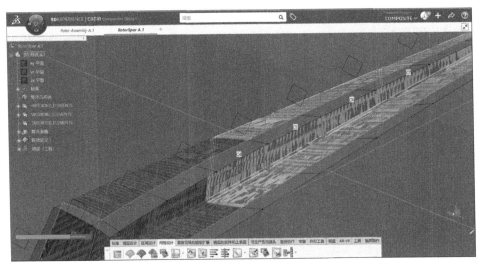

图 9-42

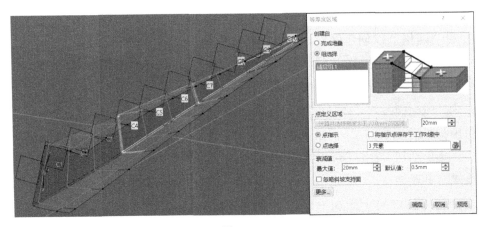

图 9-43

（2）单击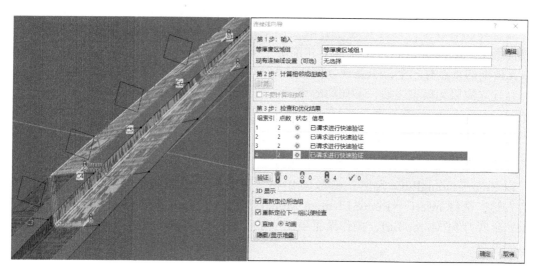"等厚度连接向导"进入"连接线向导"，见图 9-44。选择"等厚度区域组 .1"，然后单击"计算"。得到连接线，检查后单击"确定"即可创建等厚度区连接线。

图　9-44

（3）单击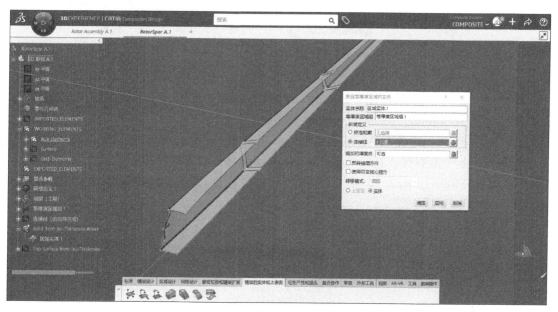"从等厚度区域生成实体"，在弹出的对话框中选择"等厚度区域组 .1"作为等厚度区域，选择"连接线"几何图形集中的全部连接线，选择"实体"选项，见图 9-45。单击"确定"即可生成桨叶梁实体。

图　9-45

## 9.1.4　小结

在本节中，使用网格法快速创建了桨叶的蒙皮和梁模型。此模型为后续的仿真分析以及制造仿真准备完成了 3D 模型。

## 9.2 固有频率计算

固有频率是叶型设计的重要指标，本节将在 3DEXPERIENCE 平台上完成相关计算。

要计算固有频率，首先要建立有限元模型。上一节所建立的复合材料叶片由 4 个 Part 组成，每个 Part 均有独立的几何模型和铺层定义，相互之间通过黏结建立关联。因此建立有限元模型的重点有三个，一是建立网格装配，二是定义铺层，三是设置黏结。

在建立有限元模型之后，参照第 6 章的方法，设置固有频率分析步即可。

### 9.2.1 建立网格装配

首先分别为 4 个 Part 建立 FEM。

以 RotorLeadingEdge 为例，参考图 9-46，为其打开单独的 Tab 窗口，并在根节点上单击右键，选择 Insert → Finite Element Model，将新的 Finite Element Model（以下简称为 FEM）命名为 FEM-topSurf，操作结果见图 9-47。随后我们还将在这个专门的 Tab 上进行进一步的设置。

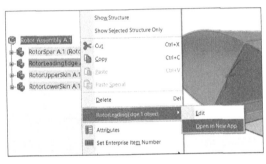

图 9-46　　　　　　　　　　　　　　　图 9-47

重复以上操作，分别为 RotorSpar、RotorUpperSkin 和 RotorLowerSkin 创建 FEM，并全部命名为 FEM-topSurf。

然后我们要将上述各 FEM 装配起来，形成 Rotor 装配的 FEM。回到 Rotor 装配的窗口，在根节点上单击右键，选择 Insert → Representation，在打开的类型选择对话框中搜索 Finite Element Model，单击"新建"，见图 9-48，命名为 FEM-topSurf。

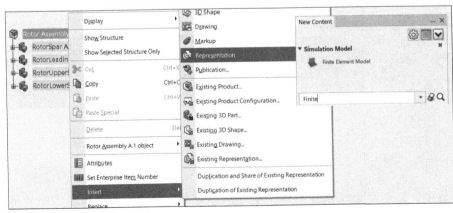

图　9-48

双击 Rotor 装配的 FEM 节点下面的 Properties，打开 SIMULIA Structural Model Creation 界面，从菜单栏上选择 Setup → Contributing Finite Element Model Manager，在打开的对话框里，依次为 4 个 Part 选择其下属的 FEM-TopSurf，见图 9-49。由于每个 Part 下可以有多个 Finite Element Model，因此这里要做出选择。

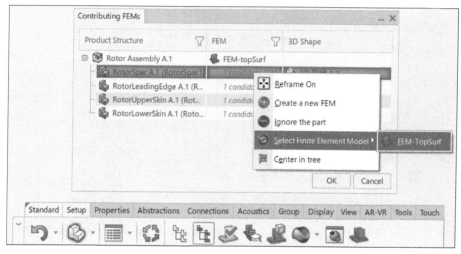

图　9-49

这样就完成了网格的装配，但实际上各个 Part 还没有真正划分网格。接下来我们将划分网格并定义铺层。

## 9.2.2　定义铺层

仍以 RotorLeadingEdge 为例，进入它的专用 Tab 窗口，双击 FEM-topSurf 下面的 Property，操作界面将切换到 SIMULIA Structural Model Creation，如图 9-50 所示设置 Contributing Geometry。

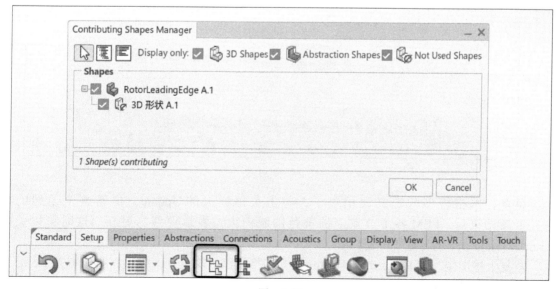

图　9-50

　　然后从菜单栏上选择 Composite Shell Section（见图 9-51），打开图 9-52 中的对话框，其中 Support 选择结构树上的 Top Surface.1 面，Composites 选择 All plies，对应于结构树上的 Stacking 铺层表。这样一来，设计铺层信息就引用到了网格模型上。

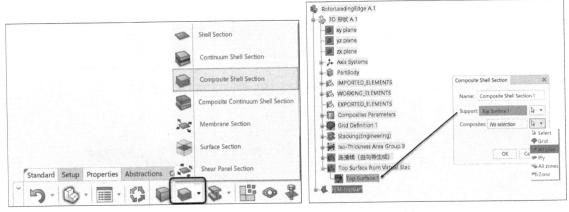

<table>
<tr><td>图　9-51</td><td>图　9-52</td></tr>
</table>

　　接下来，双击 FEM–topSurf 下面的 Nodes and Elements 节点，切换到 SIMUIA Mesh Creation 界面，从菜单栏上单击 Surface Quad Mesh，仍然将 Support 选为 Top Surface.1，网格尺寸设为 20mm，见图 9-53。这时单击 Mesh 可以预览网格，然后单击 OK 将对话框关掉。

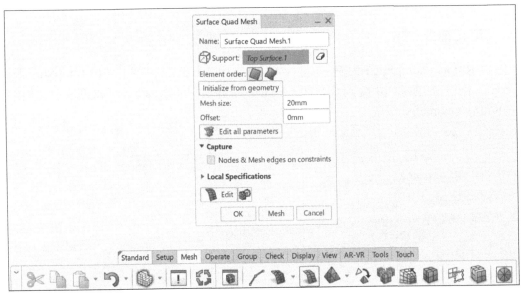

图　9-53

　　至此，网格模型的定义就结束了，单击菜单栏上的 Update，更新整个模型的状态。更新结束后，FEM 各子节点上的黄色圆圈消失，表示模型已更新。这时可以关闭 RotorLeadingEdge 的专用 Tab 窗口。

　　重复上述操作，为 RotorSpar、Rotor 建立网格模型。隐去几何模型，我们得到 Rotor 装配的网格，见图 9-54。

图　9-54

## 9.2.3　设置黏结

由于固有频率为线性计算，因此我们用 Tie 来表示 4 个 Part 之间的黏结。

首先，我们在 4 个 Part 上分别建立 Group，用于将来定义 Tie。

仍然以 RotorLeadingEdge 为例，双击它的网格模型 FEM-topSurf 下属的 Property，进入 SIMULIA Structural Model Creation 界面，从菜单栏上选择 Group → Geometric Group，见图 9-55，为整个 LeadingEdge 创建一个 Group，命名为 LeadingEdge。

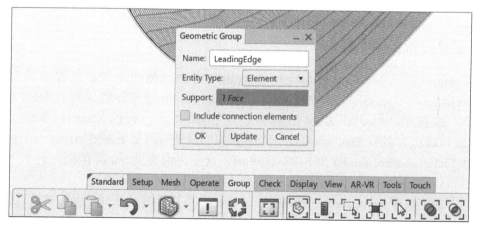

图　9-55

类似地，为 RotorSpar 等其他三个 Part 创建对应的 Group。

Tie 连接仍然是 Finite Element Model 的一部分。仍然在 SIMULIA Structural Model Creation 界面上，在菜单栏上选择 Connections → Tie，使用之前建立的 Group，创建四对 Tie：

1）Spar – LeadingEdge。

2）Spar – UpperSkin。

3）Spar – LowerSkin。

4）UpperSkin – LowerSkin。

图 9-56 所示为建立 Spar 与 LeadingEdge 之间的 Tie。图中将 Specify position tolerance 设为一个较大值，以保证 Tie 能够起作用，并且取消了 Adjust secondary surface initial position 选项，避免求解器挪动网格初始位置。读者可以根据经验自行调整这些设置。

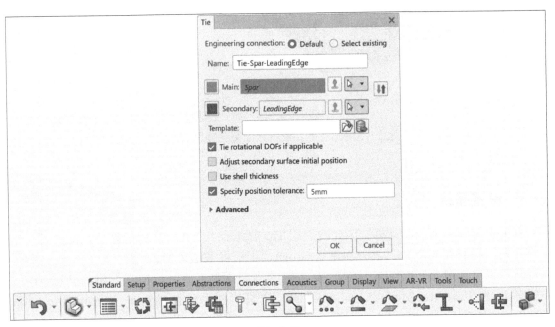

图　9-56

## 9.2.4　定义分析步并求解

从 Compass 进入 Mechanical Scenario Creation 界面，见图 9-57，在弹出的对话框中设置 Simulation 与 Analysis Case 的名称。其中 Simulation 的名称将出现在 MSR 结构（参见第 5 章）的顶层，Analysis Case 的名称出现在 MSR 结构树的 Scenario 节点下。一个 Simulation 可以包含多个 Analysis Case，读者可以尝试随后添加更多的 Analysis Case。另外注意选择 Finite element model 为 FEM-topSurf，这是之前为 Rotor 装配创建的 FEM。操作结果见图 9-58。

从菜单栏上选择 Procedures → Frequency Step，在打开的对话框里保持默认设置，即提取前 10 阶固有模态，见图 9-59。

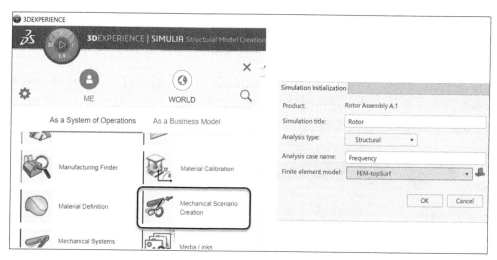

图　9-57

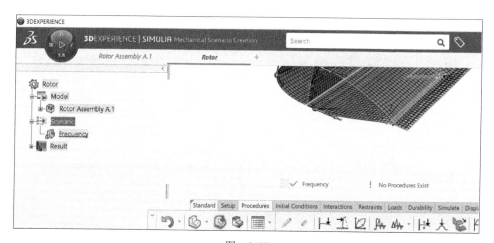

图　9-58

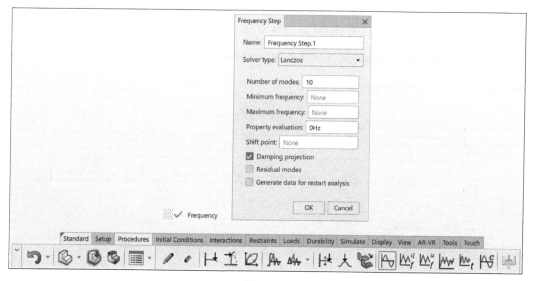

图　9-59

　　至此，分析模型设置全部完成。随后我们使用菜单栏上的 Simulate → Model and Scenario Checks 初步检查设置，无误后，即可使用 Simulate → Simulate 提交计算。计算设置和过程可参考第 6 章，这里不再赘述。

　　计算完成后，SIMULIA Physics Result Explorer 界面将自动打开，从中可以查看振型、固有频率等信息，见图 9-60。图中是第 7 阶振型的位移归一化云图，由于我们所求为自由模态，因而前 6 阶频率的数值接近于零。

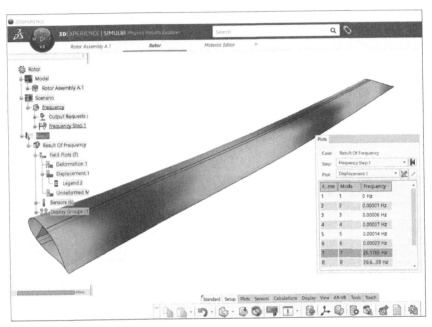

图　　9-60

## 9.3　复合材料工艺流程设计

　　复合材料包含多种加工工艺，如热压罐成型、真空固化炉成型、高温模压成型、液体成型、缠绕成型等。航空复合材料零件也因为其零件的结构和功能不同，采用了多种相适应的成型工艺，如航空复合材料壁板成型工艺流程，见图 9-61。

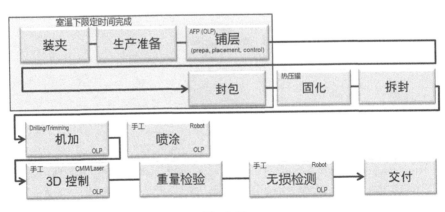

图　　9-61

航空复合材料零件液体成型的工艺流程，见图 9-62。

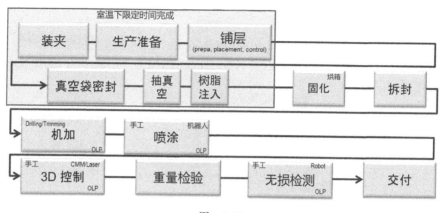

图　9-62

本节将通过相关零件模型进行具体操作示例的展示。

## 9.3.1　复合材料的厂房定义

复合材料的厂房定义需要结合厂房内所有的设备、工具以及建筑设施来进行定义。通常情况下，这些模型需要构建，或者通过导入系统平台的方式来进行存储管理。管理一般使用知识目录。在使用时，只需要导入 3D 模型并进行相关的布局定义就可以了。

1. 创建组织资源

（1）在工厂布局设计应用程序中创建一个 PPR Context，见图 9-63。

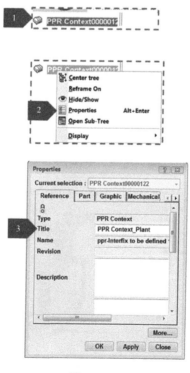

图　9-63

（2）右键单击并选择 Properties。

（3）输入 PPR Context_Plant，然后单击 OK。

（4）单击 Manufacturing Cell 命令，见图 9-64。

（5）在 Title 字段中，键入 Site 01 并单击 OK。

（6）创建另外两个资源，并将它们命名为"Factory01""Line01"，见图 9-64。

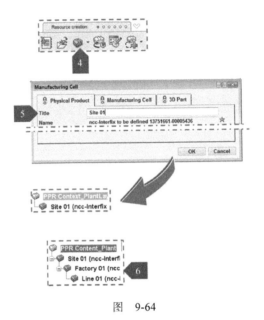

图　9-64

2. 生成一个资源

（1）使用 prd：Default 作为搜索字符串搜索，并打开 Default_E2H1，见图 9-65。

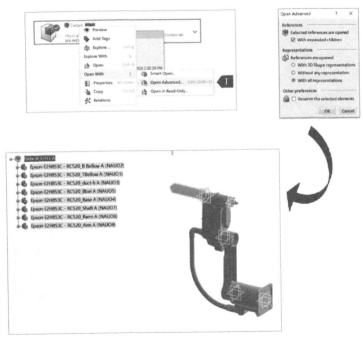

图　9-65

（2）单击 Generate a Resource 命令，见图 9-66。

（3）在树中，选择 Default_E2H1。

（4）选择 Robot 并单击 OK，观察根节点中模型图标的变化。

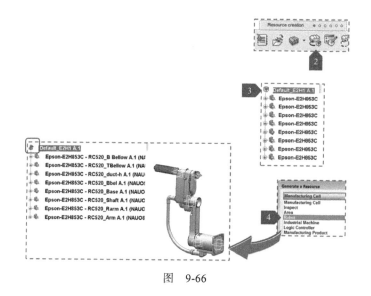

图　9-66

## 3. 生成布局图

（1）搜索并打开 PPR Context_Plant_L1Ex3_ End，见图 9-67。

（2）单击 Create footprint 命令。

（3）在树中，选择 Line 01。

（4）单击 Fit All In 命令。

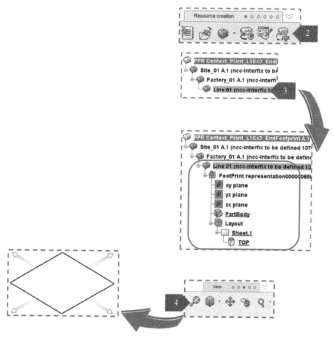

图　9-67

4. 将布局图转换为 2D 布局

（1）单击 Edit footprint 命令，见图 9-68。

（2）在树中，选择 FootPrint。

（3）右键单击 Sheet.1 下的 TOP 视图并选择删除。

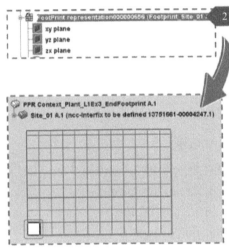

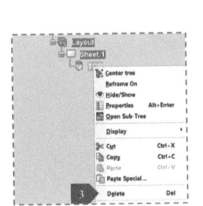

图　9-68

（4）单击 Exit Footprint Edition 命令，见图 9-69。

（5）使用字符串 drw：*Original* 搜索并打开绘图。

（6）单击 Transfer Views in a Layout 并在树上选择 VU1。

（7）选择所有选项并单击 OK，见图 9-70。

（8）切换到 PPR Context_Plant_L1Ex3_EndFootprint 选项卡。

（9）在树中，选择 Sheet. 1。查看布局视图是在 sheet.1 下创建的。

（10）保存数据。

5. 标明尺寸

（1）打开数模，进入厂房布局设计应用，见图 9-71。

（2）单击 Edit footprint 命令。

（3）在树中，选择 Line 01。2D 布局打开。

（4）单击尺寸命令。

（5）选择如图 9-72 所示的围栏区域，并单击要放置尺寸的空白区域。创建尺寸。

（6）右键单击尺寸线并选择 Properties。

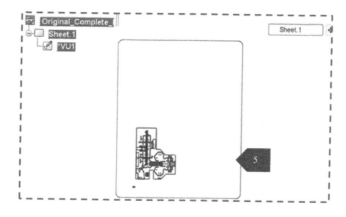

图　9-69

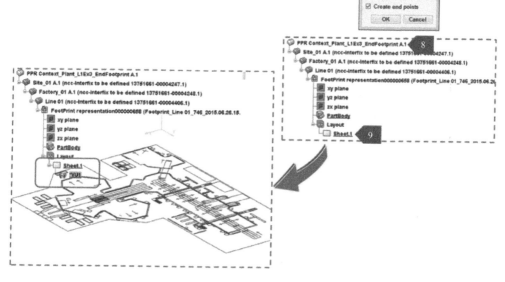

图　9-70

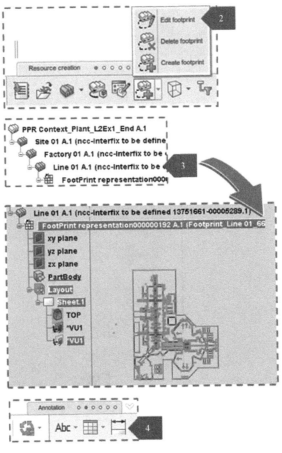

图 9-71

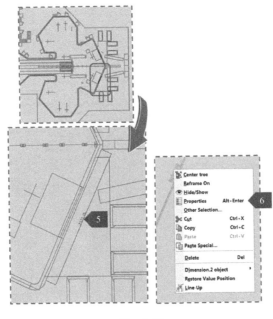

图 9-72

（7）在尺寸线选项卡中选择颜色，见图 9-73。

（8）在 Font 选项卡中选择文本颜色并单击 OK。

类似地，为整个围栏区域创建尺寸。

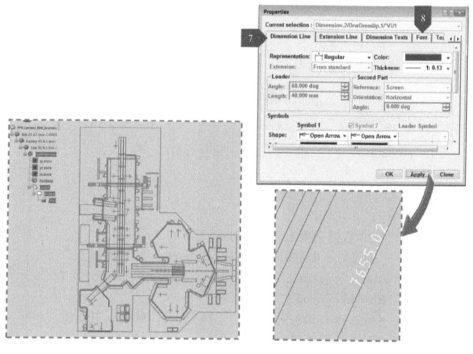

图　9-73

6. 创建注释

（1）单击 Text 命令并选择指针坐标符号附近的区域，见图 9-74。

（2）在文本编辑器窗口中输入"Robot Placement"并单击 OK。

（3）右键单击 Annotation 并选择 Properties。

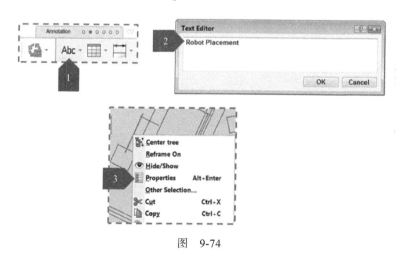

图　9-74

（4）在 Font 选项卡中选择颜色并单击 OK，见图 9-75。

类似地，创建更多注释。

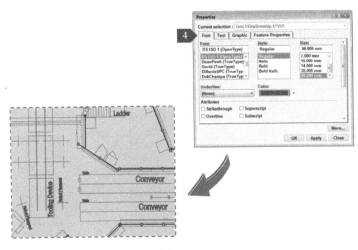

图 9-75

7. 捕捉定位围栏

（1）搜索并打开 PPR 数据 PPR Context_Plant_L2Ex2_End。

（2）在 Line 01 下创建另一个组织资源 Fence Bramela，见图 9-76。

（3）单击 Open catalog browser。

（4）搜索 ctg：*ResourceLayout* 并单击 OK。

（5）浏览 Root → Infrastructure → Fence，选择 Fence，见图 9-77。

（6）选择 Fence_101，见图 9-77。

（7）单击激活多用途命令。

（8）选择如图 9-77 所示的线。

（9）在"编辑参数"对话框中，单击 Select reference geometrical element 命令并选择该线。查看布局中的围栏。

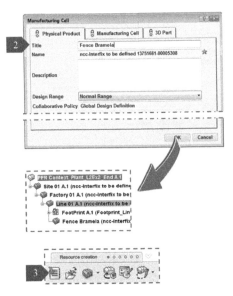

图 9-76

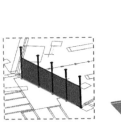

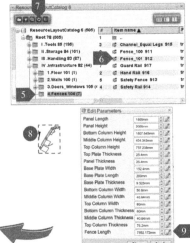

图 9-77

（10）类似地，为剩余的布局创建围栏。

（11）单击图 9-78 中的 Fix in Space 命令并选择 Fence Bramela 组织节点。

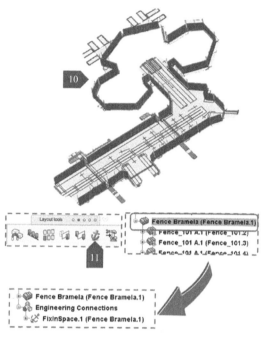

图　9-78

8. 从知识库目录导入资源，以从目录中导入一个工作台为例

（1）单击 Manufacturing Cell 命令，见图 9-79。

（2）在树中选择 Line 01。

（3）在 Title 字段中，键入 Conveyor Bramela 并单击 OK。

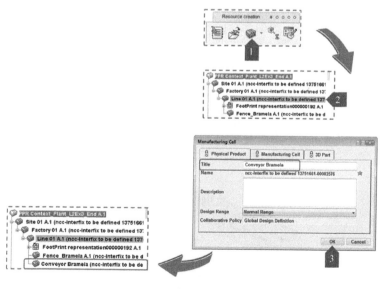

图　9-79

（4）单击 Open catalog browser 命令，见图 9-80。

（5）在 ResourceLayoutCatalog 中，选择 Root → Accessories → Tables，并从列表中选择 Stand Table。

（6）单击空间中显示的点来定位资源。

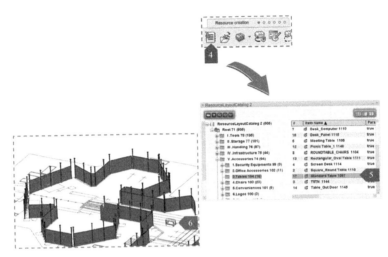

图　9-80

重复加载资源模型和定位操作，直到完成设计意图。图 9-81 所示为复合材料车间定义完成的示例模型。

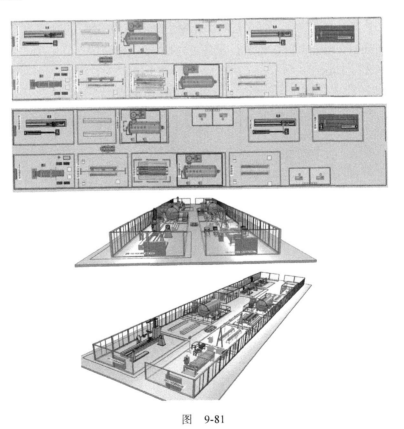

图　9-81

## 9.3.2　复合材料的制造项定义

基于复合材料设计人员提供的模型，以及复合材料的铺层信息创建制造项定义。下面以一个产品为例进行制造项定义练习。

1. 打开产品数据，构建 PPR 结构树，建立 MBOM 定义范围

（1）搜索 3.5HP_Engine_Start 产品。使用搜索字符串作为 prd："3.5HP_Engine_Start"，见图 9-82。

（2）在搜索结果中，右键单击 3.5HP Engine Start Actions 列，选择 Open With → Open Advanced。

（3）从 Open Advanced 中选择 With expanded children，选择 With all representations，然后单击 OK。

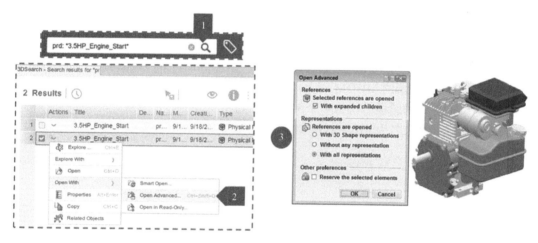

图　9-82

（4）在 V+R My Simulation apps 菜单中，单击制造项定义。进入制造项定义应用程序。

（5）将新的 PPR 上下文节点重命名为 3.5HP_Engine-Manufactured_Item，见图 9-83。

图　9-83

（6）右键单击 Assembly 节点，选择 Create Manufactured Item-Product Scope，见图 9-84。

（7）从树中选择 3.5HP_Engine_Start 产品。工艺图板上显示了发动机和制造的产品定义完成的范围符号。

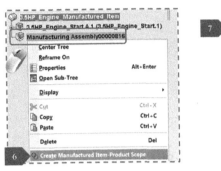

图 9-84

**2.分配产品到制造项,建立关联关系**

(1)使用 3.5HP_Engine 产品数据定义 Manufactured Item-Product Scope 完成。

(2)在制造项定义应用程序中创建制造项结构,见图 9-85。

a)右键单击图板并选择 Insert Predecessor → Manufacturing Assembly,成功创建一个新工艺图板,并将一个新的 MBOM 对象添加到树中。

b)右键单击相同的图板,将另一个图板添加到相同级别。

c)将工艺节点重命名为 Mfg-Assembly_1 和 Mfg-Assembly_2。

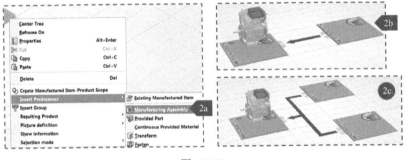

图 9-85

d)右键单击 Manufacturing Assembly 图板,选择 Insert Predecessor → Provided Part,见图 9-86 中的 2e。

e)重复步骤 d),在相同的图板上创建另一个分配的产品零件,见图 9-86 中的 2f。

f)重复步骤 d),为相邻的制造装配项创建两个分配的产品零件,见图 9-86 中的 2g。

g)将分配的零件图板重命名为〔MFG_ASM1_Part1〕,方法与重命名其他分配的零件图板相同。

图 9-86

h）选择根节点并单击显示平铺分配的零件图标，见图 9-87。

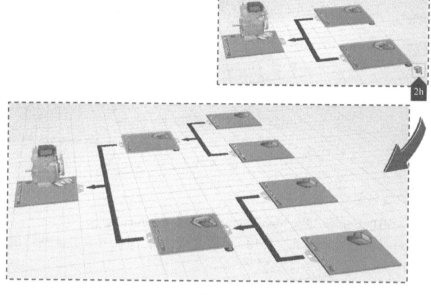

图　9-87

（3）单击 B.I. Essentials 命令，见图 9-88。

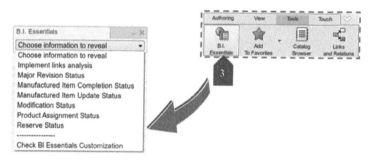

图　9-88

（4）从下拉菜单中选择产品分配状态。

（5）展开结构树以查看各个零组件的分配状态。

3. 利用分配助手进行产品零件到工艺图板的分配形成工艺制造项

（1）在 Authoring 选项卡中，单击 Assembly Assignment Assistant 命令。

（2）在"可用产品"列表中，选择项目并单击"向前"箭头将其移动到分配的产品列表。选择下列项目：

1）Flywheel_Shiela。

2）Cover_Bolt_Small。

3）Cover_Bolt_Medium。

4）Breather_Bolt.1。

5）Breather_Bolt.2。

（3）单击 Close。

（4）在 Assigned Products 列表中选择所有零件，见图 9-89。

（5）单击后退箭头，将这些部件移回 Assignable Products 列表。

图　9-89

4. 为整个产品创建工艺制造项定义结构

（1）使用 3.5HP_Engine 定义 Manufactured Item–Product Scope。

（2）调整可视化和验证模式。使用分配状态和工艺图板列表验证制造组装结构，见图 9-90。

a）使用 View 工具栏调整查看首选项。

b）按 F5 键验证分配到工艺图板上的零件清单。

c）使用 B.I. Essentials 面板查看零组件的产品分配状态。

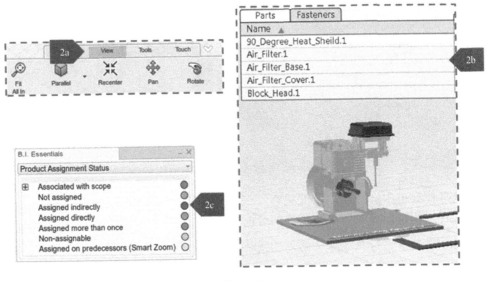

图　9-90

（3）再次右键单击父级工艺图板并选择 Insert Predecessor → Manufacturing Assembly，见图 9-91。

1）重命名第二个图板。在 Instance 选项卡和 Manufacturing Assembly 选项卡中命名为 Install _Muffler。

2）将 Muffler_Assembly 从树上拖放到空的 Install _Muffler 工艺图板上。

（4）右键单击新 Install _Muffler 工艺图板并选择插入 Insert Predecessor → Manufacturing Assembly。

1）将新图板重命名为 Install_Air_Filter。

2）将 Air_Filter_Assembly 从树上拖放到工艺图板上。

（5）在 Install_Air_Filter 图板中创建两个新图板，并都将 Install_Air_Filter 作为它们的前一个图板。

1）将另一个图板重命名为 Install_Shield，并将 Cover_Assembly 从树中分配到该图板。

2）将一个工艺图板重命名为 Assemble_Fuel_System，并将 Carburetor_Assembly 从树中分配到这个工艺图板。

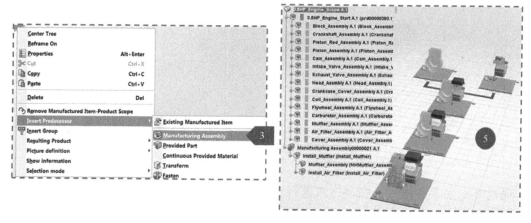

图　9-91

（6）右键单击 Install_Shield 工艺图板，见图 9-92，在其中创建另外五个工艺 BOM 节点图板作为一个系列（每个都是另一个的前置）。

重命名及分配产品如下：

1）重命名：[Install_Ignition]；Insert：Coil Assembly。

2）重命名：[Install_Flywheel]；Insert：Flywheel_Assembly。

3）重命名：[Install_Crankcase_Cover]；Insert：Crankcase_Cover_Assembly。

4）重命名：[Install_Cylinder_Head]；Insert：Head_Assembly。

5）重命名：[Install_Valve_Train]；Insert：Cam_Assembly；Intake_Valve；Exhaust_Valve。

图　9-92

（7）从 Install_ Valve_Train 工艺图板创建两个以上的装配工艺图板作为一组（每个是另一个的前置），见图 9-93。

1）将第一个工艺图板重命名为 Install_Piston_Assembly。

2）将 第 二 个 工 艺 图 板 重 命 名 为 Assemble_Piston_Rod，并 将 Piston_Assembly 和 Piston_Rod_Assembly 分配给该工艺图板。

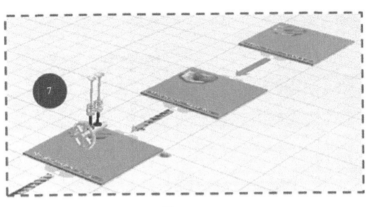

图 9-93

通过分配助手及拖拽等多种方式进行定义，最终形成完整的产品制造项定义。通过复合材料制造项的定义，可以对工艺节点状态进行定义。实时反馈产品分配状态，防止铺层遗漏等问题的发生。图 9-94 所示为实际复合材料产品的制造项定义示例。

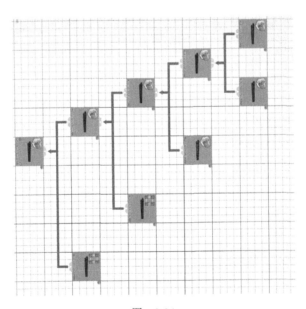

图 9-94

### 9.3.3 复合材料的工艺流程定义

1.搜索并打开数据

（1）搜索数据库中的 PPR 上下文，见图 9-95。

1）在顶部工具栏中，将搜索字符串定义为 ppr：Create*。

2）单击搜索按钮。

3）以缩略图、平铺和详细信息等多种模式查看搜索结果。

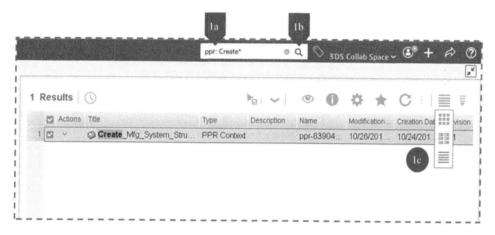

图　9-95

（2）打开 PPR 上下文。

1）在搜索结果中，选择 Create_Mfg_System_Structure。

2）单击箭头并选择 Open With>Open Advance，见图 9-96。

3）单击 OK。

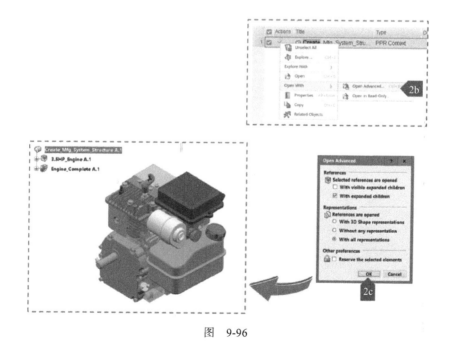

图　9-96

2. 进入工艺流程定义应用程序

（1）在罗盘中，单击 My Roles / Profile 并选择 Process Planner 角色，见图 9-97。

（2）展开 V+R My Simulation Apps 部分，选择 Process Planning 应用程序。

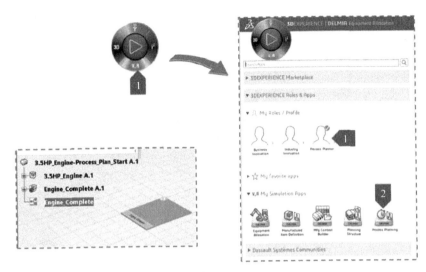

图　9-97

（3）在工作区或顶部工具栏上单击右键，然后选择 Display → App Options，见图 9-98。

（4）展开制造项目工艺图板，可以查看发动机的整个工艺结构：在 System Editor 界面中，选择 Engine_Complete tile。

（5）激活所需要的可视化模式。

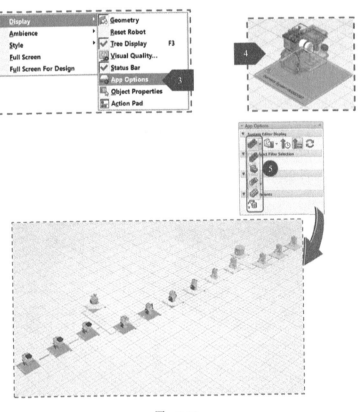

图　9-98

3. 创建生产系统与工艺制造项之间的范围 SCOPE

（1）在 System Editor 界面中，右键单击 General System tile 并选择 Manage scopes，见图 9-99。

（2）单击 Create Scope to Manufactured Item 并在树中选择 Engine_Complete。

（3）单击 Close。

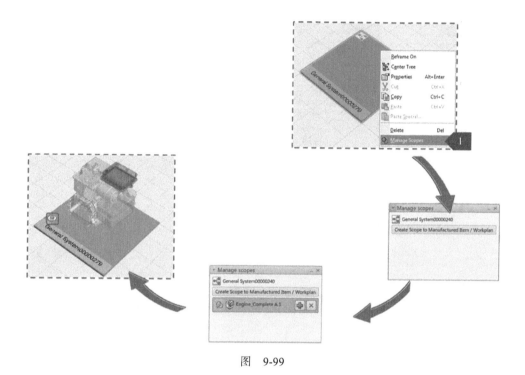

图　9-99

4. 创建生产系统结构

（1）在 Authoring 选项卡中，选择 General System 命令，然后选择父系统工艺图板，见图 9-100。观察环绕系统工艺图板创建的系统框，这个框就是根系统。

（2）双击 General System 命令并选择父系统工艺图板。

（3）再次单击父系统工艺图板。

（4）再次单击"通用系统"命令使其失效。

（5）将创建的系统重命名为：Internal_Parts、Ignition_Parts、External_Parts。

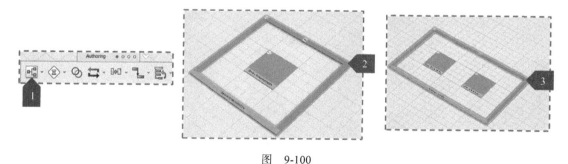

图　9-100

5. 创建系统间的产品流

（1）单击 Create Product Flow 命令，见图 9-101。

（2）选择 Internal_Parts 节点，然后选择 triggtion_Parts 节点。

在这两个系统之间创建完成一个链接，并在关系窗口中更新完成了链接状态。类似地，为第二个工艺图板和第三个工艺图板同样创建对应的链接。

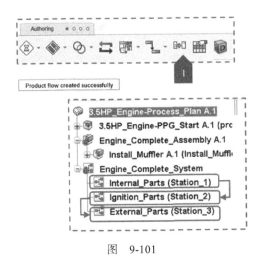

图　9-101

6. 分配制造项到工艺流程系统中去

（1）对于 Station_1，分别将下列 MBOM 制造项拖放到系统中，见图 9-102。

1）Engine_Block_Assembly。

2）Install_Crankshaft_Assembly。

3）Assemble_Piston_Rod。

4）Install_Piston_Assembly。

5）Install_Valve_Assembly。

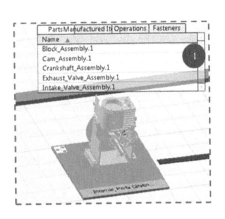
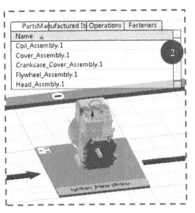

图　9-102

（2）对于第二工位，将下列 MBOM 制造项拖放到 Ignition_Parts 系统中。

1）Install_Cylinder_Head。

2）Install_Crankcase_Cover。

3）Install_Flywheel。

4）Install_Ignition。

5）Install_Shielding。

（3）对于 Station_3，将下列 MBOM 制造项拖放到 External_Parts 系统中，见图 9-103。

1）Assemble_Fuel_System。

2）Install_Air_Filter。

3）Install_Muffler。

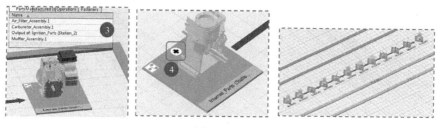

图　9-103

（4）单击加号图标展开系统，观察是否为每个零件和装配 MBOM 制造项创建了操作。

（5）在 Authoring 选项卡，单击 Manufacturing System Gantt 命令。观察系统中的操作，见图 9-104。

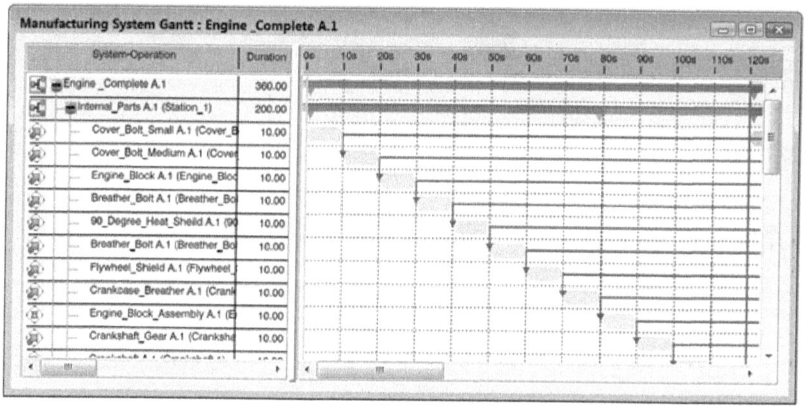

图　9-104

（6）选择一个常规操作并单击 Relations 命令，见图 9-105。Relations 面板显示了该通用系统实现的 MBOM 制造项。确认无误后，进行保存。

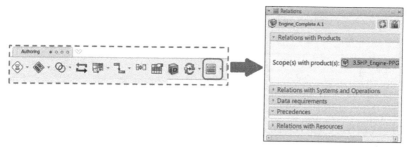

图　9-105

7. 验证工艺流程

（1）使用 3D 视图查看对象，见图 9-106。

（2）使用 B.I. Essentials 窗口验证系统。

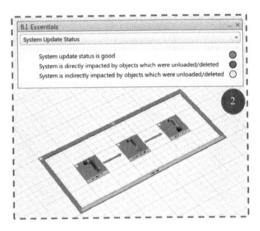

图　9-106

（3）为每个系统创建优先级链接，见图 9-107。

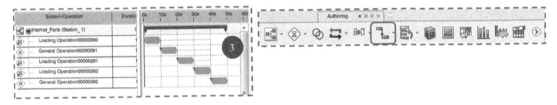

图　9-107

（4）在根系统上定义所需的 Cycle Time，见图 9-108。

图　9-108

（5）定义班次模型，见图 9-109。

（6）定义生产需求，见图 9-110。

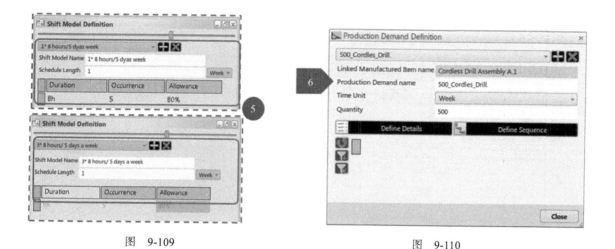

图　9-109　　　　　　　　　　　　　　　　图　9-110

（7）选择根系统并生成工作负载平衡，见图9-111。

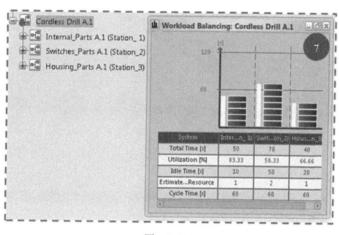

图　9-111

（8）使用 B.I. Essentials 窗口检查系统利用率，见图9-112。

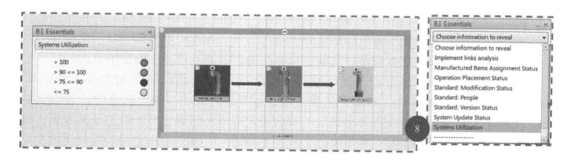

图　9-112

　　通过工艺流程的定义，并经过验证从而获得可靠的工艺过程。实际应用的复合材料零件工艺流程甘特图和示例分别见图9-113和图9-114。

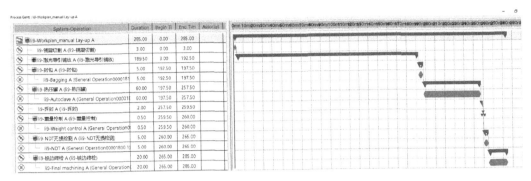

图　9-113

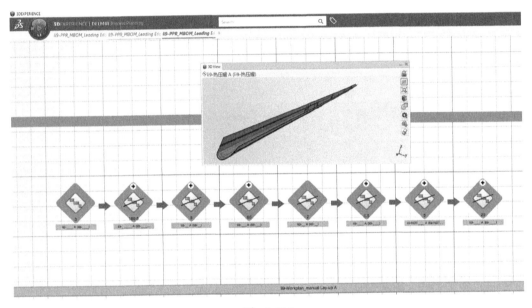

图　9-114

### 9.3.4　复合材料的自动化制造工艺

　　复合材料的自动化制造工艺主要有自动铺带、自动铺丝、模压及 3D 编织等几大类，其中自动铺丝技术是指在多坐标自动铺丝机的控制下，铺丝头将多束预浸丝束通过放卷、导向、传输、压紧、切割、辊压等功能在压辊下集束成带，并按照计算机规划的轨迹在工装上进行铺层的自动化铺放，该方法是目前航空行业在铺放大型复杂零件的常用方法。

　　3DEXPERIENCE 平台环境下直接集成了领先的铺丝工艺供应商 M.Torres 和 Coriolis Composites 的轨迹铺放软件，铺丝工艺设计包含可制造性评估、铺丝轨迹设计及铺放过程仿真，其核心是轨迹设计，获得各个铺层的符合工艺要求和机器性能的轨迹是其要点，轨迹也是铺丝制造过程的核心数据，接下来以集成的 Coriolis Composites 公司的铺丝轨迹规划软件 CATFiber 软件为例来说明其主要工作内容及流程。

　　（1）针对桨叶蒙皮，在 3DEXPERIENCE 平台环境下，单击 Automated Composite Layup，启动铺丝工艺设计界面，见图 9-115。

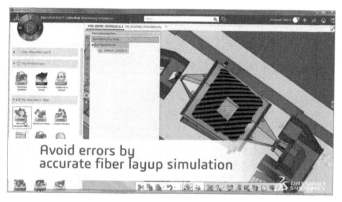

图 9-115

（2）针对选用的材料参数及设备参数，定义铺层局部策略，纤维扩展方法，进行铺层工艺的可制造性评估，提前发现并解决工艺中可能出现的问题，如是否符合设备的最短行程限制、检查铺丝过程纤维变形情况及压辊压实情况等工艺问题，进而根据合适的算法创建各个铺层的轨迹，必要情况可手动调整丝束轨迹等，见图 9-116。

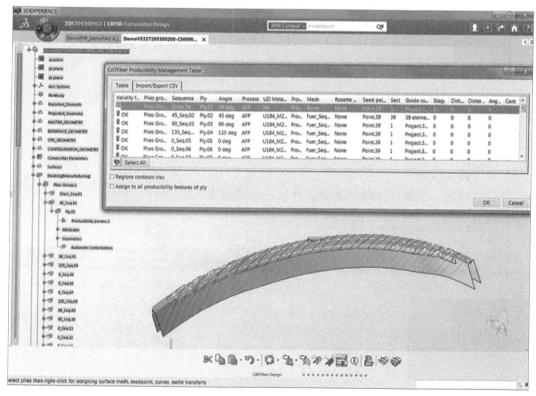

图 9-116

（3）在完成上述的铺层轨迹计算后，需要对铺放过程做进一步仿真分析，在虚拟环境中对机床动作进行仿真模拟，如进料、切割、铺放动作等，而且还可对虚拟环境中完成铺放的纤维材料进行测量和检查，如测量材料厚度、检查机床转向时压辊是否能贴合模具等，以保证 NC 程序符合制造标准和要求。在模拟过程结束后，仿真软件还会自动生成一份模拟结果文件，以便于用户对模拟过程和结果进行研究和分析，见图 9-117。

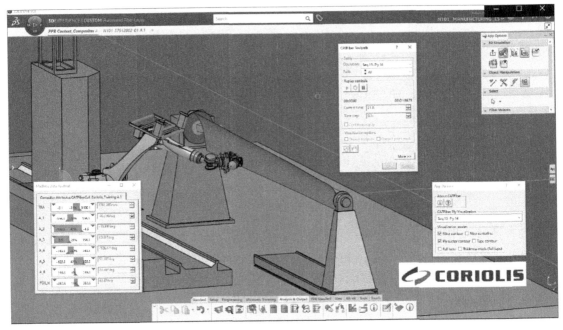

图　9-117

## 9.3.5　结构化作业指导书定义

1. 搜索并打开 PPR 上下文

（1）搜索由于导入而添加到数据库中的 PPR 上下文，见图 9-118。

1）在顶栏中，将搜索字符串指定为 ppr：WKSb。

2）单击搜索按钮。

3）以缩略图、平铺和详细信息等多种模式查看搜索结果。

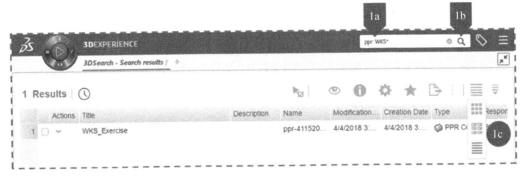

图　9-118

（2）打开 PPR context。

1）在搜索结果中选择 WKS_Exercise，见图 9-119。

2）右键单击箭头，然后选择 Open With → Open Advanced。

3）单击 OK，显示 Select System or General Operation 对话框。

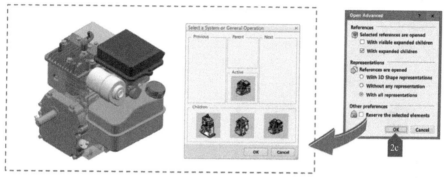

图　9-119

（3）选择如图 9-120 所示的系统并单击 OK。系统在工作区中打开 3D 零件数据和操作顺序显示框。

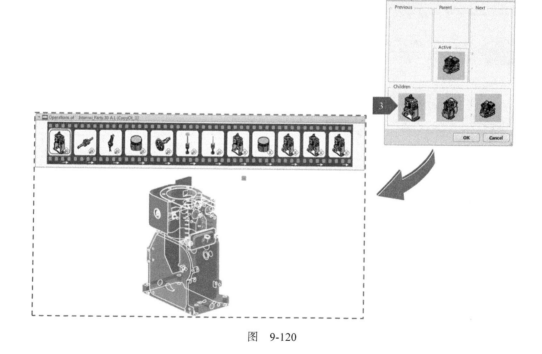

图　9-120

2. 创建作业指导书

（1）为 Ignition_Parts 系统下的操作创建作业指导书，见图 9-121。继续处理前面练习的最终数据。

（2）选择第一个操作。

（3）在 Work Authoring 工具栏，单击 Create Text Instruction 命令。将显示 Textual Instructions 对话框。

（4）双击新创建的工作指令来编辑它。

（5）定义以下信息并单击 OK：

1）Title：钻孔。

2）Instructions：在隔热罩顶部钻 3 孔，直径为 25mm。去毛刺和倒角孔。在执行下一个指令之前，请先清洁表面。

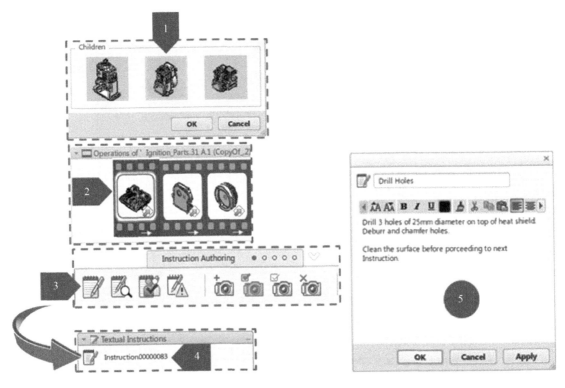

图 9-121

（6）在 Instruction Authoring 选项卡中单击 Create Data Collect 命令，见图 9-122。Textual Instructions 对话框将显示新创建的数据收集指令。

（7）双击新创建的工作指令来编辑它。

（8）指定以下信息并单击 OK：

1）题目：测量直径。

2）使用说明书：用游标卡尺测量钻孔直径。

3）标签：Tool ID #FT298。

4）样本量：1。

5）类型：Real。

6）量值：Length。

7）最小值：24.6mm。

8）最大值：25.4mm。

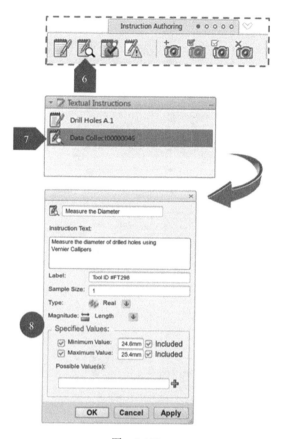

图　9-122

（9）在 Instruction Authoring 选项卡单击 Create Sign Off 命令，见图 9-123，Textual Instructions 对话框将与新创建的质检指令一起显示。

（10）双击新创建的工作指令来编辑它。

（11）指定以下信息并单击 OK：

1）Title：落款。

2）Instructions：在进行下一步操作前，请获得以下角色的批准。

3）Actors：质量经理；高级设计工程师。

（12）在 Instruction Authoring 工具栏单击 Create Alert 指令图标，见图 9-124。Textual Instructions 对话框将显示新创建的警告指令。

（13）双击新创建的工作指令来编辑它。

（14）指定以下信息并单击 OK：

1）Title：直径变化。

2）Instructions：注意钻头直径的变化。过程影响用于隔热层的材料的变化。

3）Show Once/Show Always：Show Once。

4）选择 Track Confirmation。

（15）单击 Share → Save。

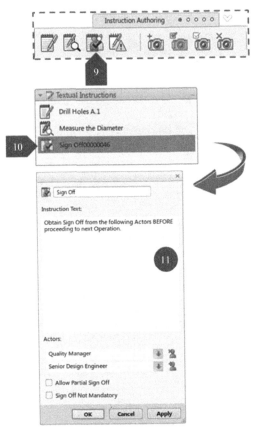

图 9-123

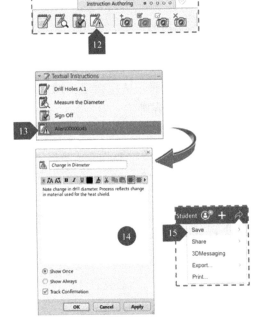

图 9-124

3. 创建 3D 文本说明

（1）在 Instruction Authoring 选项卡单击 Create View for Operation 命令，见图 9-125。显示 Mfg Item & Resource 以及 Views.1 面板。

（2）在 Instruction Authoring 选项卡单击 Text 命令。

（3）单击工作区域，显示 Text 对话框。

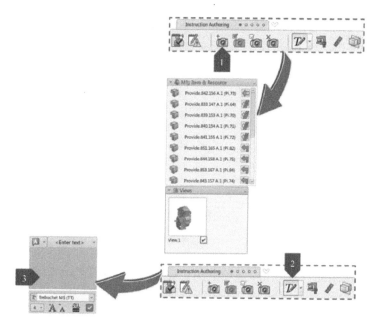

图　9-125

（4）从下拉菜单中选择 Alert 命令，见图 9-126，定义文本：确保佩戴防静电手套。然后单击工作区域，显示 Dressup 对话框和气泡条。

（5）使用气泡条更改文本颜色。

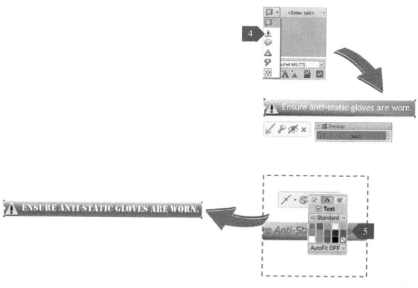

图　9-126

（6）在 Dressup 对话框中，右键单击 Text 1 并选择 Edit Content，见图 9-127。

（7）修改内容如图所示，然后单击 OK。

（8）在 Instruction Authoring 选项卡单击 Create View for Operation 命令。一个新幻灯片在当前视图创建完成。

（9）在 Dressup 对话框中，右键单击 Text 1 并选择隐藏 / 显示。

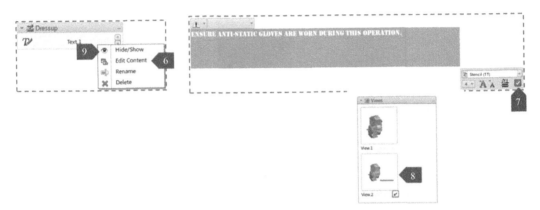

图　9-127

4. 创建矩形突出显示标注

（1）展开 Instruction Authoring 选项卡的扩展区域，并选择 2D 矩形命令，见图 9-128。

（2）框选需要突出显示的区域，如图所示。在 Instruction Authoring 选项卡单击 Create View for Operation 命令，一个新幻灯片在当前视图创建成功。

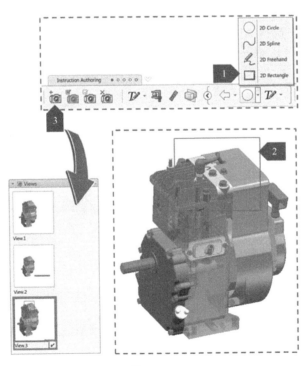

图　9-128

（3）选择矩形，使用气泡栏更改颜色，然后单击工作区，见图 9-129。

（4）右键单击 View.3 并选择 Update，幻灯片更新成功。

（5）选择矩形并单击气泡栏中的隐藏工具。

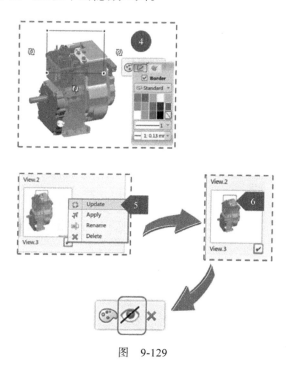

图　9-129

5. 标注 3D 尺寸值

（1）在 Instruction Authoring 选项卡单击 Measure Item 命令，见图 9-130。将显示 Measure Item 对话框。

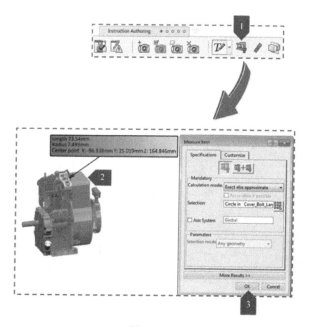

图　9-130

（2）选择工作区中需要定义的任一零件，显示零件长度值。

（3）单击 OK。

（4）单击 Create View for Operation 命令，见图 9-131。一个新幻灯片在当前视图创建成功。

（5）选择长度并单击气泡栏中的隐藏工具。

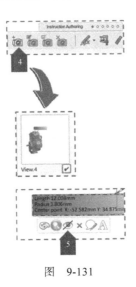

图 9-131

（6）在 Instruction Authoring 选项卡单击 Measure Between 命令，见图 9-132。显示 Measure Item 对话框。

（7）选择工作区中的任意两个零件，然后单击 OK。这两部分之间的距离会显示出来。

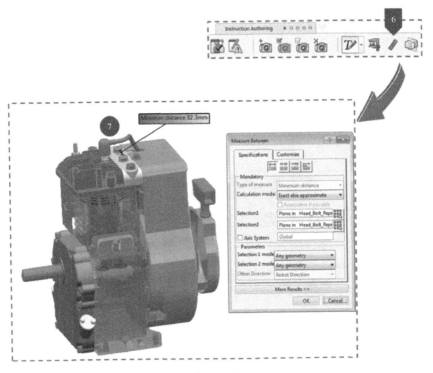

图 9-132

（8）在 Instruction Authoring 选项卡单击 Create View for Operation 命令，见图 9-133。一个新幻灯片在当前视图创建成功。

（9）选择距离并单击气泡栏中的隐藏工具。

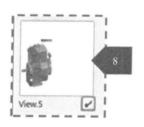

图　9-133

6. 创建 3D 剖面说明视图

（1）在 Instruction Authoring 选项卡单击 Section 命令，见图 9-134。

（2）移动指针机器人创建如图所示的剖面，然后单击 Validate the Section。

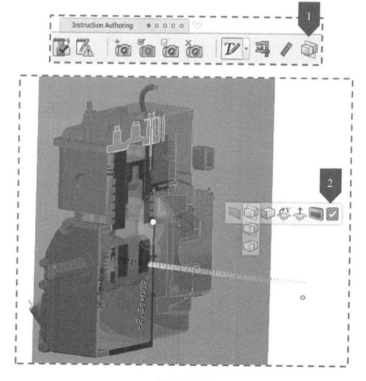

图　9-134

（3）在 Instruction Authoring 选项卡单击 Create View for Operation 命令，见图 9-135。一个新幻灯片在当前视图创建成功。

（4）单击 Share → Save。

（5）在罗盘中，单击 Play。观察当前系统的虚拟建造过程展示。

图　9-135

7. 创建工艺指令预览，保存以及打开

（1）在 Instruction Tools 选项卡单击"生成操作文档"，见图 9-136。将显示"格式和属性"对话框。如果得到警告，单击 No 以保存更改。

（2）单击 OK，右上角显示一个缩小的沉浸式浏览器。

（3）移动并调整浏览器的大小，可以使用滚动条查看信息。

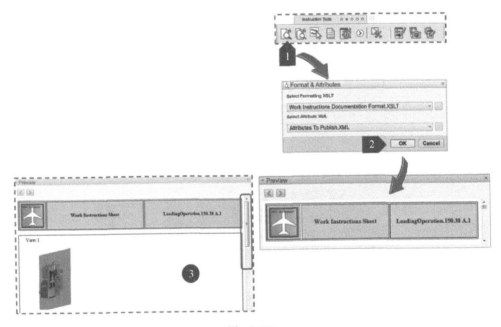

图　9-136

（4）文件路径显示在预览下面，见图 9-137。单击 Select Directory 命令以提供另一个地址来保存预览。

（5）创建一个新文件夹并命名为 WKS。

（6）选择新创建的文件夹并单击"选择文件夹"。

（7）单击 Save 命令。

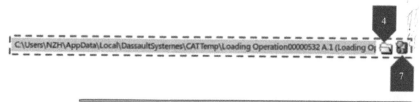

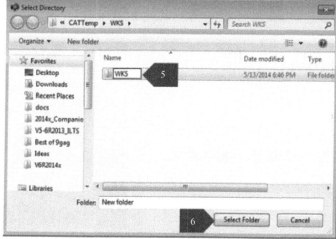

图　9-137

下面我们在浏览器中打开保存的预览。

（8）浏览用于预览保存的 WKS 文件夹。

（9）双击 HTML 文件在浏览器中打开它，见图 9-138。

（10）通过单击操作并查看工作说明来查看文件。

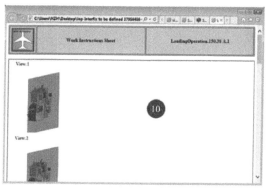

图　9-138

　　经过对每一步操作的作业指导定义，可以完成当前站位完整的工艺指令文档，预览无误，并经过审签流程，可以直接通过 3D 体验平台发放到生产执行系统中进行生产执行，遇到问题还可以向上游工艺或设计进行反馈。图 9-139 所示为某公司结构化作业指导书在车间执行的示例。

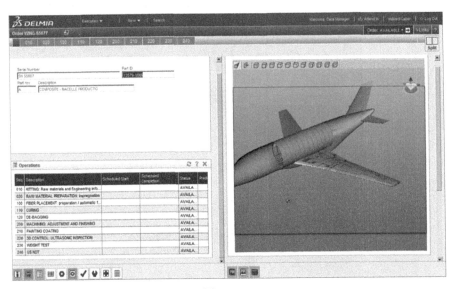

图　9-139